高等职业教育系列教材

FX3U 系列 PLC 技术及应用

主　编　侍寿永　史宜巧
参　编　夏玉红　王　玲　赵雨鹏
主　审　朱　静

机　械　工　业　出　版　社

本书通过大量实例和实训项目，详细介绍了三菱 FX_{3U} 系列 PLC 的基础知识及其指令应用，内容包括 FX_{3U} 系列 PLC 的位逻辑指令、定时器及计数器指令、功能指令、模拟量和脉冲量指令、网络通信指令、步进顺控编程及其应用，还详细地介绍了“智能电梯装调与维护”国赛项目中 PLC 编程及网络通信等相关知识和 1+X 证书有关考核内容。

本书中每个实训项目均配有主电路原理图、PLC 的 I/O 接线图、控制程序及调试步骤，每个实训项目均比较典型，而且容易操作与实现，便于读者尽快地掌握三菱 FX_{3U} 系列 PLC 的基础知识及其指令应用基本技能，并对国赛的赛项内容有比较全面的了解。

本书可作为高等职业院校电气自动化技术、机电一体化技术、轨道交通技术和数控加工技术等相关专业教材或企业员工技术培训用书，也可作为工程技术人员自学或参考用书。

本书配套的电子资源包括 50 个微课视频、电子课件、习题解答、源程序等，需要的教师可登录 www.cmpedu.com 免费注册，审核通过后可下载，或联系编辑索取（微信：15910938545，电话：010-88379739）。

图书在版编目（CIP）数据

FX_{3U} 系列 PLC 技术及应用/侍寿永，史宜巧主编．—北京：机械工业出版社，2021.1（2024.8 重印）
高等职业教育系列教材
ISBN 978-7-111-67308-8

Ⅰ.①F…　Ⅱ.①侍…　②史…　Ⅲ.①PLC 技术-高等职业教育-教材
Ⅳ.①TM571.61

中国版本图书馆 CIP 数据核字（2021）第 015046 号

机械工业出版社（北京市百万庄大街 22 号　邮政编码 100037）
策划编辑：李文轶　　责任编辑：李文轶
责任校对：张艳霞　　责任印制：常天培

天津嘉恒印务有限公司印刷

2024 年 8 月第 1 版・第 6 次印刷
184mm×260mm・17.75 印张・438 千字
标准书号：ISBN 978-7-111-67308-8
定价：69.00 元

电话服务
客服电话：010-88361066
010-88379833
010-68326294

网络服务
机　工　官　网：www.cmpbook.com
机　工　官　博：weibo.com/cmp1952
金　书　网：www.golden-book.com
机工教育服务网：www.cmpedu.com

前　言

PLC 已成为自动化控制领域不可或缺的设备之一，它常与传感器、变频器和人机界面等配合使用，构造出功能齐全、操作简单且方便的自动控制系统。三菱 FX_{3U}系列 PLC 是国内广泛使用的三菱 FX_{2N}系列 PLC 的更新换代产品，它继承了 FX_{2N}系列 PLC 的诸多优点，其指令系统与 FX_{2N}系列基本相同，还增加了特殊适配器和功能板，在国内必将得到更为广泛的应用。因此，编者结合多年的工程实践、电气自动化的教学经验及指导学生参加全国高等职业院校技能大赛并多次荣获一等奖的参赛经验，在企业技术人员大力支持下编写了本书，旨在使学生或具有一定电气控制基础知识的工程技术人员能较快地掌握三菱 FX_{3U}系列 PLC 编程及应用技术。

本书分为 5 章，较全面介绍了三菱 FX_{3U}系列 PLC 的技术及应用。

在第 1 章中，介绍了 PLC 的基本知识、编程及仿真软件的安装与应用，以及三菱 FX_{3U}系列 PLC 的位逻辑指令、定时器指令、计数器指令及其应用。

在第 2 章中，介绍了数据类型，数据处理、运算及控制等功能指令及其应用。

在第 3 章中，介绍了模拟量、脉冲量和通信指令及其应用。

在第 4 章中，介绍了顺序控制设计法和步进顺控指令及其应用。

在第 5 章中，介绍了国赛“智能电梯装调与维护”赛项的相关内容。

为了便于教学和自学，并能激发读者的学习热情，本书中的实例和实训项目均较为简单，易于操作和实现，而且将 1+X 电工证书考核相关内容有机融合到相关实训项目中。本书的最后一章比较系统、全面地介绍国赛“智能电梯装调与维护”赛项的相关内容，有助于师生学习、借鉴和参考。为了巩固、提高和检阅读者所学知识，各章均配有习题与思考题。

本书是按照项目教学的思路进行编排的，如果具备一定实验条件，可以按照编排的顺序使用本书进行教学。本书电子资源包含 50 个微课视频、电子课件、习题解答、源程序等，为不具备实验条件的学生或工程技术人员的自学提供方便，本书绝大部分案例都可以使用仿真软件进行模拟调试，这些资源可在机械工业出版社教育服务网（www. cmpedu. com）下载，或联系编辑索取（微信：15910938545，电话：010-88379739）。

本书的编写得到了江苏电子信息职业学院领导和智能制造分院领导的关心和支持，同时国赛“智能电梯装调与维护”赛项技术负责人艾光波高级工程师、江苏沙钢集团淮钢特钢股份有限公司技术总监秦德良高级工程师，给予了很多的帮助并提供了很好的建议，在此表示衷心的感谢。

本书由侍寿永、史宜巧担任主编，夏玉红、王玲、赵雨鹏参编，朱静担任主审。侍寿永编写本书的第 1、2、5 章，史宜巧编写本书的第 3、4 章，夏玉红、王玲和赵雨鹏等负责实训项目的编程与调试。

由于编者水平有限，书中疏漏之处，恳请读者批评指正。

编　者

目　录

第 1 章　基本指令及应用

可编程序控制器（PLC）在工业控制领域应用极为广泛，所有工程项目都会涉及 PLC 中数字量的使用。本章在介绍 PLC 产生及发展基础上，结合编者多年工程实践及教学经验，重点介绍三菱 FX_{3U}系列 PLC 的硬件及内部软元件、编程及仿真软件的使用、位逻辑指令的应用、定时器和计数器指令的应用。

1.1　PLC 简介

1.1.1　PLC 的产生与定义

1. PLC 的产生

20 世纪 60 年代，当时的工业控制主要采用由继电器—接触器组成的控制系统。继电器—接触器控制系统存在着设备体积大，调试和维护工作量大，通用性及灵活性差，可靠性低，功能简单，不具备现代工业控制所需要的数据处理、网络通信控制等功能。

1968 年，美国通用汽车公司（GM）为了适应汽车型号的不断翻新，试图寻找一种新型的工业控制器，以解决继电器-接触器控制系统普遍存在的问题。设想把计算机的功能完备、灵活及通用等优点与继电器控制系统的简单易懂、操作方便和价格便宜等优点结合起来，制成一种适合工业环境的通用控制装置，并把计算机的编程方法和程序输入方式加以简化，使不熟悉计算机的人也能方便地使用它。

1969 年，美国数字设备公司（DEC）根据通用汽车公司的要求研制成功第一台可编程序控制器，称之为“可编程序逻辑控制器”（Programmable Logic Controller，PLC），并在通用汽车公司的自动装配线上试用成功，从而开创了工业控制的新局面。

2. PLC 的定义

PLC 是可编程序逻辑控制器（Programmable Logic Controller）的英文缩写，随着科技的不断发展，其功能远不止逻辑控制，实际上应称为可编程序控制器（PC），为了与个人计算机（Personal Computer，PC）相区别，故仍将可编程序控制器简称为 PLC。几款常见的 PLC 如图 1-1 所示。

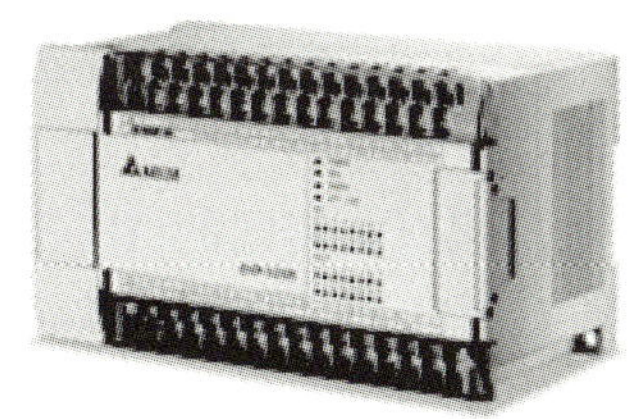

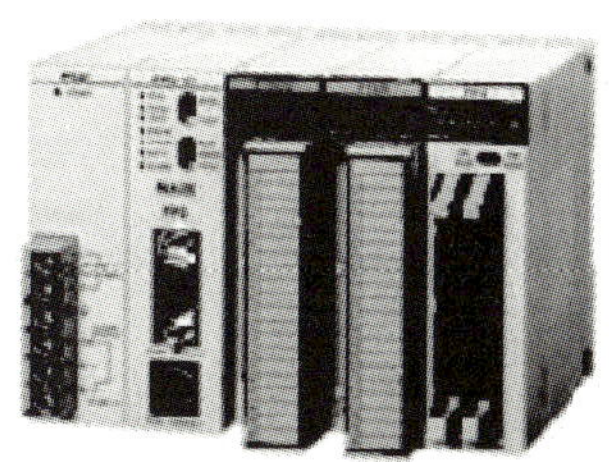

图 1-1　几款常见的 PLC

1987 年，国际电工委员会（IEC）对 PLC 定义为：可编程序控制器是一种基于数字运算操作的电子系统，专为工业环境下应用而设计。它作为可编程序的存储器，用来在其内部存储和执行逻辑运算、顺序控制、定时、计数和算术运算等操作指令，并通过数字式、模拟式的输入和输出，控制各种类型的机械或生产过程。可编程序控制器及其有关设备，都应按易于使工业控制系统形成一个整体，易于扩充其功能的原则设计。

1.1.2 PLC 的特点及发展

1. PLC 的特点

（1）编程简单，容易掌握

梯形图是使用最多的 PLC 编程语言，其电路符号和表达式与继电器电路原理图相似，梯形图语言形象直观，易学易懂，熟悉继电器电路图的电气技术人员很快就能学会使用梯形图语言，并用它来编制用户程序。

（2）功能强，性价比高

PLC 内有成百上千个可供用户使用的编程元件，有很强的功能，可以实现非常复杂的控制功能。与相同功能的继电器控制系统相比，具有很高的性价比。

（3）硬件配套齐全，用户使用方便，适应性强

PLC 产品已经标准化、系列化和模块化，配备有品种齐全的各种硬件装置供用户选用，用户能灵活方便地进行系统配置，组成不同功能、不同规模的系统。确定硬件配置后，用户可以通过修改用户程序，方便、快速地适应工艺条件的变化。

（4）可靠性高，抗干扰能力强

传统的继电器控制系统使用了大量的中间继电器和时间继电器。由于触点接触不良，容易出现故障。PLC 用软元件代替大量的中间继电器和时间继电器，PLC 外部仅剩下与输入和输出有关的少量硬件元件，因触点接触不良造成的故障大为减少。

（5）系统的设计、安装、调试及维护工作量少

由于 PLC 采用了软元件来取代继电器控制系统中大量的中间继电器和时间继电器等器件，控制柜的设计、安装和接线工作量大为减少。同时，PLC 的用户程序可以先通过模拟调试再到生产现场进行联机调试，这样可减少现场的调试工作量，缩短设计、调试周期。

（6）体积小、重量轻、功耗低

复杂的控制系统使用 PLC 后，可以减少大量的中间继电器和时间继电器，PLC 的体积较小，且结构紧凑、坚固、重量轻、功耗低。并且由于其抗干扰能力强，易于装入设备内部，所以 PLC 是实现机电一体化的理想控制设备。

2. PLC 的发展趋势

PLC 自问世以来，经过 40 多年的发展，在机械、冶金、化工、轻工和纺织等行业得到了广泛的应用，在美、德和日等工业发达的国家已成为重要的产业之一。

目前，世界上有 200 多个生产 PLC 的厂家，比较有名的厂家有：美国的 AB 公司、通用电气（GE）公司等；日本的三菱（MITSUBISHI）公司、富士（FUJI）公司、欧姆龙（OMRON）公司和（Panasonic）电工公司等；德国的西门子（SIEMENS）公司等；法国的 TE 公司、施耐德（SCHNEIDER）公司等；韩国的三星（SAMSUNG）公司、LG 公司等。国产

PLC 有中国科学院自动化研究所的 PLC-008、北京联想计算机集团公司的 GK-40、上海机床电器厂的 CKY-40、上海香岛机电制造有限公司的 ACMY-S80 和 ACMY-S256、无锡华光电子工业有限公司（合资）的 SR-10 和 SR-20/21 等。

PLC 的发展趋势主要有以下几点。

1）中、高档 PLC 向大型、高速、多功能方向发展；低档 PLC 向小型、模块化结构发展，增加了配置的灵活性，降低了成本。

2）PLC 在闭环过程控制中应用日益广泛。

3）集中控制与网络连接能力加强。

4）不断开发各种适应不同控制要求的特殊 PLC 控制模块。

5）编程语言趋向标准化。

6）发展容错技术，不断提高可靠性。

7）追求软硬件的标准化。

1.1.3 PLC 的分类及应用

1. PLC 的分类

PLC 发展很快，类型很多，可以从不同的角度进行分类。

（1）按控制规模分

按控制规模分为微型、小型、中型和大型。

1）微型 PLC 的输入/输出（I/O）点数一般在 64 点以下，其特点是体积小、结构紧凑、重量轻和以开关量控制为主，有些产品具有少量模拟量信号处理能力。

2）小型 PLC 的 I/O 点数一般在 256 点以下，除开关量 I/O 外，一般都有模拟量控制功能和高速控制功能。有的产品还有多种特殊功能模板或智能模块，有较强的通信能力。

3）中型 PLC 的 I/O 点数一般在 1024 点以下，指令系统更丰富，内存容量更大，一般都有可供选择的系列化特殊功能模板，有较强的通信能力。

4）大型 PLC 的 I/O 点数一般在 1024 点以上，软、硬件功能极强，运算和控制功能丰富。具有多种自诊断功能，一般都有多种网络功能，有的还可以采用多中央处理器（CPU）结构，具有冗余能力等。

（2）按结构特点分

按结构特点分为整体式和模块式。

1）整体式 PLC 多为微型、小型，特点是将电源、CPU、存储器和 I/O 接口等部件都集中装在一个机箱内，特点是结构紧凑、体积小、价格低和安装简单，输入/输出点数通常为 10~60 点。

2）模块式 PLC 是将 CPU、输入和输出单元、电源单元以及各种功能单元集成为一体。各模块结构上相互独立，构成系统时，则根据要求搭配组合，灵活性强。

（3）按控制性能分

按控制性能分为低档机、中档机和高档机。

1）低档 PLC 具有基本的控制功能和一般运算能力，工作速度比较低，配套的输入和输出模块数量比较少，输入和输出模块的种类也比较少。

2）中档 PLC 具有较强的控制功能和较强的运算能力，它不仅能完成一般的逻辑运算，也能完成比较复杂数据运算，工作速度比较快。

3）高档PLC具有强大的控制功能和较强的数据运算能力，配套的输入和输出模块数量很多，输入和输出模块的种类也很全面。这类PLC不仅能完成中等规模的控制工程，也可以完成规模很大的控制任务。在联网中其一般作为主站使用。

2. PLC的应用

（1）数字量控制

PLC用“与”“或”“非”等逻辑控制指令来实现触点和电路的串、并联，代替继电器进行组合逻辑控制、定时控制与顺序逻辑控制。

（2）运动控制

PLC中专用的运动控制模块，对直线运动或圆周运动的位置、速度和加速度进行控制，可以实现单轴、双轴、三轴和多轴位置控制。

（3）过程控制

过程控制是指对温度、压力和流量等连续变化的模拟量的闭环控制。PLC通过模拟量I/O模块，实现模拟量与数字量之间的相互转换，并对模拟量实行闭环的PID控制。

（4）数据处理

现代的PLC具有数学运算、数据传送、转换、排序、查表和位操作等功能，可以完成数据的采集、分析与处理。

（5）通信联网

PLC可以实现PLC与外设、PLC与PLC、PLC与其他工业控制设备、PLC与上位机和PLC与工业网络设备等之间的通信，实现远程的I/O控制。

1.1.4 PLC的结构与工作过程

1. PLC的组成

PLC一般由中央处理器（CPU）、存储器和输入/输出接口3部分组成，PLC的结构框图如图1-2所示。

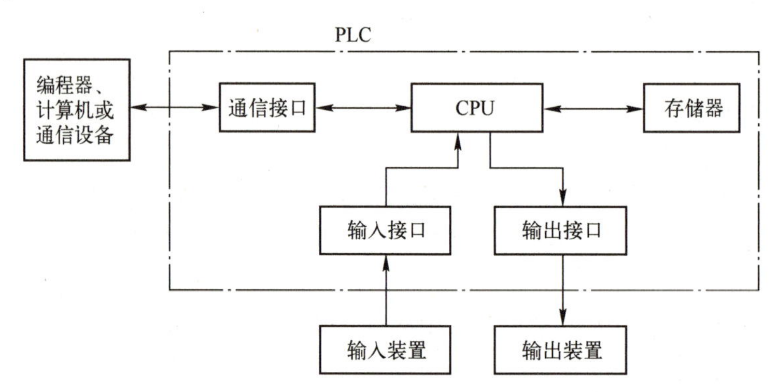

图1-2 PLC的结构框图

（1）CPU

CPU的功能是完成PLC内所有的控制和监视操作。CPU一般由控制器、运算器和寄存器组成。CPU通过控制总线、地址总线和数据总线与存储器、输入/输出接口电路连接。

（2）存储器

在 PLC 中有两种存储器：系统程序存储器和用户存储器。

系统程序存储器是用来存放由 PLC 生产厂家编写好的系统程序，并固化在只读存储器（ROM）内，用户不能直接更改。存储器中的系统程序负责解释和编译用户编写的程序、监控 I/O 接口的状态、对 PLC 进行自诊断、扫描 PLC 中的用户程序等。

用户存储器包括用户程序存储器和用户数据存储器两部分。用户程序存储器。是用来存放用户根据控制要求而编制的应用程序。目前大多数 PLC 采用可随时读写的快闪存储器（Flash）作为用户程序存储器，它不需要后备电池，掉电时数据也不会丢失。用户数据存储器用来存放（记忆）程序中所使用器件的 ON/OFF 状态和数据等。

（3）输入/输出接口

PLC 的输入/输出接口是 PLC 与工业现场设备相连接的端口。PLC 的输入和输出信号可以是数字量或模拟量，其接口是 PLC 内部弱电信号和工业现场强电信号联系的桥梁。接口主要起到隔离保护作用（电隔离电路使工业现场与 PLC 内部进行隔离）和信号调整作用（把不同的信号调整成 CPU 可以处理的信号）。

2. PLC 的工作过程

PLC 采用循环扫描的工作方式，其工作过程主要分为 3 个阶段：输入采样阶段、程序执行阶段和输出刷新阶段，PLC 的工作过程如图 1-3 所示。

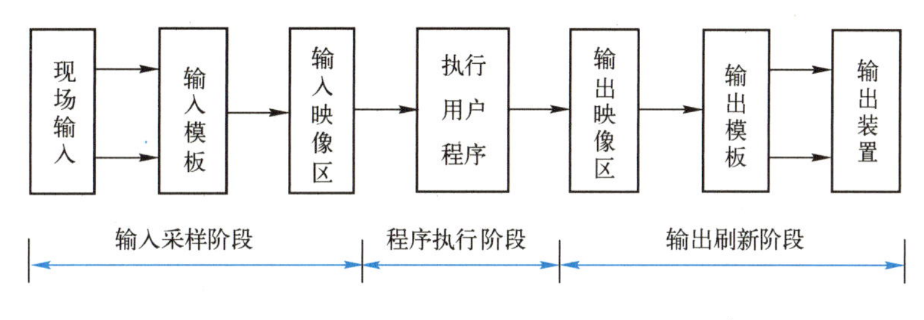

图 1-3　PLC 的工作过程

（1）输入采样阶段

PLC 在开始执行程序之前，首先按顺序将所有输入端子信号读入到输入映像区进行存储，该映像区用于寄存输入状态，这一过程称为采样。PLC 在运行程序时，所需要的输入信号不是取当时输入端子上的信息，而是取输入映像寄存器中的信息。在一个工作周期内这个采样结果的内容不会改变，只有到下一个输入采样阶段才会被刷新。

（2）程序执行阶段

PLC 按顺序进行扫描，即从上到下、从左到右地扫描每条指令，并分别从输入映像寄存器、输出映像寄存器以及辅助继电器中获得所需的数据进行运算和处理。再将程序执行的结果写入到输出映像寄存器中保存。但这个结果在全部程序未被执行完毕之前不会被送到输出端子上。

（3）输出刷新阶段

在执行完用户所有程序后，PLC 将输出映像区中的内容送到用来寄存输出状态的输出状态锁存器中进行输出，以驱动用户设备。

PLC 重复执行上述 3 个阶段，每重复一次的时间称为一个扫描周期。PLC 在一个扫描周期中，输入采样阶段和输出刷新阶段的时间一般为毫秒级，而程序执行时间因用户程序的长度而不同，一般容量为 1 KB 的程序扫描时间为 10 ms 左右。

1.1.5 PLC 的编程语言

PLC 常用的 5 种编程语言为：梯形图（Ladder Diagram，LD）、指令表（Instruction List，IL）、功能块图（Function Block Diagram，FBD）、顺序功能图（Sequential Function Chart，SFC）、结构文本（Structured Text，ST）。不同公司生产的 PLC 所使用的编程语言类型不一样，其中最常用的是梯形图和指令表。

1. 梯形图

梯形图是使用最多的 PLC 图形编程语言，示例如图 1-4a 所示。梯形图与继电器控制系统的电路图相似，具有直观易懂的优点，很容易被工程技术人员所熟悉和掌握。梯形图程序设计语言具有以下特点。

1）梯形图由触点、线圈和用方框表示的功能块组成。

2）梯形图中触点只有常开和常闭，触点可以是 PLC 输入点接的开关，也可以是 PLC 内部继电器的触点或内部寄存器、计数器等的状态。

3）梯形图中的触点可以任意串、并联，但线圈只能并联不能串联。

4）内部继电器、内部寄存器等均不能直接控制外部负载，只能作为中间结果使用。

5）PLC 是按循环扫描事件，沿梯形图先后顺序执行，在同一扫描周期中的结果留在输出状态锁存器中，所以输出点的值在用户程序中可以作为条件使用。

2. 指令表

指令表是使用助记符来书写程序的，又称为语句表，类似于汇编语言，但比汇编语言通俗易懂，属于 PLC 的基本编程语言，示例如图 1-4b 所示。它具有以下特点。

1）利用助记符号表示操作功能，容易记忆，便于掌握。

2）在编程设备的键盘上就可以进行编程设计，便于操作。

3）一般 PLC 程序的梯形图和指令表可以互相转换。

4）部分梯形图及另外几种编程语言无法表达的 PLC 程序，必须使用指令表才能编程。

3. 功能块图

功能块图采用类似于数学逻辑门电路的图形符号，逻辑直观、使用方便，其示例如图 1-5 所示。该编程语言中的方框左侧为逻辑运算的输入变量，右侧为输出变量，输入、输出端的小圆圈表示“非”运算，方框被“导线”连接在一起，信号从左向右流动。图 1-4 与图 1-5 逻辑功能相同。

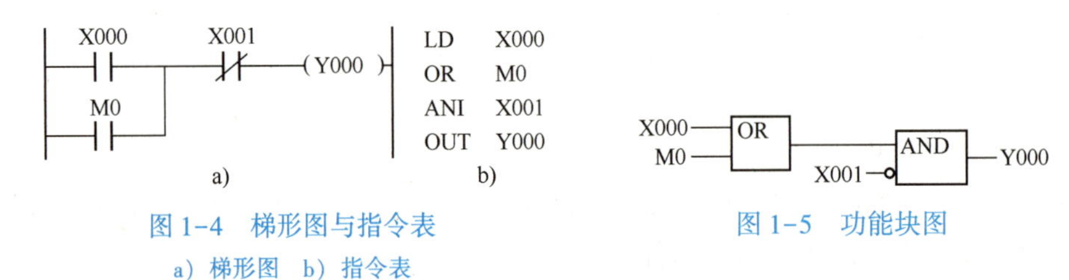

图 1-4　梯形图与指令表
a）梯形图　b）指令表

图 1-5　功能块图

功能块图程序设计语言有如下特点。

1）以功能模块为单位，从控制功能入手，使控制方案的分析和理解变得容易。

2）功能模块是用图形化的方法描述功能，它的直观性大大方便了设计人员的编程和组态，有较好的操作性。

3）对控制规模较大、控制关系较复杂的系统，由于控制功能的关系可以较清楚地表达出来，因此，可以缩短编程和组态时间，也能减少调试时间。

4. 顺序功能图

顺序功能图也称为流程图或状态转移图，是一种图形化的功能性说明语言，用于描述工业顺序控制程序，使用它可以对具有并行、选择等复杂结构的系统进行编程。顺序功能图程序设计语言有如下特点。

1）以功能为主线，条理清楚，便于对程序操作的理解和沟通。

2）对大型的程序，可分工设计，采用较为灵活的程序结构，以节省程序设计时间和调试时间。

3）常用于系统规模较大、程序关系较复杂的场合。

4）整个程序的扫描时间较其他程序设计语言编制的程序扫描时间要大大缩短。

5. 结构文本

结构文本是一种高级的文本语言，可以用来描述功能、功能块和程序的行为，还可以在顺序功能图中描述步、动作和转换的行为。结构文本程序设计语言有如下特点。

1）采用高级语言进行编程，可以完成较复杂的控制运算。

2）需要有计算机高级程序设计语言的知识和编程技巧，对编程人员要求较高。

3）直观性和易操作性较差。

4）常用于采用功能模块等其他语言较难实现的一些控制功能的实现中。

1.1.6 FX_{3U}系列 PLC 硬件

本书以三菱 FX_{3U}系列小型 PLC 为主要讲授对象。FX_{3U}是三菱公司第三代微型可编程控制器，它是 FX_{2N}的升级换代产品，它继承了 FX_{2N}的诸多优点，指令与 FX_{2N}基本相同，内置了高速处理及定位等功能，其运行速度、容量、性能、功能都比 FX_{2N}有较大的提升，输入/输出最多可扩展到 256 点，如果包括 CC-Link 的远程 I/O 在内，可实现的最大输入/输出控制点数为 384 点。除了可以使用 FX_{2N}丰富的扩展设备，还可以通过功能扩展板以及特殊适配器，实现强大的扩展性，从而适应各行各业的功能需求。

三菱 FX_{3U}系列 PLC 硬件主要由基本单元、扩展单元和扩展模块、功能扩展板、显示模块、特殊适配器、特殊功能模块存储器、编程设备和电源组成。

1. 基本单元

FX_{3U}系列 PLC 的基本单元包括 CPU、输入/输出电路、电源和存储器。在 PLC 控制系统中，CPU 相当于人的大脑，它不断地采集输入信号，根据用户程序执行处理和运算，最后再刷新系统的输出；存储器用来存储程序和数据。

以 FX_{3U}-48MR 型号为例，基本单元如图 1-6 所示。基本单元通过导轨固定卡口固定于导轨上，上方为数字量输入接线端子（输入端子排盖板里）和供电电源接线端子（输入端子排盖板里）；下方为数字量输出接线端子（输出端子排盖板里）；左下方为 RUN/STOP 切换开关、RS-422 通信端口；正面有多种 CPU 运行及状态（指示灯）LED（主要有电源指示灯、输入/输出点状态指示灯，工作状态指示灯 RUN、STOP 和 ERROR 等）；左侧有插针式连接器，便于连接扩展模块。存储器盒安装在上盖板下方（在图中黑色盖板的下方）。使用 FX_{3U}-7DM（显示模块）时，将这个盖板换成 FX_{3U}-7DM 附带的盖板。

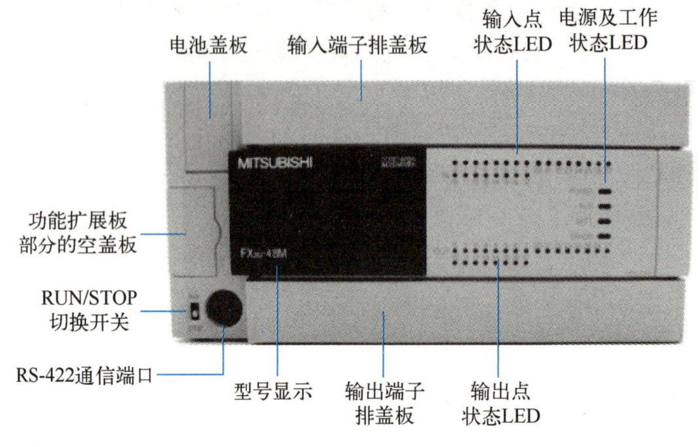

图 1-6　基本单元

写入程序以及停止运行时，置为 STOP 模式（RUN/STOP 切换开关拨动到下方）。PLC 运行时，置为 RUN 模式（RUN/STOP 切换开关拨动到上方）。

打开端子排盖板的状态如图 1-7 所示，此时可以看到电源端子、输入（X）端子、输出（Y）端子及端子名称。

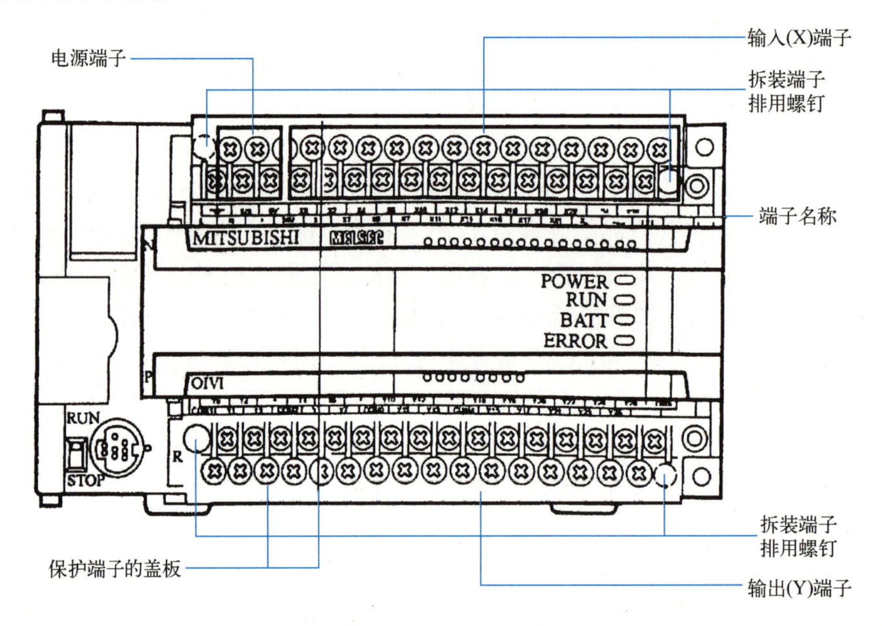

图 1-7　打开端子排盖板的状态

（1）PLC 的型号

三菱 FX_{3U}系列 PLC 基本单元的型号含义如下。

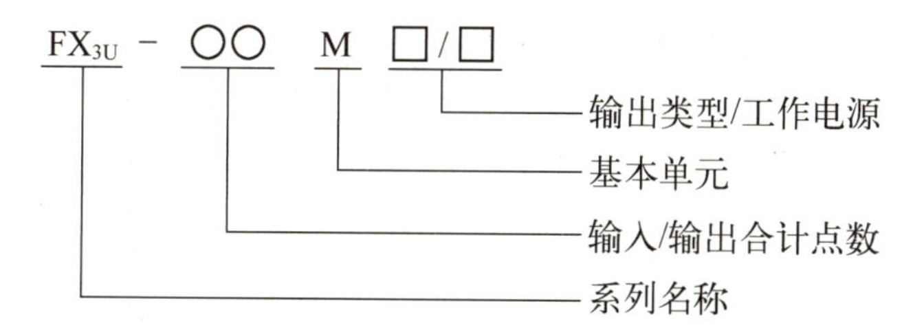

三菱 FX_{3U}系列 PLC 基本单元的输出类型及工作电源主要有以下几种。

1）R/ES：AC 电源/DC 24 V（漏型/源型）输入/继电器输出。

2）T/ES：AC 电源/DC 24 V（漏型/源型）输入/晶体管（漏型）输出。

3）T/ESS：AC 电源/DC 24 V（漏型/源型）输入/晶体管（源型）输出。

4）S/ES：AC 电源/DC 24 V（漏型/源型）输入/晶闸管（SSR）输出。

5）R/DS：DC 电源/DC 24 V（漏型/源型）输入/继电器输出。

6）T/DS：DC 电源/DC 24 V（漏型/源型）输入/晶体管（漏型）输出。

7）T/DSS：DC 电源/DC 24 V（漏型/源型）输入/晶体管（源型）输出。

8）R/UA1：AC 电源/AC 100 V 输入/继电器输出。

三菱 FX_{3U}系列 PLC 的基本单元合计点数目前主要有 16 点、32 点、48 点、64 点、80 点和 128 点等，而且输入和输出点均为合计点数的一半。如果在工程项目使用中需要大量输入/输出点，可通过输入/输出扩展单元来增加输入/输出点数；如果只需要增加少部分的输入/输出点数，可通过增加输入/输出模块便可。

（2）PLC 的状态指示灯

PLC 提供 4 个指示灯，来表示 PLC 的当前工作状态，其含义如表 1-1 所示。

表 1-1　PLC 的状态指示灯含义

指　示　灯	指示灯的状态与当前运行的状态
POWER 电源 指示灯（绿色）	PLC 接通工作电源后，该灯点亮，正常时仅有该灯点亮，它表示 PLC 处于上电状态
RUN 运行 指示灯（绿色）	当 PLC 处于正常运行状态时，该灯点亮
BATT 内部锂电池低电压 指示灯（红色）	如果该指示灯点亮说明锂电池电压不足，应更换
ERROR 出错 指示灯（红色）	如果该指示灯闪烁，说明出现以下类型的错误提示： 1）程序错误时闪烁； 2）CPU 错误时常亮

（3）RUN/STOP 切换开关与通信接口

模式转换开关用来改变 PLC 的工作模式，PLC 电源接通后，将 RUN/STOP 切换开关拨到 RUN 位置，则 PLC 的运行指示灯（RUN）点亮，表示 PLC 正处于运行状态；将 RUN/STOP 切换开关拨到 STOP 位置，则 PLC 的运行指示灯（RUN）熄灭，表示 PLC 正处于停止状态。

通信接口用来连接编程设备（如手持编程器、计算机等）或通信设备（如上位机、触摸屏等），通信线与 PLC 连接时务必注意通信线接口内的“针”（一般接口上都会标出位置对齐的标记）与 PLC 上的接口正确对应后，将通信线接口插入 PLC 的通信接口，以免损坏接口。

（4）PLC 的电源端子、输入端子与输出端子

PLC 的电源端子、输入端子与输出端子如图 1-8 所示。

1）电源端子：AC 电源型为［L］、［N］和［⏚］端子，通过这部分端子外接 PLC 的外部电源（AC 220 V）。DC 电源型为［⊕］、［⊖］端子。

2）输入公共端子 S/S：在外接按钮、开关和传感器等外部信号元件时必须接的一个公共端子，第一代和第二代 FX 系列 PLC 没有此端子。

3）+24 V 电源端子：AC 电源型为［0 V］、［24 V］端子。DC 电源型中没有此端子。

4）X□端子：为输入（IN）继电器的接线端子，是将外部信号引入 PLC 的必经通道。

5）［.］端子：带有［.］符号的端子表示该端子未被使用，不具有任何功能。

6）COM 端子：标有 COM1 等字样的端子为 PLC 输出公共端子，是在 PLC 连接负载（如接触器、电磁阀和指示灯等）时必须连接的一个端子，设置有多个 COM 端子的目的是为了满足不同电压类型和等级的负载需要，对于共用一个公共端子的同一组输出（同一组输出的输出接线端子数量不一定相同，接线时请务必注意），必须用同一个电压类型和同一电压等级。在负载使用相同电压类型和等级时，可将每一组的 COM 端子用导线相连接。

7）Y□端子：为输出（OUT）继电器的接线端子，是将 PLC 指令执行结果传递到负载侧的必经通道。

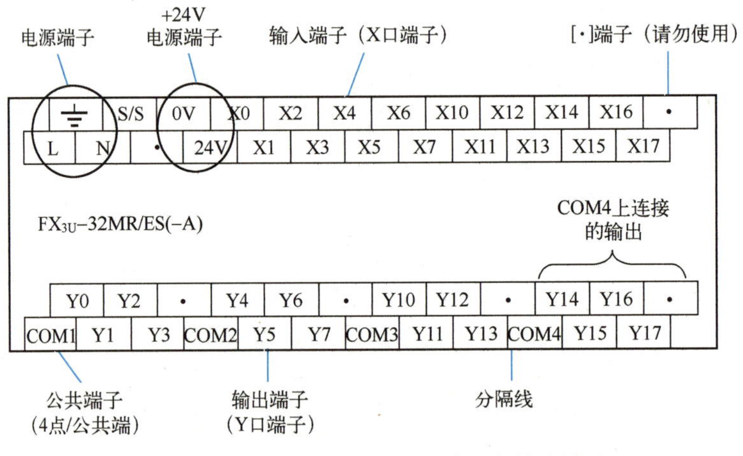

图 1-8 PLC 电源端子、输入端子与输出端子

2. 扩展单元和扩展模块

它们安装在基本单元的右边，FX_{3U}系列 PLC 可以使用 FX_{2N}/FX_{2NC}，和 FX_{3U}的扩展单元、扩展模块和特殊功能模块。有开关量输入/输出扩展单元的扩展模块、模拟量输入/输出模块、网络通信模块、高速计数器模块和定位模块等。

输入/输出扩展单元内置了电源回路和输入/输出，用于扩展输入/输出的产品。而输入/输出扩展模块只内置了输入、输出、输入/输出。目前 FX_{3U}系列 PLC 的输入/输出扩展单元和扩展模块仍采用 FX_{2N}系列的。

（1）三菱 FX_{2N}系列 PLC 扩展单元

其型号含义如下：

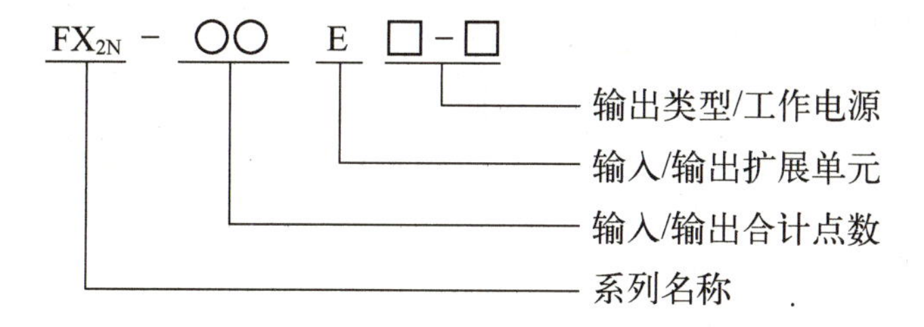

三菱 FX_{2N}系列 PLC 输入/输出扩展单元的输出类型及工作电源主要有以下几种。

1）R：AC 电源/DC 24 V（漏型）输入/继电器输出。

2）R-ES：AC 电源/DC 24 V（漏型/源型）输入/继电器输出。

3）T：AC 电源/DC 24 V（漏型）输入/晶体管（漏型）输出。

4）T-ESS：AC 电源/DC 24 V（漏型/源型）输入/晶体管（源型）输出。

5）S：AC 电源/DC 24 V（漏型）输入/晶闸管（SSR）输出。

6）R-DS：DC 电源/DC 24 V（漏型/源型）输入/继电器输出。

7）R-D：DC 电源/DC 24 V（漏型）输入/继电器输出。

8）T-DSS：DC 电源/DC 24 V（漏型/源型）输入/晶体管（源型）输出。

9）T-D：DC 电源/DC 24 V（漏型）输入/晶体管（漏型）输出。

10）R-UA1：AC 电源/AC 100 V 输入/继电器输出。

三菱 FX_{2N}系列 PLC 的输入/输出扩展单元合计点数主要有 32 点和 48 点两种，如 FX_{2N}-32ER-ES、FX_{2N}-48ET 等。

（2）三菱 FX_{2N}系列 PCL 输入/输出扩展模块

其型号含义如下：

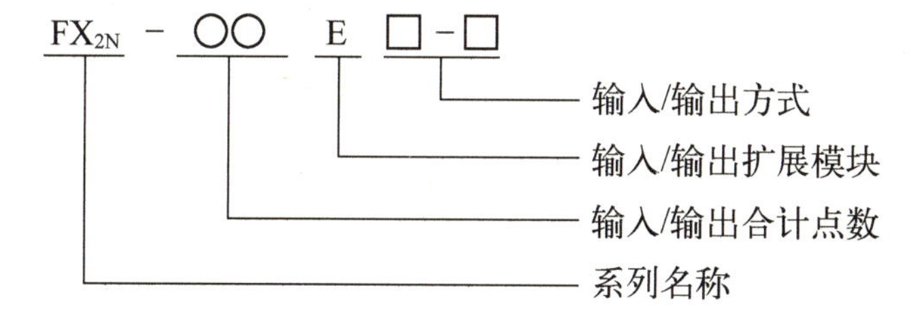

三菱 FX_{2N}系列 PLC 输入/输出扩展模块的输入/输出类型主要有以下几种。

1）ER：DC 24 V（漏型）输入/继电器输出/端子排。

2）ER-ES：DC 24 V（漏型/源型）输入/继电器输出/端子排。

3）X：DC 24 V（漏型）输入/端子排。

4）X-C：DC 24 V（漏型）输入/连接器。

5）X-ES：DC 24 V（漏型/源型）输入/端子排。

6）XL-C：DC 5 V 输入/连接器。

7）X-UA1：AC 100 V 输入/端子排。

8）YR：继电器输出/端子排。

9）YR-ES：继电器输出/端子排。

10）YT：晶体管（漏型）输出/端子排。

11）YT-H：晶体管（漏型）输出/端子排。

12）YT-C：晶体管（漏型）输出/连接器。

13）YT-ESS：晶体管（源型）输出/端子排。

14）YS：晶闸管（SSR）输出/端子排。

三菱 FX_{2N} 系列 PLC 的输入/输出扩展模块合计点数主要有 8 点和 16 点两种，如 FX_{2N}-8ER-ES、FX_{2N}-16EX 和 FX_{2N}-16EYR 等。

3. 功能扩展板

安装在基本单元内的功能扩展板价格便宜，不需要外部的安装空间。功能扩展板主要有以下几种：4 点开关量输入板、2 点开关量晶体管输出板、2 路模拟量输入板、1 路模拟量输出板、8 点模拟量电位器板；RS-232C、RS-485、RS-422C 通信板和 FX_{3U} 的 USB 通信板等。

4. 显示模块

显示模块 FX_{3U}-7DM 价格比较便宜，可以显示 4 行，每行 16 个字符或 8 个汉字，可以直接安装在基本单元上，使用专用的支架也可以安装到电器柜上。它们可以显示实时时钟的当前时间和错误信息，通过它们可以对定时器、计数器和数据寄存器等进行监视，通过简单操作，可以修改 PLC 的软元件值。

5. 特殊适配器

特殊适配器安装在基本单元的左边。有模拟量输入（如 FX_{3U}-4AD-ADP）、模拟量输出（如 FX_{3U}-4DA-ADP）、热电阻/热电偶温度传感器输入（如 FX_{3U}-4AD-PT/TC-ADP）、脉冲输入（如 FX_{3U}-4HSX-ADP）、脉冲输出（如 FX_{3U}-4HSY-ADP）、数据采集、MODBUS 通信和以太网通信等特殊适配器。

6. 存储器

PLC 的程序分为操作系统和用户程序。操作系统使 PLC 具有基本的智能，能够完成 PLC 设计者规定的各种工作。操作系统由 PLC 生产厂家设计并固化在只读存储器（ROM）中，用户不能读取。用户程序由用户设计，它使 PLC 能完成用户要求的特定功能。用户程序存储器的容量以字节（Byte，简称为 B）为单位。

PLC 常用以下几种存储器。

（1）随机存取存储器（RAM）

用户程序和编程软件可以读出 RAM 中的数据，也可以改写 RAM 中的数据。RAM 具有易失性，RAM 芯片的电源中断后，储存的信息将会丢失。RAM 的工作速度高、价格便宜、改写方便。在关断 PLC 的外部电源后，可以用锂电池保存 RAM 中的用户程序和某些数据。锂电池使用年限为 1~3 年，需要更换锂电池时，由 PLC 发出信号通知用户。

（2）只读存储器（ROM）

ROM 只能读出内容，不能写入信息。它具有非易失性，它在电源中断后，仍能保存存储器的内容。ROM 用来存放 PLC 的操作系统。

（3）电可擦除可编程只读存储器（E^2PROM）

E^2PROM 具有非易失性，掉电后它保存的数据不会丢失。PLC 运行时可以读写它，它兼有 ROM 的非易失性和 RAM 的随机存取的优点，但是写入数据所需的时间比 RAM 长得多，改写的次数有限制。PLC 用 E^2PROM 来存储用户程序和需要长期保存的重要数据。

7. 编程设备

编程设备用来生成用户程序，并用它来进行编辑、检查、修改和监视用户程序的执行情况。早期使用的手持编程器（如 FX-20P）已基本上被编程软件替代。

FX 系列编程软件主要有 SWOPC-FXGP/WIN-C、GX Developer 和 GX Works2 等，FX_{3U} 系列 PLC 目前主要使用后两种软件，可以在计算机上的屏幕上直接生成和编辑用户程序。程序被正确编译后下载到 PLC，也可以将 PLC 中的程序上传到计算机。

8. 电源

FX_{3U}系列 PLC 使用交流 220 V 电源或直流 24 V 电源，可以为输入电路和外部的传感器提供直流 24 V 电源，驱动 PLC 负载的电源一般由用户提供。

当 PLC 的扩展电源容量不足时，FX_{3U}系列 PLC 可以使用 FX_{3U}-1PSU-5 V，其输入电压为 AC 100~240 V，它还可以输出 DC 24 V、0. 3 A 的电流。

1. 1. 7　FX_{3U}系列 PLC 软元件

由于 PLC 是由继电器—接触器控制发展而来，所以 PLC 中存储器的存储单元沿用“继电器”来命名。按存储数据性质把这些存储单元命名为输入继电器（X）、输出继电器（Y）、辅助继电器（M）、状态继电器（S）、定时器（T）、计数器（C）、指针（P/I）数据寄存器（D）和变址寄存器（V/Z）等。在工程技术中，常把这些继电器称为软元件，用户在编程时必须掌握这些软元件的符号及编号。

1. 输入继电器（X）

PLC 的输入端子是从外部接收信号的端口，PLC 内部与输入端子连接。输入继电器（X）是用光电隔离的电子继电器，它们的编号与接线端子编号一致，按八进制进行编号，线圈的通断取决于 PLC 外部触点的状态，不能用程序指令驱动。内部提供常开/常闭两种触点供编程时使用，且使用次数不限。输入继电器的范围为 X000 ~ X367，共 248 点。

外部输入设备通常分为主令电器和检测电器两大类，主令电器产生主令输入信号，如按钮、开关等；检测电器产生检测运行状态的信号，如行程开关、继电器的触点和传感器等。输入电路连接示意图如图 1-9 和图 1-10 所示。

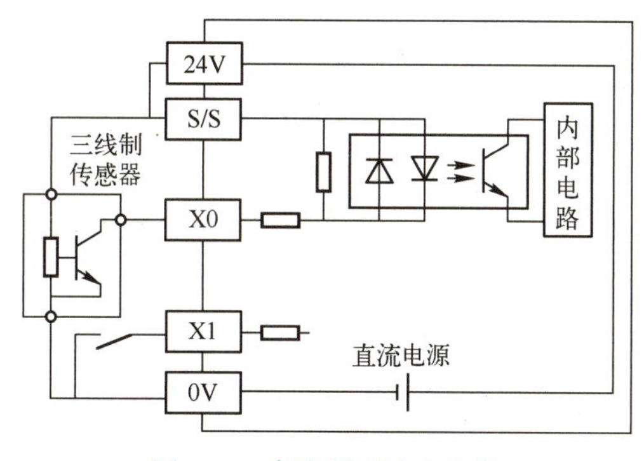

图 1-9　直流漏型输入电路

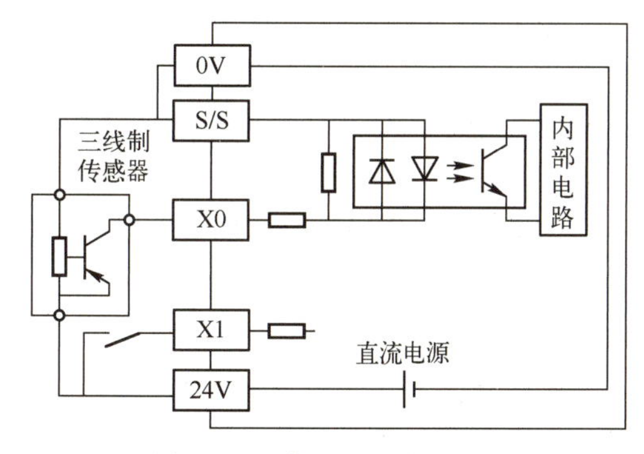

图 1-10　直流源型输入电路

图 1-9 所示的电流从输入端子流出，为漏型输入。图 1-10 所示的电流从输入端子流入，为源型输入。对于一般的输入为无源开关类元件时，不需要区分漏型或源型输入，

只有输入元件为有源元件；动作时为漏型或源型输出时，才需要区分 PLC 的输入电路电源极性。

当图 1-9 中的外接触点接通或图中的 NPN 型晶体管饱和导通时，电流经内部 DC 24 V 电源的正极、发光二极管、电阻、X0 等输入端子和外接触点（或传感器的输出晶体管），从 0 V 端子流回内部直流电源的负极。光电耦合器中两个反并联的发光二极管中的一个发光，光敏晶体管饱和导通，CPU 在输入阶段读入的是二进制数 1；外接触点断开或传感器的输出晶体管处于截止状态时，发光二极管熄灭，光敏晶体管截止，CPU 读入的是二进制数 0。

基本单元中 X000~X017 有内置的数字滤波器，以防止由于输入触点抖动或外部干扰脉冲引起错误的输入信号。可以用特殊数据寄存器 D8020 或应用指令 REFF 调节它们的滤波时间。X020 开始的输入继电器的 RC 滤波延迟时间固定为 10 ms。

PLC 的输入端可以外接常开触点或常闭触点，也可以接多个触点组成的串并联电路。

2. 输出继电器（Y）

PLC 的输出端子是向外部负载输出信号的端口。输出继电器（Y）的线圈通断由程序驱动，输出继电器按八进制编号，其外部输出主触点接到 PLC 的输出端子上供驱动负载使用，内部提供常开/常闭两种触点供编程时使用，且使用次数不限。输出继电器的范围为 Y000~Y367，共 248 点。

外部输出设备通常分为驱动类负载和显示类负载两大类。驱动类负载如接触器、继电器和电磁阀等；显示类负载如指示灯、数字显示装置和蜂鸣器等。输出电路是 PLC 驱动外部负载的回路，PLC 通过输出点将负载和驱动电源连接成一个回路，负载的状态由 PLC 输出点进行控制。负载的驱动电源规格根据负载的需要和 PLC 输出接口类型、规格进行选择。FX 系列 PLC 的输出点分为若干组，每一组各输出点的公共端子为 COM1、COM2 等，某些组可能只有一点。各组可以分别使用各自不同类型的电源。如果几组共同一个电源，应将它们的公共端子连接到一起。

输出电路的功率器件有驱动直流负载的晶体管和场效应晶体管、驱动交流负载的双向晶闸管，以及既可以驱动交流又可以驱动直流负载的小型继电器。输出电流的典型值为 0.3~2 A，负载电源由外部现场提供。

图 1-11 是继电器输出电路。梯形图中某输出继电器的线圈“通电”时，内部电路使对应的物理继电器的线圈通电，它的常开触点闭合，使外部负载得电工作。继电器同时起隔离和功率放大作用，每一路只提供一对常开触点。与触点并联的 RC 电路用来消除触点断开时产生的电弧，以减轻它对 CPU 的干扰。

图 1-12 是晶体管漏型集电极输出电路（如果是源型输出，则需将直流电源极性对调），负载电流流入输出端子，各点内部的输出电路的公共点 COM1 连接外部直流电源的负极。输出信号送给内部电路中的输出锁存器，再经光电耦合器送给输出晶体管，后者的饱和导通状态和截止状态相当于触点的接通和断开。图中的稳压管用来抑制关断过电压和外部的浪涌电压，以保护晶体管。场效应晶体管输出电路与晶体管输出电路基本相同。双向晶闸管输出电路中用光敏晶闸管实现隔离。

继电器输出电路的输出电流额定值与负载的性质有关，FX_{3U} 系列 PLC 基本单元的继电器输出可以驱动 AC 220 V/2 A 的电阻性负载，但是只能驱动 AC 220 V/80 VA 的电感性负载。

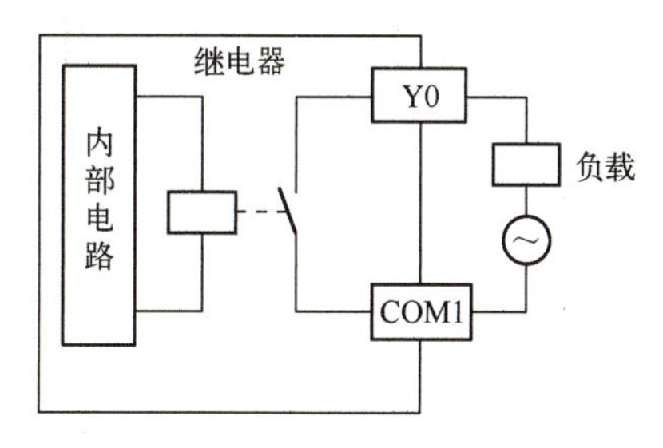

图 1-11 继电器输出电路

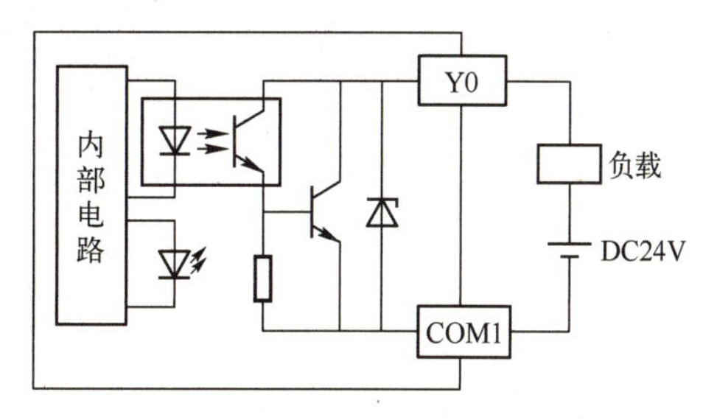

图 1-12 晶体管漏型集电极输出电路

继电器型输出电路的工作电压范围广，触点的导通压降小，承受瞬时过电压和瞬时过电流的能力较强，但是动作速度较慢，触点寿命（动作次数）有一定的限制。如果负载的通断状态变化不是很频繁，建议优先选用继电器型。

晶体管型与双向晶闸管型输出电路分别用于直流负载和交流负载，它们的可靠性高，反应速度快，寿命长，但是过载能力稍差。

3. 辅助继电器（M）

在 PLC 的逻辑运算中，经常需要一些中间继电器作为辅助运算用，这些软元件不能接收外部的输入信号，也不能直接驱动输出设备，是一种内部的状态标志，相当于继电器-接触器控制系统中的中间继电器，这类继电器称为辅助继电器（M）。

三菱 FX 系列 PLC 的辅助继电器用字母“M”表示，软元件号用十进制数表示，有线圈和常开/常闭触点。其中线圈只能由 PLC 内部程序控制，常开/常闭触点在 PLC 编程时可以无限次使用，但不能直接驱动外接输出设备。

FX 系列 PLC 的辅助继电器分 3 种，分别是：通用辅助继电器、断电保持辅助继电器和特殊辅助继电器。

（1）通用辅助继电器

FX_{3U}系列 PLC 的通用辅助继电器共 500 个，其软元件编号为 M0～M499，也可以通过参数更改为断电保持辅助继电器。

（2）断电保持辅助继电器

FX_{3U}系列 PLC 在运行中若发生断电，输出继电器的通用辅助继电器全部处于断开状态，电源接通后，这些状态不能自行复位到断电前的状态。某些控制系统要求记忆中断瞬间的状态，重新通电后需再呈现其状态，断电保持辅助继电器（编号为 M500～M7679）可以用于这种场合，由 PLC 内置锂电池提供电源，其中编号 M500～M1023 共 524 点可通过参数更改为断电保持或断电非保持辅助继电器，而编号 M1024～M7679 共 6656 点固定为断电保持辅助继电器。

（3）特殊辅助继电器

FX_{3U}系列 PLC 具有 512 个特殊辅助继电器，编号为 M8000～M8511，它们用来表示 PLC 的某些状态、提供时钟脉冲和标志（如进位、借位标志等）、设定 PLC 的运行方式、用于步进顺序控制、禁止中断和设定计数器的计数方式等。

特殊辅助继电器有两种类型：一种是触点利用型，没有线圈，用户只能利用其触点，如 M8000、M8011 等；另一种是线圈驱动型，可由用户程序驱动其线圈，使 PLC 执行特定的操作，如 M8033、M8039 等。

以下是几种常用的特殊辅助继电器。

1）M8000：运行监控继电器。当 PLC 执行用户程序时为 ON；停止执行时为 OFF。

2）M8001：运行监控继电器。当 PLC 执行用户程序时为 OFF；停止执行时为 ON。

3）M8002：初始化脉冲继电器。仅在 PLC 运行开始瞬间接通一个扫描周期。M8002 的常开触点用于某些软元件的复位和清零，也可作为启动条件。

4）M8004：如果运算出错，例如除法指令的除数为 0，M8004 变为 ON。

5）M8005：锂电池电压监控继电器。当锂电池电压降至规定值时变为 ON，可以用它的触点驱动输出继电器和外部指示灯，以提醒工作人员更换锂电池。

6）M8011~M8014：时钟脉冲继电器。分别产生 10 ms、100 ms、1 s 和 1 min 的时钟脉冲输出。

7）M8033：输出保持特殊辅助继电器。该继电器线圈“通电”时，PLC 由 RUN 状态进入 STOP 状态后，映像寄存器与数据寄存器中的内容保持不变。

8）M8034：禁止全部输出特殊辅助继电器。该继电器线圈“通电”时，PLC 全部输出被禁止。

9）M8039：定时扫描输出特殊辅助继电器。该继电器线圈“通电”时，PLC 以 D8039 中指定的扫描时间工作。

4. 状态继电器（S）

状态继电器（S）是构成顺序功能图的重要软元件，通常与步进顺控指令配合使用。三菱 FX 系列 PLC 状态继电器用字母“S”表示，编号为 S0~S4095，共有 4096 个。

5. 定时器（T）

定时器（T）在 PLC 中的作用相当于继电器-接触器控制系统中的时间继电器。FX_{3U} 系列 PLC 具有 512 个定时器，可提供无数对常开/常闭触点供编程使用，其设定值由程序赋予，编号为 T0~T511，其分辨率有 3 种，分别是：1 ms、10 ms 和 100 ms，定时范围为 0.001~3276.7 s。

6. 计数器（C）

计数器用于累计其计数输入端接收到的脉冲个数。计数器可提供无数对常开和常闭触点供编程使用，其设定值由程序赋予。

FX_{3U} 系列 PLC 具有 256 个计数器，编号为 C0~C255，分 16 位计数器、32 位计数器和高速计数器 3 种。

7. 指针（P/I）

FX_{3U} 系列 PLC 的指针包括分支用指针（P）和中断用指针（I）。

分支用指针（P）也称跳转指针，编号为 P0~P4095，共 4096 点，用来指定条件跳转、子程序调用等分支的跳转目标。

中断用指针（I），编号为 I0□□~I8□□，共 15 点。其中，编号为 I00□~I50□，用于外部中断；编号为 I6□□~I8□□，用于定时中断；编号为 I010~I060，用于计数中断。

8. 数据寄存器（D）

PLC 在运行中会产生大量的工作参数和数据，这些参数和数据存储在数据寄存器中。FX 系列 PLC 的数据寄存器的长度为双字节（16 位），最高位为符号位。也可以把两个数据寄存器合并起来存放一个 4 字节（32 位）的数据，最高位仍为符号位。

通用数据寄存器，编号为 D0～D199，共 200 个，也可以通过参数更改为保持数据寄存数。

断电保持数字寄存器，编号为 D200～D511，共 312 个，也可以通过参数更改为保持或非保持数据寄存数；编号 D512～D7999，共 7488 个为固定保持数据寄存器，其中编号 D1000～D7999，共 7000 个为文件寄存器，是一类专用数据寄存器，用于存储大量的数据。

特殊数据寄存器，编号为 D8000～D8511，共 512 个，该类型数据寄存器供用户监视 PLC 运行方式，在电源接通时，其内容为写入的初始化数据。未定义的特殊数据寄存器用户不能使用。

9. 变址寄存器（V/Z）

变址寄存器（V/Z）通常用来修改软元件的地址编号，V 和 Z 都是 16 位寄存器，可进行数据的读与写。将 V 和 Z 合并使用，可进行 32 位操作，其中 V 为低 16 位。

FX_{3U}系列 PLC 的变址寄存器共有 16 个，编号为 V0～V7 和 Z0～Z7。

10. 常数（K/H）

常数（K/H）前缀 K 表示该常数为十进制常数；常数（K/H）前缀 H 表示该常数为十六进制常数。如 K12 表示十进制的 12；H12 表示十六进制的 12，相当于十进制的 18。

1.1.8 编程及仿真软件

1. GX Developer 编程及仿真软件

三菱 FX 系列 PLC 的编程软件早期为 FXGP/WIN-C，主要针对 FX_1 和 FX_2 系列 PLC，而较新版编程软件能够进行 FX 系列、Q/QnA 系列、A 系列 PLC 的梯形图、指令表和 SFC 等编程，并且实现了与 FXGP/WIN-C 的兼容。

（1）GX Developer 编程软件

GX Developer 的梯形图编程界面如图 1-13 所示。

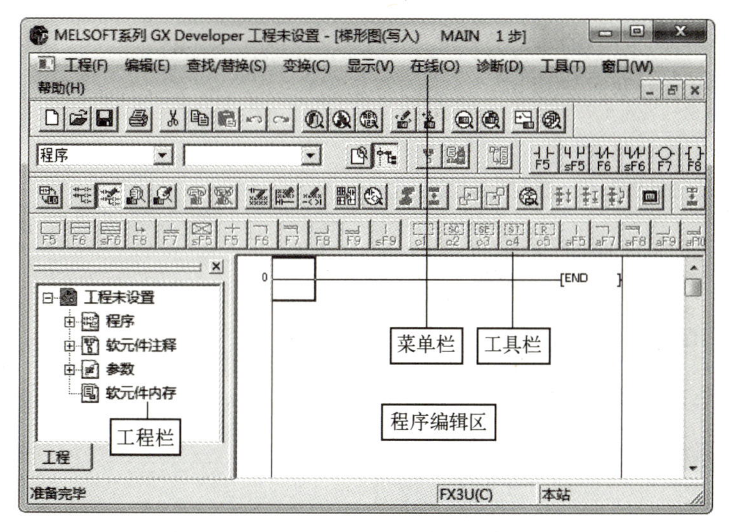

图 1-13　GX Developer 的梯形图编程界面

GX Developer 编程界面主要分为以下 4 个区。

1）菜单栏。

菜单栏共有 10 个下拉菜单，如果选择了所需要的菜单，相应的下拉菜单就会显示，然后可以选择其中的各种命令。若下拉菜单中选项的最右边有“▶”标记，则可以显示该选项的子菜单；当功能名称旁边有“…”标记时，将鼠标移至该项目时就会出现设置对话框。

2）工具栏。

工具栏又可分为主工具栏、图形编辑工具栏和视图工具栏等。工具栏中的快捷图标仅在相应的操作范围内才可见。此外，工具栏上的所有按钮都有注释，只要将鼠标指针移动到按钮上面就能显示其中文注释。

3）程序编辑区。

在程序编辑区内进行项目的程序编写，可以用梯形图、指令表和 SFC 等语言，并且在此区域内还可以对程序进行注释、注解，对参数进行编辑等。

4）工程栏。

以树状结构显示工程的各项内容，如显示程序、软元件注释和 PLC 参数设置等。

（2）GX Simulator-6 仿真软件

学习 PLC 最有效的手段是动手编程并上机调试，在缺乏实验条件情况下，为了验证程序是否正确，仿真软件不可或缺。与 GX Developer 编程软件相配套的仿真软件是 GX Simulator-6，它与编程软件配合使用能实现不加载 PLC 的离线仿真模拟调试，调试内容包括软元件监视测试、外部输入和输出的模拟操作等。

该仿真软件需要另外安装，安装成功后，在程序编译正确后方可启动。启动方法有两种：一是执行菜单栏“工具”→“梯形图逻辑测试启动”命令；二是单击工具栏上“梯形图逻辑测试启动/结束”按钮▣。

注意：GX Simulator-6 不支持对 FX_{3U} 系列 PLC 进行仿真，现以 FX_{2N} 系列 PLC 为例进行简单介绍。对于初学者来说，在编程时可以先选择 FX_{2N} 系列 PLC 进行编程训练，然后使用此仿真软件进行程序的调试和验证。

启动仿真后，如图 1-14 所示，“LADDER LOGIC TEST TOOL（梯形图逻辑测试）”对话框中的“RUN”和“ERROR”均为灰色，运行状态为“STOP”模式，同时出现“PLC 写入”窗口，显示程序的写入进度。

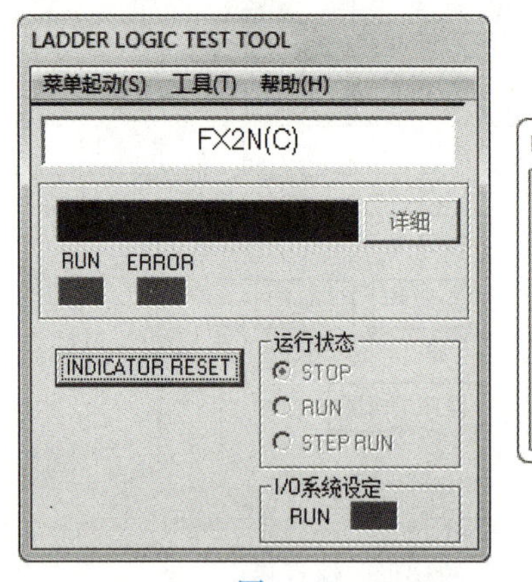

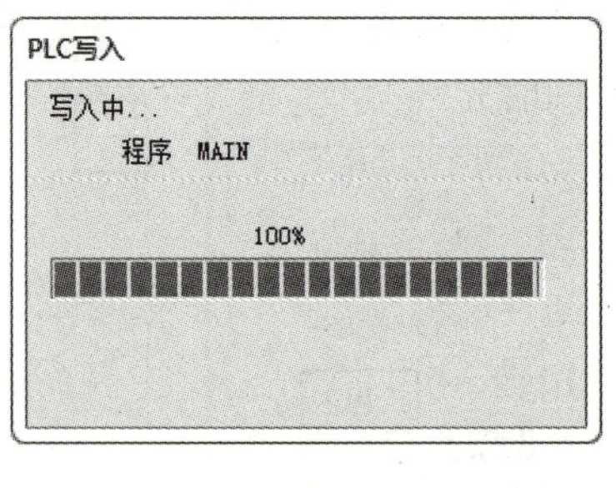

图 1-14　GX Simulator-6 仿真软件启动

程序写入完成后，“PLC 写入”窗口自动关闭，GX Simulator-6 仿真软件启动成功，对话框中“RUN”显示黄色，运行状态为“RUN”模式，梯形图中的蓝色光标变成蓝色方块，梯形图程序中凡是当前接通的触点或线圈均显示蓝色。所有定时器显示当前计时时间，计数器显示当前值，梯形图程序即进入仿真监控状态，如图 1-15 所示，同时 PLC 处于“监视模式”。

梯形图程序中软元件的动作需要通过“强制”方法来实现，软元件的强制操作是指在仿真软件中模拟 PLC 的输入元件动作（强制 ON 或 OFF），实现程序运行情况。其强制操作方法有如下 3 种：

1）执行菜单栏“在线”→“测试”→“软元件测试”命令。

2）单击工具栏“软元件测试”按钮。

3）将蓝色方块移动至需要强制触点处右击，在弹出的快捷菜单中选择“软元件测试（D）”。

执行上述操作后，出现如图 1-16 所示的“软元件测试”对话框。

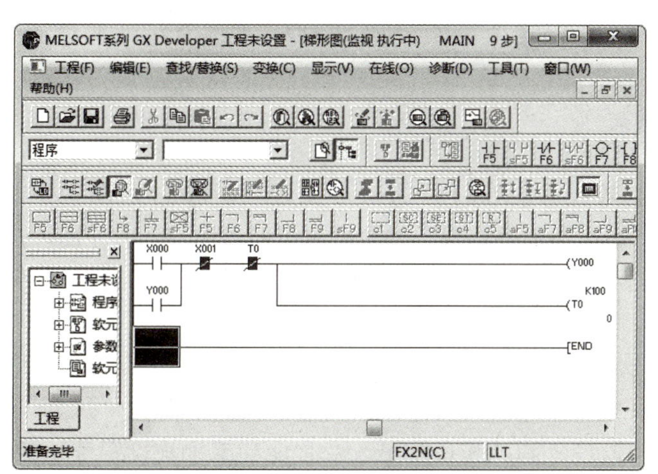
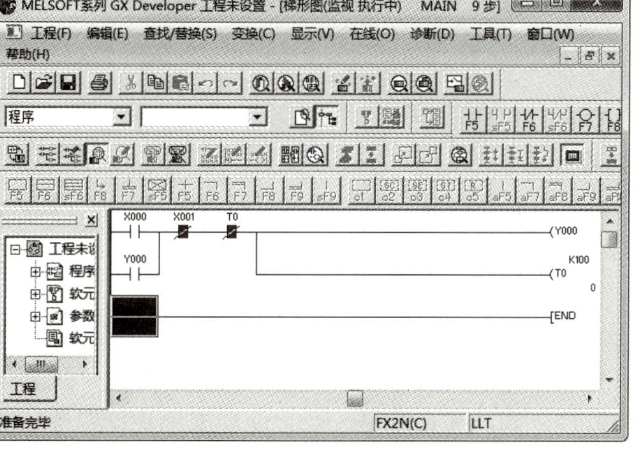

图 1-15　仿真监控状态

图 1-16　“软元件测试”对话框

在“软元件”中填入需要强制的位元件，如 X0，单击“强制 ON”，程序会按元件强制后状态进行运行，此时可观察到程序中各个触点及输出线圈的状态变化，如图 1-17 所示。建议位元件在使用时先强制 ON 后再单击“强制 OFF”（停止强制操作），相当于 X000 所外接的元件接通后又断开（如同现场按钮的按下和释放操作），除非此位元件需要一直处于导通状态，否则会影响程序的正常执行。

如果要对数据寄存器 D 进行数据的更改，可在图 1-16 中的“字软元件/缓冲存储区”的“软元件”栏中输入相应的数据寄存器地址，在“设置值”栏中输入相应的数据（注意区分进制和数据类型），然后单击“设置”按钮进行数据的更改操作。

程序中如果触点变成蓝色，表示该触点处于接通状态；如果输出线圈两边显示蓝色，表示该输出线圈接通，如图 1-17 所示。

如果要停止程序运行，则需打开梯形图逻辑测试对话框，如图 1-14 所示，单击运行状态栏下的“STOP”。若再单击“RUN”，则程序可恢复仿真运行状态。

如果要对程序进行修改，就要退出 PLC 仿真运行，单击工具栏中“梯形图逻辑测试启动/结束”按钮，出现停止梯形图逻辑测试提示框，如图 1-18 所示，单击“确定”按钮即可退出仿真测试。此时，PLC 处于“读出模式”，还不能对程序进行修改，必须单击工具栏中“写入模式”按钮，将 PLC 处于“写入模式”方可对程序进行修改。

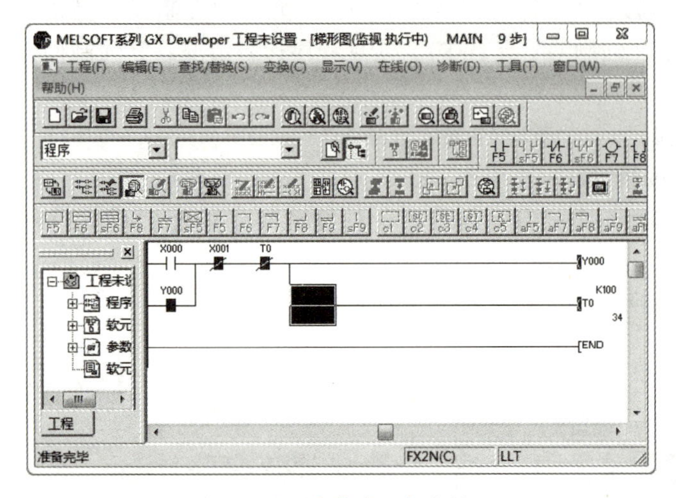

图 1-17 程序仿真运行的界面

图 1-18 停止梯形图逻辑测试提示框

仿真软件还可以对软元件进行监控操作，在打开的梯形图逻辑测试对话框中，如图 1-14 所示，执行“菜单起动”→“继电器内存监视”命令，可以对软元件和时序图等进行监控。由于篇幅所限，在此不再赘述。

2. GX Works2 编程及仿真软件

GX Works2 是三菱新一代的 PLC 软件，与以前的编程软件相比，功能和操作性能增强了，更加方便使用。其支持梯形图、SFC、ST 及结构化梯形图/FBD 等编程语言，可以实现程序编辑、参数设定、网络设定、程序监控、调试和在线更改及智能功能模块设置等功能，适用于 Q、L 和 FX 等系列 PLC，兼容 GX Developer 软件。

（1） GX Works2 编程软件

1） GX Works2 工程界面。

GX Works2 编程软件的工程界面如图 1-19 所示，由标题栏、菜单栏、工具栏、工程区、程序编辑区、输出区和状态栏等组成。

工程区用来显示导航窗口视窗中的内容，工程区下面的 3 个图标分别用于显示工程、用户库和连接目标；程序编辑区用于编程、参数设置和监视等，可以用菜单栏“窗口”菜单→“水平并列”或“垂直并列”命令在工作窗口同时显示打开的两个窗口；输出窗口用于显示编译操作的结果、出错信息以及报警信息等。

2） GX Works2 的工具栏设置。

如图 1-20 所示，在工程界面中，执行菜单栏中的“视图”→“工具栏”命令，单击工具栏列表中的某个选项，可以显示（选项被勾选）或关闭（勾消失）对应的工具栏。软件安装成功后，默认勾选所有项，选项有：标准、程序通用、折叠窗口、智能功能模块、梯形图。

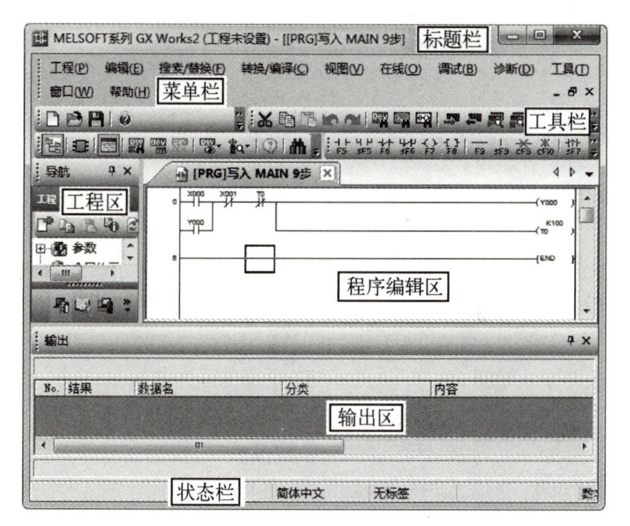

图 1-19 GX Works2 编程软件的工程界面

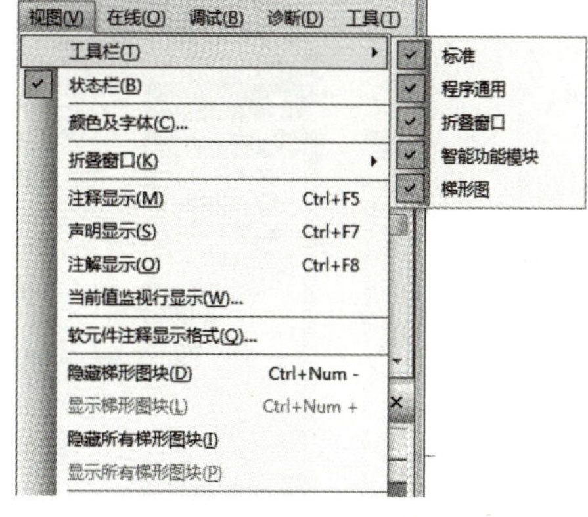

图 1-20 设置 GX Works2 的工具栏

3）打开或关闭折叠窗口。

执行菜单栏中“视图”→“折叠窗口”命令，单击列表中出现的某个窗口对象，可以打开或关闭该窗口。单击已经打开的某个窗口右上角的“关闭”按钮，可以关闭此窗口。

在保存工程时，将会保存当前各窗口和画面的状态。

4）窗口的悬浮显示与折叠显示。

折叠窗口中嵌入主框架中显示（依靠在屏幕的某一侧）称为折叠显示，从主框架中独立出来显示称为悬浮显示。单击“输出”窗口的标题栏，按住鼠标左键不放，移动鼠标，窗口变为悬浮显示，并随光标一起移动。松开鼠标左键，悬浮的窗口被放置在屏幕上当前的位置，如图 1-21 所示，这一操作称为“拖放”。

移动窗口时，工作区的中间和界面的四周出现定位器符号（8 个带箭头的符号），按住鼠标左键不放，移动鼠标至 8 个定位器符号中的任意一个定位器符号上，该定位器符号颜色由浅蓝色变深蓝色，此时若松开鼠标左键，则该窗口将依靠在软件界面的边上（左边、右边、下面或上面）。

双击某个窗口的标题栏，该窗口可以在悬浮显示和折叠显示之间切换。如果将某一窗口拖放至另一窗口的标题栏，则两个窗口将合并在一起，可以用窗口下面的选项卡中的标签切换这两个窗口。

执行菜单栏中“视图”→“折叠窗口”→“将窗口位置恢复为初始状态”命令，折叠窗口的显示位置将恢复到安装后的状态。

可以用拖放的方法实现工具栏的悬浮显示和折叠显示。

5）窗口的自动隐藏。

图 1-21 左边的“导航”窗口标题栏上“自动隐藏”按钮表示在垂直方向上窗口被“图钉”固定。单击该按钮，它变为水平方向的图钉，“导航”窗口被自动隐藏，变为界面最左边标有“导航”的一个小图形。单击它后导航窗口重新出现。单击标题栏上的按钮，它的形状变为，自动隐藏功能被取消。可以用同样的方法自动隐藏其他窗口，如导航窗口、输出窗口和调试窗口。

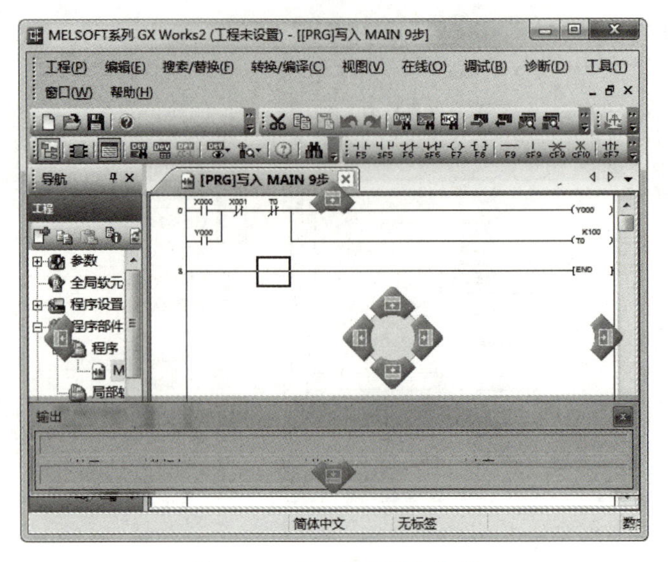

图 1-21　窗口的悬浮与依靠

(2) GX Works2 仿真软件

GX Works2 软件也有相配套的仿真软件，其仿真软件 GX Simulator2 被嵌入在编程软件 GX Works2 中，不需要另外安装。GX Simulator2 使用方便、功能强大，仿真时可以使用编程软件的各种监视功能，它支持 FX3 系列绝大部分指令，但是不支持中断指令、PID 指令、位置控制指令、与硬件和通信有关的指令。打开某个工程，启动仿真后，执行菜单栏中“调试”→“显示模拟不支持的指令”命令，在弹出的对话框中，将会显示该工程中 GX Simulator2 不支持的指令。

单击工具栏上“模拟开始/停止”按钮，或执行菜单栏中“调试”→“模拟开始/停止”命令，便可打开仿真软件 GX Simulator2，如图 1-22 所示。用户程序被自动写入仿真 PLC，写入结束后，关闭该对话框，运行状态“RUN”指示灯变为绿色，表示 PLC 处于运行模式。

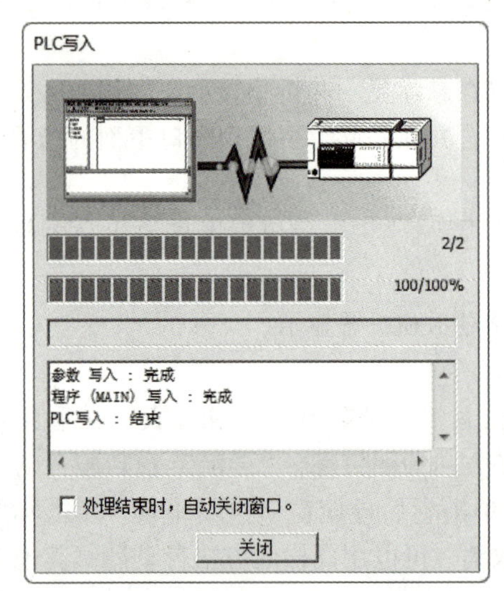

图 1-22　GX Simulator2 仿真软件启动

打开仿真软件后，梯形图程序自动进入“监视模式”，如图 1-23 所示。梯形图中常闭触点上深蓝色表示对应的软元件为 OFF，常闭触点闭合。

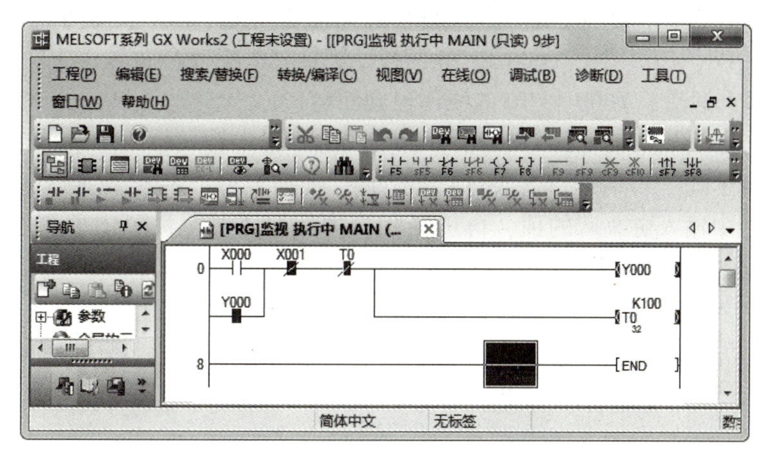

图 1-23　仿真软件的运行界面

单击工具栏上的“更改当前值”按钮，或执行菜单栏中“调试”→“当前值更改”命令，或在梯形图编辑区单击鼠标右键（右击），选择“调试”→“当前值更改”选项，弹出“当前值更改”对话框，如图 1-24 所示。单击对话框中的“执行结果”按钮，将会关闭或打开该按钮下面的“执行结果”列表，该列表记录了当前值被更改的历史记录。

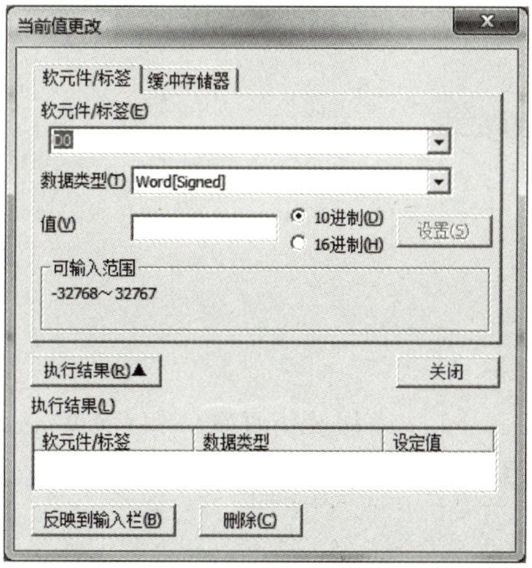

图 1-24　“当前值更改”对话框

单击梯形图中的 X000 的触点，“当前值更改”对话框中的“软元件/标签”选择框中出现 X000，或直接在“软元件/标签”选择框中输入 X0。单击“ON”按钮，X000 变为 ON，梯形图中 X000 的常开触点中间的部分变为深蓝色，表示该触点接通。相当于做硬件实验时接通了 X000 端子外接的输入电路。由于梯形图程序的作用，Y000 的线圈和定时器 T0 的线圈通电，Y000 线圈和 T0 线圈两边的圆括号的背景色变为深蓝色。

单击“当前值更改”对话框中的“OFF”按钮，X000 变为 OFF，梯形图中 X000 的常开触点断开，由于 Y000 的自锁触点的作用，Y000 的线圈和 T0 的线圈继续通电。

在定时器T0延时的时间未到时，单击梯形图中X001的触点，“当前值更改”对话框中的X000变为X001，先单击“ON”按钮，然后再单击“OFF”按钮，模拟停止按钮的按下与释放操作。梯形图中X001的常闭触点断开后又接通。由于梯形图程序的作用，Y000和T0的线圈变为OFF，梯形图中Y000和T0两边的圆括号的深蓝色背景消失。或当定时器T0延时的时间10s到达后，Y000和T0的线圈也会断电。

在“当前值更改”对话框的“软元件/标签”选择框中输入数据寄存器D地址，可在变化后的“当前值更改”对话框（见图1-24）的“数据类型”栏设置数据寄存器的数据类型、在“值”栏中输入更改后的值，再选择相应的数据进制，再单击进制右边的“设置”按钮，便可在线更改数据寄存器中的数据。

如果要对程序进行修改，就要退出PLC仿真运行，单击工具栏中“模拟开始/停止”按钮，便可退出仿真运行，但此时PLC处于“读出模式”，不能对程序进行修改，必须单击工具栏中“写入模式”按钮，将PLC处于“写入模式”方可对程序进行修改。

1.1.9 实训1 软件安装及使用——编程及仿真软件

【实训目的】

- 掌握编程软件的安装；
- 掌握编程及仿真软件的使用；
- 掌握新工程的创建步骤。

【实训任务】

- GX Works2编程软件的安装；
- 编程及仿真软件的使用；
- 创建一个新工程。

【实训步骤】

1. 编程软件的安装

在1.1.8中介绍的GX Developer编程及仿真软件和GX Works2编程软件的安装都比较简单，在此只介绍GX Works2编程及仿真软件的安装，本书后续章节中，实训任务的程序编写也由此编程软件实现。

读者可以在三菱电机自动化（中国）有限公司的网站（http://cn.mitsubishielectric.com/fa/zh）下载GX Works2编程及仿真软件和用户手册，也可以通过本书的配套资源获取。

该软件可以在Windows 7/Windows 10 64位操作系统下安装。在安装GX Works2编程及仿真软件之前，应关闭360卫士这类软件和杀毒软件。安装目录最好是纯英文，尽量不使用带有中文的安装路径。

双击文件夹“GX_Works2.14”中setup.exe，开始安装软件。弹出的对话框提示关闭所有的应用程序。单击各对话框的“下一步”按钮，可以打开下一个对话框。依次出现“欢迎”对话框和“用户信息”对话框，在“用户信息”对话框输入产品ID（序列号），如图1-25所示。

单击“选择安装目录”对话框中的“更改”按钮，可以修改安装软件的目标文件夹。确认“开始复制文件”对话框中的设置内容后，单击“下一步”按钮，开始安装软件，出现的“安装状态”对话框，显示安装的状态。

安装结束后，出现的对话框提示安装 FX 专用的帮助方法。此外，还先后出现了 FX 系列之外的与 PLC 有关的信息提示对话框，以及“是否查看 CPU 模块记录设置工具的安装手册”对话框，单击“否”按钮关闭这些对话框。

最后出现“完成 InstallShield 向导”对话框，单击“完成”按钮，结束安装过程。

2. 创建新工程

单击“开始”→“程序”→“MELSOFT 应用程序”→“GX Works2 文件夹”→“GX Works2”，或双击桌面上的快捷图标，打开 GX Works2 编程及仿真软件。执行菜单栏中“工程”→“新建工程”命令，或单击工具栏上的“建新工程”按钮，在弹出来的“新建工程”对话框的“工程类型”选项中选择“简单工程”，在“PLC 系列”选项中选择“FXCPU”，在“PLC 类型”选项中选择“FX3U/FX3UC”，在“程序语言”选项中选择“梯形图”，如图 1-26 所示，然后单击“确定”按钮，生成新的工程。新工程的主程序 MAIN 被自动打开。

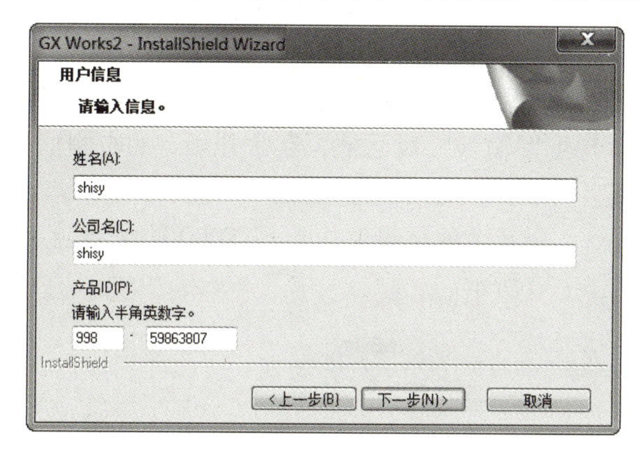

图 1-25 “用户信息”对话框

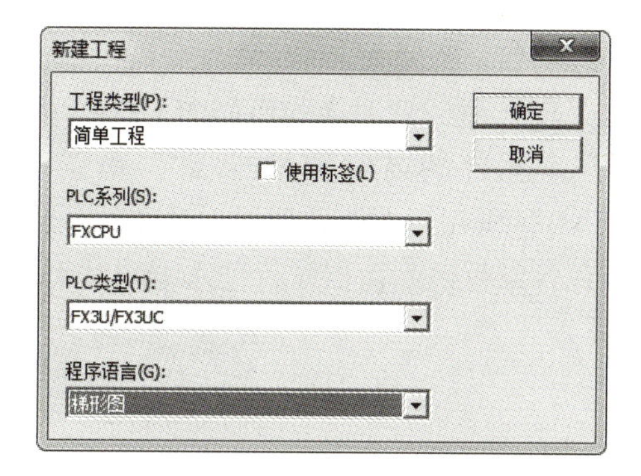

图 1-26 “新建工程”对话框

3. 生成梯形图程序

新生成的程序中只有一条结束指令 END，如图 1-27 所示。深蓝色边框的矩形光标在最左边。此时为默认的“写入模式”。

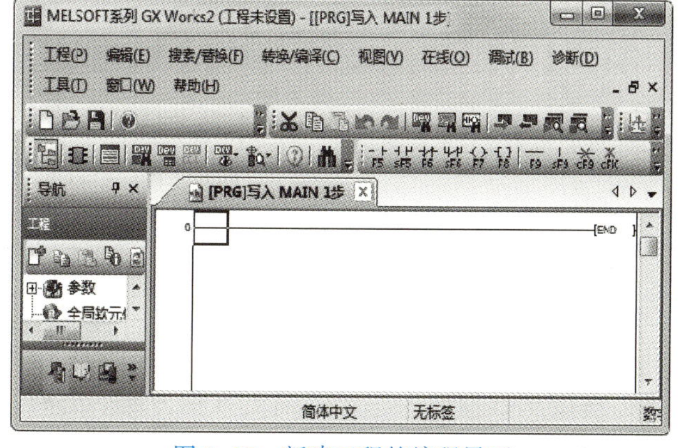

图 1-27 新建工程的编程界面

GX Works2 编程及仿真软件提供的 3 种梯形图输入方法为：快捷方式输入法、键盘输入法、菜单输入法。

(1) 快捷方式输入法

GX Works2 软件梯形图符号工具栏如图 1-28 所示。

图 1-28　梯形图符号工具栏

各项功能按顺序说明：〈F5〉常开触点、〈sF5〉并联常开触点、〈F6〉常闭触点、〈sF6〉并联常闭触点、〈F7〉线圈、〈F8〉应用指令、〈F9〉画横线、〈sF9〉画竖线、〈cF9〉横线删除、〈cF10〉竖线删除、〈sF7〉上升沿脉冲、〈sF8〉下降沿脉冲、〈aF7〉并联上升沿脉冲、〈aF8〉并联下降沿脉冲、〈aF5〉取运算结果的脉冲上升沿脉冲、〈caF5〉取运算结果的脉冲下降沿脉冲、〈caF10〉运算结果取反、〈F10〉画线输入、〈aF9〉画线删除。

快捷方式操作方式为：要在某处输入触点、指令、画线和分支等，先要把蓝色矩形光标移动到梯形图要编辑的地方，然后在工具条上单击相应的快捷图标，或按下快捷图标下方所标注的快捷键即可。

例如，要输入 X000 常开触点，单击梯形图工具栏上的“常开触点”按钮，或按键盘上〈F5〉键，此时会弹出如图 1-29 所示的“梯形图输入”对话框，在常开触点的右侧框中输入软元件的名称和编号 X0，单击“确定”按钮，或按键盘上的〈Enter〉键，指令“END”所在行上面增加了一个新的灰色背景行，在新增的行最左边出现 X000 的常开触点，灰色背景行表示该程序行进入编辑状态，如图 1-30 所示。

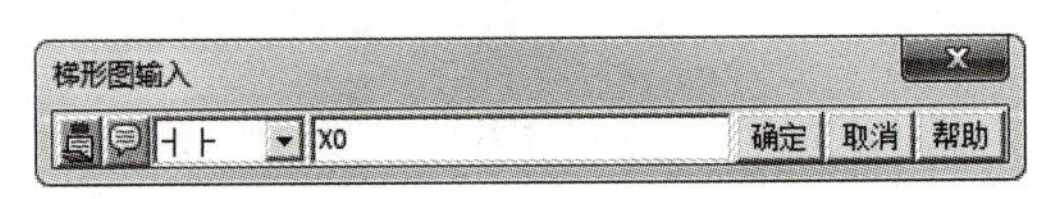

图 1-29　快捷方式下“梯形图输入”对话框

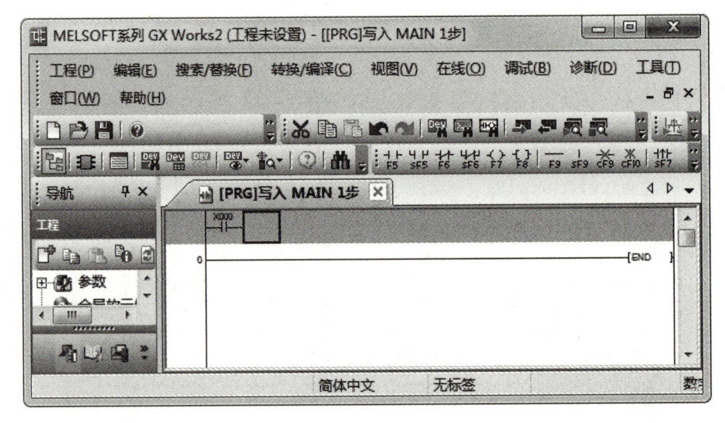

图 1-30　梯形图输入常开触点 X000

(2) 键盘输入法

如果键盘使用熟练，直接从键盘输入梯形图则更方便，效率更高。键盘输入操作方法为：在梯形图编辑区用矩形光标定位，利用键盘输入指令和操作数，在矩形光标的下方会出现对应对话框，然后单击“确定”按钮，或按键盘上的〈Enter〉键。

例如，在开始输入 X000 常开触点时，输入首字母“L”后，即出现“梯形图输入”对话框，如图 1-31 所示。

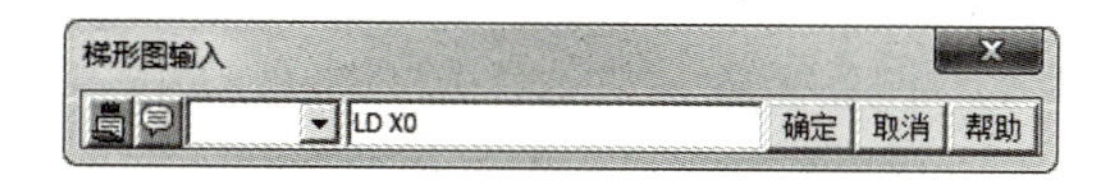

图 1-31　键盘输入方式下“梯形图输入”对话框

继续输入指令“LD X0”，单击“确定”按钮，常开触点 X000 编辑完成，如图 1-30 所示。同理，其他的触点、线圈等都可以通过上述方法完成输入。需要注意的是，在“画竖线”“画横线”等画线输入时，仍然需要单击对应图标或快捷键来实现。梯形图的修改、删除和快捷方式相同。

也可以直接输入软元件号，弹出如图 1-32 所示的“梯形图输入”对话框，左侧下拉框中无任何显示，单击下拉菜单选择“常开触点”，然后单击“确定”按钮即可。

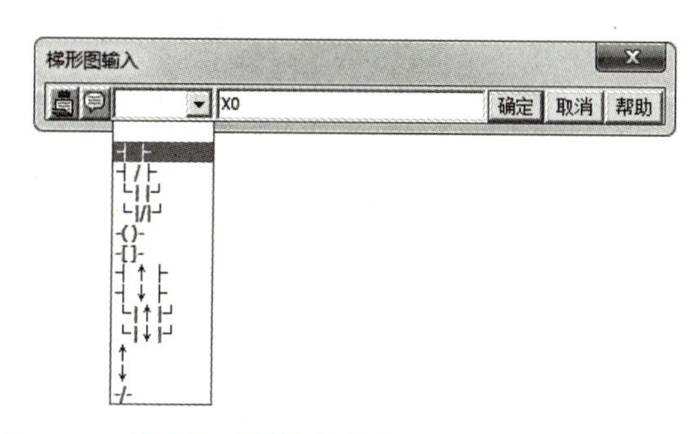

图 1-32　输入软元件号方式下“梯形图输入”对话框

(3) 菜单输入法

执行菜单栏中“编辑”→“梯形图符号”→“常开触点”命令，同样出现“梯形图输入”对话框，输入软元件号后单击“确定”按钮，或按键盘上的〈Enter〉键。

软元件及编号和指令表中的指令助记符不区分字母大小写。

生成串联触点的操作为：同时光标自动移到常开触点 X000 右边下一个软元件的位置。用同样的方法，单击工具栏上的“常闭触点”按钮或按键盘上的〈F6〉键生成两个常闭触点 X001 和 T0，单击工具栏上的“线圈”按钮或按键盘上的〈F7〉键生成一个线圈 Y000，如图 1-33 所示。

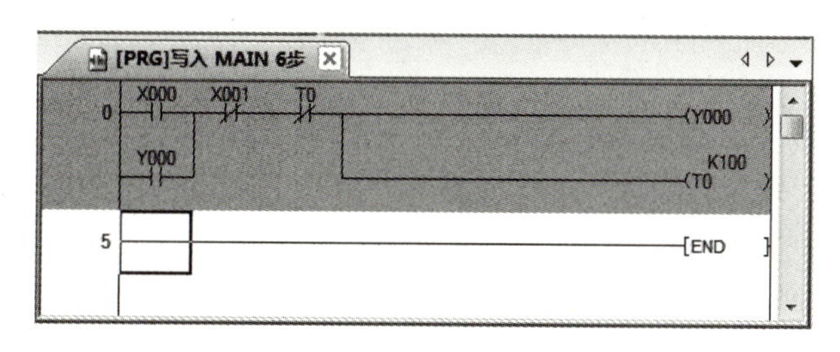

图 1-33　生成的梯形图程序

生成并联触点的操作为：单击 X000 常开触点下面的区域，将光标移至 X000 常开触点的下方，单击工具栏上的“并联触点”按钮或按键盘上的〈Shift+F5〉快捷键生成一个并联的常开触点 Y000，在指令“END”所在行上面增加了一个新的灰色背景的行。

生成分支路的操作为：将矩形光标再移到 T0 常闭触点后，单击工具栏上的“竖线输入”按钮或按键盘上的〈Shift+F9〉快捷键，弹出“竖线输入”对话框，如图 1-34 所示。在对话框中输入数字 1，表示要向下生成 1 行宽的竖线，然后再将矩形光标移到新生成的这一行竖线右侧，用上述方法生成定时器 T0 的线圈，其定时设定值为 K100。当然，也可以使用工具栏中的“画线写入”按钮实现，将矩形光标放置到要输入画线的位置，按住鼠标左键，通过移动鼠标“拖拽”矩形光标，在梯形图上画出一条折线。改变矩形光标终点位置，可以改变折线的高度和宽度。再次单击“画线写入”按钮，终止画线输入操作。单击“画线删除”按钮，“拖拽”矩形光标，可以删除矩形光标经过的折线，再次单击该按钮，即可终止画线删除操作。

图 1-34 “竖线输入”对话框

用类似方法可以在触点后面画出一根或数根横线。同样，可以删除横线或竖线。

删除横线的方法有：

① 将矩形光标移到要删除的横线最右侧，连续按下计算机键盘上〈Backspace〉键。

② 将矩形光标移到要删除的横线上，按下计算机键盘上〈Delete〉键。

③ 将矩形光标移至要删除的横线上，单击工具栏上的“横线删除”按钮或按下计算机键盘上〈Ctrl+F9〉键，在弹出来的“横线删除”对话框中输入要删除的线的根数，然后按“确定”按钮或计算机键盘上的〈Enter〉键；

若删除竖线，将矩形光标移至要删除的竖线最上方的右侧，单击工具栏上的“竖线删除”按钮或按下计算机键盘上〈Ctrl+F10〉键，在弹出来的“竖线删除”对话框中输入要删除的线的根数，然后按“确定”按钮或计算机键盘上的〈Enter〉键。

按下计算机键盘上〈Shift+Insert〉键，或执行菜单栏中“编辑”→“行插入”命令，可以在矩形光标所在行的上面插入一个新的空白行，然后在新的行添加触点或线圈。

4. 程序的转换

新生成的程序背景均为灰色，处于编辑状态，必须经过转换/编译将其转换成没有语法错误的程序，方可下载使用。

单击工具栏上的“转换”按钮，或执行菜单栏中“转换/编译”→“转换”命令，或按计算机键盘上〈F4〉快捷键，编程软件对输入的程序进行转换（即编译），转换操作首先对用户程序进行语法检查，如果没有错误，将用户程序转换为可以下载的代码格式。转换成功后梯形图中灰色的背景消失。建议在输入较为复杂的程序时，可以每次输入部分程序后就执行转换一次。

如果程序有语法错误，将会显示错误信息，并且矩形光标会自动移动到出错的位置。

单击工具栏上的“转换（所有程序）”按钮，或执行菜单栏中“转换/编译”→“转换（所有程序）”命令，可以批量转换所有的程序。

【实训交流】

不同语言界面的切换：GX Works2 软件为用户提供英文、日文、韩文和中文（简体中文

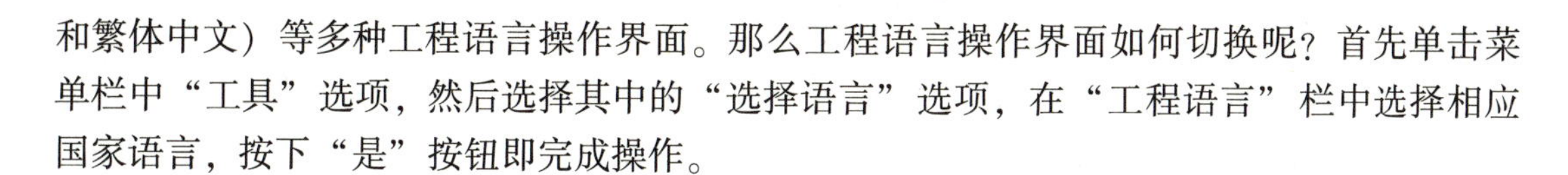

和繁体中文）等多种工程语言操作界面。那么工程语言操作界面如何切换呢？首先单击菜单栏中“工具”选项，然后选择其中的“选择语言”选项，在“工程语言”栏中选择相应国家语言，按下“是”按钮即完成操作。

【实训拓展】

编程软件的卸载：首先打开“控制面板”，然后打开“程序”（卸载程序），再选择 GX Works2 软件，单击鼠标右键，然后单击“卸载/更改”按钮进行该软件的卸载。

1.2　位逻辑指令

1.2.1　触点指令

触点指令的指令助记符、名称、功能、梯形图及操作软元件和程序步长如表 1-2 所示。

表 1-2　触点指令表

名　称	助记符	功　能	梯　形　图	可操作软元件	程序步长
取	LD	常开触点和左母线连接	(Y000)	X、Y、M、S、T、C	1
取反	LDI	常闭触点和左母线连接	(Y000)		
与	AND	常开触点串联连接	(Y000)		
与反	ANI	常闭触点串联连接	(Y000)		
或	OR	常开触点并联连接	(Y000)		
或反	ORI	常闭触点并联连接	(Y000)		

1. LD 指令

LD（Load）指令。LD 指令称为取指令，其梯形图如图 1-35a 所示，由常开触点和操作软元件构成。指令表如图 1-35b 所示，由指令助记符 LD 和操作软元件构成。

功能：取用常开触点与左母线相连。此外，在分支电路接点处也可使用。

操作软元件有：输入继电器 X、输出继电器 Y、辅助继电器 M、定时器 T、计数器 C、状态继电器 S 和寄存器某一位 D□. b 等软元件触点。

常开触点在其线圈没有信号流流过时，触点是断开的（触点的状态为 OFF 或 0）；而线圈有信号流流过时，触点是闭合的（触点的状态为 ON 或 1）。

2. LDI 指令

LDI（Load Inverse）指令称为取反指令，其梯形图和指令表如图 1-36 所示。LDI 指令与 LD 指令的区别是常闭触点在其线圈没有信号流流过时，触点是闭合的；当其线圈有信号流流过时，触点是断开的。

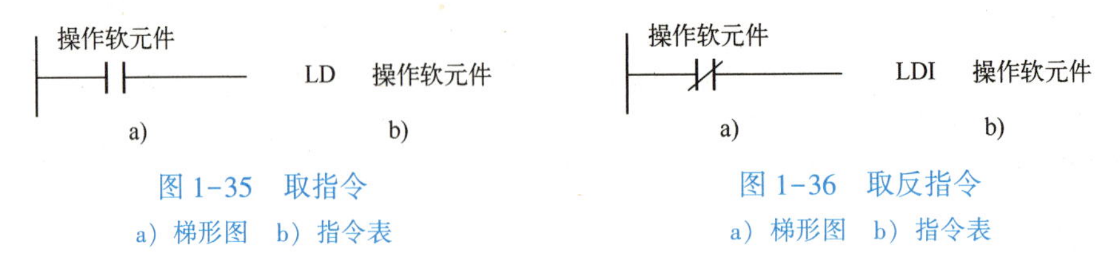

图 1-35 取指令
a）梯形图 b）指令表

图 1-36 取反指令
a）梯形图 b）指令表

视频“LD 指令、OUT 指令、END 指令”可通过扫描二维码 1-1 播放。

二维码 1-1

3. AND 指令

AND（And）指令称为与指令，其梯形图如图 1-37a（加方框部分）所示，由串联常开触点和操作软元件组成。指令表如图 1-37b（加方框部分）所示，由指令助记符 AND 和操作软元件构成。

功能：常开触点串联连接。

操作软元件有：输入继电器 X、输出继电器 Y、辅助继电器 M、定时器 T、计数器 C、状态继电器 S 和寄存器某一位 D□. b 等软元件触点。

当 X000 和 X001 常开触点都接通时，线圈 Y000 才有信号流流过；当 X000 或 X001 常开触点有一个不接通或都不接通时，线圈 Y000 就没有信号流流过，即线圈 Y000 是否有信号流流过取决于 X000 和 X001 的触点状态“与”关系的结果。

X000 X001 (Y000)

a)

LD	X000
AND	X001
OUT	Y000

b)

图 1-37 与指令
a）梯形图 b）指令表

视频“AND 指令”可通过扫描二维码 1-2 播放。

二维码 1-2

4. ANI 指令

ANI（And Inverse）指令称为与反指令，其梯形图如图 1-38a（加方框部分）所示，由串联常闭触点和操作软元件组成。指令表如图 1-38b（加方框部分）所示，由指令助记符 ANI 和操作软元件构成。ANI 指令与 AND 指令的区别为串联的是常闭触点。

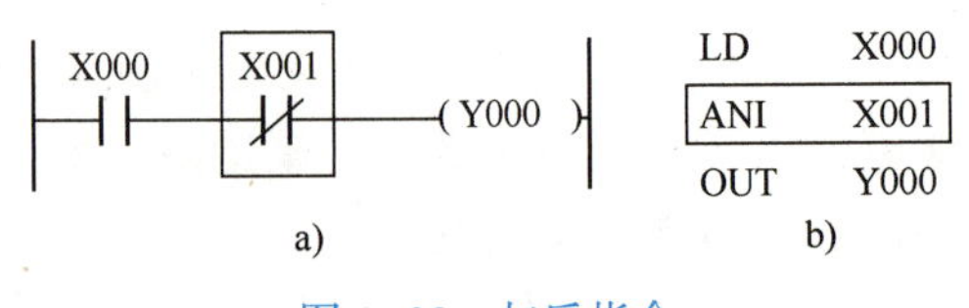

图 1-38 与反指令
a）梯形图 b）指令表

视频“ANI 指令”可通过扫描二维码 1-3 播放。

二维码 1-3

5. OR 指令

OR（Or）指令称为或指令，其梯形图如图 1-39a（加方框部分）所示，由并联常开触点和操作软元件组成。指令表如图 1-39b（加方框部分）所示，由指令助记符 OR 和操作软元件构成。

功能：常开触点并联连接。

操作软元件有：输入继电器 X、输出继电器 Y、辅助继电器 M、定时器 T、计数器 C、状态继电器 S 和寄存器某一位 D□. b 等软元件触点。

当 X0X0 和 X001 常开触点有一个或都接通时，线圈 Y000 就有信号流流过；当 X000 和 X001 常开触点都未接通时，线圈 Y000 则没有信号流流过，即线圈 Y000 是否有信号流流过取决于 X000 和 X001 的触点状态“或”关系的结果。

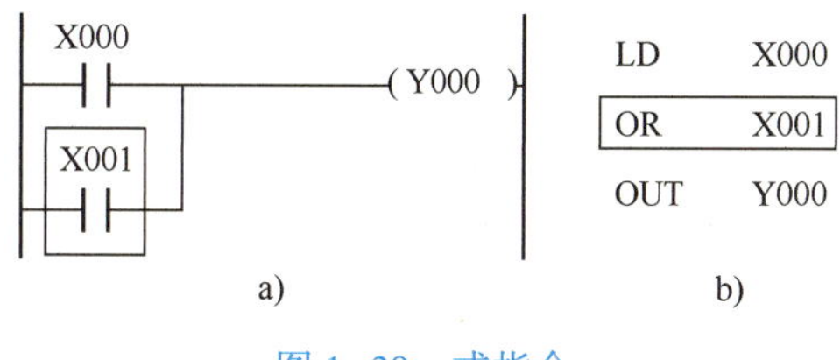

图 1-39 或指令

a）梯形图 b）指令表

视频“OR 指令”可通过扫描二维码 1-4 播放。

二维码 1-4

6. ORI 指令

ORI（Or Inverse）指令称为或反指令，其梯形图如图 1-40a（加方框部分）所示，由并联常闭触点和操作软元件组成。语句表如图 1-40b（加方框部分）所示，由指令助记符 ORI 和操作软元件构成。ORI 指令与 OR 指令的区别为并联的是常闭触点。

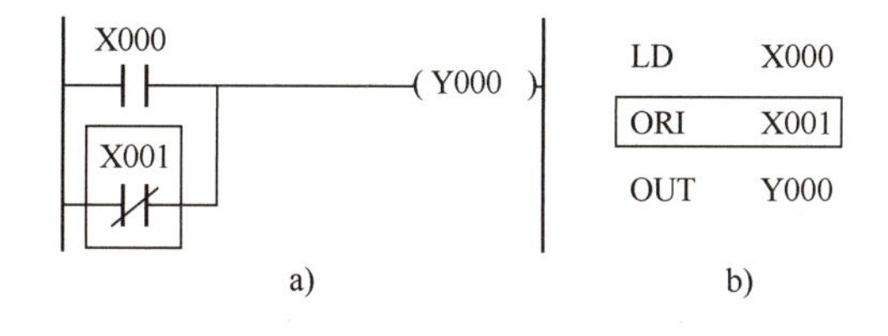

图 1-40 或反指令

a）梯形图 b）指令表

视频“ORI 指令”可通过扫描二维码 1-5 播放。

二维码 1-5

1.2.2 输出指令

输出指令的指令助记符、名称、功能、梯形图及操作软元件和程序步长如表 1-3 所示。

表 1-3　输出指令表

名　称	助记符	功　能	梯　形　图	可操作软元件	程序步长
输出	OUT	线圈驱动	─┤├──(Y000)	Y、M、T、C	Y、M：1； 特殊 M：2； T：3； C：3~5

输出指令 OUT 又称为驱动指令，对应于梯形图中的线圈，其指令的梯形图如图 1-41a（加方框部分）所示，由线圈和操作软元件构成。其指令表如图 1-41b（加方框部分）所示，由指令助记符 OUT 和操作软元件构成。

功能：驱动一个线圈，通常作为一个逻辑行的结束。

操作软元件有：输出继电器 Y、辅助继电器 M、定时器 T、计数器 C、状态继电器 S 和寄存器某一位 D□. b 等软元件线圈。输入继电器 X 的通电只能由外部信号驱动，不能用程序指令驱动，所以 OUT 指令不能驱动输入继电器 X 线圈。

注意：在梯形图中，输出线圈只能关联，不能串联。

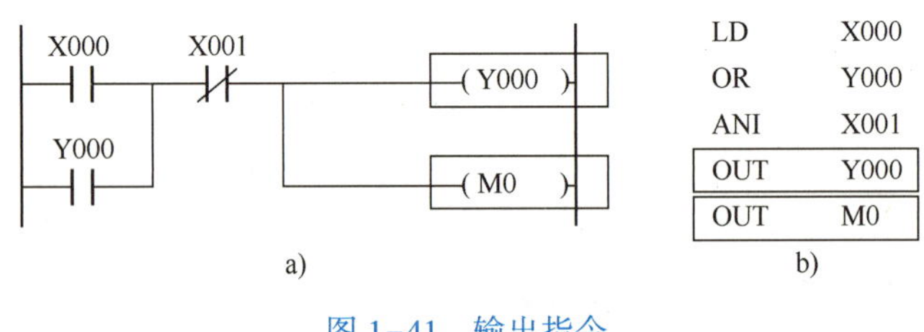

图 1-41　输出指令
a）梯形图　b）指令表

输出指令的功能是把前面各逻辑运算的结果由信号流控制线圈，从而使线圈驱动的常开触点闭合，常闭触点断开，其常开或常闭触点可无限次使用。

【例 1-1】将图 1-42a 所示的梯形图，转换为对应的指令表（如图 1-42b）。

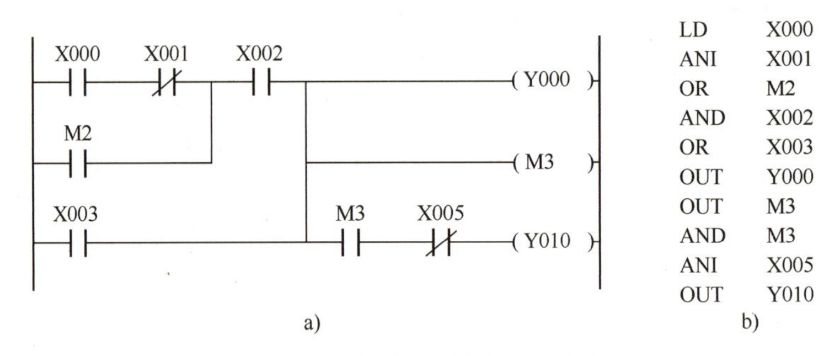

图 1-42　将梯形图转换为指令表
a）梯形图　b）指令表

1.2.3　结束指令

结束指令的指令助记符、名称、功能、梯形图及操作软元件和程序步长如表 1-4 所示。

表 1-4　结束指令表

名　　称	助记符	功　能	梯　形　图	可操作软元件	程序步长
结束	END	程序结束	[END]	无	1

结束指令 END 如图 1-43 所示（加方框部分）。其没有操作软元件，放置在主程序的结束处，当生成新的工程时，编程软件生成一条 END 指令，即每个工程项目都必须有一条 END 指令。

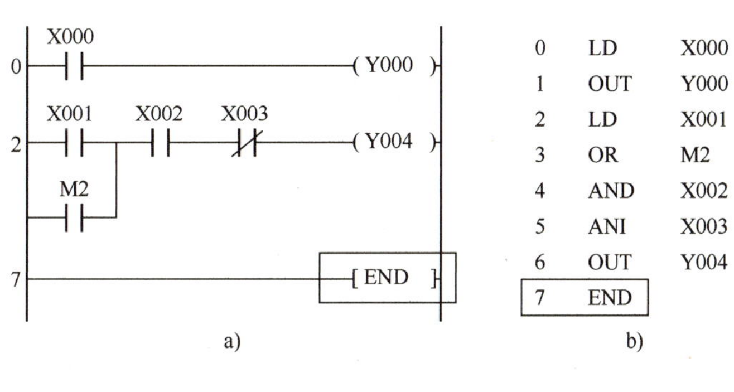

图 1-43　结束指令
a）梯形图　b）指令表

当程序执行到 END 指令时，END 指令后面的程序不再执行，即直接运行输出处理阶段。在调试时，在程序中插入 END 指令，可以逐段调试程序，以提高程序调试速度。

1.2.4　块指令

块指令的指令助记符、名称、功能、梯形图及操作软元件和程序步长如表 1-5 所示。

表 1-5　块指令表

名　称	助记符	功　能	梯　形　图	可操作软元件	程序步长
块或	ORB	串联电路块的并联连接	(Y000)	无	1
块与	ANB	并联电路块的串联连接	(Y000)		

1. ORB 指令

ORB（Or Block，电路块或）指令，是电路块的并联连接指令，用于串联电路块与上面的触点或电路块并联。由两个及以上的触点串联连接的电路称为串联电路块（图 1-44 中加方框部分），当串联电路块和其他电路并联时，支路的起点用 LD、LDI 指令开始，分支结束要使用 ORB 指令。ORB 指令是无数据的指令，编程时只输入指令。因此，ORB 指令不表示触点，可以看成电路块之间一段连接线。如果需要多个电路块并联连接，应在每个并联电路块之后使用一个 ORB 指令，用这种方法编程时并联电路块的个数没有限制，ORB 指令的应用如图 1-44 所示。

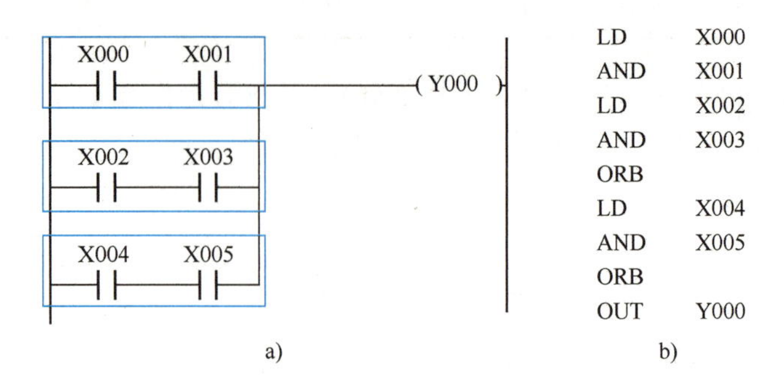

图 1-44　块或指令

a）梯形图　b）指令表

也可以将所有要并联的电路块依次写出，然后在这些电路块的末尾集中写出 ORB 指令，但这时 ORB 指令最多不允许超过 8 次，因此不建议使用这种编程方式。

视频“ORB 指令”可通过扫描二维码 1-6 播放。

二维码 1-6

2. ANB 指令

ANB（And Block，电路块与）指令，是电路块的串联连接指令，用于串联电路块与前面的触点或电路块串联。由两个及以上的触点并联连接的电路称为并联电路块（图 1-45 中加方框部分），当并联电路块和其他电路串联时，支路的起点用 LD、LDI 指令开始，并联电路块结束后，使用 ANB 指令与前面串联。ANB 指令是无数据的指令，编程时只输入指令。如果需要将多个电路块串联连接，应在每个串联电路块之后使用一个 ANB 指令，用这种方法编程时串联电路块的个数没有限制。

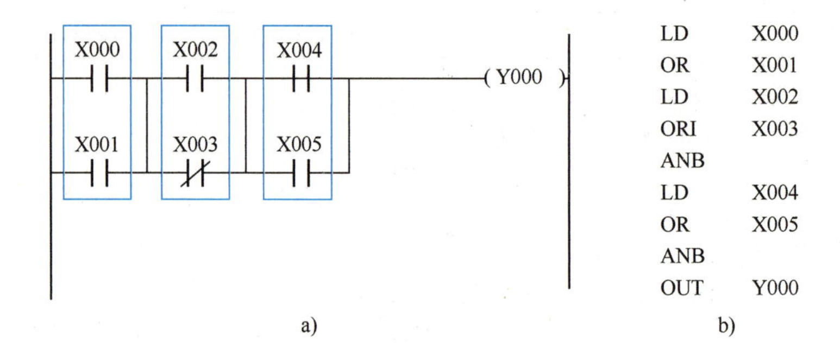

图 1-45　块与指令

a）梯形图　b）指令表

【例 1-2】将图 1-46a 所示的梯形图，转换为对应的指令表（如图 1-46b）。

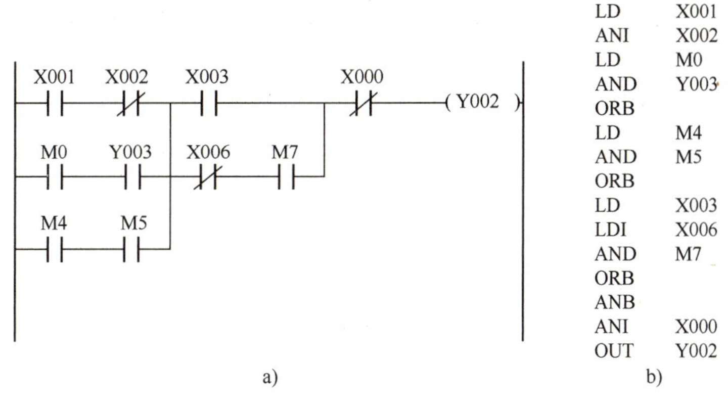

图 1-46　将梯形图转换为指令表

a）梯形图　b）指令表

视频“ANB 指令”可通过扫描二维码 1-7 播放。

二维码 1-7

1.2.5　堆栈指令

堆栈指令的指令助记符、名称、功能、梯形图及操作软元件和程序步长如表 1-6 所示。

表 1-6　堆栈指令表

名　称	助 记 符	功　能	梯　形　图	可操作软元件	程序步长
入栈	MPS	将运算结果压入堆栈存储器	(Y000) MPS		
读栈	MRD	将堆栈第一层内容读出来	(Y001) MRD	无	1
出栈	MPP	将堆栈第一层内容弹出来	(Y002) MPP		

使用指令编程时，当出现多分支电路时，则需要使用堆栈指令。MPS、MRD 和 MPP 指令分别为压入堆栈、读取堆栈和弹出堆栈指令。FX 系列 PLC 有 11 个被称为堆栈的存储单元，用于存储逻辑运算的中间结果，堆栈采用先进后出的数据存取方式。

1）MPS 指令用于存储电路中分支处的逻辑运算结果，以便以后处理有线圈或输出类指令的支路时可以调用该运算结果。使用一次 MPS 指令，当时的逻辑运算结果压入堆栈的第一层，堆栈中原来的数据依次向下一层推移。

2）MRD 指令用于读取存储在堆栈最上层的电路中分支点处的运算结果，将下一个触点强制性地连接在该点。读取保存的数据后，堆栈内的数据不会上移或下移。

3）MPP 指令用于弹出（调用并去掉）存储在堆栈最上层的电路分支点的运算结果。首先将下一触点连接到该点，然后从堆栈中去掉该点的运算结果。使用 MPP 指令时，堆栈中各层数据向上移动一层，最上层的数据在读出后从堆栈内消失。

图 1-47 和图 1-48 分别给出了使用一层堆栈和使用多层堆栈的例子。在编程及仿真软件中输入图 1-47 和图 1-48 中的梯形图程序后，不会显示图中的堆栈指令，如果使用 GX Developer 编程及仿真软件将该梯形图转换为指令表程序，会自动加入 MPS、MRD 和 MPP 指令，直接写入指令表程序时，必须由用户写入 MPS、MRD 和 MPP 指令。

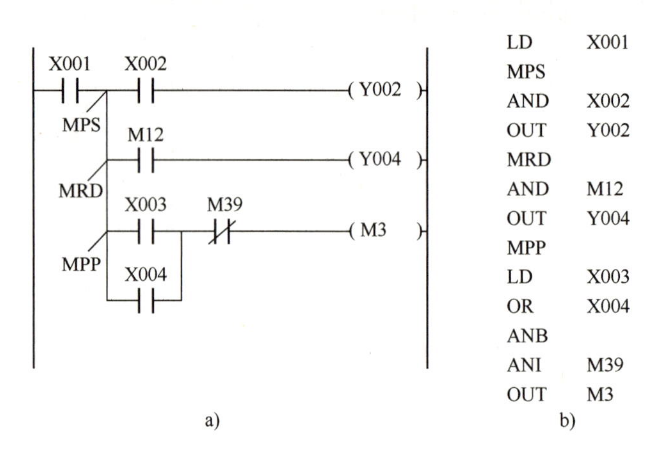

图 1-47　堆栈指令应用一

a）梯形图　b）指令表

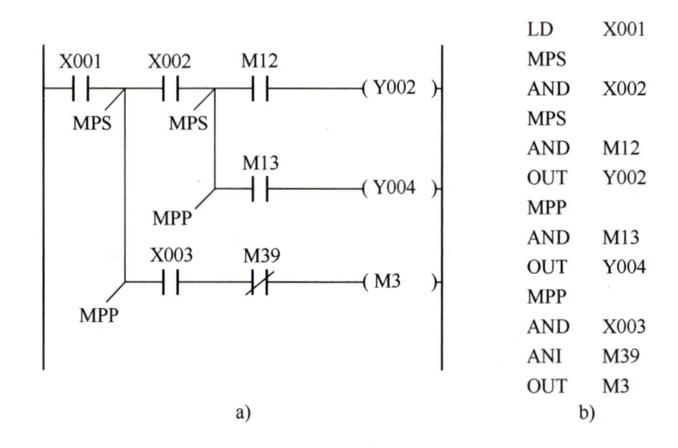

图 1-48　堆栈指令应用二

a）梯形图　b）指令表

每一条 MPS 指令必须有一条对应的 MPP 指令，处理最后一条支路时必须使用 MPP 指令，而不是 MRD 指令。在一块独立电路中，用压入堆栈指令同时保存在堆栈中的运算结果不能超过 11 个。

1.2.6　置位/复位指令

置位/复位指令的指令助记符、名称、功能、梯形图及操作软元件和程序步长如表 1-7 所示。

表 1-7　置位/复位指令表

名　称	助记符	功　能	梯　形　图	可操作软元件	程序步长
置位	SET	使操作软元件保持为 ON	┤├──[SET　Y000]	Y、M、S	Y、M：1；S、特殊 M：2；T、C：2；D、V、Z、特殊 D：3
复位	RST	使操作软元件保持为 OFF	┤├──[RST　Y000]	Y、M、S、T、C、D、V、Z	

1. SET 指令

SET（置位）指令用来将指定的软元件置位，即使被操作的软元件接通并保持。其操作软元件有：输出继电器 Y、辅助继电器 M、状态继电器 S 和寄存器某一位 D□. b 等。

图 1-49 中当 X000 常开触点接通时，Y000 变为 ON 并保持不变，即使 X000 的常开触点断开，Y000 也仍然保持 ON 状态不变。

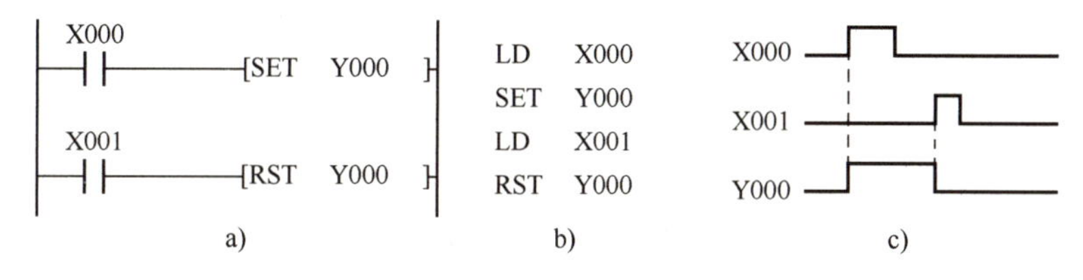

图 1-49　置位/复位指令
a）梯形图　b）指令表　c）时序图

视频“SET 指令”可通过扫描二维码 1-8 播放。

二维码 1-8

2. RST 指令

RST（复位）指令用来将指定的软元件复位，即使被操作的软元件断开并保持。其操作软元件有：输出继电器 Y、辅助继电器 M、定时器 T、计数器 C、状态继电器 S、寄存器某一位 D□. b、数据寄存器 D、变址寄存 V 和 Z 等。

图 1-49 中当 X001 常开触点接通时，Y000 变为 OFF 并保持不变，即使 X001 的常开触点断开，Y000 也仍然保持 OFF 状态不变。

视频“RST 指令”可通过扫描二维码 1-9 播放。

二维码 1-9

1.2.7　主控指令

主控指令的指令助记符、名称、功能、梯形图及操作软元件和程序步长如表 1-8 所示。

表 1-8　主控指令表

名　称	助记符	功　能	梯　形　图	可操作软元件	程序步长
主控	MC	主控电路块起点	┤├──[MC　N　Y或M]	嵌套级数 N；Y、M	3
主控复位	MCR	主控电路块终点	├──[MCR　N]	嵌套级数 N	2

在编程时，经常会遇到许多线圈同时受一个或几个触点控制的情况，如果在每个线圈的控制电路中都串入同样的触点或电路，需要使用很多触点，而且阅读性差，这时可使用主

控指令解决这一问题。使用主控指令的触点称为主控触点（如图 1-50a 中 M100 的触点），它在梯形图中与一般的触点垂直（如图 1-50b）。主控触点相当于是控制一组电路的总开关。

图 1-50a 是写入模式下的主控电路，只有在读取模式或监视模式才能看到图 1-50b 中的 M100 的主控触点。

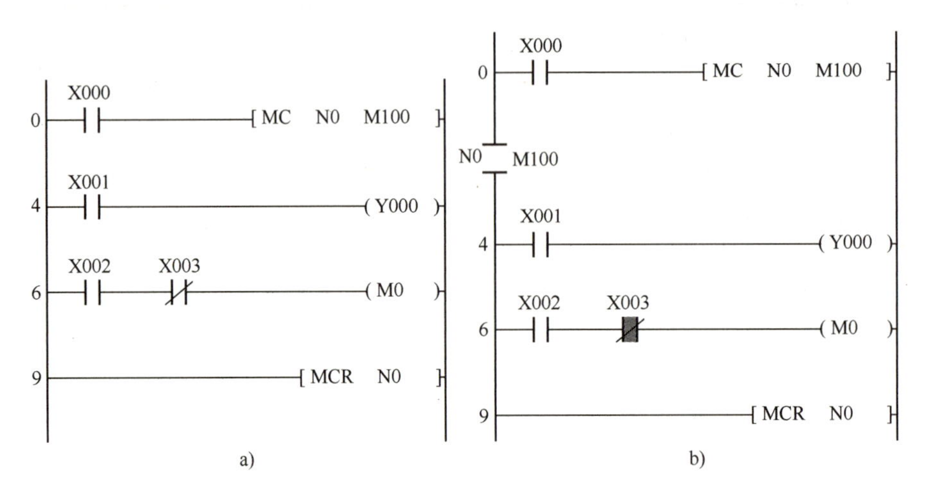

图 1-50 主控及主控复位指令应用

a）写入模式 b）监视模式

1. MC 指令

MC（主控）指令是连接到公共触点指令，用于表示主控区的开始，它通过操作软元件的常开触点将左母线移位，产生一根临时母线（如图 1-50b 所示），形成主控电路块。其操作软元件分为两部分，一部分是主控标志 N0~N7，一定要从小到大使用；另一部分是具体的操作软元件，可以是输出继电器 Y、辅助继电器 M，但不能是特殊辅助继电器。

执行 MC 指令后，母线（LD 点）移到主控触点的下面，与主控触点下面的临时母线相连的触点使用 LD 或 LDI 指令。

2. MCR 指令

MCR（主控复位）指令是解除到公共触点的连接，用于表示到主控区的结束，使主控指令 MC 产生的临时母线复位，即左母线返回。MCR 指令的操作软元件为主控标志 N0~N7，且必须与 MC 指令成对使用（见图 1-50）。

当 X000 常开触点接通时，执行 MC 和 MCR 之间的指令。X000 的常开触点断开时，不执行上述区间的指令，其中累计型定时器、计数器、用置位/复位指令驱动的软元件保持其状态不变；其余的软元件被复位，非累计型定时器和用 OUT 指令驱动的软元件变为 OFF。

在 MC 指令中再次使用 MC 指令称为嵌套，如图 1-51 所示。MC 和 MCR 指令中包含嵌套的层数为 8 层，其中 N0 为最高层，N7 为最低层。在没有嵌套结构时，通常用 N0 编程，N0 的使用次数没有限制。

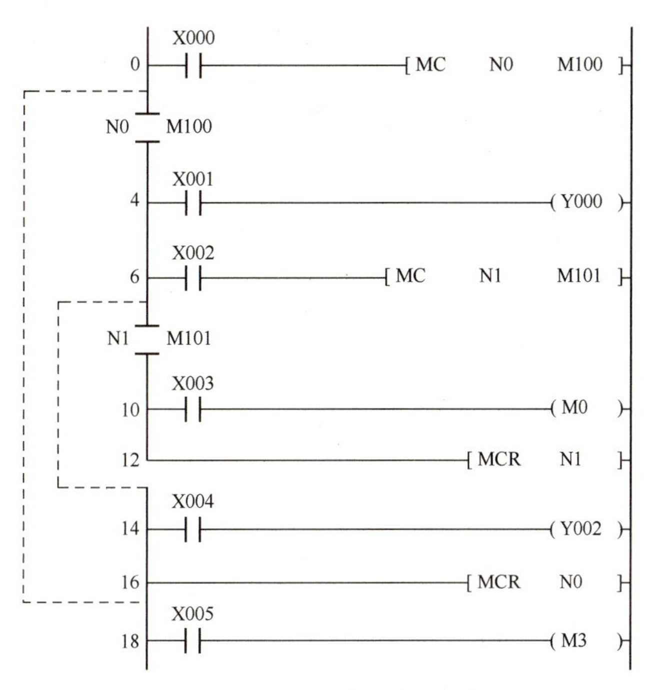

图 1-51　主控指令的多重嵌套

注意：在有嵌套时，MCR 指令将同时复位低的嵌套层，例如指令“MCR N3”将复位 N3～N7。

1.2.8　脉冲指令

脉冲指令的指令助记符、名称、功能、梯形图及操作软元件和程序步长如表 1-9 所示。

表 1-9　脉冲指令表

名　称	助记符	功　能	梯　形　图	可操作软元件	程序步长
取脉冲上升沿	LDP	上升沿脉冲逻辑运算开始	(Y000)	X、Y、M、S、T、C	2
取脉冲下降沿	LDF	下降沿脉冲逻辑运算开始	(Y000)		
与脉冲上升沿	ANDP	上升沿脉冲串联连接	(Y000)		
与脉冲下降沿	ANDF	下降沿脉冲串联连接	(Y000)		
或脉冲上升沿	ORP	上升沿脉冲并联连接	(Y000)		
或脉冲下降沿	ORF	下降沿脉冲并联连接	(Y000)		

（续）

名　称	助记符	功　能	梯　形　图	可操作软元件	程序步长
上升沿微分	PLS	上升沿微分输出	┤├──[PLS　Y000]	Y、M（不含特殊 M）	2
下降沿微分	PLF	下降沿微分输出	┤├──[PLF　Y000]		
运算结果上升沿	MEP	运算结果上升沿输出	┤├┤├┤↑├──(Y000　)	无	1
运算结果下降沿	MEF	运算结果下降沿输出	┤├┤├┤↓├──(Y000　)		

1. LDP 指令

LDP（取脉冲上升沿）指令用来检测连接到母线触点的上升沿，仅在指定软元件的上升沿（从 OFF 到 ON）时刻，接通一个扫描周期，可用目标软元件为输入继电器 X、输出继电器 Y、辅助继电器 M、定时器 T、计数器 C、状态继电器 S 和寄存器 D□. b 等软元件的触点。该指令应用如图 1-52 所示。

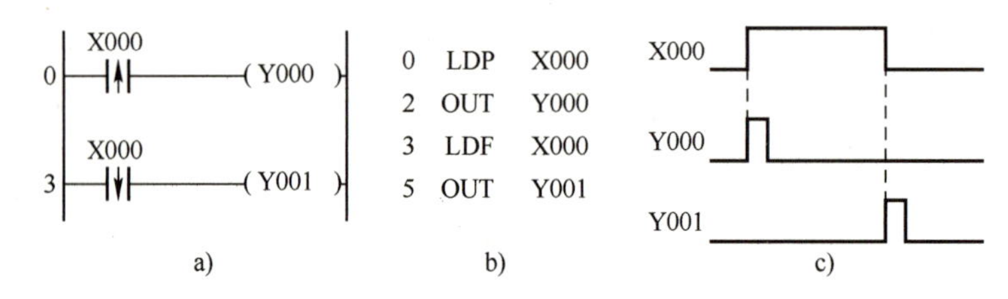

图 1-52　LDP 和 LDF 指令应用

a）梯形图　b）指令表　c）时序图

2. LDF 指令

LDF（取脉冲下降沿）指令用来检测连接到母线触点的下降沿，仅在指定软元件的下降沿（从 ON 到 OFF）时刻，接通一个扫描周期，可用目标软元件为输入继电器 X、输出继电器 Y、辅助继电器 M、定时器 T、计数器 C、状态继电器 S 和寄存器 D□. b 等软元件的触点。该指令应用如图 1-53 所示。

3. ANDP 指令

ANDP（与脉冲上升沿）指令用来检测串联触点的上升沿，仅在指定软元件的上升沿（从 OFF 到 ON）时刻，接通一个扫描周期，可用目标软元件为输入继电器 X、输出继电器 Y、辅助继电器 M、定时器 T、计数器 C、状态继电器 S 和寄存器 D□. b 等软元件的触点。该指令应用如图 1-53 所示。

4. ANDF 指令

ANDF（与脉冲下降沿）指令用来检测串联触点的下降沿，仅在指定软元件的下降沿（从 ON 到 OFF）时刻，接通一个扫描周期，可用目标软元件为输入继电器 X、输出继电器 Y、辅助继电器 M、定时器 T、计数器 C、状态继电器 S 和寄存器 D□. b 等软元件的触点。该指令应用如图 1-53 所示。

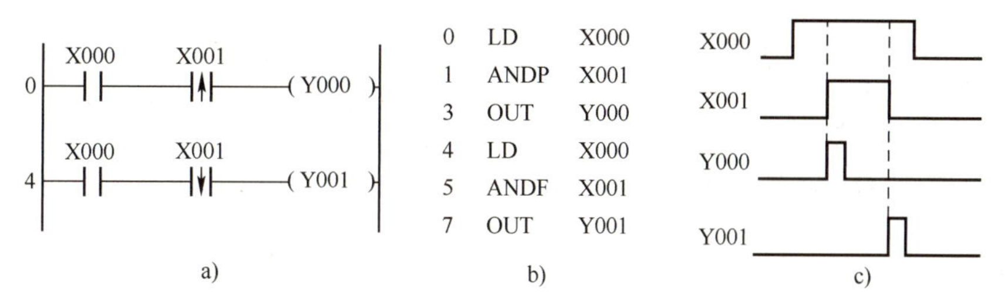

图 1-53　ANDP 和 ANDF 指令应用

a）梯形图　b）指令表　c）时序图

5. ORP 指令

ORP（或脉冲上升沿）指令用来检测并联触点的上升沿，仅在指定软元件的上升沿（从 OFF 到 ON）时刻，接通一个扫描周期，可用目标软元件为输入继电器 X、输出继电器 Y、辅助继电器 M、定时器 T、计数器 C、状态继电器 S 和寄存器 D□. b 等软元件的触点。该指令应用如图 1-54 所示。

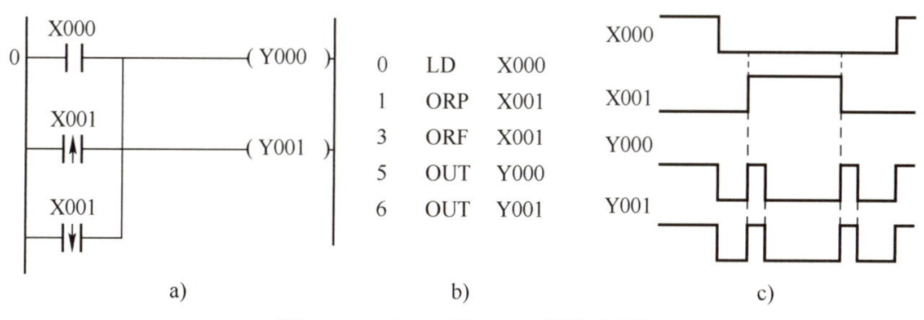

图 1-54　ORP 和 ORF 指令应用

a）梯形图　b）指令表　c）时序图

6. ORF 指令

或脉冲下降沿指令 ORF 用来检测并联触点的下降沿，仅在指定软元件的下降沿（从 ON 到 OFF）时刻，接通一个扫描周期，可用目标软元件为输入继电器 X、输出继电器 Y、辅助继电器 M、定时器 T、计数器 C、状态继电器 S 和寄存器 D□. b 等软元件的触点。该指令应用如图 1-54 所示。

7. PLS 指令

PLS 指令是脉冲上升沿微分指令，在输入信号的上升沿产生一个周期的脉冲输出。其操作软元件是输出继电器 Y、辅助继电器 M，不能是特殊辅助继电器。

图 1-55a 中的 M0 仅在 X000 的常开触点由断开变为接通（即 X000 的上升沿）时的一个扫描周期内为 ON。

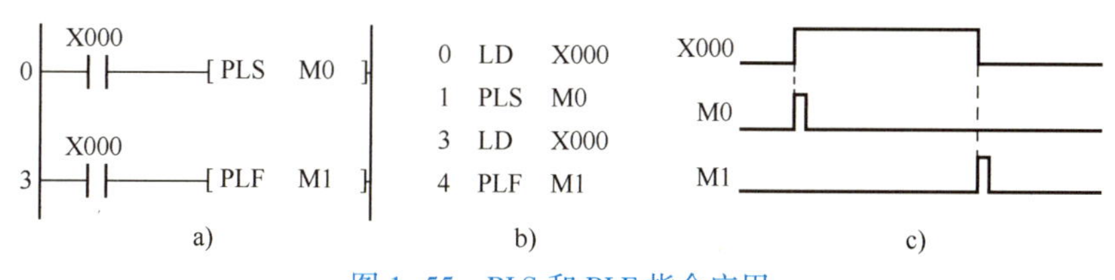

图 1-55　PLS 和 PLF 指令应用

a）梯形图　b）指令表　c）时序图

8. PLF 指令

PLF 指令是脉冲下降沿微分指令，在输入信号的下降沿产生一个周期的脉冲输出。其操作软元件是输出继电器 Y、辅助继电器 M，不能是特殊辅助继电器。

图 1-55a 中的 M1 仅在 X000 的常开触点由接通变为断开（即 X000 的下降沿）时的一个扫描周期内为 ON。

9. MEP 指令

MEP 指令是运算结果上升沿指令，在从左母线开始的指令执行到 MEP 指令为止的运算结果，从 OFF 变为 ON 时产生一个周期的脉冲输出，该指令用水平电源线上向上的垂直箭头来表示。该指令无操作软元件，通常在串联多个触点的情况下，实现脉冲化处理。MEP 指令的应用如图 1-56 所示，即只有当串联触点全部接通瞬间，输出一个周期宽度的脉冲，用以控制 MEP 后面的信号。

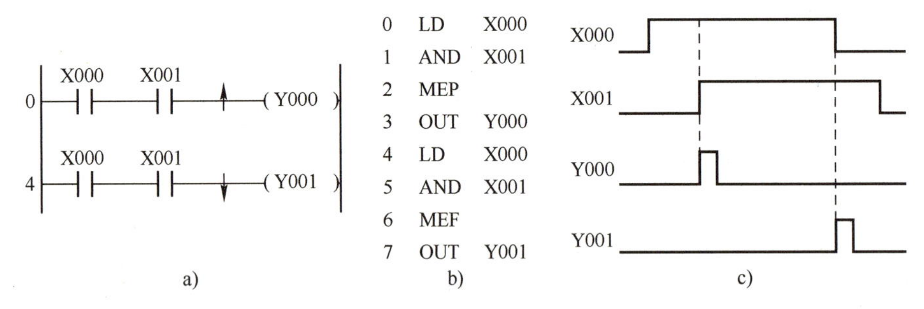

图 1-56 MEP 和 MEF 指令应用

a）梯形图 b）指令表 c）时序图

10. MEF 指令

MEF 指令是运算结果下降沿指令，在从左母线开始的指令执行到 MEF 指令为止的运算结果，从 ON 变为 OFF 时产生一个周期的脉冲输出，该指令用水平电源线上向下的垂直箭头来表示。该指令无操作软元件，通常在串联多个触点的情况下，实现脉冲化处理。MEF 指令的应用如图 1-56 所示，即只有当串联触点全部接通后，某个触点断开瞬间，输出一个周期宽度的脉冲，用以控制 MEP 后面的信号。

1.2.9 其他指令

其他指令的指令助记符、名称、功能、梯形图及操作软元件和程序步长如表 1-10 所示。

表 1-10 其他指令表

名 称	助记符	功 能	梯 形 图	可操作软元件	程序步长
取反	INV	逻辑结果的取反	(Y000)	无	1
空操作	NOP	无动作	无	无	1

1. INV 指令

INV（Inverse）（逻辑运算结果取反）指令在梯形图中用一条 45°的短斜线来表示，它将使该指令之前的运算结果取反，如之前运算结果为 0，使用该指令后运算结果为 1；如之前的运算结果为 1，则使用该指令后运算结果为 0。该指令应用如图 1-57 所示，X000 常开触点接通时，Y000 线圈通电，Y001 线圈失电。

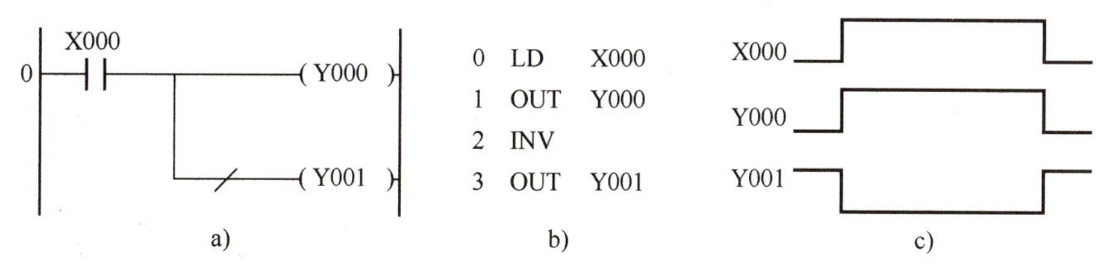

图 1-57　INV 指令应用

a）梯形图　b）指令表　c）时序图

2. NOP 指令

NOP（空操作）指令，使该步序进行空操作，在梯形图中无显示。该指令应用如图 1-58 所示。

a)

0	LD	X000
1	AND	X001
2	NOP	
3	NOP	
4	OUT	Y000

b)

图 1-58　NOP 指令应用

a）梯形图　b）指令表

在调试程序时，用它来取代一些不必要的指令，即删除由这些指令构成的程序，但现在编辑器的功能越来越大，修改程序时可直接删除指令，因而很少使用 NOP 指令。此外程序中也可用 NOP 指令延长扫描周期。

1.2.10　实训 2　电动机点动运行的 PLC 控制——取/取反及输出指令

【实训目的】

- 掌握触点指令和输出指令的应用；
- 掌握 FX_{3U} 系列 PLC 输入/输出接线方法；
- 掌握项目的创建及下载方法；
- 掌握 PLC 的控制过程。

【实训任务】

使用 FX_{3U} 系列 PLC 实现三相异步电动机的点动运行控制。

【实训步骤】

1. 继电器-接触器控制原理分析

点动控制是指按下起动按钮，电动机得电运转；松开按钮，电动机失电停止运转。点动控制常用于机床模具的对模、工件位置的微调、电动葫芦的升降及机床维护调试时对电动机的控制。

三相异步电动机的点动控制电路常用按钮和接触器等元件来实现，如图 1-59 所示。起动时，闭合空气开关 QF 后，当按钮 SB 按下时，交流接触器 KM 线圈得电，其主触点闭合，为电动机引入三相电源，电动机 M 接通电源后则直接起动并运行；当松开按钮 SB 时，KM 线圈失电，其主触点断开，电动机停止运行。

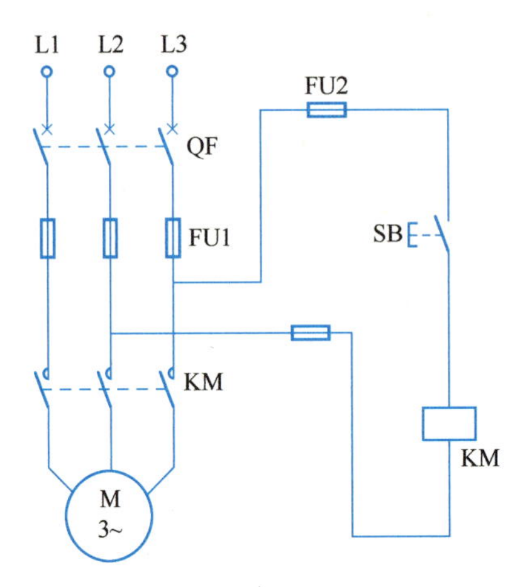

图 1-59　电动机点动运行控制电路

在点动控制电路中，由空气开关 QF、熔断器 FU1、交流接触器的主触点及三相交流异步电动机 M 组成主电路部分；由熔断器 FU2、起动按钮 SB 和交流接触器 KM 的线圈等组成控制电路部分。用 PLC 实现点动控制，主要针对控制电路进行，主电路则保持不变。

2. I/O 分配

根据项目分析可知，对输入量、输出量进行分配如表 1-11 所示。

表 1-11　电动机的点动运行控制 I/O 分配表

输　入		输　出	
输入继电器	元　件	输出继电器	元　件
X000	起动按钮 SB	Y000	交流接触器 KM

3. I/O 接线图

根据控制要求及表 1-11 的 I/O 分配表，电动机的点动运行控制的主电路如图 1-60a 所示，其 I/O 接线如图 1-60b 所示。如不特殊说明，本书均采用三菱 FX_{3U}-48MR/ES（交流电源/直流输入/继电器输出）型 PLC 和漏型输入连接方式。

注意：对于 PLC 的输出端子来说，继电器型输出端子外部电压小于 AC 240 V 或 DC 30 V；晶体管型输出端子外部电压为 DC 5~30 V；晶闸管型输出端子外部电压为 AC 85~242 V。

视频“输入电路的连接”可通过扫描二维码 1-10 播放。

4. 创建工程项目

（1）创建项目或打开已有的项目

双击 GX Works2 软件图标，启动软件，单击“新建工程”按钮，或执行菜单栏中“工程”→“新建工程”命令，打开“新建工程”对话框，

二维码 1-10

如图 1-26 所示，在各选项中分别选择"简单工程""FXCPU""FX3U/FX3UC""梯形图"等，然后单击"确定"按钮，打开编程软件。执行菜单栏中"工程"→"保存工程"命令，或"工程另存为"命令，或单击工具栏上的"保存工程"按钮，在弹出的"工程另存为"对话框中，在"文件名"栏中对该文件进行命名，在此命名为"电动机的点动运行控制"，选择文件保持的位置，单击"保存"按钮，弹出"指定工程不存在。是否新建工程"提示框，单击"是"按钮。这时在编程软件的标题栏会出现该工程的保存路径和文件名。

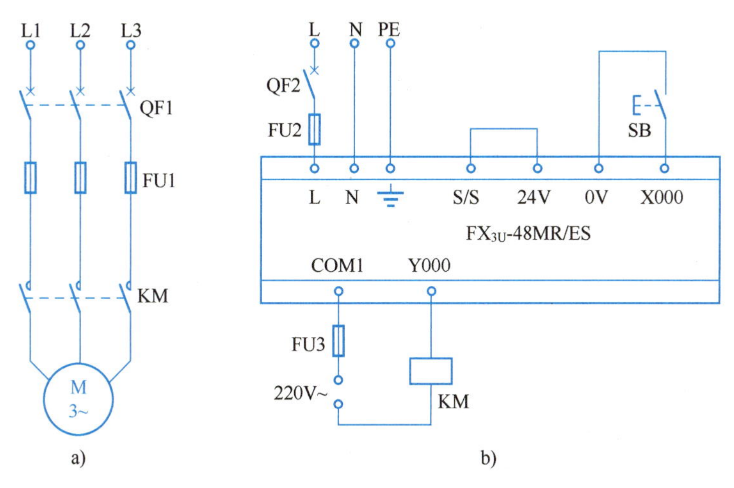

图 1-60　电动机的点动运行控制电路图

a）主电路　b）I/O 接线图

若需打开已有工程，执行菜单栏中"工程"→"打开工程"命令，或单击工具栏上的"打开工程"按钮，在弹出的"打开工程"对话框中找到需要打开的工程文件名，单击"打开"按钮，在"是否关闭当前打开的工程"提示框中单击"是"或"否"，打开已有工程。

（2）编写程序

生成新工程后，自动打开主程序 MAIN，在第一行的最左边有一个蓝色矩形光标，按 1.1.9 节介绍的生成梯形图程序和转换/编译的方法生成图 1-61 所示的电动机点动运行控制梯形图。

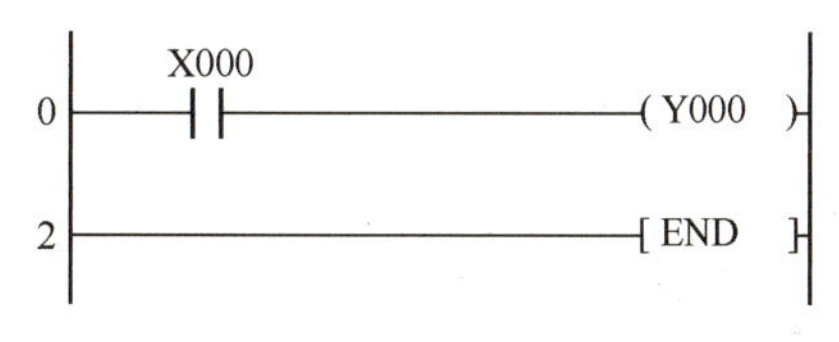

图 1-61　电动机点动运行控制梯形图

5. 软件仿真

程序编译正确后，单击工具栏上的"模拟开始/停止"按钮，打开仿真软件，通过更改当前值将 X000 强制为 ON，观察程序运行情况，再将 X000 强制为 OFF。仿真结束后再次单击"模拟开始/停止"按钮，关闭仿真软件。

6. 硬件连接

（1）主电路连接

如图 1-60a 所示，首先使用导线将三相断路器 QF1 的出线端与熔断器 FU1 的进线端对应相连接；其次使用导线将熔断器 FU1 的出线端与交流接触器 KM 主触点的进线端对应相连接；最后使用导线将交流接触器 KM 主触点的出线端与电动机 M 的电源输入端对应相连接。

（2）控制电路连接

如图 1-60b 所示，在连接控制电路之前，必须断开 PLC 的电源。

1）首先进行 PLC 的输入端外部连接：使用导线将 PLC 上的上端子盖板下的 S/S 端子与 24 V 端子相连接，将 0 V 端子与点动按钮 SB 的进线端相连接，将点动按钮 SB 的出线端与 PLC 输入端 X000 相连接（在此，输入信号采用的是 CPU 模块提供的 DC 24 V 电源，其中 24 V 为电源的正极、0 V 为电源的负极）。

2）其次进行 PLC 的输出端外部连接：使用导线将交流电源 220 V 的火线端 L 经熔断器 FU3 后接至 PLC 下端子盖板下的输出点内部电路的公共端 COM1，将交流电源 220 V 的零线端 N 接至交流接触器 KM 线圈的出线端 A2，将交流接触器 KM 线圈的进线端 A1 接至 PLC 输出端 Y000 相连接。

7. 工程下载

一般用编程电缆来实现用户程序的写入、读取与在线监控。现在使用比较普及的是型号为 USB-SC09-FX 的编程电缆，它用来连接计算机的 USB 端口和 FX 系列 PLC 的 RS-422 编程端口。转换盒上的发光二极管用来指示数据的接收和发送状态。

（1）安装 USB-SC09-FX 的驱动程序

USB-SC09-FX 编程电缆如图 1-62 所示。USB-SC09-FX 编程电缆需要安装附带的驱动程序才能使用，驱动程序将计算机的 USB 端口仿真为 RS-232 端口（俗称 COM□）。一般购买编程电缆时，厂家均配有相应的驱动光盘。

安装驱动程序时，先不插设备，打开驱动文件夹，双击 SETUP. EXE 文件，在弹出窗口中单击“安装”按钮，弹出“驱动程序安装成功”对话框后，单击“确定”按钮，然后关闭窗口。将 USB-SC09-FX 编程电缆插入计算机的 USB 接口，出现“成功安装了设备驱动程序”的信息。用鼠标右键单击桌面上的“计算机”图标，在弹出的菜单中选择“属性”→“设备管理器”，打开“设备管理器”窗口（如图 1-63）。在“端口（COM 和 LPT）”设备列表中，如果显示 USB-SERIAL CH340（COM4），即可以正常使用 USB-SC09-FX。COM 的编号与编程电缆所使用的计算机物理 USB 端口有关。

图 1-62　USB-SC09-FX 编程电缆

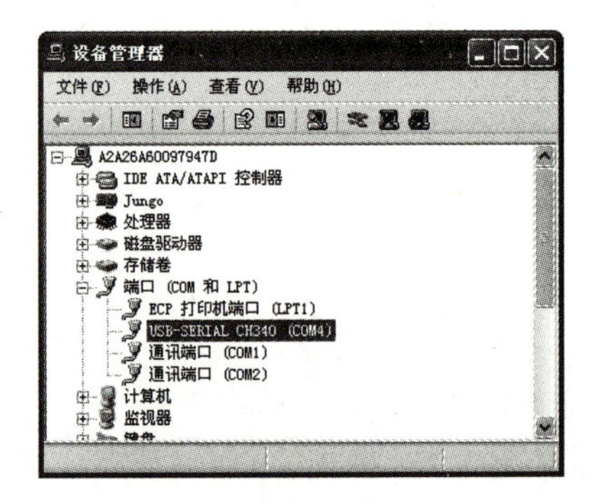

图 1-63　计算机的设备管理器

（2）设置连接目标

安装好驱动程序后，用 USB-SC09-FX 连接计算机的 USB 端口和 PLC 的编程端口。选择“工程”菜单中的“PLC 类型更改”命令，根据实际使用的 PLC 型号设置 PLC 类型。

用 GX Works2 打开一个工程，单击“导航”窗口下面的视窗区域的“连接目标”按钮 ，再双击“导航”窗口的“当前连接目标”文件夹中的 Connectionl，打开“连接目标设置 Connectionl”对话框，如图 1-64 所示。

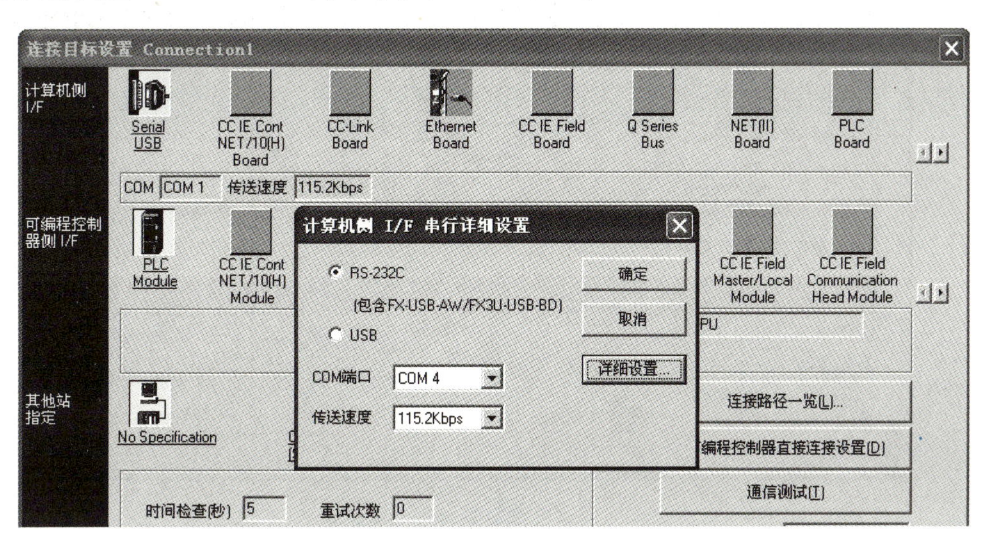

图 1-64 “连接目标设置 Connectionl”对话框

双击“计算机侧 I/F”行最左边的“Serial USB（串中 SUB）”按钮，在弹出的对话框中选择“RS-232C”选项（见图 1-64 中的小图）。“COM 端口”设置为图 1-64 中的 COM4。FX3 系列 PLC 的“传送速度”可以在 9.6～115.2 Kbit/s 的几个选项中选择。单击“确定”按钮确认。

双击“可编程控制器侧 I/F”行最左边的“PLC Module”按钮，采用默认的设置，“CPU 模式”为 FXCPU。可以单击图 1-64 右下角的“通信测试”按钮，测试 PLC 与计算机的通信连接是否成功。最后单击“确定”按钮，关闭对话框。

（3）写入程序

单击工具栏上的“PLC 写入”按钮，或执行菜单栏中“在线”→“PLC 写入”命令，弹出“在线数据操作”对话框，如图 1-65 所示，默认选中为“写入”，选中 MAIN（主程序）或其他要写入的程序。

单击“执行”按钮，弹出“PLC 写入”对话框，如图 1-66 所示，写入完成后，单击“关闭”按钮，关闭该对话框。关闭“在线数据操作”对话框。

如果选中了复选框“处理结束时，自动关闭窗口”，下一次写入时，写入结束后将会自动关闭“PLC 写入”对话框。

如果 PLC 当时处于 RUN 模式，在写入之前会显示“执行远程 STOP 后，是否执行 PLC 写入”对话框，单击“是”按钮确认。下载结束后，弹出的对话框询问“PLC 处于 STOP

状态，是否执行远程 RUN?”，单击“是”按钮确认。最后关闭“PLC 写入”对话框和“在线数据操作”对话框。

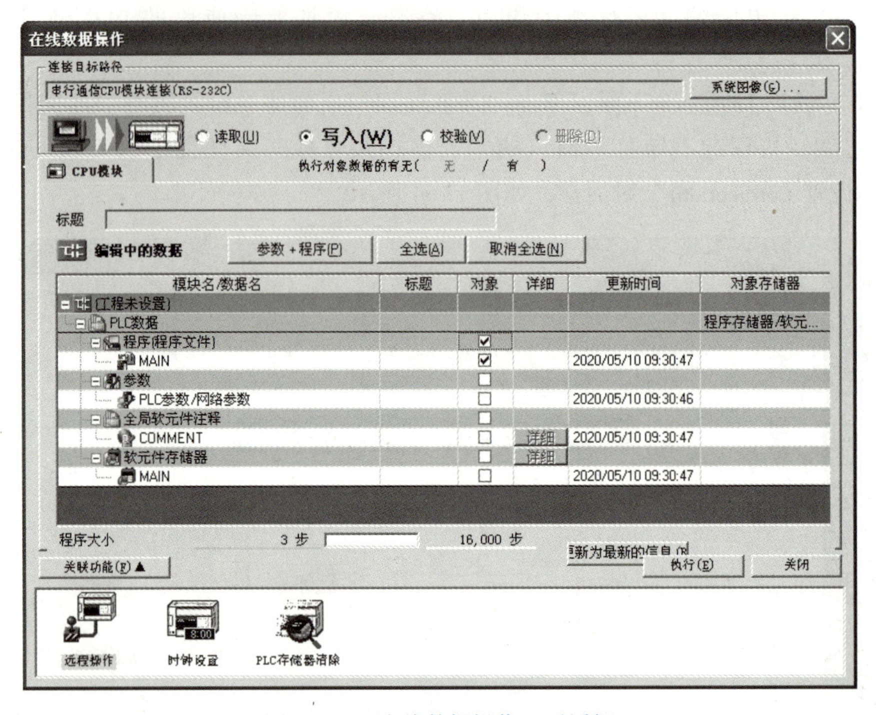

图 1-65 “在线数据操作”对话框

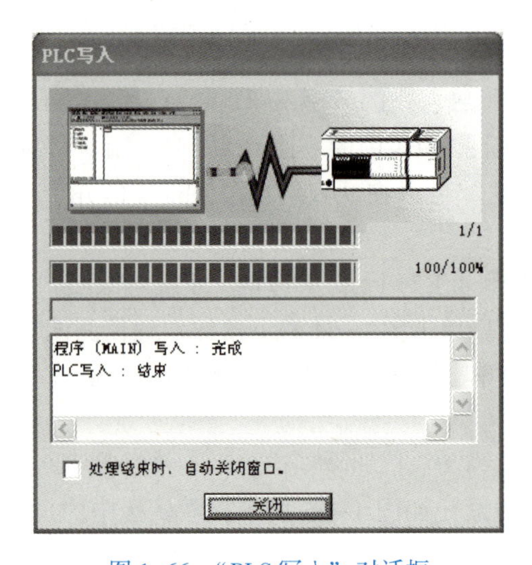

图 1-66 “PLC 写入”对话框

单击图 1-65 左下角的“关联功能”按钮，用它下方出现的图标，可以进行远程操作、时钟设置和 PLC 存储器清除等操作。

8. 程序运行

（1）下载程序并运行

（2）分析程序运行的过程和结果并编写指令表

1）控制过程分析：如图 1-67 所示，接通空气开关 QF→按下起动按钮 SB→输入继电器 X000 线圈得电（图 1-67 的输入电路为输入等效电路）→其常开触点接通→线圈 Y000 中有信号流流过→输出继电器 Y000 线圈得电→其常开触点接通→接触器 KM 线圈得电→其常开主触点接通→电动机起动并运行。

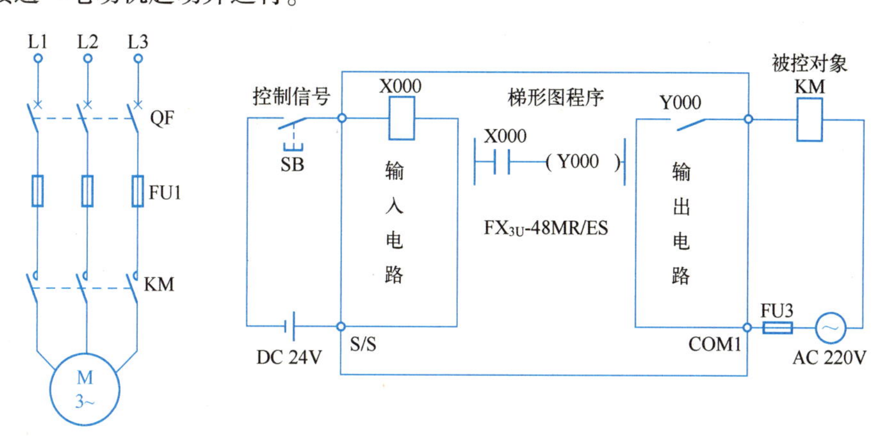

图 1-67　控制过程分析图

松开按钮 SB→输入继电器 X000 线圈失电→其常开触点复位断开→线圈 Y000 中没有信号流流过→输出继电器 Y000 线圈失电→其常开触点复位断开→接触器 KM 线圈失电→其常开主触点复位断开→电动机停止运行。

2）编写指令表：GX Developer 软件可通过工具栏上的“梯形图/指令表显示切换”按钮进行相互切换，而 GX Works2 软件没有指令表编写方法，请读者自行编写。

【实训交流】

1. 外部电源使用

目前很多 PLC 内部都有 DC 24 V 电源可供输入或外部检测等装置使用。内部电源容量不足时必须使用外部电源或电源模块，以保证系统工作的可靠性。若使用外部电源的电动机点动控制 I/O 接线如图 1-68 所示。

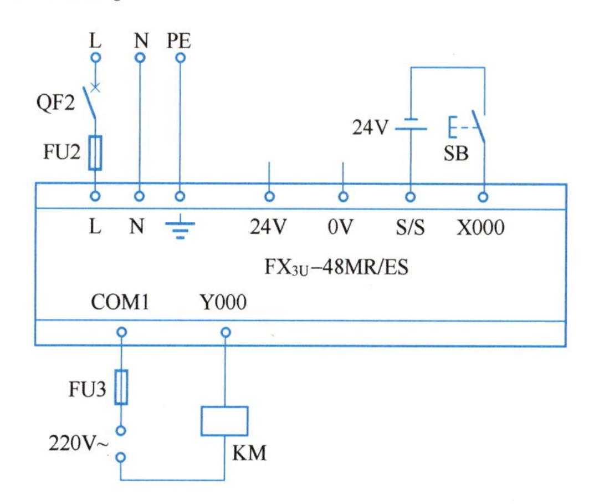

图 1-68　使用外部电源的电动机点动控制 I/O 接线图

2. 晶体管输出型 PLC 交流负载的驱动

如果 PLC 是晶体管输出型（FX_{3U}-48MT/ES 或 ESS），那如何驱动交流负载呢？其实很简单，这时需要通过直流中间继电器过渡，然后再使用转换电路（将中间继电器的常开触点串联到交流接触器的线圈回路中）即可，具体电路如图 1-69 所示。其实在 PLC 的很多工程应用中，绝大多数均采用中间继电器过渡，主要将 PLC 与强电进行隔离，起到保护 PLC 的目的。图 1-69 中采用的是晶体管（漏型）输出，若为晶体管（源型）输出，外部所连接的电源方向要反向。

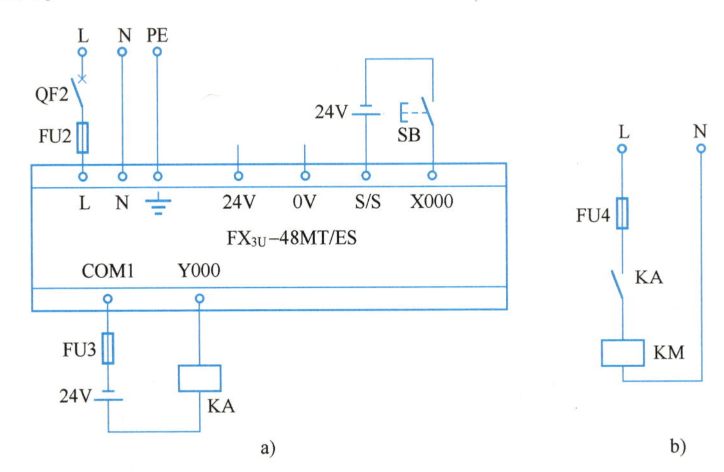

图 1-69　晶体管（漏型）输出 PLC 驱动交流负载 I/O 接线图及转接电路图
a）I/O 接线图　b）转接电路图

视频“输出电路的连接”可通过扫描二维码 1-11 播放。

二维码 1-11

【实训拓展】

训练 1　用 PLC 实现灯的亮灭控制：用一个开关控制一盏直流 24 V 指示灯的亮灭。

训练 2　用 PLC 实现电动机的双按钮点动控制：同时按下两个点动按钮电动机方可实现点动运行。

1.2.11　实训 3　电动机连续运行的 PLC 控制——与/与反及或/或反指令

【实训目的】

- 掌握起保停电路的程序设计方法；
- 掌握软元件注释的生成方法；
- 掌握常闭触点输入信号的处理方法。

【实训任务】

用 PLC 实现三相异步电动机的连续运行控制，即按下起动按钮，电动机起动并单向运转，按下停止按钮，电动机停止运转。该电路必须具有必要的短路保护、过载保护等功能。

【实训步骤】

1. 继电器-接触器控制原理分析

三相异步电动机的连续运行继电器控制系统的电路如图 1-70 所示。起动时，接通空气开关 QF，当按下起动按钮 SB1 时，交流接触器 KM 线圈得电，其主触点闭合，电动机接入三相电源而起动。同时与 SB1 并联的接触器常开辅助触点闭合形成自锁使接触器线圈有两条路通电，这样当松开按钮 SB1 时，接触器 KM 的线圈仍可通过自身的辅助触点继续通电，保持电动机的连续运行。

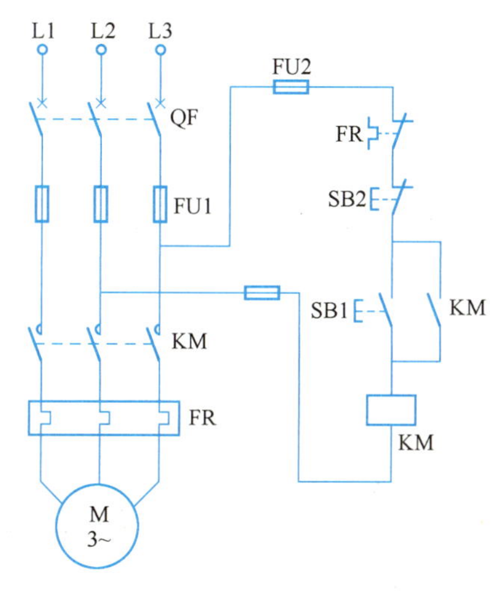

图 1-70　电动机连续运行控制电路

当按下停止按钮 SB2 时，KM 线圈失电，其主触点和常开触点复位断开，电动机因无供电而停止运行。同样，当电动机过载时，其常闭触点断开，电动机停止运行。

2. I/O 分配

根据项目分析可知，对输入量、输出量进行分配如表 1-12 所示。

表 1-12　电动机的连续运行控制 I/O 分配表

输　入		输　出	
输入继电器	元　件	输出继电器	元　件
X000	起动按钮 SB1	Y000	交流接触器 KM
X001	停止按钮 SB2		
X002	热继电器 FR		

3. I/O 接线图

根据控制要求及表 1-12 的 I/O 分配表，电动机的连续运行控制 I/O 接线图如图 1-71 所示（停止按钮和热继电器触点采用常闭触点，与继电器—接触器控制系统相同），主电路与图 1-70 相同。

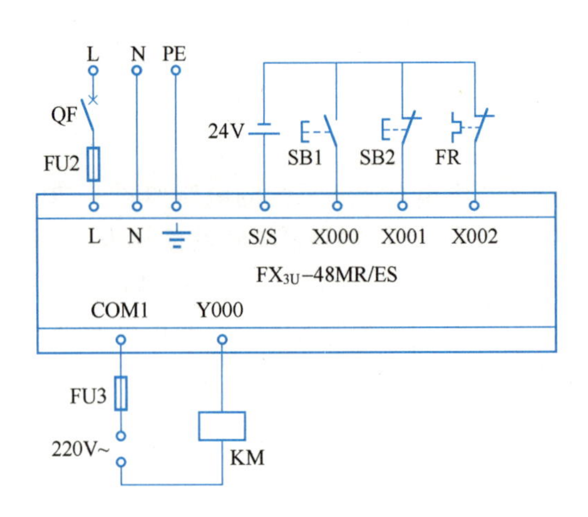

图 1-71　电动机连续运行控制 I/O 接线图 1

4. 创建工程项目

双击 GX Works2 软件图标，启动编程软件，按实训 2 中所介绍的方法新建一个工程，并命名为电动机的连续运行控制。

5. 编写程序

根据要求，并按 1.2 节介绍的方法生成本工程的控制梯形图，如图 1-72 所示。

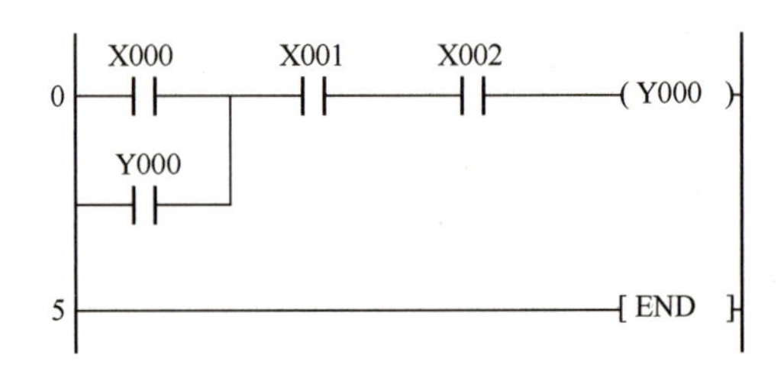

图 1-72　电动机的连续运行控制梯形图

6. 注释、声明和注解

在程序中，可以生成和显示下列的附加信息：

- 为每个软元件指定一个注释；
- 可为梯形图的电路添加最多 64 个字符的声明，为跳转、子程序指针（P 指针）和中断指针（I 指针）添加最多 64 个字符的声明；
- 可为线圈添加最多 32 个字符的注解。

（1）生成和显示软件的注释

双击图 1-73 左边“导航”窗口中的“全局软元件注释”，打开软元件注释编辑器。“软元件名”列表中是默认的 X0，在“注释”列中，输入 X000 的注释“起动按钮”，输入 X001 的注释“停止按钮”，输入 X002 的注释“过载保护”；然后在“软元件名”文本框中输入“Y0”，按下计算机键盘上的〈Enter〉键后切换到输出继电器注释界面，输入 Y0 的注释“电动机 M”。

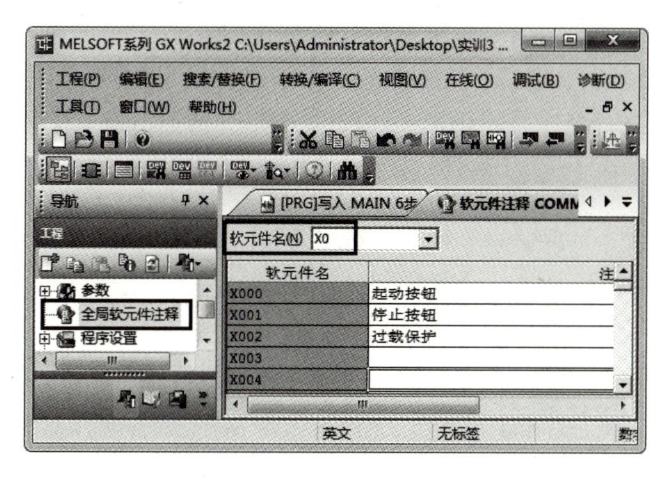

图 1-73　软元件注释编辑器

软元件注释生成后，在梯形图程序中并不会自动显示出来。单击“MAIN”编辑窗口按钮 [PRG]写入 MAIN 6步 ，打开程序，执行菜单栏中“视图”→“注释显示”命令，该命令的左边出一个“√”，在软元件注释编辑器中定义的注释将会在触点和线圈的下面显示，如图 1-74 所示。再次执行该命令，该命令左边的“√”消失，梯形图中软元件下面的注释也会消失。

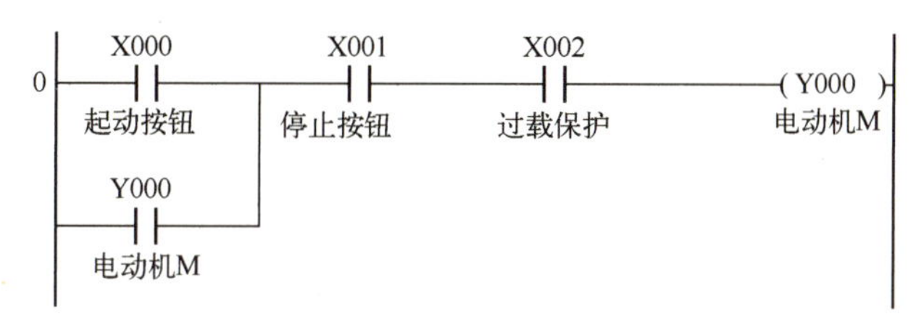

图 1-74　显示软元件注释的程序

在梯形图写入模式下，单击工具栏上的“软元件注释编辑”按钮，进入注释编辑模式。双击梯形图中的某个触点（如 X001，如图 1-75）或线圈，在“注释输入”对话框输入注释或修改已有的注释。单击“确定”按钮后，梯形图中将显示新的或修改后的注释，新的注释同时自动进入软元件注释表。再次单击工具栏上的“软元件注释编辑”按钮，退出注释编辑模式。

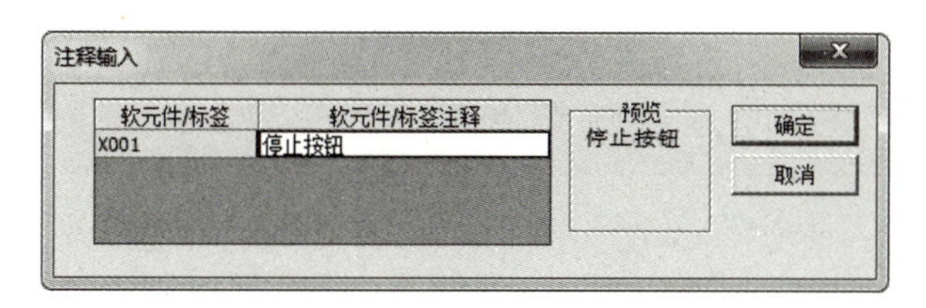

图 1-75　“注释输入”对话框

（2）设置注释和监视行的显示格式

执行菜单栏中“视图”→“软元件注释显示格式”命令，如果单击弹出的“选项”对话框中的“恢复为默认值”按钮（如图 1-76），将会采用第一次运行软件时默认的注释显示格式，注释将占用4行，这样程序显得很不紧凑，不便于阅读和编辑，因此需要设置注释的显示格式。可选1~4行，每行8列或5列。建议设置为1行8列（一行8个字符或4个汉字）。选中图1-76左边窗口“梯形图”可以设置梯形图的显示格式，例如将显示的触点数由11个改为9个（可在9~21中选择）。

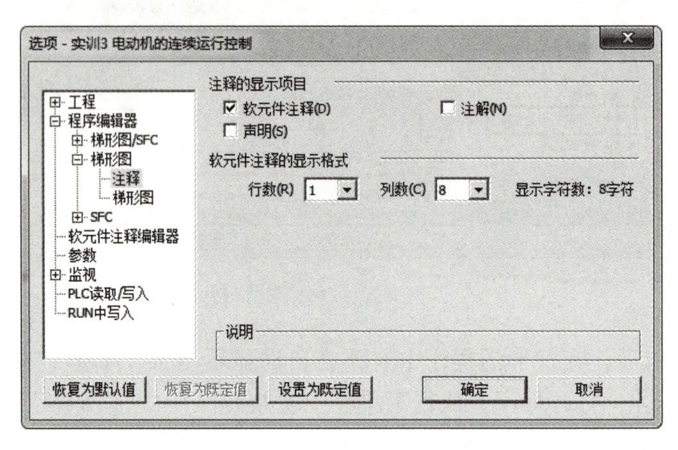

图1-76 “选项”对话框——软元件注释显示格式

在RUN模式下，单击工具栏上的“监视模式”按钮，将会在功能指令的操作数、定时器和计数器的线圈下面的“当前值监视”行，显示它们的监视值。执行菜单“视图”→“当前值监视行显示”命令，打开“选项”对话框，如图1-77所示。可选“始终显示”“始终隐藏”和“仅在监视时显示”。现设置为“仅在监视时显示”，即未进入监视模式时不显示当前值监视行。

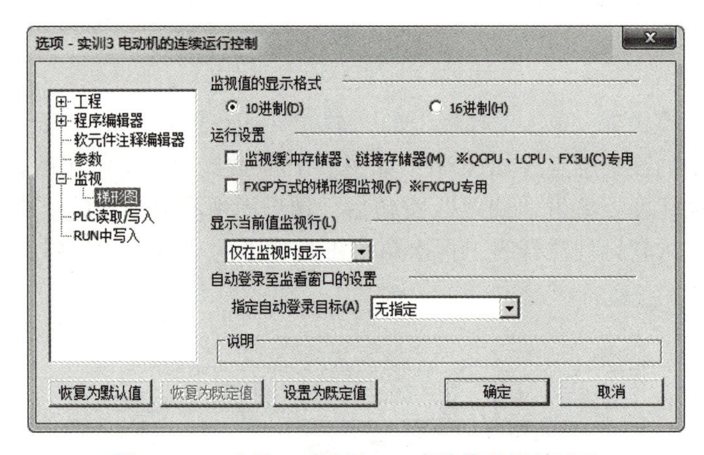

图1-77 “选项”对话框——当前值监视行显示

（3）生成和显示声明

可以在梯形图上面生成和显示声明（可以是某一行或某几行的程序说明）。在写入模式下，单击工具栏上的“声明编辑”按钮，进入声明编辑模式。双击梯形图中的某个步序号或某块电路，可以在弹出的“行间声明输入”对话框中输入声明，如图1-78所示。单击“确定”按钮后，在该电路块的上面将会立即显示新的或修改后的声明。再次单击“声明编辑”按钮，退出声明编辑模式。若想删除声明行，则选中声明行，再按下计算机键盘上的〈Delete〉键即可将其删除。

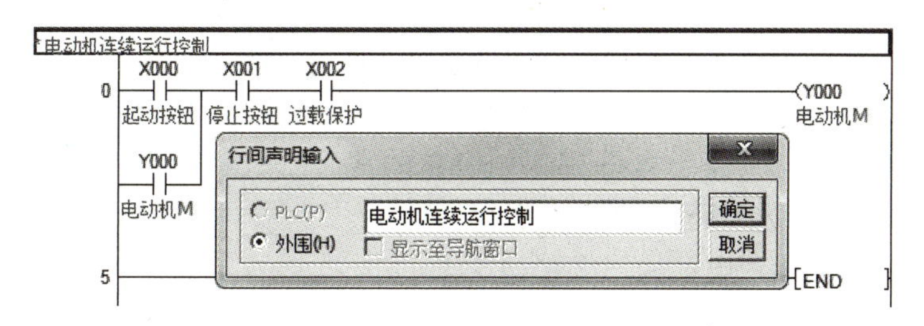

图 1-78　生成声明

执行菜单栏中“视图”→“声明显示”，可以显示或隐藏声明。

退出声明编辑模式后，双击显示的声明，可以用弹出的“梯形图输入”对话框编辑它。

（4）生成和显示注解

在写入模式下，单击工具栏上的“注解编辑”按钮，进入注解编辑模式。双击梯形图中的某个线圈或输出指令，可以在弹出的“注解输入”对话框中输入注解或修改已有的注解，如图 1-79 所示。单击“确定”按钮后在该电路块的上面将会立即显示新的或修改后的注解。再次单击“注解编辑”按钮，退出注解编辑模式。若想删除注解，则选中注解，再按下计算机键盘上的〈Delete〉键即可将其删除。

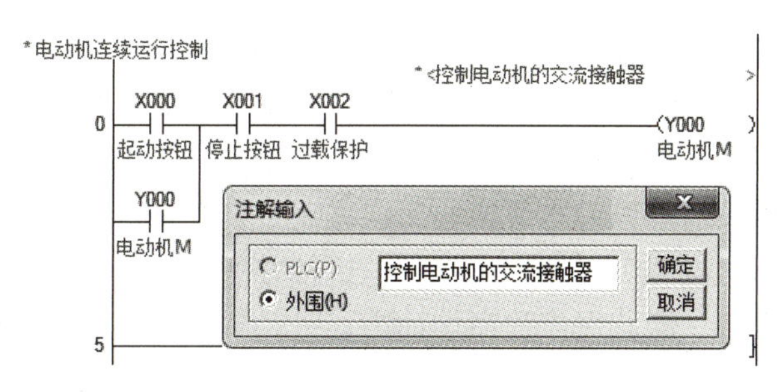

图 1-79　生成注解

执行菜单栏中“视图”→“注解显示”命令，可以显示或隐藏注解。

退出后双击显示出的注解，可以用弹出的“注解输入”对话框编辑它。

7. 调试程序

在仿真软件中先调试一下程序的正确性，然后按照实训 2 介绍的方法将电动机的连续运行控制程序下载到 PLC 中。首先断开负载交流接触器 KM 的电源，然后按下起动按钮，观察输入点 X000 和输出点 Y000 的指示灯亮否？松开起动按钮，输出点 Y000 的指示灯是否依然点亮？按下停止按钮，观察输出点 Y000 的指示灯是否熄灭，若熄灭，则再次按下起动按钮，此时输出点 Y000 的指示灯再次点亮，然后手动拨动热继电器的测试开关，观察输出点 Y000 的指示灯是否熄灭？若熄灭，则说明程序及 PLC 输入外部接线正确。别忘了按下热继电器的复位按钮，使其触点复位，以便电动机正常工作。最后给负载交流接触器 KM 供电，按下上述方法操作，观察电动机的工作是否和控制要求一致，如一致，则说明程序及外部硬件接线全部正确。

【实训交流】

1. FR 与 PLC 的连接

在工程项目实际应用中，经常遇到将热继电器 FR 的常闭触点接到 PLC 的输出端，如图 1-80 所示。

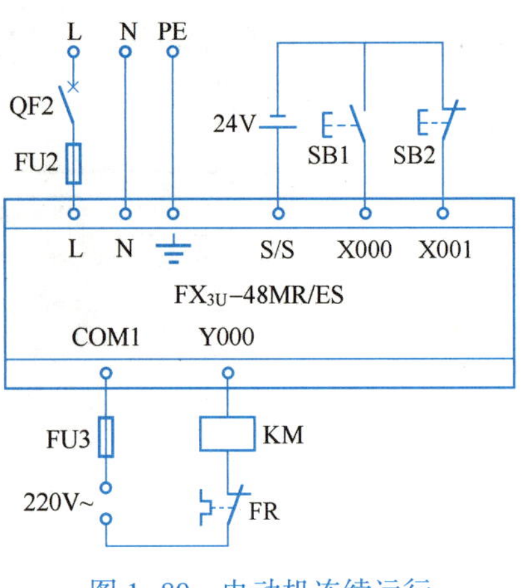

图 1-80 电动机连续运行控制 I/O 接线图 2

这样编写梯形图时，只需要将图 1-74 中 FR 的常开触点 X002 删除即可，从程序上看好像变得简单了，但在实际运行过程中会出现电动机二次起动现象。

图 1-80 中若电动机长期过载时，FR 常闭触点会断开，电动机则停止运行，保护了电动机。

若使用的是自恢复热继电器，随着 FR 热元件的热量散发而冷却，常闭触点又会自动恢复，或被人为手动复位。

若 PLC 未断电，程序依然在执行，由于 PLC 内部 Y000 的线圈依然处于“通电”状态，KM 的线圈会再次得电，这样电动机将在无人操作的情况下再次起动，这会给机床设备或操作人员带来危害或灾难。而热继电器 FR 的常闭触点（或常开触点）作为 PLC 的输入时，不会发生上述现象。一般情况下在 PLC 输入点数量充足的情况下不建议将 FR 的常闭触点接在 PLC 的输出端使用。

2. 起动和停止按钮的常用触点

很多工程技术人员在设计梯形图时都比较习惯将按钮的常开触点作为起动使用（常开触点也可作为停止使用），常闭触点作为停止使用，这样的梯形图则与继电器-接触器控制系统的线路非常相似，便于工程技术人员维护和检修设备。若本项目也采用停止按钮和热继电器的常开触点作为输入信号，程序又该如何编写呢？只要将控制程序中停止按钮和热继电器的常开触点换成常闭触点即可（如图 1-81），这种方法也为很多工程技术人员所熟悉，这也是最为典型的编程方法，即起保停程序设计法。

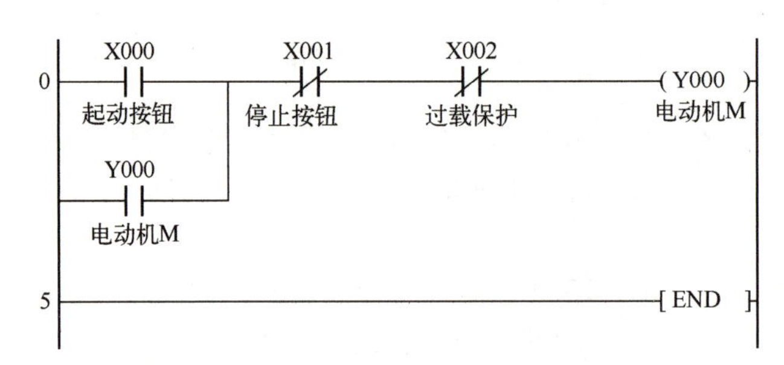

图 1-81 电动机的连续运行控制程序 2

3. 两台电动机的同时起停控制

在工程应用中，常常用一个起动按钮和一个停止按钮同时控制两台小容量电动机的起动和停止，那硬件连接和程序该如何编写呢？

（1）两个接触器线圈并联

在 PLC 的输出端将两个接触器线圈并联，这样只需要编写一行起保停程序（注意两个

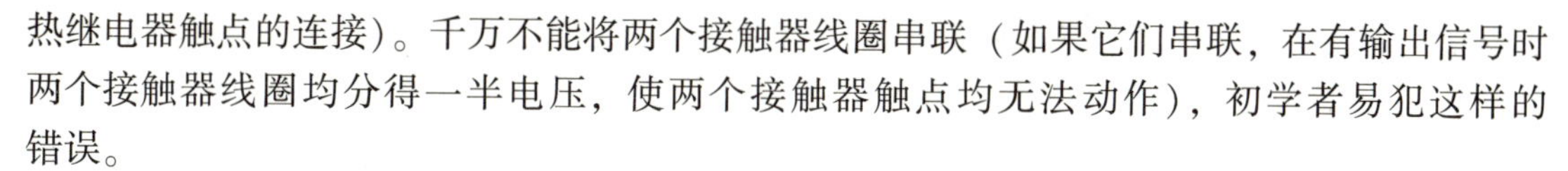

热继电器触点的连接）。千万不能将两个接触器线圈串联（如果它们串联，在有输出信号时两个接触器线圈均分得一半电压，使两个接触器触点均无法动作），初学者易犯这样的错误。

（2）两个输出线圈并联

用 PLC 的两个输出端分别连接两个接触器线圈，在程序编写时将两个输出的接触器线圈并联即可。

两台电动机同时起停控制的两种方法的电路原理图和程序请读者自行绘制和编写。

【实训拓展】

训练 1　用 PLC 实现两台电动机的独立运行控制：要求按下第一台电动机起动按钮，第一台电动机起动并运行，按下第一台电动机停止按钮，第一台电动机停止运行；按下第二台电动机起动按钮，第二台电动机起动并运行，按下第二台电动机停止按钮，第二台电动机停止运行。若第一台电动机过载，则第一台电动机立即停止运行；若第二台电动机过载，则第二台电动机立即停止运行。

训练 2　用 PLC 实现两台电动机的同时起动控制：按下起动按钮，第一台和第二台电动机同时起动，按下第一台电动机的停止按钮，第一台电动机停止，按下第二台电动机的停止按钮，第二台电动机停止。若两台电动机中任意一台发生过载现象，两台电动机均立即停止。

【实训进阶】

维修电工中级（四级）职业资格鉴定中，PLC 考核部分由“实操+笔试”组成，考核时间为 120 min，要求考生按照电气安装规范，依据提供的继电器-接触器控制系统主电路及控制电路原理图绘制 PLC 的 I/O 接线图，正确完成 PLC 控制线路的安装、接线和调试。

笔试部分：

1）正确识读给定的电路图，将控制电路部分改为 PLC 控制，在答题纸上正确绘制 PLC 的 I/O 口（输入/输出）接线图并设计 PLC 梯形图。

2）正确使用工具，简述某工具的使用注意事项，如电烙铁、剥线钳、螺钉旋具等。

3）正确使用仪表，简述某仪表的使用方法，如万用表、钳形电流表、兆欧表等的使用方法。

4）在安全文明生产方面，何为安全电压？

操作部分：

1）按照电气安装规范，依据所提供的主电路和 I/O 接线图正确完成 PLC 控制线路的安装和接线。

2）正确编制程序并输入到 PLC 中。

3）通电试运行。

维修电工中级（四级）职业资格鉴定中，PLC 部分考题相对比较简单，主要涉及的指令为 PLC 中的位逻辑指令、定时器及计数器指令，本书列举部分考题供读者参考。

任务：PLC 控制电动机的点连复合控制装调，所提供的继电器-接触器控制电路如图 1-82 所示，即使用两个起动按钮和一个停止按钮实现电动机的点连复合控制功能。

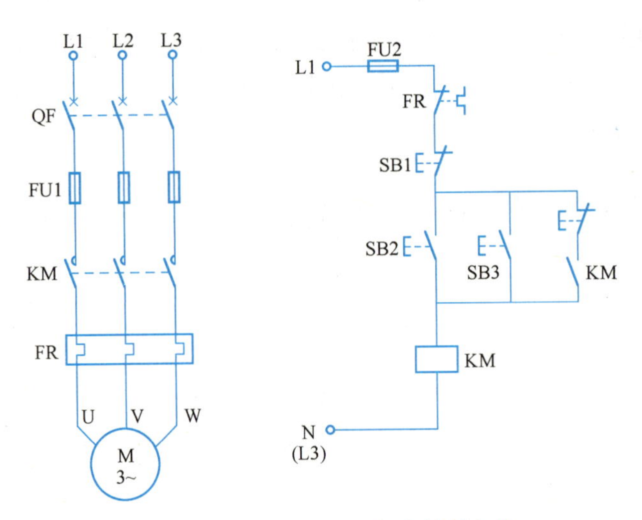

图 1-82　电动机的点连复合控制电路

请读者根据上述电路及控制功能自行绘制 PLC 的 I/O 接线图、编写相应控制程序，本书后续实训进阶中有关维修电工中级（四级）职业资格鉴定的任务要求相同。

有些读者会使用移植法将图 1-82 转换为相应的梯形图，结果是按下点动和连续按钮，电动机均连续运行。原因是继电器-接触器式控制系统与 PLC 的工作原理不同，前者同一元件的所有触点同时处于受控状态，后者梯形图中各个软元件都处于周期循环扫描工作状态，即线圈工作和其触点动作并不同时发生。

拓展训练：用 PLC 实现点动和连续运行的控制，要求用一个起动按钮、一个停止按钮和一个转换开关实现点动和连接运行复合控制功能。

1.2.12　实训 4　电动机正反转运行的 PLC 控制——置位/复位指令

【实训目的】

- 掌握置位/复位指令程序设计方法；
- 掌握互锁环节的使用；
- 掌握 GX Works2 软件的常用功能。

【实训任务】

用 PLC 实现三相异步电动机的正反转运行控制，即按下正向起动按钮，电动机正向起动并运行；若按下反向起动按钮，电动机反向起动并运行；若按下停止按钮，电动机立即停止运行。该电路必须具有必要的短路保护、过载保护等功能。

【实训步骤】

1. 继电器-接触器控制原理分析

三相异步电动机的正反转运行继电器控制系统的电路如图 1-83 所示。起动时，闭合空气开关 QF，当按下正向起动按钮 SB1 时，交流接触器 KM1 线圈得电，其主触点闭合，电动机接入三相正序电源而正向起动，同时辅助常开触点闭合，实现自锁，辅助常闭触点断开，实现互锁。

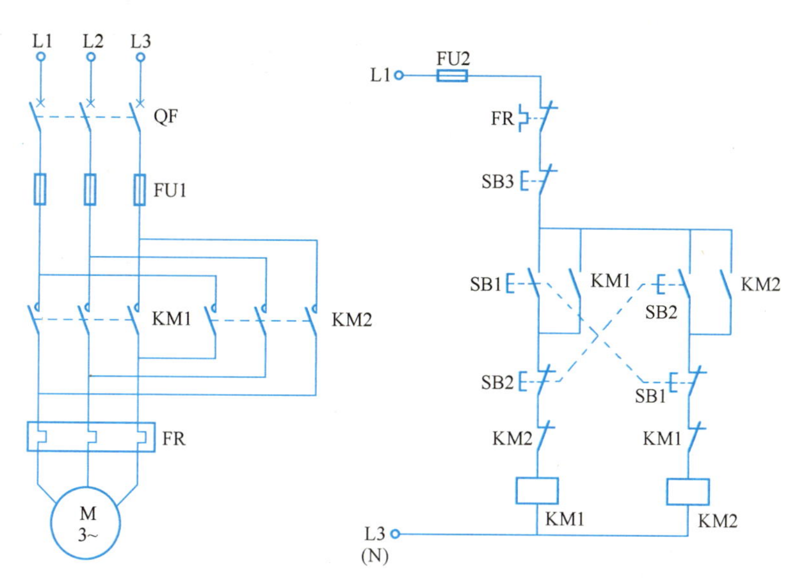

图 1-83 电动机的正反转运行控制电路

若按下反向起动按钮 SB2 时，按钮 SB2 的常闭触点首先断开，交流接触器 KM1 线圈失电，所有触点复位，为反向起动做好准备；当按钮 SB2 的常开触点闭合时，交流接触器 KM2 线圈得电，其主触点闭合，电动机接入三相反序电源而反向起动，同时 KM2 辅助常开触点闭合，实现自锁，其辅助常闭触点断开，实现互锁。

当按下停止按钮 SB3 时，KM 线圈失电，其主触点和常开触点复位断开，电动机因无供电而停止运行。同样，当电动机过载时，热继电器 FR 常闭触点断开，电动机也立即停止运行。

2. I/O 分配

根据项目分析，对输入量、输出量进行的分配如表 1-13 所示。

表 1-13 电动机的正反转运行控制 I/O 分配表

输入		输出	
输入继电器	元件	输出继电器	元件
X000	正向起动按钮 SB1	Y000	正向交流接触器 KM1
X001	反向起动按钮 SB2	Y001	反向交流接触器 KM2
X002	停止按钮 SB3		
X003	热继电器 FR		

3. I/O 接线图

根据控制要求及表 1-13 的 I/O 分配表，电动机的正反转运行控制 I/O 接线图可绘制如图 1-84 所示（停止按钮和热继电器触点采用常开触点，这样对于初学者编程不容易出错，而且 PLC 在待机情况下，外部输入电路断开也有利于 PLC 的使用寿命），注意电气互锁环节。主电路同图 1-83 的主电路。

4. 创建工程项目

双击 GX Works2 软件图标，启动编程软件，新建一个工程，并命名为电动机的正反转运行控制。

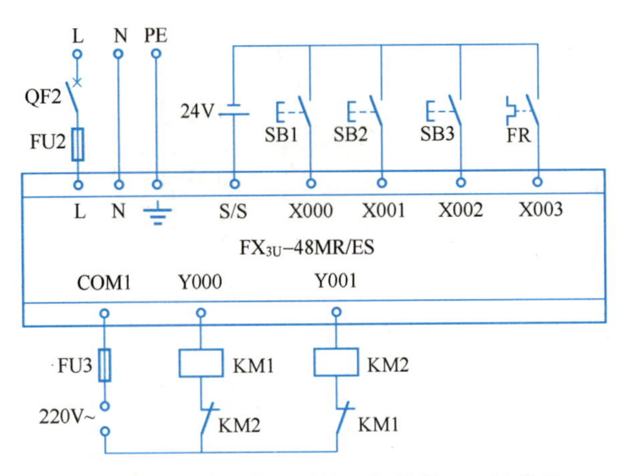

图 1-84　电动机的正反转运行控制 I/O 接线图

5. 编写程序

根据要求，使用起保停方法编写本工程项目程序如图 1-85 所示；使用置位、复位指令编写的本工程项目程序如图 1-86 所示，从图 1-86 中可以看出置位和复位指令在程序中可使用无数次。

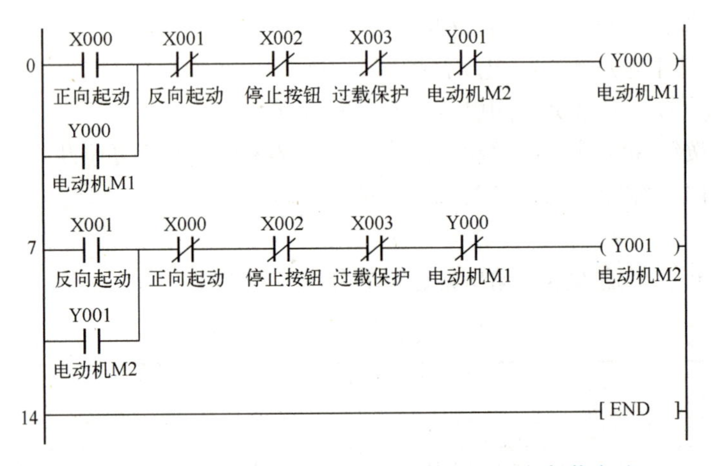

图 1-85　电动机的连续运行控制梯形图——起保停方法

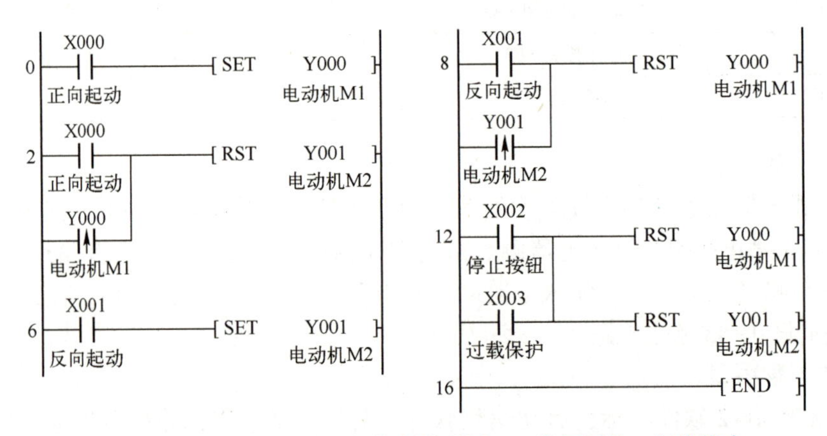

图 1-86　电动机的连续运行控制梯形图——使用置位、复位指令

6. GX Works 软件的常用功能

(1) 模式切换

单击工具栏上的“读取模式”按钮，矩形光标变为实心，进入读取模式，此时不能修改梯形图。双击梯形图中的空白处，将会出现“搜索”对话框。输入某个软元件号后单击“搜索”按钮，矩形光标会自动移到要查找的软元件号的触点或线圈上。

双击程序中的某个触点或线圈，将会出现“搜索”对话框。多次单击“搜索”按钮，将会依次找到程序中具有相同软元件号的所有触点和线圈等对象。单击工具栏上的“写入模式”按钮，矩形光标变为空心，进入写入模式，可以修改梯形图。也可以用“编辑”菜单中的“梯形图编辑模式”命令来切换读取模式和写入模式。

在写入模式下按计算机键盘上的〈Insert〉键，最下面的状态栏的右边将交替显示“改写”和“插入”。在改写模式下双击某个触点，可以改写触点的软元件号。在插入模式下双击某个触点，将会在它的左边插入一个新的触点。可以用“视图”菜单中的命令关闭或显示状态栏。

(2) 搜索与替换功能

选中梯形图中 Y000 的触点或线圈，执行菜单栏中“搜索/替换”→“交叉参照”命令，在弹出的“交叉参照”对话框（如图 1-87）中，显示在程序中对 Y000 使用过的指令以及指令的图形符号。

交叉参照

交叉参照信息显示 | 条件设置

软元件/标签(D) Y0 搜索

软元件/标签	指令	梯形图符号	位置 /	数据名
筛选条件	筛选条件		筛选条件	筛选条件
Y000	SET	-[ ]-	步No.1	MAIN
Y000	RST	-[ ]-	步No.11	MAIN
Y000	RST	-[ ]-	步No.14	MAIN
Y000	ORP	┘|↑|┘	步No.3	MAIN

4件：软元件/标签"y0"的交叉参照信息

图 1-87 “交叉参照”对话框

在“软元件/标签”选择框中输入其他软元件号，单击“搜索”按钮，将会显示该软元件的交叉参照信息。用“软元件/标签”选择框中“所有软元件/标签”，单击“搜索”按钮，将会显示所有软元件和标签的交叉参照信息。

软元件使用列表用于显示已经使用了哪些软元件，以避免同一软元件的重复使用。执行菜单栏“搜索/替换”→“软元件使用列表”命令，在打开的对话框中输入软元件号 Y0（如图 1-88），单击“搜索”按钮，将会显示程序中使用的从 Y000 开始的所有输出继电器，以及是否使用了它们的触点和线圈，每个软元件使用的次数和软元件的注释。

在写入模式下执行菜单栏中“搜索/替换”→“软元件搜索”命令，在打开的“搜索/替换”对话框中输入软元件 Y0（如图 1-89），单击“搜索下一个”按钮，程序中的矩形光标会指示搜索到的 Y000 触点或线圈。再次单击该按钮，将会指示搜索到的 Y000 的下一个触点或线圈。

在“替换软元件”选择框中输入 Y2，单击“替换”按钮，矩形光标移动到 Y000 的触点或线圈处。再次单击“替换”按钮，选中的触点或线圈的软元件变为Y002。单击“全部替换”按钮，Y000的所有触点或线圈的软元件变为Y002。

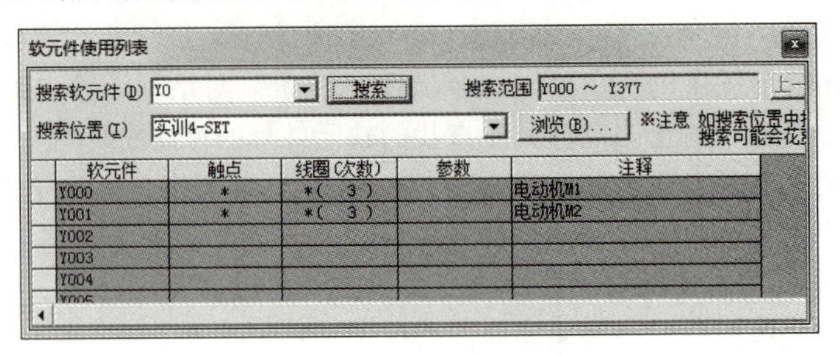

图1-88　软元件使用列表

可以使用该对话框或菜单栏中的“搜索/替换”命令，搜索或替换软元件、指令和字符串，互换常开/常闭触点（A/B触点）和实现软元件批量更改。

(3) 程序检查

执行菜单栏中“工具”→“程序检查”命令，可以用图1-90中的对话框设置检查的内容，单击“执行”按钮，在编程界面下面“输出”窗口的“程序检查”列表中出现检测结果。在某些特定的条件下，允许出现双线圈（同一元件的线圈出现两次或多次），图1-90中没有检测双线圈。

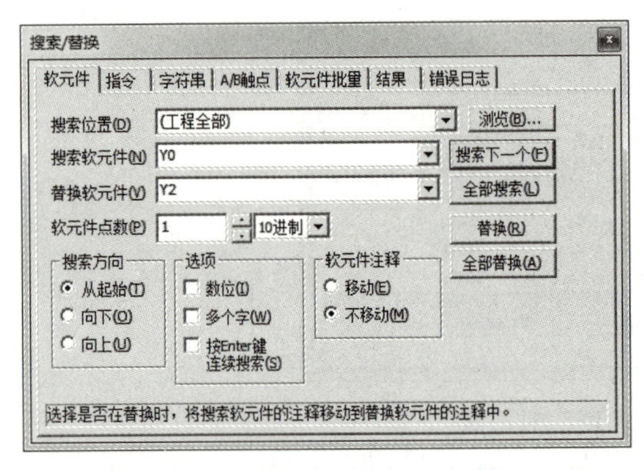

图1-89　“搜索/替换”对话框

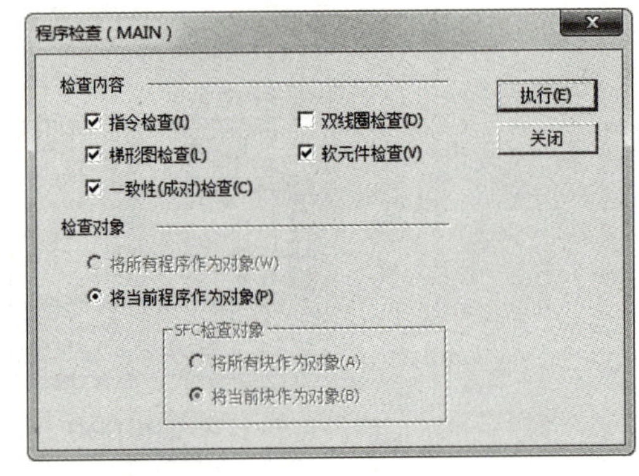

图1-90　“程序检查”对话框

(4) 剪贴板的使用

在写入模式下，首先用矩形光标选中梯形图的某个触点或线圈，按住鼠标左键，在梯形图中拖动鼠标，可以选中一个长方形区域，被选中的部分用深蓝色表示。在最左边的步序号区拖动移动鼠标，将会选中一个或多个电路。

可以用计算机键盘上的〈Delete〉键删除选中的部分，用工具栏上的按钮和Windows的剪贴板功能，将选中的部分复制和粘贴到梯形图的其他地方，甚至可以复制到同时打开的其他工程中。

(5) 程序区的缩放

执行菜单栏中“视图”→“放大/缩小”命令，或单击工具栏上的按钮🔍，可以用弹出的对话框设置显示的倍率（50%、75%、100%和150%，4级倍率）。在其中选择“指定”，可以设置任意的倍率；如果选择“自动倍率”，将根据程序区的宽度自动确定倍率。

7. 调试程序

在仿真软件中先调试一下程序的正确性，然后将电动机的正反转运行控制程序下载到PLC中。先调试PLC控制部分电路，按下正向起动按钮观察交流接触器KM1线圈是否得电。若KM1线圈通电再按下反向起动按钮，观察交流接触器KM1线圈是否失电，同时交流接触器KM2线圈是否得电。若KM2线圈通电，可反复按下正向起动按钮和反向起动按钮，观察KM1和KM2两线圈是否轮换得电，如果切换正常，最后按下停止按钮或模拟热继电器通断状态的手动按钮，观察交流接触器KM1和KM2线圈是否失电，如果交流接触器KM1和KM2线圈均失电，说明PLC控制程序和I/O连接正确。

然后再调试主电路，接通主电路电源，再按上述调试PLC控制电路那样操作，如果电动机能正常在正转和反转之间切换，按下停止按钮或模拟发生过载时按下热继电器通断状态的手动按钮，电动机能立即停止运行，说明主电路线路连接正确。

【实训交流】

1. 电气互锁

在很多工程应用中，经常需要电动机可逆运行，即正反向旋转，即需要正转时不能接通反转输出线圈、反转时不能接通正转输出线圈，否则会造成电源短路。在继电器-接触器控制系统中通过使用机械和电气互锁来解决此问题。在PLC控制系统中，虽然可通过软件实现程序互锁（即正反两输出线圈不能同时得电），但不能从根本上杜绝电源短路现象的发生（如一个接触器线圈虽失电，若其主触点因熔焊或受卡堵等原因不能分离，此时另一个接触器线圈若得电，主电路就会发生电源短路现象），所以必须在接触器的线圈回路中串联对方的辅助常闭触点（如图1-84所示），即程序互锁代替不了电气互锁，在工程应用中电气互锁一定不能省略。

2. 转换GX Developer格式的程序

GX Works可以打开和转换GX Developer软件生成的工程。执行菜单栏中“工程”→“打开其他格式数据”→“打开其他格式工程”命令，打开图1-91中的对话框。用“查找

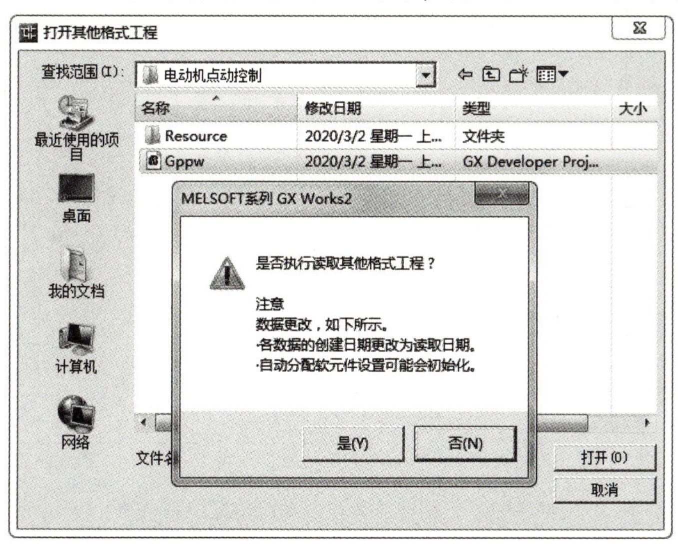

图1-91　打开GX Developer格式的工程

范围”选择框选中某个用 GX Developer 软件生成的工程，双击其中的 Gppw 文件（或带有.gpj 文件格式后缀，因软件版本不同有异），在弹出的“MELSOFT 系列 GX Works2”对话框中单击“是”按钮，该工程转换为 GX Works2 格式后被打开，在弹出“已完成”的对话框中单击“确定”按钮，结束转换操作。双击“导航”窗口中的“程序部件或程序设置”文件夹中的“MAIN”，打开该工程的主程序。可以执行菜单栏中“工程”→“另存为”命令，设置转换后的工程名称。还可以执行菜单栏中“工程”→“PLC 类型更改”命令，修改 PLC 的系列号。

【实训拓展】

训练 1　用 PLC 实现两台电动机顺起逆停运行控制：按下第一台电动机起动按钮，第一台电动机起动，第一台电动机起动完成后，按下第二台电动机的起动按钮，第二台电动机方可起动；按下第二台电动机停止按钮，第二台电动机停止，按下第一台电动机的停止按钮，第一台电动机方可停止。两台电动机中任意一台发生过载两台电动机均立即停止。

训练 2　用 PLC 实现两台电动机同向运行控制：若甲地电动机先正向起动并运行，则乙地电动机只能正向起动；若甲地电动机先反向起动并运行，则乙地电动机只能反向起动；同样，若乙地电动机先起动，则甲地电动机运行方向必须与乙地同向；若有任何一台电动机过载停止运行，另一台电动机也立即停止运行。

【实训进阶】

任务：维修电工中级（四级）职业资格鉴定中，有一考题要求对三相交流异步电动机位置 PLC 控制的装调，所提供的继电器-接触器控制电路如图 1-92 所示。请读者根据上述电路及控制功能自行绘制 PLC 的 I/O 接线图并编写相应控制程序。

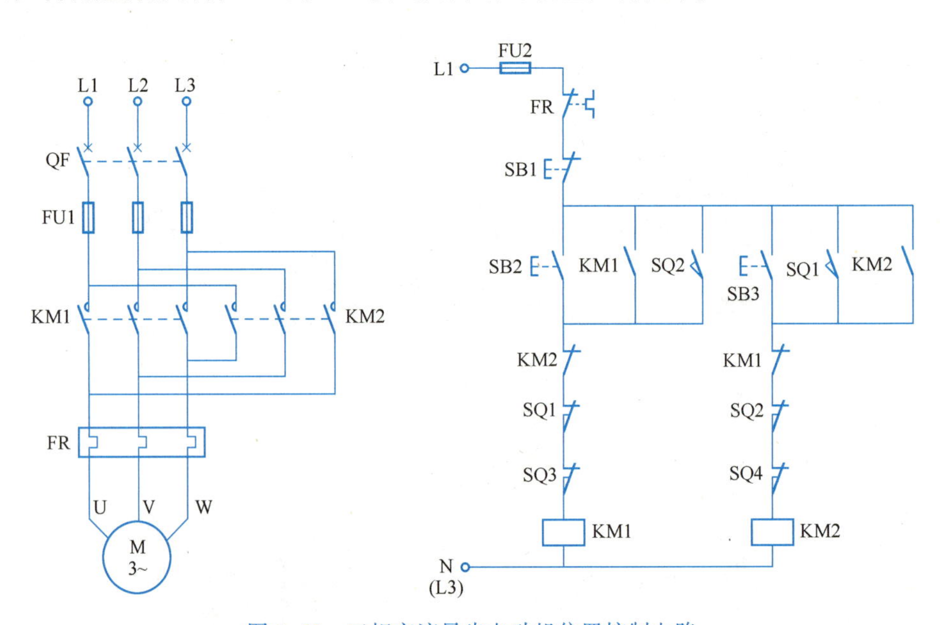

图 1-92　三相交流异步电动机位置控制电路

1.3 定时器及计数器指令

1.3.1 定时器指令

在继电器-接触器控制系统中，常用时间继电器作为延时功能使用，在 PLC 控制系统中则不需要时间继电器，而使用内部软元件定时器（Timer，简称 T）来实现延时功能。定时器就是用加法计算 PLC 中的 1 ms、10 ms 和 100 ms 等的时间脉冲，当加法计算结果达到所指定的设定值时，输出触点就动作的软元件。

1. 定时器的分类及分辨率

FX_{3U} 系列 PLC 提供了 512 个定时器，定时器编号为 T0~T511。定时器有 1 ms、10 ms 和 100 ms 3 种分辨率，分辨率取决于定时器的编号，如表 1-14 所示。

表 1-14　定时器的分类

定时器类型	定时范围/s	定时器编号
100 ms 一般型定时器	0. 1~3276. 7	200 点 T0~T199
10 ms 一般型定时器	0. 01~327. 67	46 点 T200~T245
1 ms 一般型定时器	0. 001~32. 767	256 点 T256~T511
1 ms 累计型定时器	0. 001~32. 767	4 点 T246~T249
100 ms 累计型定时器	0. 1~3276. 7	6 点 T250~T255

2. 一般型定时器

一般型定时器及其波形如图 1-93 所示，在图 1-93 中当 X000 常开触点接通时，T0 的当前值计数器从零开始，对 100 ms 时钟脉冲进行累加计数。当前值等于 100 时，T0 的输出触点在其线圈被连续驱动 10 s（100 ms×100=10 s）后动作。梯形图中 T0 的常开触点接通，常闭触点断开，当前值保持不变。X000 的常开触点断开或 PLC 断电时，T0 被复位，它的输出触点也被复位，梯形图 T0 的常开触点断开，常闭触点接通，当前值被清零。

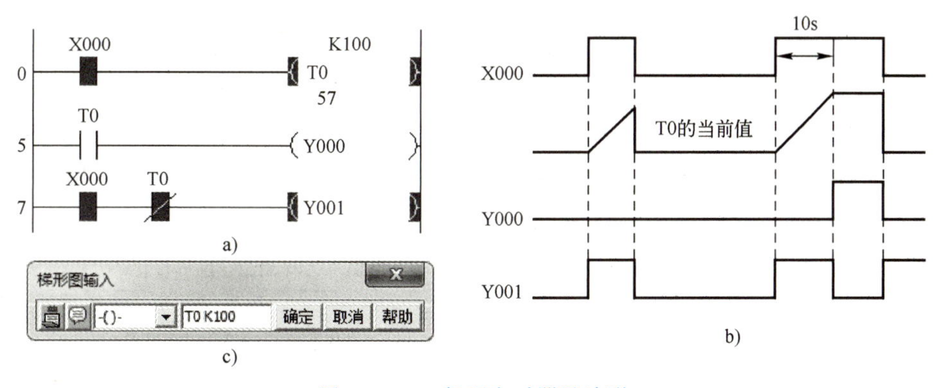

图 1-93　一般型定时器及波形
a）梯形图　b）波形图　c）定时器线圈的输入

一般型定时器没有断电保持功能，如果想在其线圈通电时能保持一直计时，则需在定时器线圈两端并联一个辅助继电器线圈，利用辅助继电器的常开触点实现自锁，这样定时器就可以一直计时，同时使用该辅助继电器的触点相当于在定时器的线圈“通电”时就动作的瞬动触点。

注意：在输入定时器线圈时，单击工具栏上的“线圈”按钮，输入“T0 K100”（软元件号与设定值之间必须有空格，设定值前面必须有代表十进制常数的符号 K，也可以通过数据寄存器来指定设定值），单击“确定”按钮，生成定时器 T0 的线圈，线圈上面是设定值。可以使用软元件批量监视视图、监看窗口或梯形图来监视定时器的当前值。

3. 进入监看窗口并进行监视

执行菜单栏中“视图”→“折叠窗口”→“监看 1”命令，打开监看窗口，如图 1-94 所示。最多可以生成 4 个监看窗口（监看 1~监看 4）。监看窗口主要用于梯形图中不能同时看到需要监视的有关软元件的场合。在“软元件/标签”列输入 X0，数据类型为默认的 Bit，注释列显示该元件已定义的注释。在第 2 行输入软元件号 T0，数据类型为默认的有符号字，监视 T0 的当前值。将第 5 行的数据类型改为 Bit，监视的是 T0 的触点的状态。

监看1

软元件/标签	当前值	数据类型	类	软元件	注释
X0	1	Bit		X0	
T0	33	Word[Signed]		T0	
Y0	0	Bit		Y0	
Y1	1	Bit		Y1	
T0	0	Bit		T0	

图 1-94　监看窗口

在运行时令 X0 为 ON，监看窗口中的 X0 的当前值变为 1，该行的背景色变为浅蓝色（如图 1-94 所示）。T0 的当前值从 0 开始不断变化，达到设定值 100 值（10 s）后不再增加。令 X0 为 OFF 时，监看窗口 1 中的 X0 的当前值变为 0，背景色变为白色，T0 的当前值变为 0。

选择程序编辑器中的某个软元件或标签编辑中的某个标签，右击，在弹出的快捷菜单中选择的“登录至监看窗口”命令，选中的软元件或标签将被自动登录到监看窗口中。

4. 累计型定时器

累计型定时器及波形如图 1-95 所示。当 X000 的常开触点接通时，T250 的当前值计数器对 100 ms 时钟脉冲进行累加计数。X000 的常开触点断开或 PLC 断电时停止定时，但 T250 的当前值保持不变。X000 的常开触点再次接通或重新上电时继续定时，当前值在保持的值的基础上累加计数，累计时间（t_1+t_2）达到所设定的值 10 s 时，T250 的常开触点接通，常闭触点断开。注意：累计型定时器的线圈断电时不会复位，所以需要用复位（RST）指令将累计型定时器复位。

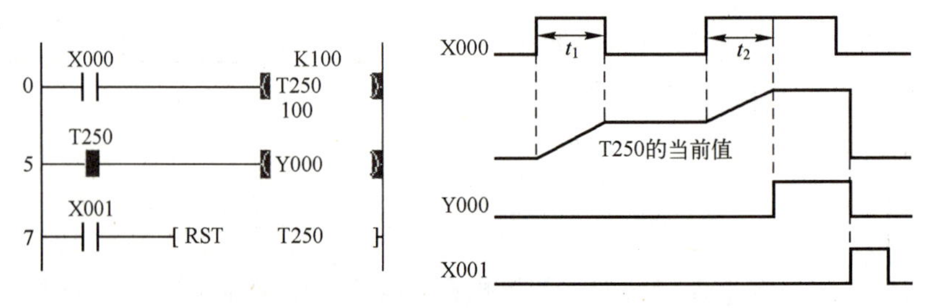

图 1-95　累计型定时器及波形

视频“定时器指令”可通过扫描二维码 1-12 播放。

二维码 1-12

1.3.2 计数器指令

计数器（Counter，C）指令用来对 PLC 的内部映像寄存器（X、Y、M 和 S）提供的信号计数，计数信号为 ON 或 OFF 的持续时间应大于 PLC 的扫描周期，其响应速度通常小于数十赫兹。FX_{3U}系列 PLC 提供了 235 个计数器，编号为 C0～C234，计数器的类型与软元件号的关系如表 1-15 所示。

表 1-15 计数器的分类

计数器类型	计 数 范 围	定时器编号
一般型 16 位加计数器	1～32767	100 点，C0～C99
断电保持型 16 位加计数器		100 点，C100～C199
一般型 32 位加/减计数器	-2147483648～+2147483647	20 点，C200～C219
断电保持型 32 位加/减计数器		10 点，C220～C234

1. 16 位加计数器

16 位加计数器及工作波形如图 1-96 所示。X000 用来提供计数输入信号，当 16 位加计数器的复位输入电路断开，计数输入电路由断开变为接通时（即计数脉冲的上升沿），C0 的当前值加 1。在 3 个计数脉冲之后，C0 的当前值等于设定值 3，梯形图中 C0 的常开触点接通，常闭触点断开。再次计数时其当时值保持不变。16 位加计数器也可以通过数据寄存器来指定设定值。

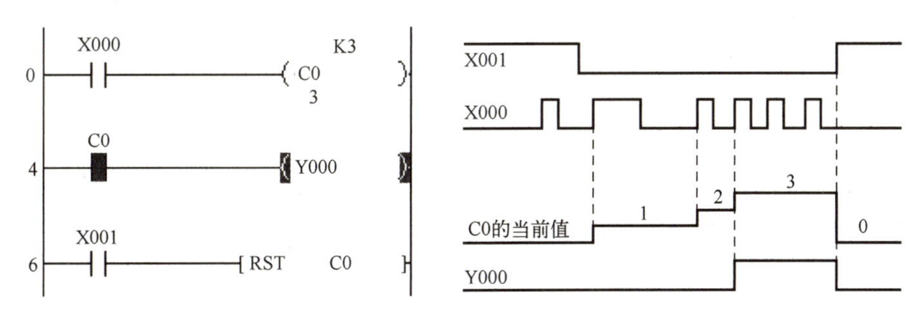

图 1-96 16 位加计数器及波形

当 X001 的常开触点接通时，C0 被复位，梯形图中其常开触点断开，常闭触点接通，计数器的当前值被清零。

在电源中断或进入 STOP 模式时，16 位加计数器停止计数。一般型计数器当前值清零，断电保持型计数器保持当前值不变。电源再次接通，进入 RUN 模式后，断电保持型计数器在保持的当前值的基础上连续计数。如果断电或进入 STOP 模式时当前值等于设定值，断电保持型计数器的常开触点是接通的，重新上电后触点的状态保持不变。

2. 32 位加/减计数器

32 位加/减计数器对应的定时器编号是 C200～C234，可以用特殊辅助继电器 M8200～M8234 来设定它们的加/减计数方式，如图 1-97 所示。对应的特殊继电器为 ON 时，为减计数，反之为加计数。当 32 位加/减计数器的当前值大于等于设定值 5 时，梯形图中 C200 的常开触点接通（若是常闭触点则断开）。同样，使用 RST 指令可对 32 位加/减计数器的当前值进行清零。

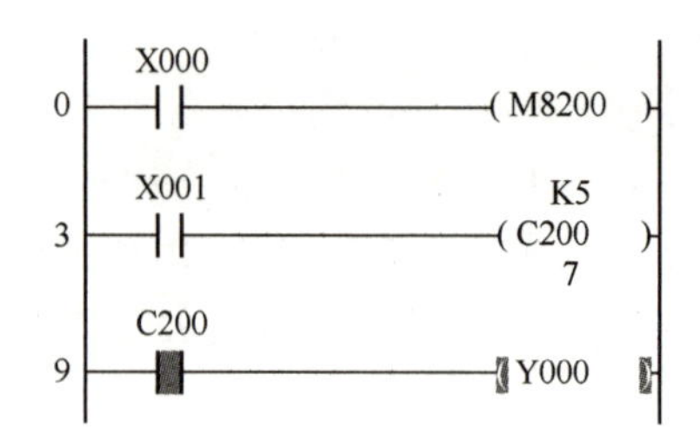

图 1-97　32 位加/减计数器

32 位加/减计数器的设定值除了可以由常数 K 设定外，还可以用数据寄存器设定，如果指定的是 D0，则设定值存放在 32 位数据寄存器（D1、D0）中。

32 位加/减计数器的当前值在最大值 2147483647 时再加 1，将变为最小值-2147483648，同样，在最小当前值-2147483648 时再减 1，将变为最大值 2147483647，这种计数器又称为“环形计数器”。

视频“计数器指令”可通过扫描二维码 1-13 播放。

二维码 1-13

1.3.3　实训 5　电动机星-三角起动的 PLC 控制——定时器指令

【实训目的】

- 掌握定时器的使用；
- 掌握梯形图的编程规则；
- 掌握不同负载连接的方法。

【实训任务】

用 PLC 实现电动机的Y-△降压起动控制，即按下起动按钮，电动机星形（Y）起动；起动结束后（起动时间为 5 s），电动机切换成三角形（△）运行；若按下停止按钮，电动机停止运转。系统要求起动和运行时有相应指示，同时电路还必须具有必要的短路保护、过载保护等功能。

【实训步骤】

1. 继电器-接触器控制原理分析

图 1-98 为三相异步电动机Y-△降压起动原理图。KM1 为电源接触器，KM2 为三角形接触器，KM3 为星形接触器，KT 为时间继电器。其工作原理是：起动时接通空气开关 QF，按下起动按钮 SB1，则 KM1、KM3 和 KT 线圈同时得电并自锁，这时电动机定子绕组接成星形并起动。随着转速提高，电动机定子电流下降，KT 延时达到设定值，其延时断开的常闭触点断开，延时闭合的常开触点闭合，从而使接触器 KM3 线圈断电释放，接触器 KM2 线圈得电吸合并自锁，这时电动机切换成三角形运行。停止时只要按下停止按钮 SB2，KM1 和 KM2 线圈同时断电，电动机停止运行。图 1-98 中为了防止电源短路，接触器 KM2 和 KM3

线圈不能同时得电，在电路中设置了电气互锁。

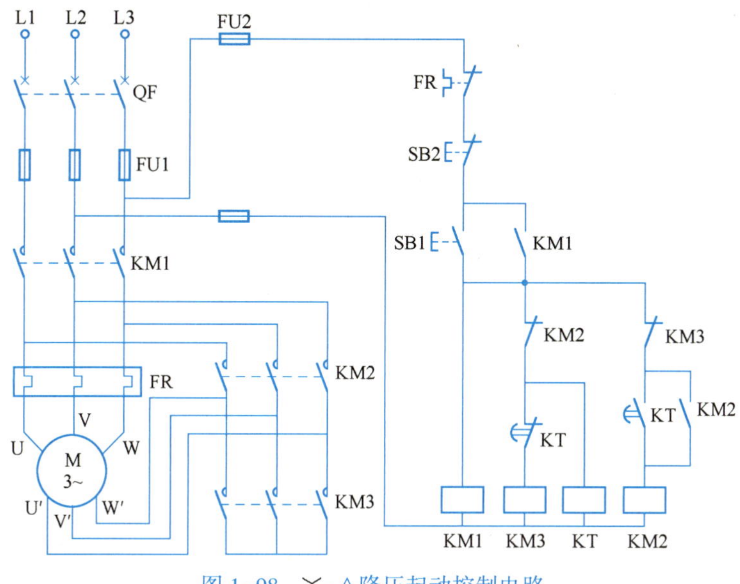

图 1-98　Y-△降压起动控制电路

2. I/O 分配

根据项目分析可知，对输入量、输出量进行分配如表 1-16 所示。

表 1-16　电动机星-三角降压起动控制 I/O 分配表

输　入		输　出	
输入继电器	元　件	输出继电器	元　件
X000	起动按钮 SB1	Y000	电源接触器 KM1
X001	停止按钮 SB2	Y001	三角形接触器 KM2
X002	热继电器 FR	Y002	星形接触器 KM3
		Y003	星形起动指示 HL1
		Y004	三角形运行指示 HL2

3. I/O 接线图

根据控制要求及表 1-16 的 I/O 分配表，电动机星-三角降压起动控制 I/O 接线图可绘制如图 1-99 所示。

4. 创建工程项目

创建一个工程项目，并命名为电动机的星-三角降压起动控制。

5. 编写程序

电动机的星-三角降压起动控制梯形图如图 1-100 所示。

6. 梯形图的编程规则

梯形图与继电器控制电路图相近，其结构形式、元件符号及逻辑控制功能是类似的，但梯形图具有自己的编程规则。

1）输入/输出继电器、辅助继电器和定时器等软元件的触点可多次重复使用，无需用复杂的程序结构来减少触点的使用次数。

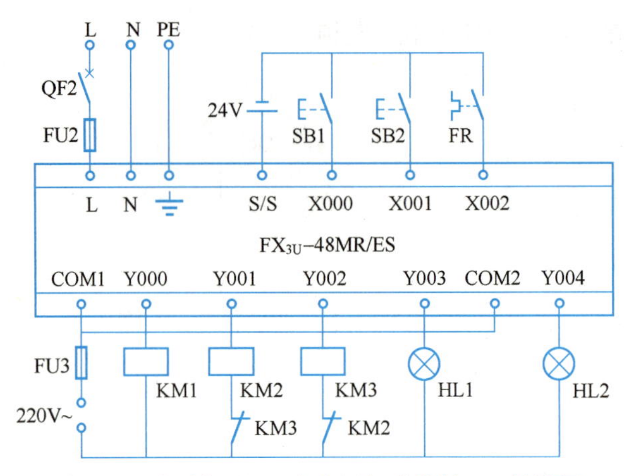

图 1-99　电动机星-三角降压起动控制 I/O 接线图

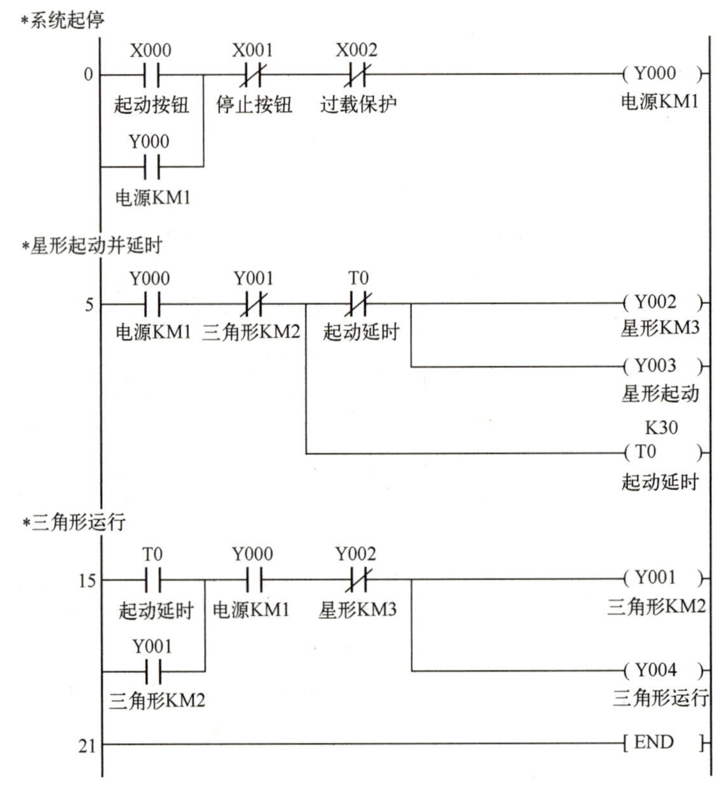

图 1-100　电动机星-三角降压起动控制梯形图

2）梯形图按自上而下、从左到右的顺序排列。每个继电器线圈为一个逻辑行，即一层阶梯。每一逻辑行开始于左母线，然后是触点的连接，最后终止于继电器线圈，触点不能放在线圈的右边，如图 1-101 所示。

3）线圈也不能直接与左母线相连。若需要，可以通过专用特殊辅助继电器 M8000（M8000 为 FX 系列 PLC 中常用的特殊辅助继电器）的常开触点连接，如图 1-102 所示。

4）同一编号的线圈在一个程序中使用两次及以上，则为双线圈输出，双线圈输出容易引起误操作，应避免线圈的重复使用（前面的线圈输出无效，只有最后一个线圈输出有

效)，如图 1-103 所示。

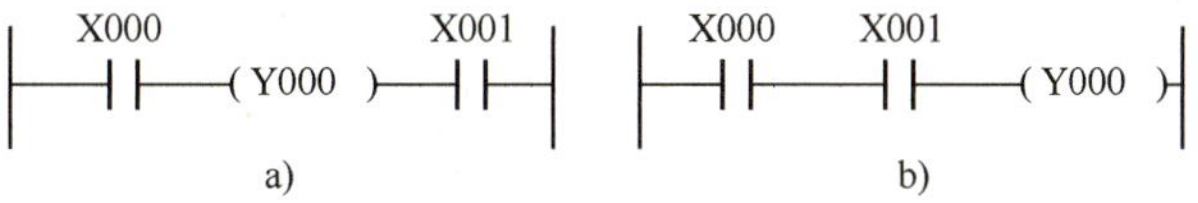

图 1-101　线圈与触点的位置
a）不正确的梯形图　b）正确梯形图

图 1-102　M8000 常开触点的应用
a）不正确的梯形图　b）正确梯形图

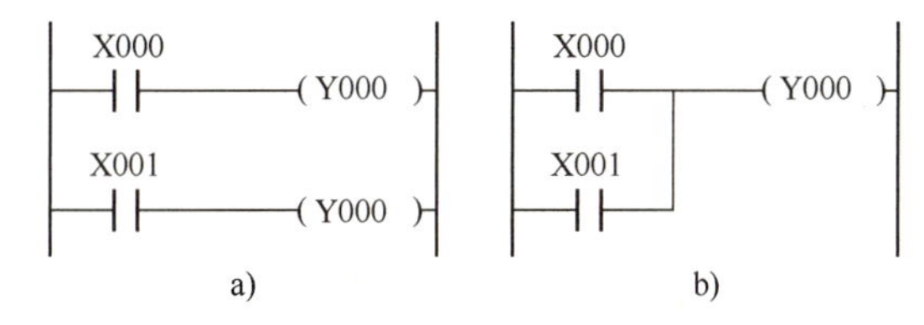

图 1-103　双线圈输出的程序图
a）不正确的梯形图　b）正确梯形图

5）在梯形图中，串联触点和并联触点可无限制使用。串联触点多的应放在程序的上面，并联触点多的应放在程序的左边，以减少指令条数，缩短扫描周期，如图 1-104 所示。

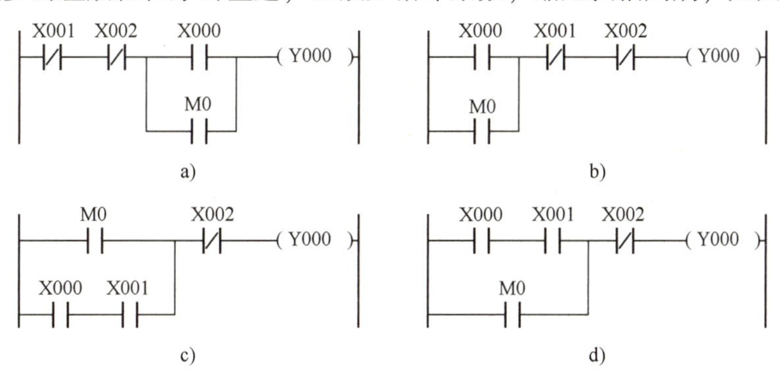

图 1-104　合理化程序设计图
a）串联触点放置不当　b）串联触点放置正确　c）并联触点放置不当　d）并联触点放置正确

6）遇到不可编程的梯形图时，可根据信号流的流向规则（即自左而右、自上而下），对原梯形图重新设计，以便程序的执行，如图 1-105 所示。

7）两个或两个以上的线圈可以并联输出，如图 1-106 所示。

7. 调试程序

先使用仿真软件调试程序，确保正确后，再下载到 PLC 中。在仿真软件中先使 X000 接通再断开，观察输出线圈 Y000、Y002 和 Y003 是否得电，延时 5 s 后，输出线圈 Y000、Y001 和 Y004 是否得电。若起动正常，再使 X001 接通再断开，观察所有输出线圈是否都失电。若动作现象与控制要求相吻合，说明程序编写正确。

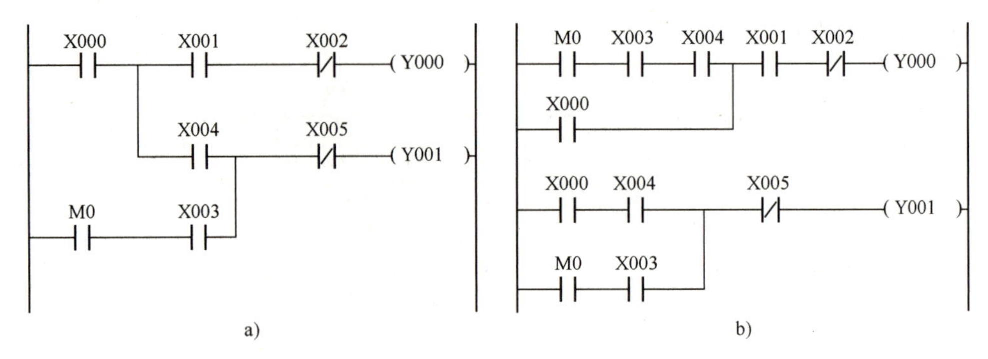

图 1-105　修改不符合编程规则的程序图

a）不正确的梯形图　b）正确的梯形图

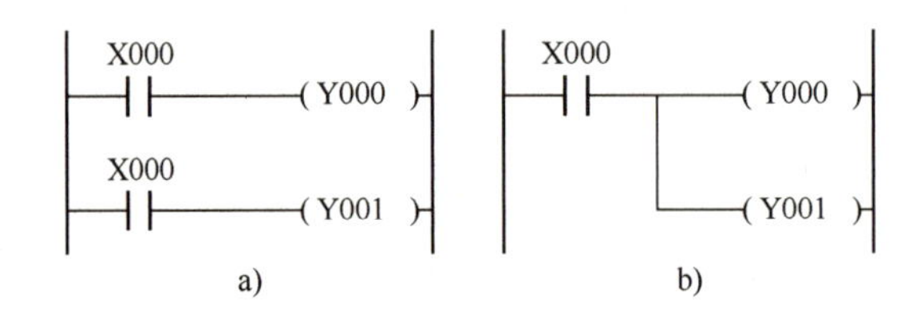

图 1-106　多线圈并联输出程序图

a）复杂的梯形图　b）简化的梯形图

接下来就可以连接硬件线路，建议先调试 PLC 的控制电路，然后再调试主电路。没有特殊说明，后续实训项目中的调试仅指软件调试。

【实训交流】

1. 星-三角切换时防短路的方法

在工业应用现场，在电动机星-三角降压起动切换时偶有发生跳闸（电源短路）现象。经检查电气线路和程序均正确，那怎么会发生电源短路呢？究其原因，是因为星-三角切换时，星形和三角形接触器主触点的动作几乎是同时进行，可能由于交流接触器使用时间较长触点动作不迅速或交流接触器主触点断开时产生电弧的原因，导致主电路的三相电源短路。这种情况下该如何解决呢？一是更新接触器；二是优化程序设计，即在星形向三角形切换时，先断开星形接触器数百毫秒后再接通三角形接触器。同样，在电动机可逆运行切换时若不经类似处理，也会发生跳闸现象。

2. 指示灯的连接

在较大型工程应用中，经常要求设备有运行状态指示。如果合理连接各种指示灯，则可节省很多输出点，减少系统扩展模块的数量，从而可提高系统运行的可靠性并节约系统硬件成本。本项目中两个状态指示灯可分别并联在星形和三角形的起动控制接触器线圈上，如图 1-107 所示；也可以通过接触器的常开触点点亮，如图 1-108 所示。

3. 不同电压等级负载的输出

在很多控制系统中，经常遇到有多种不同电压等级的负载，这就要求 PLC 的输出点不能任意安排，必须做到同一电源使用一组 PLC 的输出，不能混用，否则会有事故发生。如本项目中，接触器线圈电压为 AC 220 V，从安全用电角度考虑，作为指示或监控用的指示灯电压，大多数情况下选用 AC 6.3 V 或 DC 24 V，所以本项目的 PLC 硬件接线可如图 1-109

所示。对于三菱 FX_{3U}-48MR/ES 型的 PLC 输出端子来说，Y000～Y003 为第一组、Y004～Y007 为第二组、Y010～Y013 为第三组、Y014～Y017 为第四组，Y020～Y027 为第五组，使用时应特别注意。

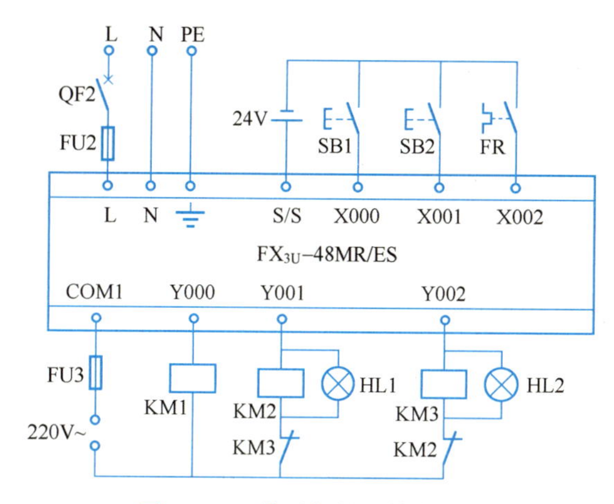

图 1-107　指示灯的连接方法 1

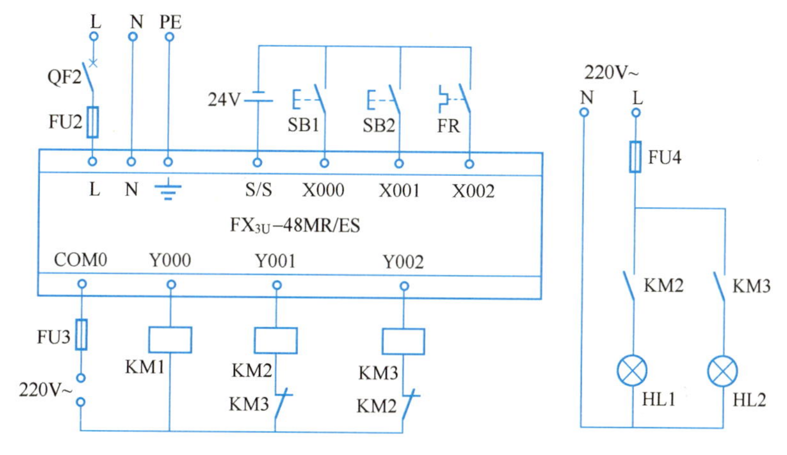

图 1-108　指示灯的连接方法 2

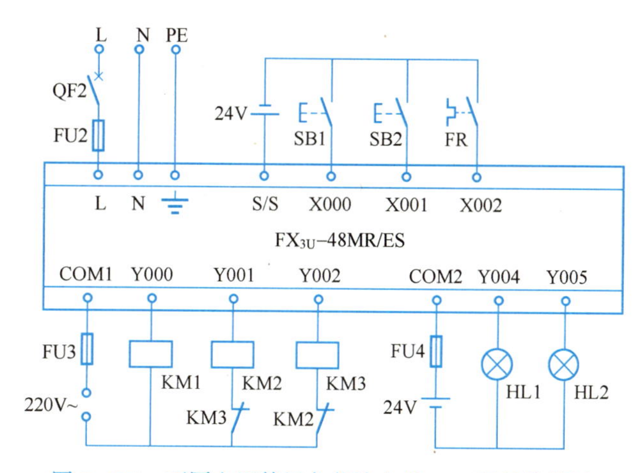

图 1-109　不同电压等级负载输出的 PLC 硬件接线图

【实训拓展】

训练 1　用 PLC 实现两台小容量电动机的顺序起动和逆序停止控制，要求第一台电动机起动 5 s 后第二台电动机才能起动；第二台电动机停止 5 s 后第一台电动机方能停止。若有任一台电动机过载，两台电动机均立即停止运行。

训练 2　用 PLC 实现两台小容量电动机转换开关控制有序起停，当转换开关处于“顺起顺停”模式时，第一台电动机起动 5 s 后第二台电动机自行起动，第一台电动机停止 5 s 后第二台电动机自行停止；当转换开关处于“顺起逆停”模式时，第一台电动机起动 5 s 后第二台电动机自行起动，第二台电动机停止 5 s 后第一台电动机自行停止。若有任意一台电动机过载，两台电动机均立即停止运行。

【实训进阶】

任务：维修电工中级（四级）职业资格鉴定中，有一考题要求对 PLC 控制三相交流异步电动机星-三角降压起动（可手动切换）装调，所提供的继电器-接触器控制电路如图 1-110 所示。

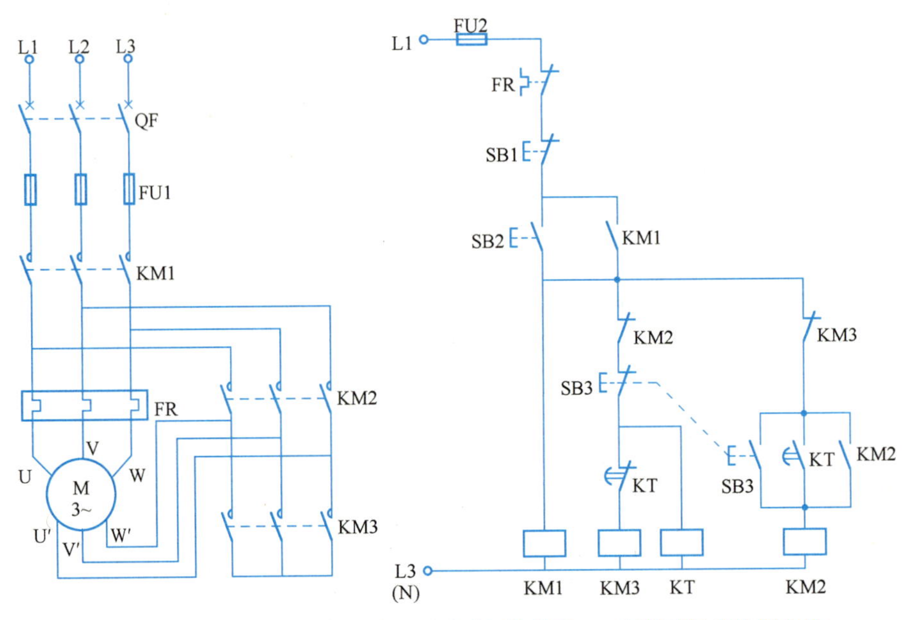

图 1-110　三相交流异步电动机可手动切换的星-三角降压起动控制电路

请读者根据上述电路及控制功能自行绘制 PLC 的 I/O 接线图并编写相应控制程序。

1.3.4　实训 6　电动机循环起停的 PLC 控制——计数器指令

【实训目的】

- 掌握计数器的使用；
- 掌握特殊辅助继电器的使用；
- 掌握指令的帮助信息与 PLC 参数设置方法。

【实训任务】

用 PLC 实现三相异步电动机的循环起停控制，即按下起动按钮，电动机起动并运行 30 s，停止 20 s，然后再自行起动，如此循环 5 次后停止运行，此时循环结束指示灯以秒级闪烁，以示循环过程结束。若停止按钮按下松开时，电动机才停止运行。该电路必须具有必要的短路保护、过载保护等功能。

【实训步骤】

1. I/O 分配

根据项目分析可知，对输入量、输出量进行分配如表 1-17 所示。

表 1-17　电动机的循环起停控制 I/O 分配表

输　入		输　出	
输入继电器	元　件	输出继电器	元　件
X000	起动按钮 SB1	Y000	交流接触器 KM
X001	停止按钮 SB2	Y004	指示灯 HL
X002	热继电器 FR		

2. I/O 接线图

根据控制要求及表 1-17 的 I/O 分配表，电动机的循环起停控制 I/O 接线图可绘制如图 1-111 所示。

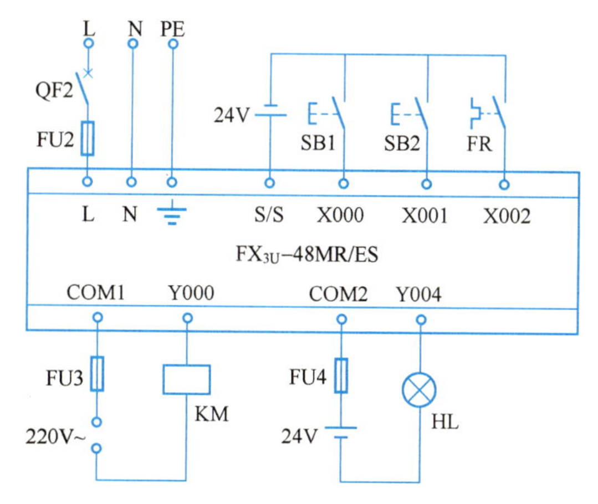

图 1-111　电动机的循环起停控制 I/O 接线图

3. 创建工程项目

创建一个工程项目，并命名为电动机的循环起停控制。

4. 编写程序

结合以上所介绍的特殊存储器位，循环结束指示灯的秒级闪烁可用 M8013 来实现。首次开机时可使用 M8002 让循环计数器复位。根据要求，编写的梯形图如图 1-112 所示。请读者自行分析图中为什么使用辅助继电器 M1，若去掉执行程序会出现什么现象？

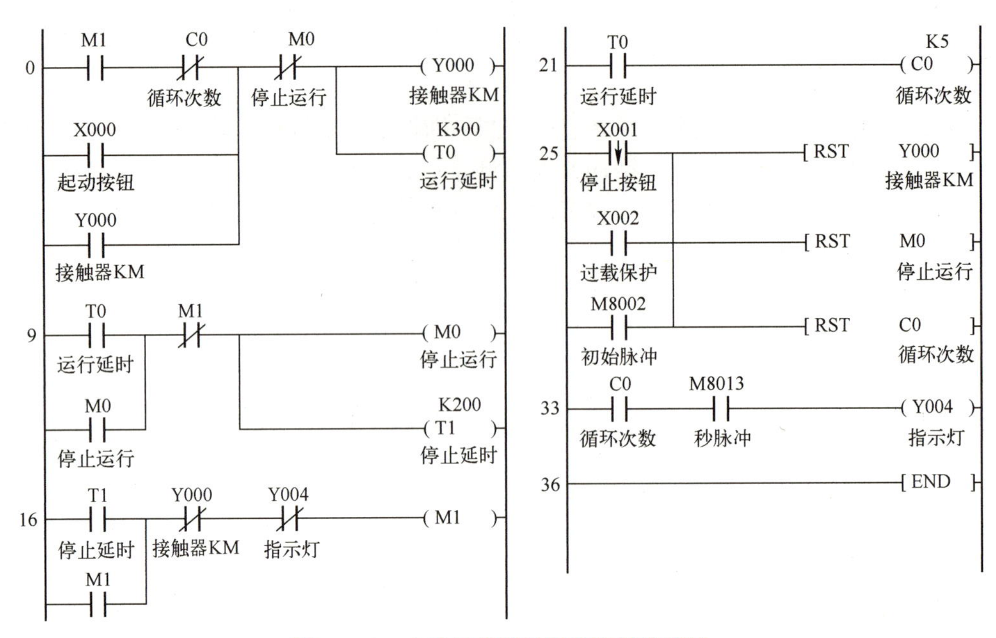

图 1-112　电动机的循环起停控制梯形图

5. 读取 PLC 中程序及参数设置

有时需要将 PLC 中程序上传到个人计算机中，再将 PCL 与计算机用通信电缆连接好，然后执行菜单栏中“在线”→“PLC 读取”命令，或单击工具栏上的“PLC 读取”按钮，弹出“PLC 系列选择”对话框，选择 PLC 系列为 FXCPU。单击“确定”按钮，弹出图 1-64 中的“连接目标设置 Connection1”对话框。确认设置的参数后，单击“确定”按钮，弹出图 1-65 所示的“在线数据操作”对话框，自动选中“读取”。选中要读取的对象后，单击“执行”按钮，弹出“PLC 读取”对话框（类似于图 1-66 中的对话框）。读取结束后，两次单击“关闭”按钮，关闭该对话框和“在线数据操作”对话框。在 GX Works2 中，可以看到从 PLC 读取的程序和参数。

双击编程软件左边“导航”窗口中的“参数”文件夹中的“PLC 参数”，打开“FX 参数设置”对话框，如图 1-113 所示。在“存储器容量设置”选项卡中可以设置存储器容量，最大可设置 64000 步；在“软元件设置”选项卡中可以设置断电保持继电器的起止编号（如图 1-114 所示）。在“PLC 系统设置（2）”选项卡中，可以设置通信的参数。

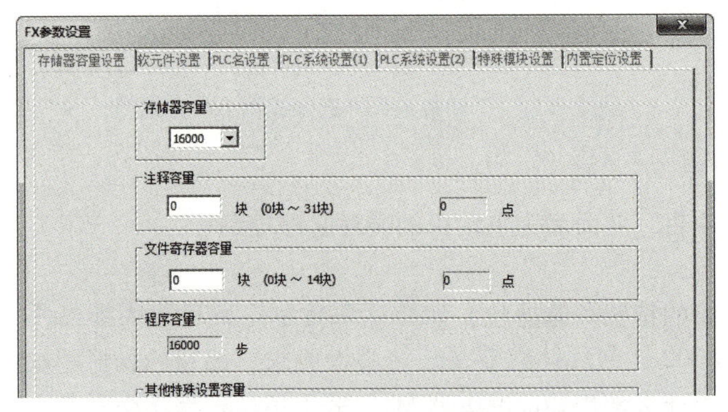

图 1-113　“FX 参数设置”对话框——存储器容量设置选项

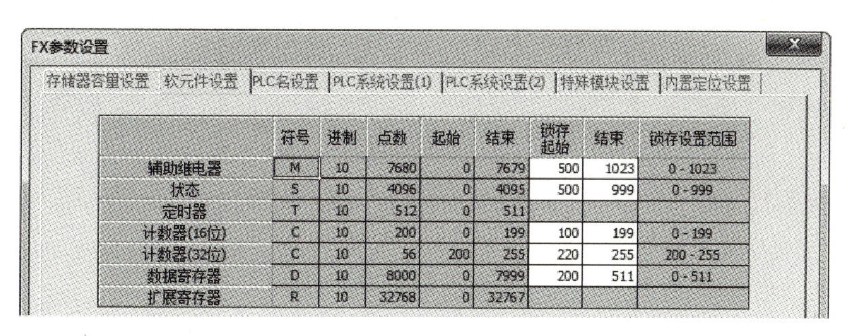

	符号	进制	点数	起始	结束	锁存起始	结束	锁存设置范围
辅助继电器	M	10	7680	0	7679	500	1023	0 - 1023
状态	S	10	4096	0	4095	500	999	0 - 999
定时器	T	10	512	0	511			
计数器(16位)	C	10	200	0	199	100	199	0 - 199
计数器(32位)	C	10	56	200	255	220	255	200 - 255
数据寄存器	D	10	8000	0	7999	200	511	0 - 511
扩展寄存器	R	10	32768	0	32767			

图 1-114 “FX 参数设置”对话框——软元件设置选项

6. 调试程序

先使用仿真软件将程序调试正确后，再下载到 PLC 中。在仿真软件中先使 X000 接通再断开，观察输出线圈 Y000 是否得电，延时 30 s 后是否失电，再过 20 s 能否再自行起动。若能自行起停，再观察能否循环 5 次后自动停止，同时循环结束指示灯是否进行秒级闪烁。无论何时按下停止按钮，电动机是否立即停止。若上述动作现象与控制要求相吻合，说明程序编写正确。接下来就可以连接硬件线路，先调试 PLC 的控制电路，然后再调试主电路直至完全正确为止。

【实训交流】

1. 定时范围的扩展

在工业现场应用中，设备动作延时的时间可能比较长，而 FX 系列 PLC 中定时器的最长定时时间为 3276.7 s，如果需要更长的定时时间那怎么办呢？可以采用多个定时器串联来延长定时范围。

如图 1-115 所示的梯形图中，当 X000 接通时，定时器 T0 中有信号流流过，定时器开始定时。T0 当前值=18000 时，当定时器 T0 的延时时间 0.5 h 到时，T0 的常开触点由断开变为接通，定时器 T1 中有信号流流过，开始计时。T1 的当前值=18000 时，定时器 T1 延时时间 0.5 h 到时，T1 的常开触点由断开变为接通，线圈 Y000 有信号流流过。当 X000 断开时，T0、T1 的常开触点立即复位断开。这种延长定时范围的方法形象地称为接力定时法。

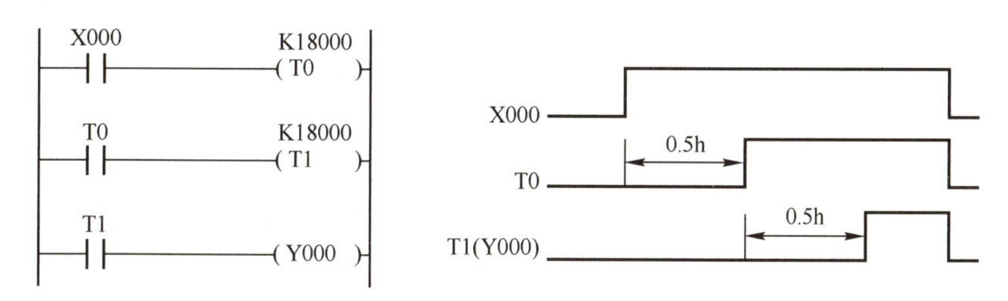

图 1-115 用两个定时器延长定时范围

按上述方法进行延时，如果延时时间较长，则需要多个定时串联使用，不仅占用了大量定时器，而且使得程序变得较长。如果采用定时器和计数器共同实现增加定时范围，延时时间可达无限长，如使用一个定时器和一个 16 位加计数器结合使用实现延时，延时时间可达 3.4 年之久，具体延时方法如图 1-116 所示，图 1-116 中延时时间为 5 h。

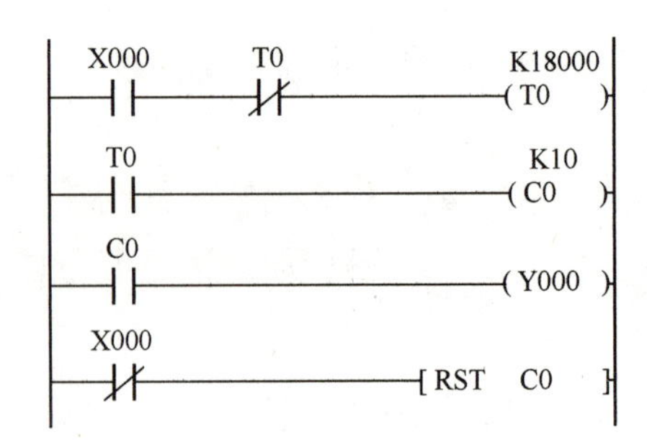

图 1-116 用定时器和计数器共同增加定时范围

2. 计数器的计数频率

计数器能对频率多少的脉冲进行计数呢？这与 PLC 的扫描周期有关。PLC 在每个扫描周期开始的时候读取数字量输入的值。如果前一扫描周期读取的是 0，本次扫描周期读取的是 1，操作系统就知道出现了计数脉冲的上升沿，就会将计数器的当前值加 1 或减 1。

假设 PLC 的扫描周期和计数脉冲的周期都是恒定的，如果计数脉冲的周期小于 2 倍扫描周期，就会在扫描时丢失计数脉冲上升沿的信息。实际上 PLC 的扫描周期不是恒定的，由于程序的跳转或中断等原因，都会使扫描周期不断变化，从而会时不时丢失计数脉冲的上升沿。计数脉冲的高电平和低电平脉冲的宽度小于扫描周期，也会在扫描时丢失脉冲上升沿的信息。一般情况下计数脉冲频率在 50 Hz 以上，建议使用高速计数器或高速计数模块，其计数脉冲频率可达 200 kHz。

【实训拓展】

训练 1　用 PLC 实现组合吊灯的三档亮度控制，即按钮按下第 1 次只有 1 盏灯点亮，按钮按下第 2 次有 2 盏灯点亮，按钮按下第 3 次有 3 盏灯点亮，按钮按下第 4 次 3 盏灯全熄灭。

训练 2　用 PLC 实现地下车库空余车位显示控制，假设地下车库共有 100 个停车位。要求有车辆入库时，空余车位数减 1，有车辆出库时，空余车位数加 1，当有空余车位时绿灯亮，无空余车位时红灯亮并以秒级闪烁，以提示车库已无空余车位。

【实训进阶】

任务：维修电工中级（四级）职业资格鉴定中，有一考题要求对 PLC 控制自动往返运动小车的装调，所提供的继电器—接触器控制电路如图 1-92 所示。要求小车起动后能实现自动循环运动，循环 3 次后自动停止运行，在发生过载时报警指示灯以秒级闪烁，直至按下停止按钮。

请读者根据上述电路及控制功能自行绘制 PLC 的 I/O 接线图并编写相应控制程序。

1.4 习题与思考

1. 美国数字设备公司于________年研制出世界上第一台 PLC。
2. PLC 主要由________、________、________和________等组成。

3. PLC 的常用编程语言有________、________、________、________和______等。

4. PLC 是通过周期扫描工作方式来完成控制的，每个周期包括________、________、________。

5. 输出指令（对应于梯形图中的线圈）不能用于________继电器。

6. ________是初始脉冲，在 PLC 从 STOP 模式进入 RUN 模式时，它在一个扫描周期为 ON。当 PLC 处于 RUN 模式时，M8000 为________。

7. 辅助继电器线圈通电时，其常开触点________，常闭触点________，其线圈失电时，常开触点________，常闭触点________。

8. 外部的输入电路断开时，对应的输入映像存储器为________，梯形图中对应的输入继电器常开触点________，常闭触点________。

9. 一般型定时器的线圈________时开始定时，定时时间到达设定值时其常开触点________，常闭触点________。若线圈仍然通电，其当前值________。当其线圈失电时，当前值等于________，其常开触点________，常闭触点________。

10. 计数器的复位输入电路________、计数输入电路________，计数器开始计数，当计数器的当前值等于设定值时，其常开触点________，常闭触点________，若仍有脉冲输入，其当前值________；复位输入电路________时，计数器被复位，其常开触点________，常闭触点________，当前值________。

11. 软元件中只有________和________的软元件号采用八进制。

12. 与主控触点下端相连的常闭触点就使用________指令。

13. FX 系列 PLC 的基本单元和扩展单元有什么区别？

14. 开关量输出电路有哪几种类型，各有什么特点？

15. 晶体管源型或漏型输出对外接电源有什么要求，如何连接？

16. PLC 内部的“软继电器”能提供多少个触点供编程使用？

17. GX Works2 软件编程时可选用哪些编程语言？

18. 用一个转换开关控制两盏直流 24 V 指示灯的亮灭，以示控制系统运行时所处的“自动”或“手动”状态，即向左旋转转换开关，其中一个灯亮表示控制系统当前处于“自动”状态；向右旋转转换开关，另一个灯亮表示控制系统当前处于“手动”状态。

19. 使用 FX_{3U}-48MT/ES 的 PLC 设计两地均能控制同一台电动机的起动和停止。

20. 用 SET 和 RST 指令编程实现电动机的星-三角降压起动控制。

第2章　功能指令及应用

随着智能制造业的发展，工程应用项目中的数据处理功能已不可或缺。本章在介绍三菱 FX_{3U} 系列 PLC 数据类型及表示方法基础上，结合工程案例重点介绍 FX_{3U} 系列 PLC 中数据处理指令的应用、运算指令的应用、方便指令及外围设备指令的应用、程序流程控制指令的应用。

2.1　数据类型及表示方法

1. 数据类型

在 PLC 的编程语言中，大多数指令要与具有一定大小的数据对象一起进行操作。不同的数据对象具有不同的数据类型，不同的数据类型具有不同的数制和格式选择。在 FX 系列 PLC 中数据类型主要有位、16 位整数、32 位整数、浮点数、字符串常数和字符串数据等，下面主要介绍常用的几种数据类型。

（1）位

任何类型的数据都是以一定格式采用二进制的形式保存在存储器内。一位二进制数称为 1 位（bit），包括“0”或“1”两种状态，表示处理数据的最小单位。可以用一位二进制数的两种不同取值（“0”或“1”）来表示开关量的两种不同状态，对应 PLC 中的编程软元件，如果该位为“1”，则表示梯形图中对应编程软元件的线圈有信号流流过，常开触点接通，常闭触点断开；如果该位为“0”，则表示梯形图中对应编程软元件的线圈没有信号流流过，常开触点断开，常闭触点接通。

（2）16 位整数

16 位整数包括正整数、0、负整数，是由十六位数组成，数据范围为 -32768 ~ +32767，最高位（第 15 位）为 16 位整数的符号位，0 表示正数，1 表示负数。在 FX 系列 PLC 中，数据是以二进制补码的形式存储，用字母 K 表示十进制常数、字母 H 表示十六进制常数，如 K×××或 H×××。

十六进制数（Hexadecimal，简称为 HEX）使用 16 个数字符号，即 0~9 和 A~F，A~F 分别对应于十进制数的 10~15，十六进制数采用逢 16 进 1 的运算规则。FX 系列 PLC 的数据寄存器 D 均为 16 位数。

十进制数用于辅助继电器 M、定时器 T、计数器 C、状态继电器 S 等软元件的编号。十进制常数还用于定时器、计数器的设定值和功能指令的操作数中数值的指定。

（3）32 位整数

32 位整数是由两个 16 位整数组成，数据范围为 -2147483648 ~ +2147483647，最高位（第 31 位）为 32 位整数的符号位，0 表示正数，1 表示负数，其 32 位整数也用常数符号 K 和 H 表示。在使用数据寄存器表示时，由相邻的两个数据寄存器（D1、D0）组成，D1 为高 16 位，D0 为低 16 位。

（4）浮点数

浮点数又称为实数（REAL），是一个 32 位的数，它由两个相邻的数据寄存器组成，最高位（第 31 位）为浮点数的符号位，浮点数的范围为$\pm1.175495\times10^{-38}\sim\pm3.402823\times10^{38}$。

浮点数的优点是用很小的存储空间可以表示非常大或非常小的数。PLC 输入和输出的数值大多数是整数，PLC 中提供整数和浮点数之间的相互转换指令，浮点数的运算速度比整数的运算速度慢一些。

2. 数据的表示方法

FX 系列 PLC 提供的数据表示方法分为位软元件、位软元件组合和字软元件等。

（1）位软元件

位软元件只处理开关信息的元件，如 X、Y、M、T、C、S 和 D□. b 等。其中 T 和 C 对应于定时器和计数器的触点，D□. b 是某数据寄存器中的第 b 位（b=0~F），其中的“□”是数据寄存器的软元件号。

（2）位软元件组合

FX 系列 PLC 用 KnX、KnY、KnM、KnS 表示连续的位软元件组，每组由 4 个连续的位软元件组成，*n* 为位软元件的组数（*n*=1~8）。如 K1Y000 表示由 Y003~Y000 组成的 1 个位软元件组，Y000 为数据的最低位（首位），Y003 为最高位，如 K2M0 表示 M7~M0 组成的 2 个位软元件组。

建议在使用位软元件组合时，X 和 Y 的首地址（最低位）为 0，如 X0 和 Y10 等，对于 M 和 S，首地址可以采用能被 8 整除的数，当然也可以采用任意一个位地址作为首地址。

（3）字软元件

字软元件的一个字由 16 个二进制位组成，定时器 T 和计数器 C 的当前值寄存器、数据寄存器 D、扩展寄存器 R、变址寄存器 V 和 Z 等都是字软元件，位软元件 X、Y、M、S 也可以组成字软元件来进行数据处理。

视频“位软元件与字软元件”可通过扫描二维码 2-1 播放。

二维码 2-1

3. 数据寄存器

在 FX 系列 PLC 中，数据寄存器（D）用来存储数据和参数。数据寄存器可以存储 16 位二进制数（称为一个字），两个数据寄存器合并起来使用可以存放 32 位数据。在 D0 和 D1 组成的 32 位寄存数器（D1、D0）中，D0 存放低 16 位，D1 存放高 16 位。16 位和 32 位数据寄存器的最高位均为符号位，0 表示正数，1 表示负数。

数据寄存器可以应用于功能指令，以及用于定时器和计数器设定值的间接指定。

（1）一般用途数据寄存器

PLC 从 RUN 模式进入 STOP 模式时，所有一般用途数据寄存器（编号为 D0~D199）的值被清零。如果特殊辅助继电器 M8033 为 ON，PLC 从 RUN 模式进入 STOP 模式时，一般用途数据寄存器的值保持不变。

（2）断电保持型数据寄存器

断电保持型数据寄存器（编号为 D200~D511，可通过参数的设定更改为非断电保持型；编号为 D512~D7999，不可通过参数设定进行变更保持特性）有断电保持功能，PLC 从

RUN 模式进入 STOP 模式时，断电保持型寄存器的值保持不变。通过参数设定，可以改变断电保持型数据寄存器的范围。M8032 为 ON 时，将会清除所有的断电保持软元件。

（3）特殊用途数据寄存器

FX3 系列的特殊用途数据寄存器（编号为 D8000~D8511），它们用来控制和监视 PLC 内部的各种工作状态和软元件，如电池电压、扫描时间、网络通信和正在动作的状态的编程等。PLC 上电时，这些数据寄存器被写入默认的值。

可以用 D8000 来改写监控定时器 WDT 以 ms 为单位的设定时间值。D8010~D8012 中分别是 PLC 扫描时间的当前值、最大值和最小值。

2.2 功能指令的表示方法

1. 助记符与操作数

FX 系列 PLC 采用计算机通用的助记符形式来表示功能指令。一般用指令的英文名称或缩写作为助记符，例如指令助记符 MOV（move）是数据传送指令。

大多数功能指令有 1~4 个操作数，有的功能指令没有操作数。图 2-1 中的S·表示源（Source）操作数，D·表示目标（Destination）操作数，本书中用（S·）和（D·）表示它们。S 和 D 右边的“·”表示该操作可以进行变址修饰，即用变址寄存器修改软元件的编号的常数值。源操作数或目标操作数不仅有一个时，可以表示为（S1·）、（S2·）、（D1·）和（D2·）等。用 m 或 n 表示其他操作数，它们常用来表示常数，或源操作数和目标操作数的补充说明。需要注释的其他操作数较多时，可以用 m1、m2 等来表示。

功能指令的指令助记符占一个程序步，每个 16 位操作数和 32 位操作数分别占用 2 和 4 个程序步。

用编程软件输入功能指令时，应单击工具栏上的按钮进行输入，指令助记符和各操作数之间用空格分隔。

当图 2-1 中的 X000 常开触点接通时，执行指令 ADD，求数据寄存器 D0 和常数 K5 的和，将运算结果存放在数据寄存器 D2 中。图 2-1 中是编程手册中的画法，在编程软件中，功能指令用方括号来标记。每一条功能指令都有一个功能（Function）编号，图 2-1 中 ADD 指令的功能号为 20，简写为 FNC 20。

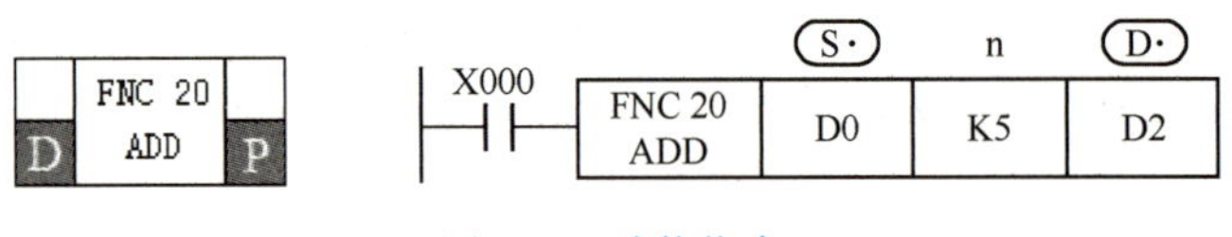

图 2-1 功能指令

2. 32 位指令

在 FX 编程手册中，每条指令的说明都给出了如图 2-1 左图所示的图形。该图形左下角的“D”表示可以处理 32 位数据，相邻两个数据寄存器组成 32 位的数据寄存器。

以数据加法运算指令“DADD D0 D2 D4”为例（图 2-2），该指令将 D1 和 D0 组成的 32 位整数（D1、D0）和 D3 和 D2 组成的 32 位整数（D3、D2）相加，运算结果存储在 D5 和 D4 组成的 32 位整数（D5、D4）中。指令前面没“D”时表示处理 16 位数据。处理 32 位数据时，为了避免出现错误，建议使用首地址为偶数的操作数。

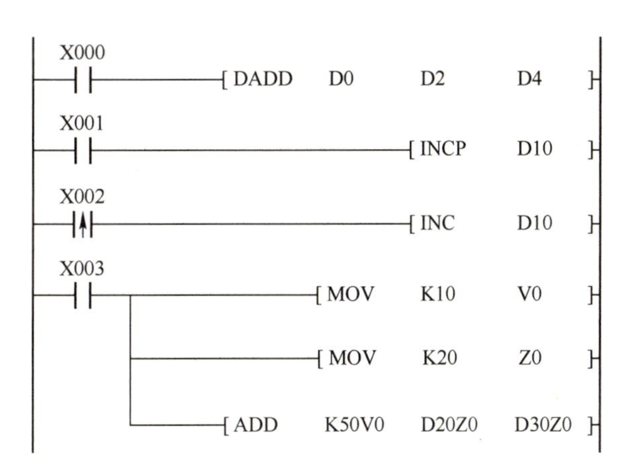

图 2-2 功能指令应用

3. 脉冲指令

图 2-1 左图中右下角的“P”表示可以采用脉冲（Pulse）执行方式。仅仅在图 2-2 中的 X001 由 OFF 变为 ON 状态的上升沿时，执行 INCP 指令，将 D10 中的数据加 1。在编程软件中，直接输入“INCP D10”，指令和操作数之间用空格隔开。也可以用触点上升沿，如图 2-2 中，第三行的程序的执行效果同第二行。若是功能指令前由若干触点组成的电路，建议使用脉冲型执行指令。如果执行后结果没有存储在原来数据寄存器中，可以不使用脉冲指令，如图 2-2 中第一行加法指令行，表示在 X000 接通的每个扫描周期都要执行一次 ADD 指令。

符号“P”和“D”可以同时使用，如“DSUBP D0 D10 D16”，其中 SUB 是减法指令的助记符。

4. 变址寄存器

FX 系列 PLC 中 V0~V7 和 Z0~Z7 为变址寄存器。在诸多功能指令中，变址寄存器用来在程序执行过程中修改软元件的编号（即软元件的地址），循环程序一般需要使用变址寄存器。在程序中输入 V 和 Z，将会自动地转换为 V0 和 Z0。

在图 2-2 中，V0 的值是 10，Z0 的值是 20，D20Z0 相当于软元件 D40(20+20)。变址寄存器还可以用于常数，如图 2-2 中的 K50V0 相当于十进制数 K60(50+10)。

在图 2-2 中，当 X003 常开触点接通时，常数 10 被送到 V0，常数 20 被送到 Z0，ADD（加法）指令是将（K50V0)+(D20Z0）的运算结果送至（D30Z0)。

32 位指令中，V 和 Z 自动组成使用，V 为高 16 位，Z 为低 16 位。例如 32 位变址寄存器指令中的 Z0 代表 V0 和 Z0 的组合。

V 或 Z 在与八进制软元件组合使用时，首先将 V 或 Z 中的十进制数转换为八进制数后再进行地址的加法运算。如 V0 中数为 10，则 X0Z0 地址为 X12(0+12)，其中十进制的 10 转换为八进制后为 12。

5. 功能指令的图形表示方法

在编程手册中，用图形来表示指令是否可以使用 16 位或 32 位指令，是否可以使用连续执行型指令和脉冲执行型指令，如图 2-3 所示。

图 2-3a 左侧上下的虚线表示指令与 16 位、32 位无关，如 FNC07（WDT）指令。

图 2-3b 左侧上半段的实线和下半段的 D 分别表示可以使用 16 位和 32 位指令。

图 2-3c 左侧下半段的虚线表示不能使用 32 位指令，上半段的实线表示能使用 16 位指令。

图 2-3d 左侧上半段的虚线表示不能使用 16 位指令，下半段的 D 表示能使用 32 位指令。

图 2-3e 右侧上半段的实线表示能使用连续执行型指令，右侧下半段的虚线表示不能使用脉冲型指令。

图 2-3f 右侧上半段的实线表示可以使用连续执行型指令，右侧下半段的 P 表示可以使用脉冲型指令。

图 2-3g 既能使用连续执行型指令，也能使用脉冲执行型指令。右侧上半段的三角形图形表示，在使用了连续执行型指令后，每个扫描周期目标操作数的内容都会发生变化。

图 2-3h 是功能指令在手册中完整的表示形式，如 ADD 指令既能使用连续执行型指令，也能使用脉冲执行型指令。既可使用 16 位指令，也能使用 32 位指令。

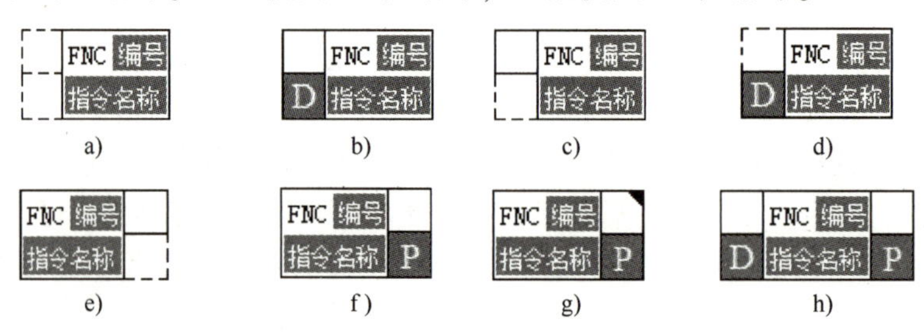

图 2-3 功能指令的图形表示

2.3 数据处理指令

2.3.1 传送指令

1. 传送（MOV）指令

MOV 指令（FNC 12）将源操作数（S·）传送到指定的目标操作数（D·）中，图 2-4 中的 X000 为 ON 时，将数据 K2X010 传送给 K2Y010；将常数 20 传送给 D0，将 32 位整数（D11、D10）传送给（D13、D12），定时器 T0 开始定时，并将当前值实时传送给 D20；把定时器 T0 的第一个扫描周期定时值 1 传送给 D22。

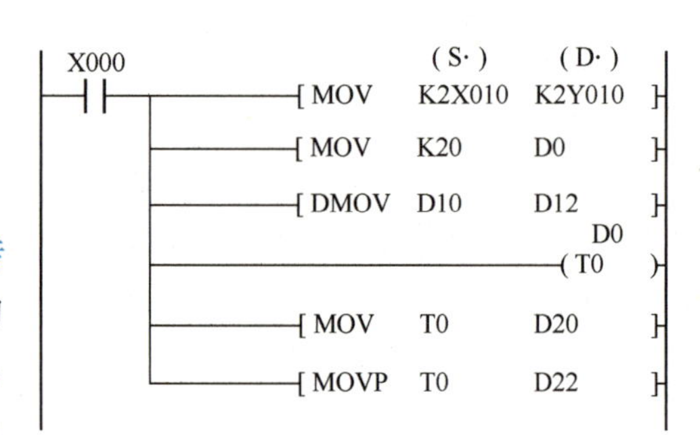

图 2-4 传送指令

视频“MOV 指令”可通过扫描二维码 2-2 播放。

二维码 2-2

2. 移位传送（SMOV）指令

SMOV 指令（FNC 13）将源操作数（S·）和目标操作数（D·）的内容（数值范围是 0~9999）转换成 4 位数的 BCD 码，再将源操作数（S·）对应 BCD 码中从 m1 位数起到 m2 位数对应的部分，传送到目标操作数（D·）中以 n 位数为起始的位置，然后转化成 BIN（二进制）码，然后保存在目标操作数（D·）中，如图 2-5 所示。

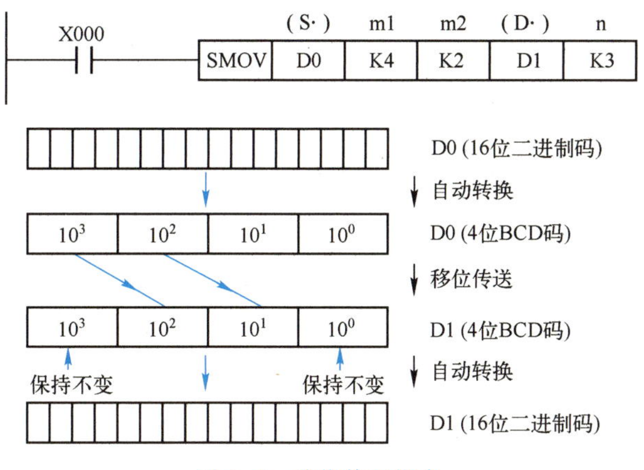

图 2-5　移位传送指令

3. 取反传送（CML）指令

CML 指令（FNC 14）将源操作数（S·）中的数据逐位取反（0→1，1→0，即进行"非"运算），然后传送到目标操作数数据（D·）中。若源数据为常数 K，该数据自动转换为二进制数，CML 用于反逻辑输出时非常方便，如图 2-6 所示，其中指令的作用是将 D0 中低 8 位取反后传送到数据寄存器 D2 和 Y007~Y000 中。

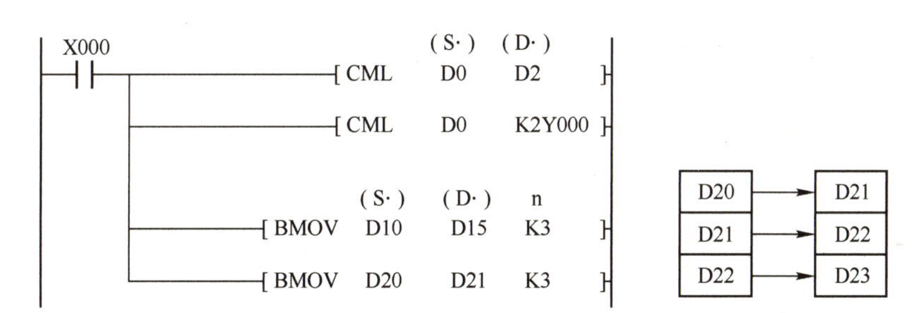

图 2-6　取反和块传送指令

视频"CML 指令"可通过扫描二维码 2-3 播放。

二维码 2-3

4. 块传送（BMOV）指令

BMOV 指令（FNC 15）将源操作数（S·）指定的软元件开始的 n 个数据组成的数据块传送到指定的目标地址区。如果软元件号超出允许范围，数据仅传送到允许的范围。BMOV 指令不能用于 32 位整数。源数据区与目标数据区可以交叉，建议不交叉使用，否则源数据在传送过程中会被改写，如图 2-6 所示。

5. 多点传送（FMOV）指令

FMOV 指令（FNC 16）是将同一个数据传送到一指定目标地址开始的连续 n（$n \leqslant 512$）个软件元件中。传送后 n 个软元件中的数据完全相同。如果软元件号超出允许的范围，仅仅传送允许范围内的数据。在图 2-7 中，当 X000 常开触点接通时，常数 K123 分别送给 D0~

D19 这 20 个数据寄存器，可以使用这样的方法对多个连续的数据寄存器清零或赋某一特定数值。

6. 交换（XCH）指令

XCH 指令（FNC 17）是将指定的两个目标操作数中的数据相互交换。交换指令应采用脉冲执行方式，否则在每一个扫描周期都要交换一次。在图 2-7 中，当 X000 常开触点接通时，把数据寄存器 D20 和 D21 中数据相互交换，把数据寄存器（D23、D22）和（D25、D24）中数据相互交换。

7. 高低字节互换（SWAP）指令

SWAP 指令（FNC 147）是将指定字元件中高低两个字节相互交换（一个 16 位的字由两个 8 位的字节组成），在图 2-7 中，当 X000 常开触点接通时，会把 D30 中的高低字节的值互换，32 位指令“DSWAPP D40”是指首先交换 D40 中高字节和低字节的值，然后交换 D41 中的高字节和低字节的值。

SWAP 指令应采用脉冲执行方式，否则程序会在每一个扫描周期都进行交换一次的操作。

8. 变换指令

（1）BCD 转换指令

BCD 变换指令（FNC 18）是将源操作数（S·）中的二进制数变换为 BCD 码（BCD 码是将十进制数字 0~9 用四位二进制数表示，如 5 的 BCD 码为 0101）后，送到目标操作数（D·）中。如果 16 位运算的执行结果超过了 0~9999 的范围，或 32 位运算的执行结果超过了 0~99999999 的范围，执行此指令将会出错。在图 2-8 中，当 X000 常开触点接通时，会将 D0 中数据转换为 BCD 码传送给 K4Y000。

（2）BIN 转换指令

BIN 变换指令（FNC 19）是将源操作数（S·）中的 BCD 码变换为二进制（BIN）数后送到目标操作数（D·）中。在图 2-8 中，当 X000 常开触点接通时，会将 K4X000 中四位 BCD 码转换为二进制数据传送给 D1。如果源操作数中的数据不是 BCD 码，执行此指令将会出错。

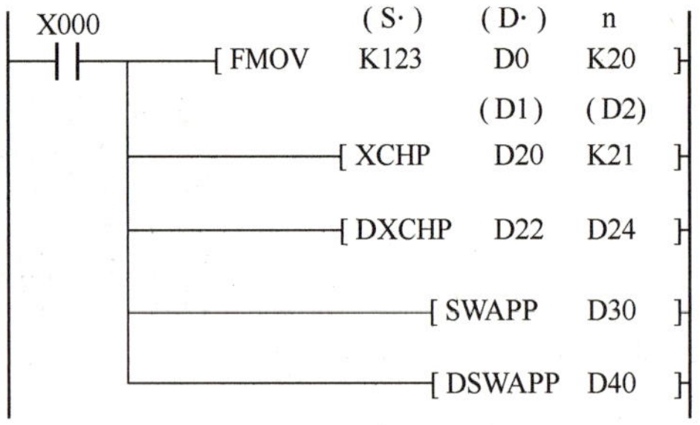

图 2-7　多点传送、交换及高低字节互换指令

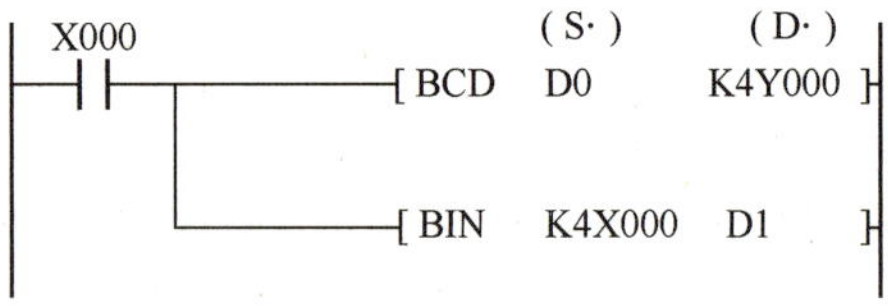

图 2-8　变换指令

【例 2-1】移位传送指令的数据组合（如图 2-9 所示）。

图 2-9 中采用拨码盘输入数据，但 10^2 与 10^1、10^0 并不是从连续的输入端输入，对 D1 转换值将其第 1 位（m1=1）起的 1 位部分（m2=1）内容传送到 D2 的第 3 位（n=3），然后将其转换为 BIN 码。

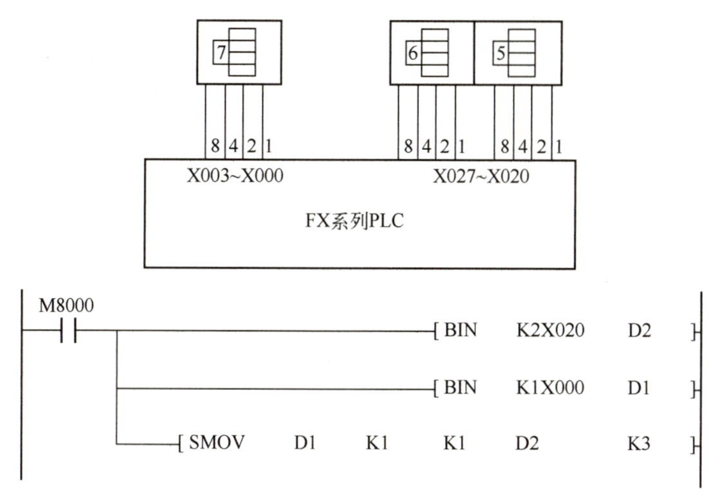

图 2-9 移位传送指令的数据组合示例程序

2.3.2 比较指令

1. 触点比较指令

触点比较指令相当于一个触点，执行时将两个源数据（S1·和 S2·）进行比较，如果比较结果为真（即条件满足），则该触点接通；若比较结果为假（即条件不满足），则该触点断开。

触点比较指令有 LD 触点比较指令、OR 触点比较指令和 AND 触点比较指令等，LD 触点比较指令接在左侧母线上，OR 触点比较指令与其他触点或电路并联，AND 触点比较指令与其他触点或电路串联。触点比较指令功能号、助记符、导通条件如表 2-1 所示。

表 2-1 触点比较指令

功 能 号	16 位助记符	32 位助记符	导 通 条 件	非导通条件
FNC 224	LD =	LDD =	(S1)=(S2)	(S1)≠(S2)
FNC 225	LD >	LDD >	(S1)>(S2)	(S1)≤(S2)
FNC 226	LD <	LDD <	(S1)<(S2)	(S1)≥(S2)
FNC 228	LD <>	LDD <>	(S1)≠(S2)	(S1)=(S2)
FNC 229	LD <=	LDD <=	(S1)≤(S2)	(S1)>(S2)
FNC 230	LD >=	LDD <=	(S1)≥(S2)	(S1)<(S2)
FNC 232	OR =	ORD =	(S1)=(S2)	(S1)≠(S2)
FNC 233	OR >	ORD >	(S1)>(S2)	(S1)≤(S2)
FNC 234	OR <	ORD <	(S1)<(S2)	(S1)≥(S2)
FNC 236	OR <>	ORD <>	(S1)≠(S2)	(S1)=(S2)
FNC 237	OR <=	ORD <=	(S1)≤(S2)	(S1)>(S2)
FNC 238	OR >=	ORD <=	(S1)≥(S2)	(S1)<(S2)
FNC 240	AND =	ANDD =	(S1)=(S2)	(S1)≠(S2)
FNC 241	AND >	ANDD >	(S1)>(S2)	(S1)≤(S2)

（续）

功 能 号	16 位助记符	32 位助记符	导 通 条 件	非导通条件
FNC 242	AND <	ANDD <	(S1)<(S2)	(S1)≥(S2)
FNC 244	AND <>	ANDD <>	(S1)≠(S2)	(S1)=(S2)
FNC 245	AND <=	ANDD <=	(S1)≤(S2)	(S1)>(S2)
FNC 246	AND >=	ANDD <=	(S1)≥(S2)	(S1)<(S2)

图 2-10 中当定时器 T0 的当前值在 100~200 之间时，输出继电器 Y000 线圈通电。当 X000 常开触点接通，或计数器 C0 当前值不等于 20，或 32 位计数器 C200 的当前值小于 100000 时输出继电器 Y001 线圈通电。

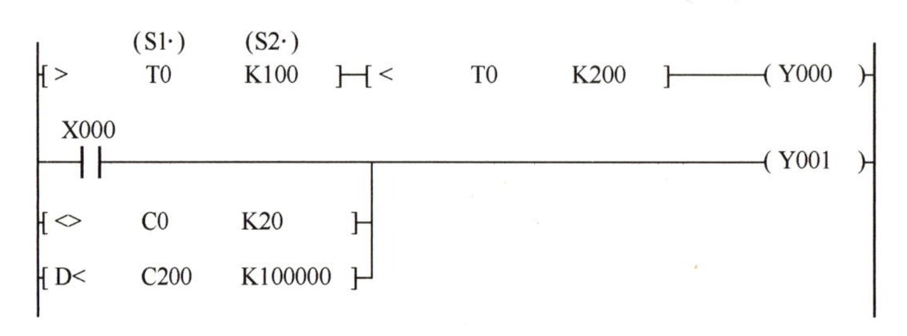

图 2-10 触点比较指令

【例 2-2】触点比较指令的应用（图 2-11）。

图 2-11 为生成 1 s 周期的方波脉冲信号程序，用类似方法可以产生任意占空比（为整数）的方波脉冲信号。

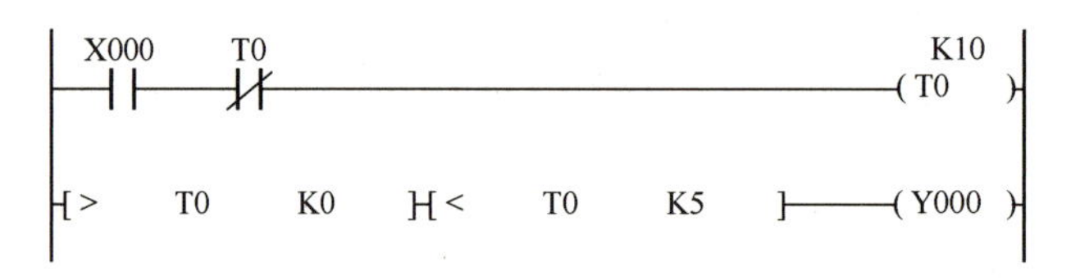

图 2-11 触点比较指令生成方波示例程序

2. 比较指令

CMP 指令（FNC 10）用于比较两个源操作数（S1·）和（S2·）并将比较的结果送给目标操作数（D·），比较结果用目标软元件的状态来表示（图 2-12）。待比较的源操作数（S1·）和（S2·）可以是任意的字软元件或常数，目标操作数（D·）可以取 Y、M 和 S 等，其占用连续的 3 个位软元件。

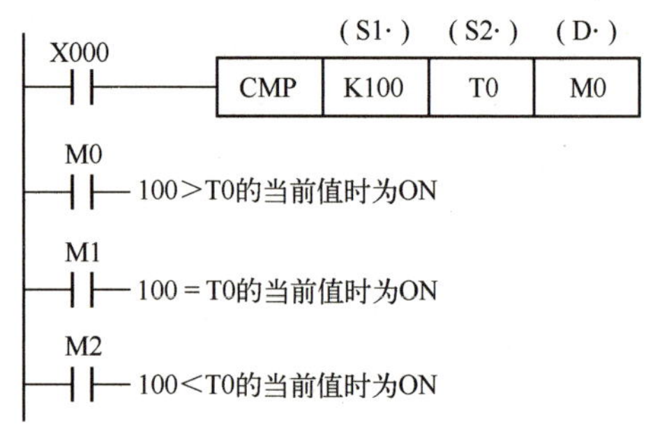

图 2-12 比较指令

图 2-12 中，当 X000 的常开触点接通时，比较指令将常数 K100 与定时器 T0 的当前值进行比较，比较结果送给 M0~M2。比较结果对目标操作数 M0~M2 的影响如图 2-12 所示。X000 为 OFF 时不进行比较，M0~M2 的状态保持不变。

也可以使用比较指令生成方波脉冲信号，如图 2-13 所示。

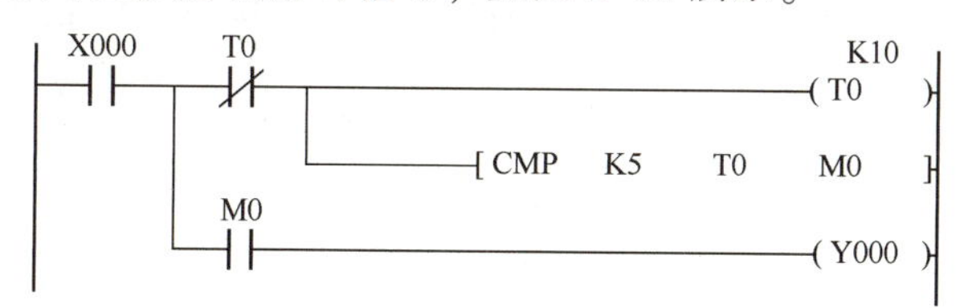

图 2-13 比较指令生成方波示例程序

视频“CMP 指令”可通过扫描二维码 2-4 播放。

二维码 2-4

3. 区间比较（ZCP）指令

区间比较指令是 ZCP 指令（FNC 11），操作数的类型与比较指令一样，目标操作数占用连续的 3 位软元件，（S1·）应小于（S2·）。图 2-14 中的 X000 的常开触点闭合时，执行 ZCP 指令，将计数器 C0 的当前值与 K100 和 K200 比较，比较结果对目标操作数 M10~M12 的影响如图 2-14 所示。

X000 (S1·) (S2·) (S·) (D·)
ZCP K100 K200 C0 M10
M10 C0的当前值<100时ON
M11 100≤C0的当前值≤200时ON
M12 C0的当前值>200时ON

图 2-14 区间比较指令

【例 2-3】区间比较指令的应用（图 2-15）。

小区空余车位显示控制，进入一辆空余车位数减 1，驶出一辆空余车位数加 1。设当前空余车位数存储在计数器 C200 中，当空余车位数大于 10 个绿灯亮；当空余车位数小于等于 10 个大于等于 5 个时绿灯秒级闪烁；当空余车位数小于 5 个时红灯闪烁。

M8000 DZCP K5 K10 C200 M10
M10 M8013 Y000 红灯
M11 M8013 Y001 绿灯
M12

图 2-15 空余车位显示控制程序

视频“ZCP 指令”可通过扫描二维码 2-5 播放。

二维码 2-5

4. 浮点数比较（ECMP）和区间比较（EZCP）指令

ECMP 指令（FNC 110）和 EZCP 指令（FNC 111）的使用方法与比较指令（CMP 和 ZCP）基本相同。因为浮点数是 32 位的，所以在其指令前面加 D，如图 2-16 所示。浮点数常数用字母 E 表示。

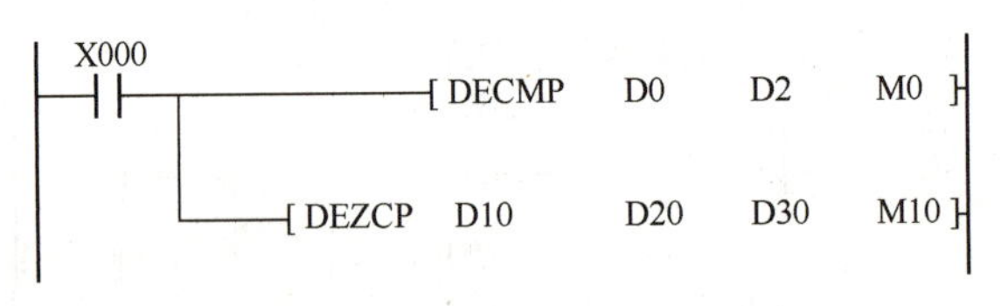

图 2-16　浮点数比较和区间比较指令

2.3.3　移位指令

1. 循环移位指令

循环右移指令 ROR（FCN 30）和循环左移指令 ROL（FNC 31）只有目标操作数（D·）。

执行这两条指令时，目标操作数各位的数据向右或向左循环移动 n 位（n 为常数），移出来的数据又送回到另一端空出来的位中，每次移出来的那一位数据同时存入进位标志 M8022（图 2-17 和图 2-18）中。16 位指令和 32 位指令的 n 应分别小于等于 16 和 32。若在目标软元件中指定位软元件组的组数，只有 K4（16 位指令）和 K8（32 位指令）有效。连续执行型指令在每一个扫描周期都进行移位动作，因此通常采用脉冲执行型指令。

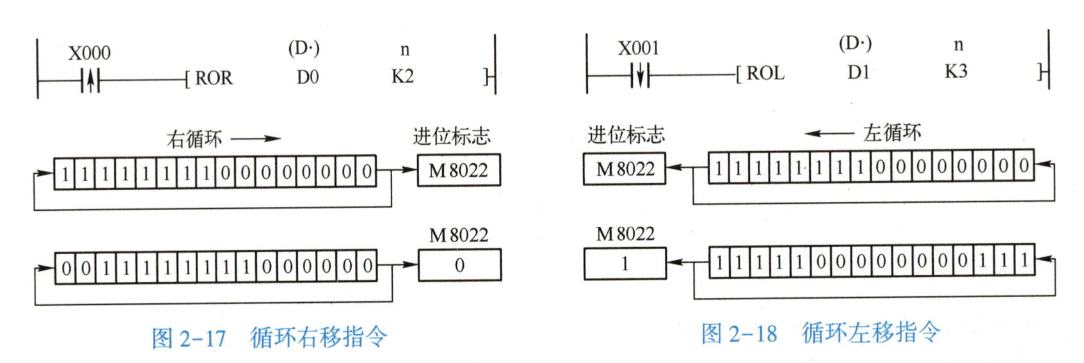

图 2-17　循环右移指令　　图 2-18　循环左移指令

视频“ROR 指令”可通过扫描二维码 2-6 播放。

视频“ROL 指令”可通过扫描二维码 2-7 播放。

二维码 2-6

二维码 2-7

2. 带进位循环移位指令

带进位循环右移（RCR）指令（FCN 32）和带进位循环左移（RCL）指令（FNC 33）只有目标操作数（D·）。

执行这两条指令时，先将进位标志 M8022 中内容送入目标地址中，然后将需要移动的 n 位逐位送到进位标志中，经进位标志后再逐位移位到目标地址中，最后一位留在进位标志中（如图 2-19 和图 2-20）。16 位指令和 32 位指令的 n 应分别小于等于 16 和 32。若在目标软元件中指定位软元件组的组数，只有 K4（16 位指令）和 K8（32 位指令）有效。连续执行型指令在每一个扫描周期都进行移位动作，因此通常采用脉冲执行型指令。

3. 位移位指令

位右移（SFTR）指令（FCN 34）和位左移（SFTL）指令（FNC 35）将 n1 位（移动寄存器的长度）的位元件进行 n2 位的右移或左移（n2≤n1≤512），源数据中的低 n2（位右移）位或高 n2（位左移）位中的数据被移出丢失，如图 2-21 和图 2-22 所示。

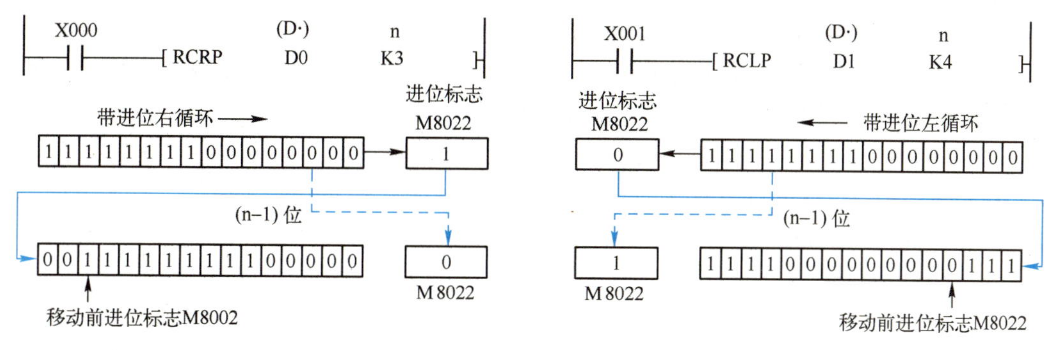

图 2-19　带进位循环右移指令

图 2-20　带进位循环左移指令

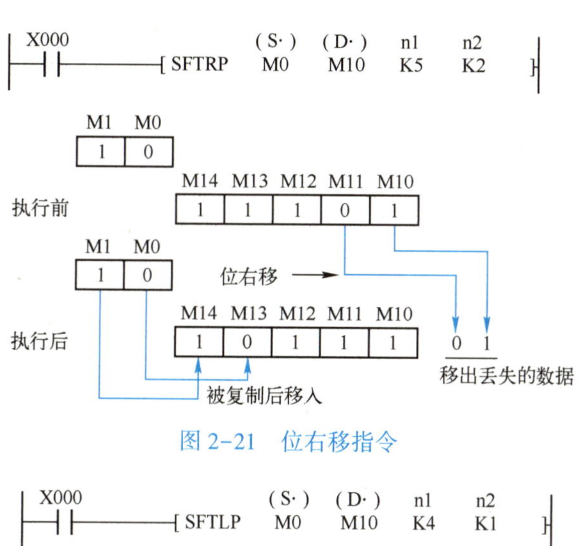

图 2-21　位右移指令

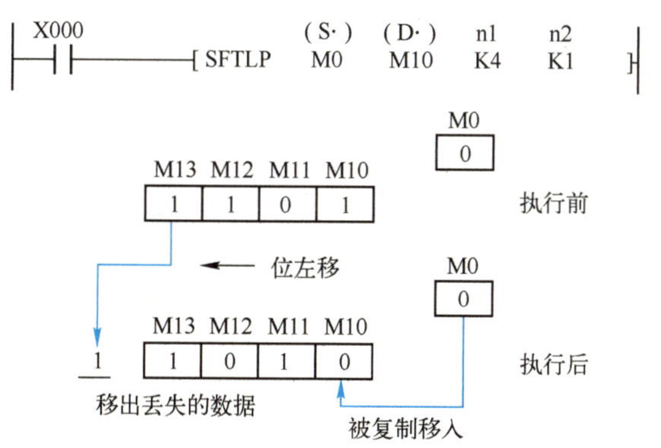

图 2-22　位左移指令

视频“SFTR 指令”可通过扫描二维码 2-8 播放。

视频“SFTL 指令”可通过扫描二维码 2-9 播放。

二维码 2-8

二维码 2-9

4. 字移位指令

字右移（WFTR）指令（FCN 36）和字左移（WFTL）指令（FNC 37）将 n1 个字的字元件进行 n2 个字的右移或左移（n2≤n1≤512），源数据中的低 n2（字右移）个字或高 n2（字左移）个字中的数据被移出丢失，执行过程同位移位指令。

5. 移位写入（SFWR）和读出（SFRD）指令

SFWR 指令（FNC 38）用于先进先出和先进后出控制，只有 16 位运算，它按写入的先后顺序保存数据。n 是数据区的字数（$2 \leqslant n \leqslant 512$）。

图 2-23 中的目标软元件 D1 是数据区的首地址，也是指针，移位寄存器未装入数据时应将 D1 清零。在 X000 由 OFF 变为 ON 时，SFWR 指令将指针的值加 1 以后，写入数据。第一次写入时源操作数 D0 中数据写入 D2。如果 X000 再次由 OFF 变为 ON 时，D1 中数据变成 2，D0 中数据写入 D3。依此类推，源操作数 D0 中的数据依次写入到数据区中。D1 中的数等于 $n-1$ 时，数据区被写满，不再执行写入操作，且进位标志 M8022 变为 ON。

SFRD 指令（FNC 39），它按先进先出的原则读取数据，只有 16 位运算。n 是数据区的字数（$2 \leqslant n \leqslant 512$）。

图 2-24 中，在 X000 由 OFF 变为 ON 时，SFRD 指令将 D2 中的数据送到目标操作数 D20，同时指针 D1 的值减 1，D9 ~ D3 中数据向右移一个字。数据总是从 D2 中读出，指针 D1 为 0 时，此数据区中数据被读空，不再执行上述处理，零标志 M8022 为 ON。

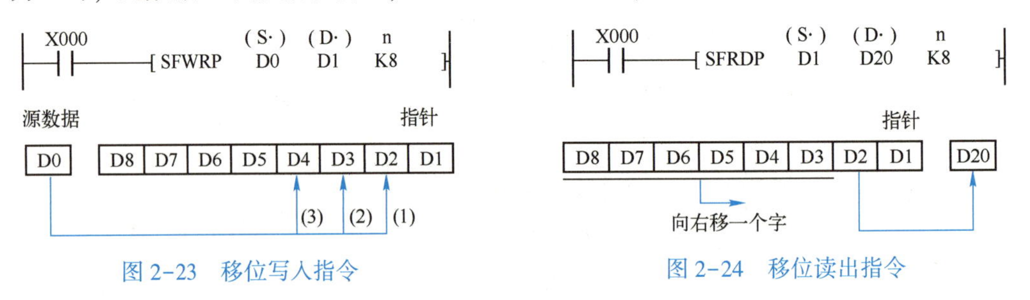

图 2-23　移位写入指令　　图 2-24　移位读出指令

2.3.4　其他数据处理指令

1. 成批复位（ZRST）指令

单个位软元件和字软元件都可以用 RST 指令复位。成批复位指令 ZRST（FNC 40）又称区间复位指令，将（D1·）和（D2·）指定的软元件号范围内的同类软元件批量复位（如图 2-25），目标操作数（D1·）和（D2·）可以取字软元件 T、C 和 D 等或位软元件 Y、M 和 S。

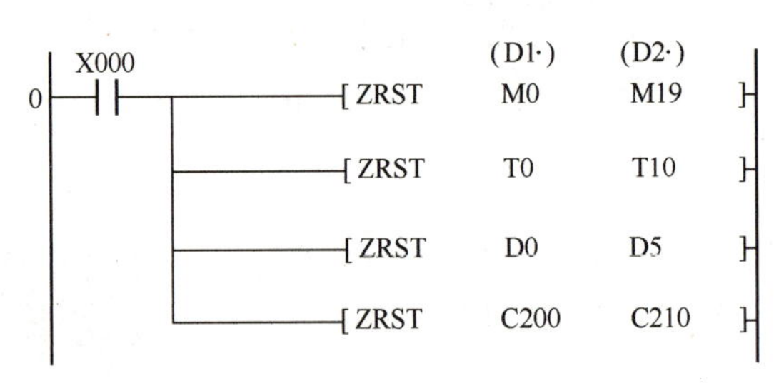

图 2-25　成批复位指令

定时器和计数器被复位时，其当前值变为 0，常开触点断开，常闭触点闭合。

使用 ZRST 指令应注意以下问题：

1）目标操作数（D1·）和（D2·）指定的应为同一类软元件。

2）目标操作数（D1·）中的软元件号应小于等于目标操作数（D2·）中的软元件号。

如果没有满足这一条件，则只有目标操作数（D1·）指定的软元件被复位。

3）虽然 ZRST 指令是 16 位处理指令，目标操作数（D1·）和（D2·）也可以指定 32 位的计数器。

视频“ZRST 指令”可通过扫描二维码 2-10 播放。

二维码 2-10

2. 译码（DECO）指令

DECO 指令（FNC 41）是将源操作数（S·）中数据大小（最低 n 位的二进制数的值）对应目标操作数（D·）~（D·）$+2^n-1$ 中相应的位置 1，其余各位置 0。若源数据数值为 2，执行该指令后则将目标操作数中第 2 位置 1，其余置 0。

1）目标操作数（D·）为位软元件时，$n=1\sim8$。$n=8$ 时，目标操作数为 256 点位软元件（$2^8=256$）。

2）目标操作数（D·）为字软元件时，$n=1\sim4$。$n=4$ 时，目标操作数为 16 点位软元件（$2^4=16$）。

图 2-26 中 X2~X0 组成的 3 位（$n=3$）二进制数为 101，相当于十进制的 5，译码指令“DECO X000 M0 K3”将 K2M0 组成的 8 位二进制数中的第 5 位（M0 为第 0 位）M5 置为 1，其余为 0。

3. 编码指令

编码指令 ENCO（FNC 42）是将源操作数（S·）中为 ON 的最高位的二进制数存入目标操作数（D·）的低 n 位中。

1）源操作数（S·）为位软元件，$n=1\sim8$。$n=8$ 时，源操作数为 256 点位软元件（$2^8=256$）。

2）源操作数（S·）为字软元件，$n=1\sim4$。$n=4$ 时，源操作数为 16 点位软元件（$2^4=16$），如果 $1\leqslant n\leqslant4$，低 2^n 位为有效位，其余位忽略。

图 2-27 中 X7~X0 组成的 8 位（2^3，$n=3$）二进制数中 ON 的最高位为第 2 位，编码指令执行后“ENCO X000 D0 K3”将 2 写入到 D0 中（在 D0 的低 3 位中，其余位为 0），即 D0 中的数据为 2。

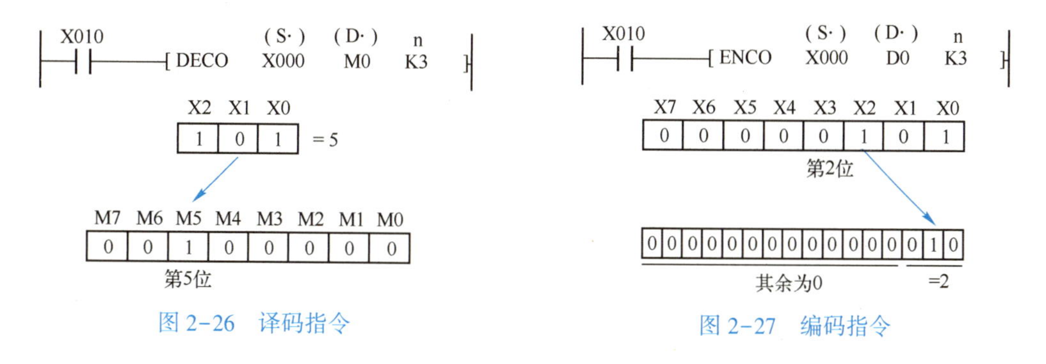

图 2-26 译码指令　　图 2-27 编码指令

4. ON 位数（SUM）指令

SUM 指令（FNC 43）是用来统计源操作数（S·）中为 ON 的位的个数，并将它存入目标操作数（D·）中。

假设 Y000~Y007 对应于 8 台设备，其中的某一位为 ON 则表示对应的设备正在运行，可以用 SUM 指令统计其正在运行的设备台数，如图 2-28 所示。如果只有 Y000 和 Y005 端口所连接的设备在运行，则 D0 的数为 2。

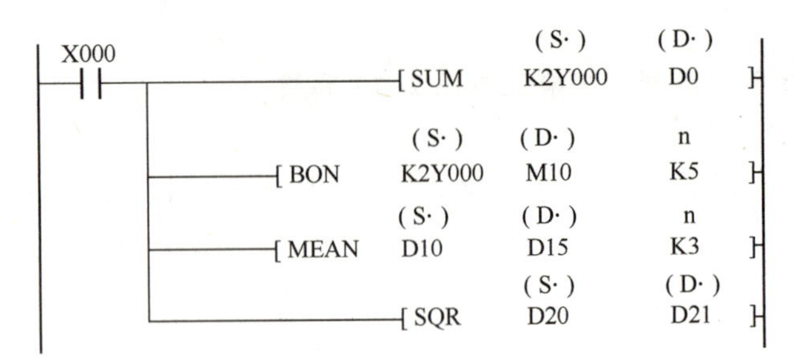

图 2-28　ON 位数指令、ON 位判定指令、平均值指令、BIN 开方运算指令

5. ON 位判定（BON）指令

BON 指令（FNC 44）是用来检测源操作数（S·）中的第 n 位是否为 ON（如图 2-28）。若为 ON，则位目标操作数（D·）变为 ON。当 X000 为 ON 时，BON 指令的目标操作数 M10 的状态取决于 K2Y000 中第 5 位（$n=5$）Y005 的状态。该指令的源操作数几乎是所有数据类型，目标操作数可以取 Y、M 和 S。16 位运算时，$n=0\sim15$，32 位运算时 $n=0\sim31$。

图 2-28 中，如果只有 Y000 和 Y005 端口所连接的设备在运行，执行该指令后 M10 为 ON。

6. 平均值（MEAN）指令

MEAN 指令（FNC 45）用来求 1~64 个源操作数的代数和被 n 除的商，余数忽略。（S·）是源操作数的起始软元件号，目标操作数（D·）用来存放运算结果。

图 2-28 中 MEAN 指令用来求 D10~D12 中数据的平均值，若 D10~D12 中分别为 10、15 和 25，执行该指令后 D15 中的值为 16。若软元件个数超出允许的范围，n 的值会自动缩小，只求允许范围内软元件的平均值。

7. BIN 开方运算（SQR）指令

BIN（二进制）开方运算指令 SQR（FNC 48）的源操作数（S·）应大于零，可以取常数、D 和 R，目标操作数取 D 和 R 等。舍去运算结果中的小数，只取整数。如果源操作数为负数，运算错误标志位 M8067 将会为 ON。图 2-28 中当 X000 为 ON 时，SQR 指令将存放在 D20 的整数开方，运算结果中的整数存放在 D21 中。

2.3.5　实训 7　抢答器的 PLC 控制——传送指令

【实训目的】

- 掌握数据类型及表示方法；
- 掌握传送指令的应用；
- 掌握七段数码管的驱动方法。

【实训任务】

用 PLC 实现一个 3 组抢答器的控制，要求在主持人按下开始按钮后，3 组抢答按钮中按

下任意一个按钮后，主持人前面的显示器能实时显示抢答成功的那组的编号，同时锁住抢答器，使其他组按下抢答按钮无效。若主持人按下停止按钮，则不能进行抢答，且显示器无显示。

【实训步骤】

1. I/O 分配

根据项目分析可知，对输入量、输出量进行分配，如表 2-2 所示。

表 2-2　抢答器控制 I/O 分配表

输　入		输　出	
输入继电器	元　件	输出继电器	元　件
X000	开始按钮 SB1	Y000	数码管 a 段
X001	停止按钮 SB2	Y001	数码管 b 段
X002	第一组抢答按钮 SB3	Y002	数码管 c 段
X003	第二组抢答按钮 SB4	Y003	数码管 d 段
X004	第三组抢答按钮 SB5	Y004	数码管 e 段
		Y005	数码管 f 段
		Y006	数码管 g 段

2. I/O 接线图

根据控制要求及表 2-2 的 I/O 分配表，抢答器控制 I/O 接线图如图 2-29 所示。

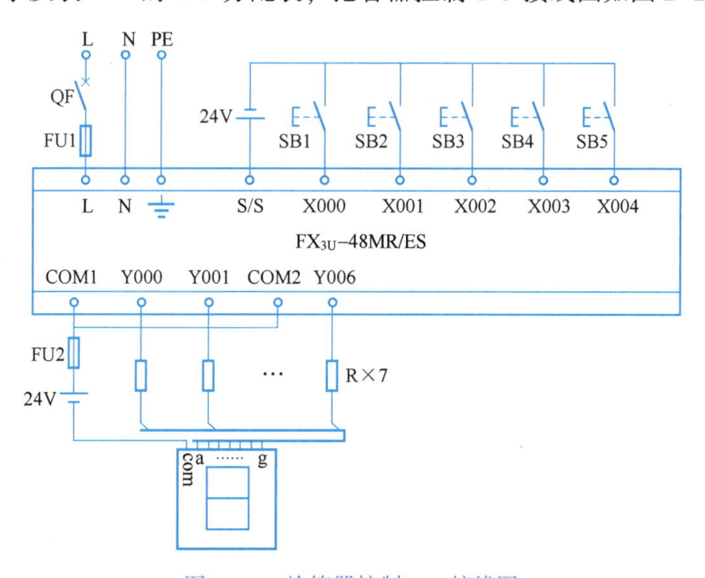

图 2-29　抢答器控制 I/O 接线图

3. 创建工程项目

创建一个工程项目，并命名为抢答器控制。

4. 编写程序

根据要求，使用传送指令编写的梯形图如图 2-30 所示。在这个程序中容易出错的地方是抢答组号的显示，因图 2-29 中采用共阴极七段数码管，若点亮哪段，相应的段应为高电平，如显示 1，则 b 和 c 段应该为高电平，即 PLC 的 8 个端口应输出 2#00000110，即十进制数 6。若显示 2 则应输出 2#01111101，即十进制数 79，依此类推。此方法为数码管显示的字符驱动法。

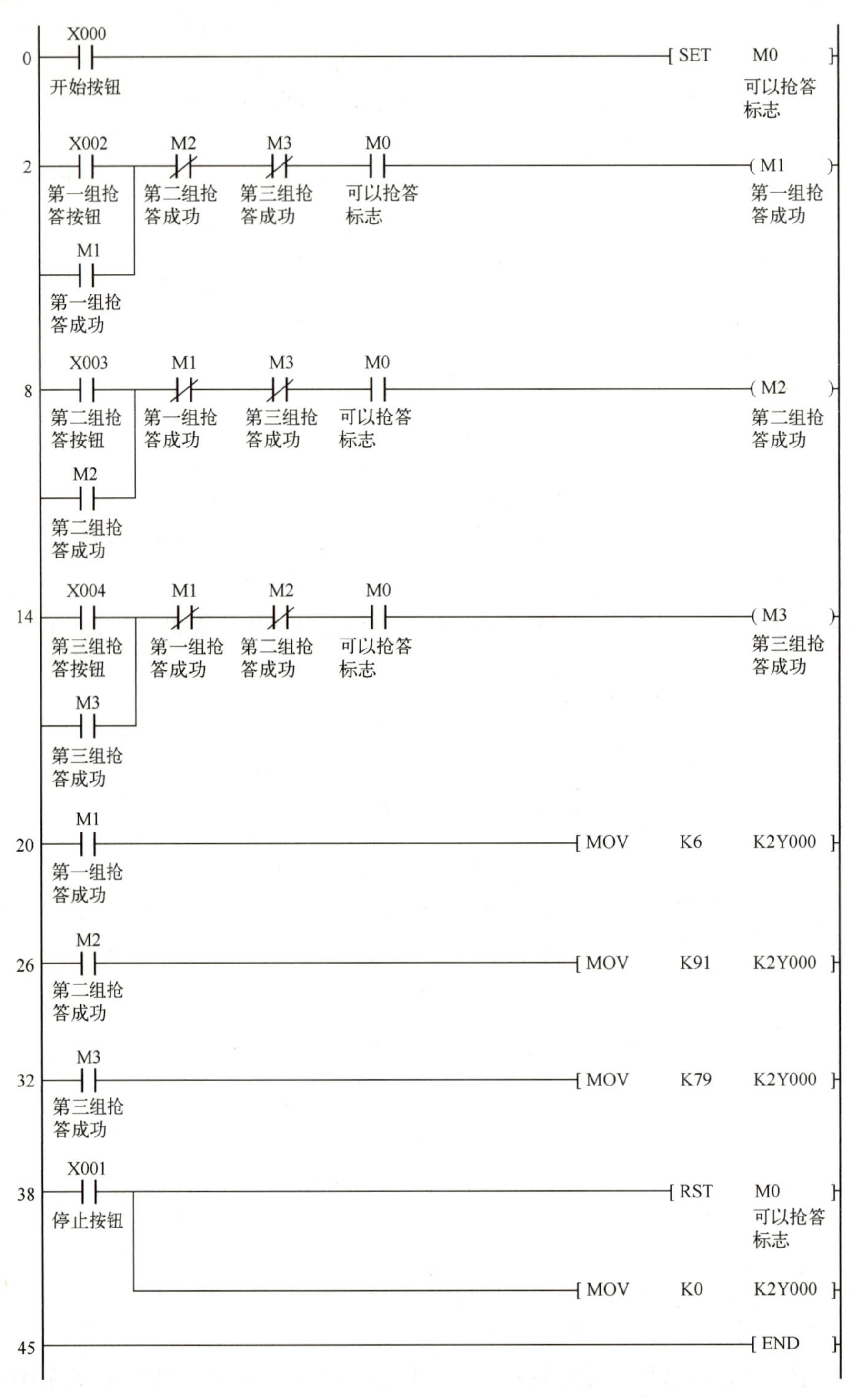

图 2-30　抢答器控制梯形图

5. 调试程序

将编译无误的程序下载到仿真软件中，先接通 X002，或接通 X003，或接通 X004，观察在主持人没有按下开始抢答按钮前能否进行抢答。若不能抢答，则接通 X000 后再将其断开（模拟主持人按下开始按钮后又释放），再接通 X002 又断开（模拟第 1 组抢答），然后再接通 X003 和 X004，观察第 2 组和第 3 组能否进行抢答，同时观察 K2Y000 组成的位组合元件中是否显示为 6。接通 X001 后再将其断开（模拟主持人按下停止按钮后又释放），即取消抢答。同样，开始抢答后，再进行第 2 组和第 3 组抢答调试，如调试正常，再连接 PLC 的控制电路，方法同上，观察数码管显示是否正常。若抢答和数码管显示功能正常，则说明线路连接和程序编写正确。

【实训交流】

数码管除了按字符方式驱动外，还可以按段驱动。按段驱动数码管就是待显示的数字需要点亮数码管的哪几段，就直接以点动的形式驱动相应的数码管所连接的 PLC 输出端，如 M2 接通时显示 2，即需要点亮数码管的 a、b、d、e 和 g 段，即需驱动 Y000、Y001、Y003、Y004 和 Y006（假如数码管连接在 K2Y000 端口）；如 M5 接通时显示 5，即需要点亮数码管的 a、c、d、f 和 g 段，即需驱动 Y000、Y002、Y003、Y005 和 Y006，程序如图 2-31 所示。

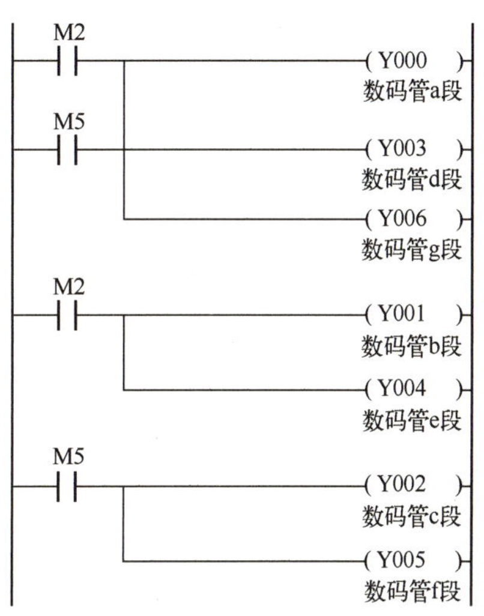

图 2-31　按段驱动数码管梯形图

【实训拓展】

训练 1　用段驱动方法实现本项目的控制要求。

训练 2　用 PLC 实现分组抢答器控制：要求在主持人按下开始按钮后，3 组抢答按钮按下任意一个按钮后，显示器能及时显示该组的编号，同时锁住抢答器，使其他组按下抢答按钮无效。第一组为小学组，设置两个按钮，两人中任意一个学生都可以抢答；第二组为初中组，只设置一个按钮，一名学生参加抢答；第三组为高中组，设置两个按钮，两名学生同时按下按钮方可进行抢答。如主持人按下停止按钮，则不能进行抢答，且显示器无显示。

【实训进阶】

任务：维修电工中级（四级）职业资格鉴定中，有一考题要求对 PLC 控制的三组限时抢答器进行装调。要求在主持人按下开始按钮 10 s 内可以抢答，3 组抢答按钮按下任意一个按钮后，显示器能及时显示该组的编号，同时锁住抢答器，使其他组按下抢答按钮无效。如果在主持人按下开始按钮之前进行抢答，则显示器显示该组编号并以秒级闪烁，以示该组违规抢答，直至主持人按下复位按钮。如主持人按下停止按钮，则不能进行抢答，且显示器无显示。

请读者根据上述控制功能自行绘制 PLC 的 I/O 接线图、安装控制线路并编写相应控制程序。

2.3.6 实训8 交通灯的PLC控制——比较指令

【实训目的】

- 掌握比较指令的应用；
- 掌握时间同步方法；
- 掌握如何查找指令帮助信息。

【实训任务】

用PLC实现交通灯的控制，要求按下起动按钮后，东西方向绿灯亮25 s、闪烁3 s，黄灯亮3 s，红灯亮31 s；同时，南北方向红灯亮31 s，绿灯亮25 s、闪烁3 s，黄灯亮3 s，如此循环。无论何时按下停止按钮，交通灯全部熄灭。

【实训步骤】

1. I/O分配

根据项目分析可知，对输入量、输出量进行分配，如表2-3所示。

表2-3 交通灯控制I/O分配表

输入		输出	
输入继电器	元件	输出继电器	元件
X000	起动按钮SB1	Y000	东西方向绿灯HL1
X001	停止按钮SB2	Y001	东西方向黄灯HL2
		Y002	东西方向红灯HL3
		Y003	南北方向绿灯HL4
		Y004	南北方向黄灯HL5
		Y005	南北方向红灯HL6

2. I/O接线图

根据控制要求及表2-3的I/O分配表，交通灯控制I/O接线图可绘制如图2-32所示。

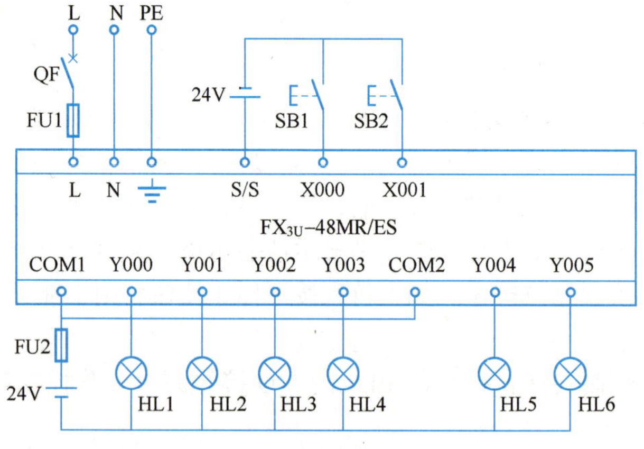

图2-32 交通灯控制I/O接线图

3. 创建工程项目

创建一个工程项目，并命名为交通灯控制。

4. 编写程序

根据要求，使用比较指令编写的梯形图如图 2-33 所示。

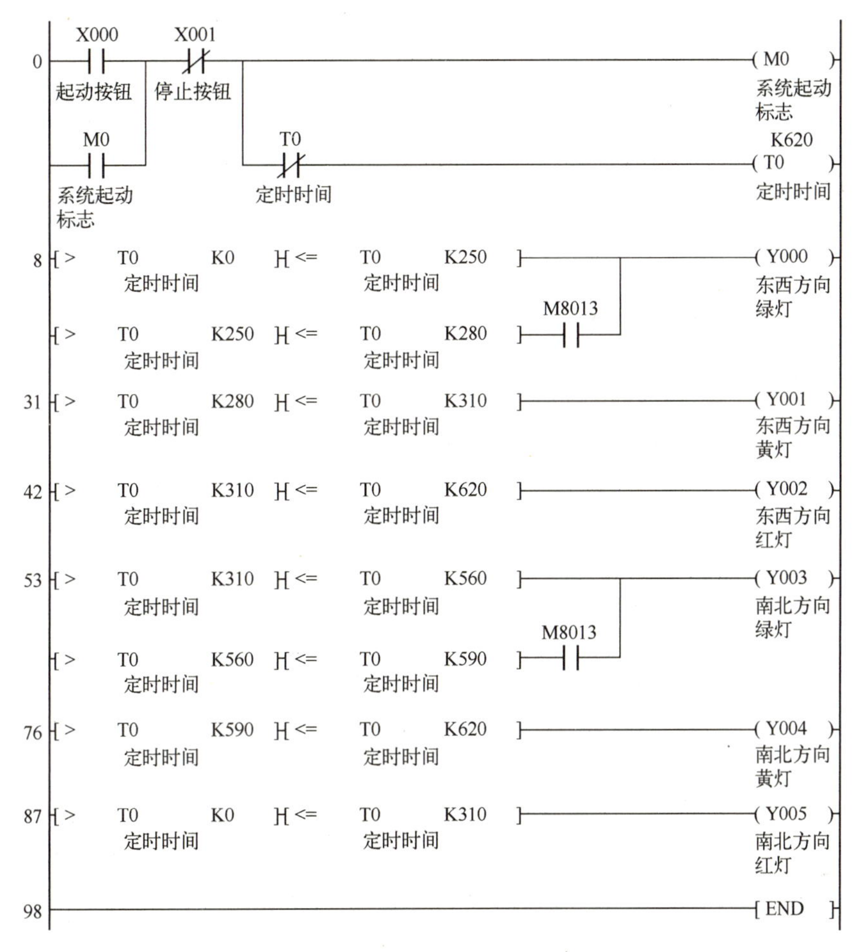

图 2-33　交通灯控制梯形图

5. 指令帮助信息的查找

（1）特定指令帮助信息的查找

在梯形图的最左边生成 X000 的常开触点，双击该触点右边的空白处，弹出“梯形图输入”对话框。输入“MOV”，单击“帮助”按钮，弹出“指令帮助”对话框，其中给出了 MOV 指令的帮助信息，如图 2-34 所示，“指令搜索”选项卡中说明了 MOV 指令的功能。

单击“指令帮助”对话框左下角的“详细”按钮，弹出“详细的指令帮助”对话框，如图 2-35 所示。“说明”区中是指令功能的说明。“可使用的软元件”列表中的“S”行是源操作数，“D”行是目标操作数。“数据类型”列的 BIN16 是 16 位的二进制整数，X、Y 等软元件中的“＊”表示可以使用对应的软元件，“-”表示不能使用对应的软元件。

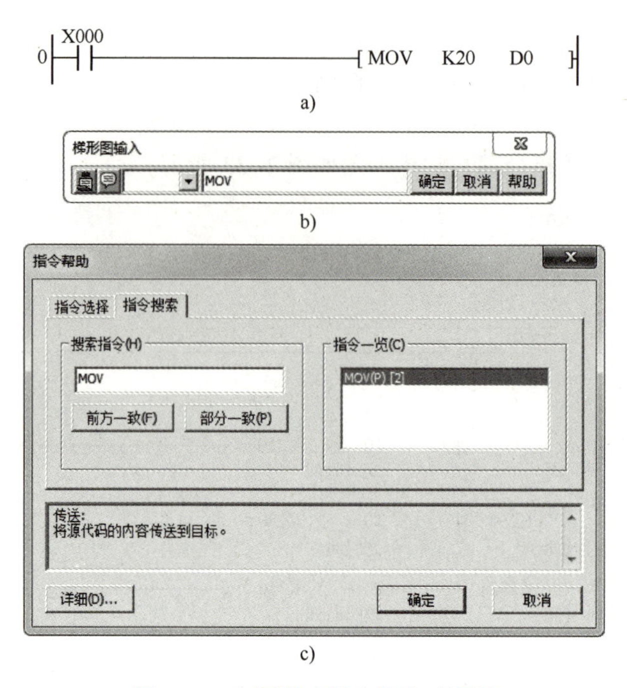

a)

b)

c)

图 2-34　打开特定指令帮助对话框

a）梯形图　b）“梯形图输入”对话框　c）“指令帮助”对话框

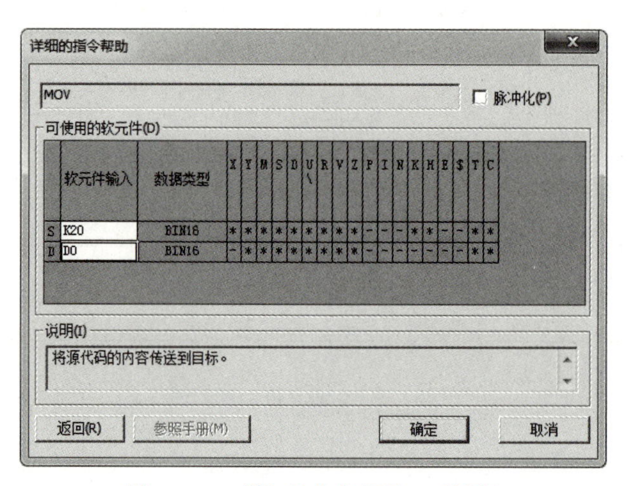

图 2-35　“详细的指令帮助”对话框

勾选“脉冲化”复选框，左上角的“MOV”变为“MOVP”（即脉冲执行的传送指令）。

在“软元件输入”列中“S”所在行的单元输入源操作数 K20，在“软元件输入”列中“D”所在行的单元输入目标操作数 D0。

输入结束后，单击“确定”按钮返回“梯形图输入”对话框。可以看到输入的指令“MOV K20 D0”。

也可以用“梯形图输入”对话框直接输入上述指令。单击“确定”按钮，可以看到梯形图中新输入的指令，如图 2-34 所示。

双击梯形图中已有的指令，出现该指令的“梯形图输入”对话框，单击“帮助”按钮，也会出现该指令的“指令帮助”对话框。

(2) 任意指令帮助信息的查找

双击梯形图的空白处，打开“梯形图输入”对话框，里面没有任何指令和软元件号。单击“帮助”按钮，弹出“指令帮助”对话框中的“指令选择”选项卡，如图 2-36 所示。也可以在图 2-34 中打开“指令选择”选项卡。

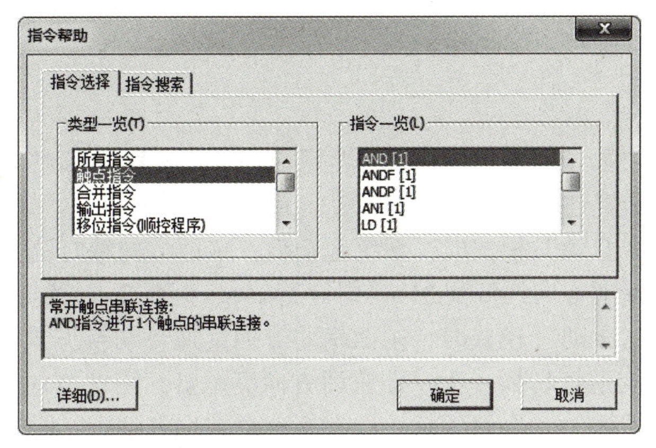

图 2-36 “指令帮助”对话框

可以用“类型一览”列表选择指令的类型，“指令一览”列表中给出了选中的指令类型中的所有指令。选中某一条指令，其下面会显示该指令的帮助信息。双击其中的某条指令，将打开该指令的“详细的指令帮助”对话框，可以看到该指令详细的说明，也可以用对话框输入该指令的操作数。

6. 调试程序

将程序下载到仿真软件中，接通系统起动按钮对应输入继电器 X000 接通后再断开，观察东西和南北方向交通信号灯的变化规律是否与控制要求一致。若一致则说明程序编写正确。再进行 PLC 控制线路的连接与调试，直至符合控制要求为止。

【实训交流】

如何保证本项目中绿灯闪烁时间为一个完整周期（1 s）？细心的读者或经过多次调试本项目的读者会发现，不同时刻按下系统起动按钮，绿灯闪烁时闪烁的状态可能都不一样，原因是程序使用的特殊位寄存器 M8013 来控制绿灯进行秒级闪烁的，按下系统起动按钮的时刻与 M8013 的上升沿未同步所导致。只需要在系统启动程序段增加 M8013 的上升沿指令即可解决上述问题，修改后的程序如图 2-37 所示。

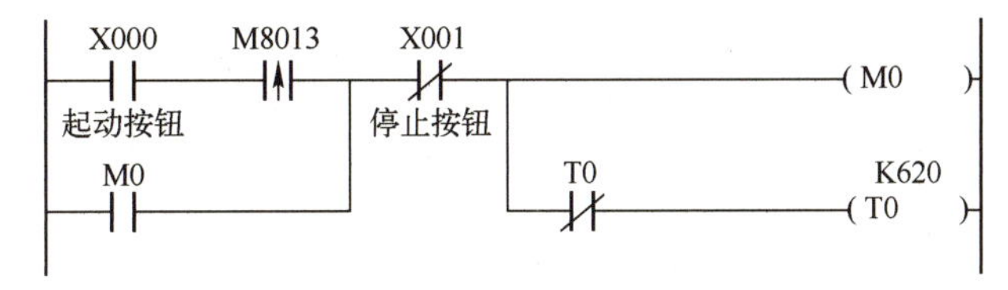

图 2-37 绿灯闪烁时间同步的控制程序

【实训拓展】

训练 1 要求使用多个定时器实现本项目控制功能。

训练2　用PLC实现人行横道交通灯控制：要求南北方向为斑马线红灯常亮，东西方向为机动车道，绿灯常亮，当南北方向有行人欲过马路时，按下灯杆上的通行按钮，此时，东西方向绿灯再亮10s，黄灯亮3s，红灯亮18s，然后再次转为绿灯常亮状态；同时，南北方向的红灯继续亮13s后，绿灯亮15s，然后黄灯亮3s。直到下一次再有行人过马路时，交通灯点亮方式同上。

【实训进阶】

任务：维修电工中级（四级）职业资格鉴定中，有一考题要求对PLC控制可人工切换的交通灯信号灯控制装置进行装调。

当转换开关处在“自动”模式时，系统起动后，东西方向绿灯亮25s、闪烁3s，黄灯亮3s，红灯亮31s；南北方向红灯亮31s，绿灯亮25s、闪烁3s，黄灯亮3s，如此循环。

当转换开关处于“手动”模式时，东西南北方向交通灯切换方式由人工控制，每操作一次“单步”按钮，交通灯切换一次。即东西方向亮绿灯，南北方向亮红，首次按下单步按钮，东西方向绿灯闪烁3s，黄灯闪烁3s，然后东西方向红灯亮，同时，南北方向绿灯亮；再次按下单步按钮，南北方向绿灯闪烁3s，黄灯闪烁3s，然后南北方向红灯亮，同时，东西方向绿灯亮，如此循环。无论何时按下停止按钮，交通灯全部熄灭。

请读者根据上述控制功能自行绘制PLC的I/O接线图、安装控制线路并编写相应控制程序。

2.4　运算指令

2.4.1　四则运算指令

四则运算指令包括加ADD、减SUB、乘MUL、除DIV、加1 INC和减1 DEC等指令。源操作数可以取几乎所有的字软元件和整数常数，目标操作数可以取KnY、KnM、KnS、T、C、D、R、V和Z等。每个数据的最高位为符号位，0表示正数，1表示负数，所有的运算均为代数运算。

在32位运算中被指定的字软元件为低位字，下一个字软元件为高位字。建议指定软元件时采用偶数软元件号，这样可以避免出错。

如果目标操作数与源操作数相同，为了避免每个扫描周期都执行一次指令，应采用脉冲执行方式。源操作数为十进制常数时，首先被自动转换为二进制数，然后进行运算。

执行加、减、乘、除四则运算指令后，会对标志位产生一定的影响。如果运算结果为0，零标志位M8020变为ON；16位运算的运算结果小于-32768，32位运算的运算结果小于-2147483648时，借位标志位M8021变为ON；16位运算的运算结果超过32767，32运算的运算结果超过2147483647时，进位标志位M8022变为ON；如果运算出错，如除法指令中除数为0，“错误发生”标志位M8004变为ON。

1. 加法运算（ADD）指令

ADD指令（FNC 20）是将两个源操作数（S1·）和（S2·）进行二进制数加法后，运算结果存放在目标操作数（D·）中。

图 2-38 中，当 X000 的常开触点由 OFF 变为 ON 时，执行加法指令，将数据寄存器 D0 中的数与十进制常数 5 相加，运算结果（和）存入到数据寄存器 D2 中；将数据寄存器（D5、D4）加上 K5 后，又将运算结果存入数据寄存器（D5、D4）中。

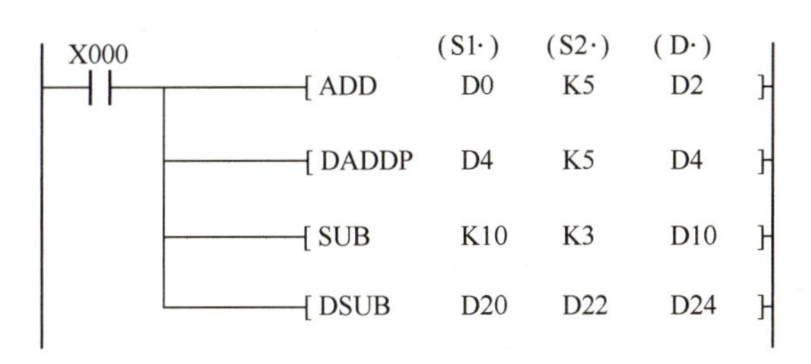

图 2-38　加法和减法运算指令

视频“ADD 指令”可通过扫描二维码 2-11 播放。

二维码 2-11

2. 减法运算（SUB）指令

SUB 指令（FNC 21）是将两个源操作数（S1·）和（S2·）进行二进制数减法后，运算结果存放在目标操作数（D·）中。源操作数（S1·）为被减数，源操作数（S2·）为减数。

图 2-38 中，当 X000 的常开触点由 OFF 变为 ON 时，执行减法指令，将十进制常数 10 减去十进制常数 3 后，运算结果（差）存入到数据寄存器 D10 中；将数据寄存器（D21、D20）和（D23、D22）中数据进行相减，运算结果存入数据寄存器（D25、D24）中。

视频“SUB 指令”可通过扫描二维码 2-12 播放。

二维码 2-12

3. 乘法运算（MUL）指令

MUL 指令（FNC 22）是将两个源操作数（S1·）和（S2·）进行二进制数乘法后，运算结果存放在目标操作数（D·）作为起始指定的软元件中。

图 2-39 中，当 X000 的常开触点由 OFF 变为 ON 时，执行乘法指令，将数据寄存器 D0 和 D1 中的数相乘，运算结果（积）存入到数据寄存器（D5、D4）；将数据寄存器（D11、D10）和（D13、D12）相乘，运算结果（积）存入到数据寄存器（D15、D14）中。

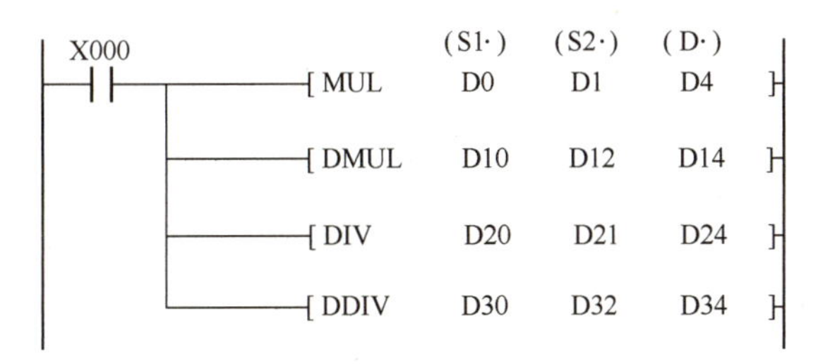

图 2-39　乘法和除法运算指令

4. 除法运算（DIV）指令

DIV 指令（FNC 23）是将两个源操作数（S1·）和（S2·）进行二进制数除法后，运算结果存放在目标操作数（D·）作为起始指定的软元件中。其中，源操作数（S1·）为被除数，源操作数（S2·）为除数；商在低字软元件（D·）中，余数在高字软元件（D·）+1 中，若（D·）为位软元件时，得不到余数。

图 2-39 中，当 X000 的常开触点由 OFF 变为 ON 时，执行除法指令，将数据寄存器 D20 和 D21 中数相除，运算结果商及余数存入到数据寄存器（D25、D24）中，其中商存放在低字 D24 中，余数存放在高字 D25 中；将数据寄存器（D31、D30）和（D33、D32）相除，运算结果中的商存放在数据寄存器（D35、D34）中，余数存放在数据寄存器（D37、D36）中。

5. 加 1 运算（INC）指令

INC 指令（FNC 24）是每执行一次该指令将目标操作数（D·）中的软元件内容自动加 1。该指令不影响零标志、借位标志和进位标志。

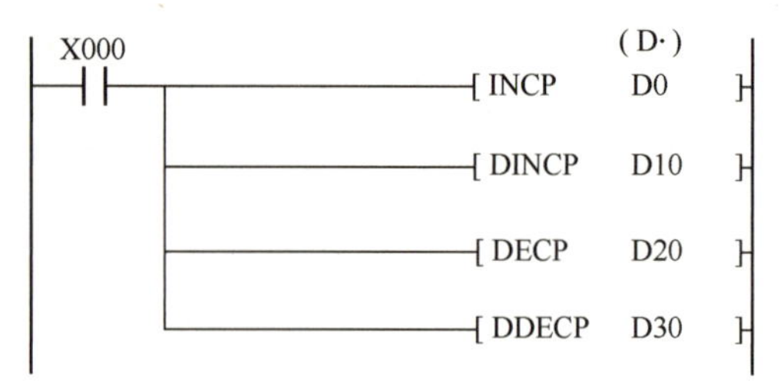

图 2-40 加 1 和减 1 运算指令

图 2-40 中，当 X000 的常开触点由 OFF 变为 ON 时，执行加 1 法指令，将数据寄存器 D0 和（D11、D10）中的数都加 1。在连续执行指令中，每个扫描周期都将执行加 1 运算。

视频“INC 指令”可通过扫描二维码 2-13 播放。

二维码 2-13

6. 减 1 运算（DEC）指令

DEC 指令（FNC 25）是每执行一次该指令将目标操作数（D·）中的软元件内容自动减 1。该指令不影响零标志、借位标志和进位标志。

图 2-40 中，当 X000 的常开触点由 OFF 变为 ON 时，执行减 1 运算指令，将数据寄存器 D20 和（D31、D30）中的数都减 1。在连续执行指令中，每个扫描周期都将执行减 1 运算。

视频“DEC 指令”可通过扫描二维码 2-14 播放。

二维码 2-14

2.4.2 逻辑运算指令

逻辑运算指令主要包括逻辑与、逻辑或、逻辑异或和补码指令等，它们均有 16 位和 32 位运算指令。

1. 逻辑与（WAND）指令

WAND 指令（FNC 26）是当输入条件接通时，将源操作数（S1·）和（S2·）中的内容以位为单位进行逻辑“与”运算，将结果传送到目标操作数（D·）中。若源操作数为常数，执行指令时会自动将指定的常数转换为 BIN 码。逻辑与运算规则是“有 0 出 0，全 1 出 1”。

图 2-41 中，当 X000 的常开触点由 OFF 变为 ON 时，执行逻辑与运算，将数据寄存器 D0 和 K123 进行逻辑与运算后，将运算结果存放在数据寄存器 D2 中；将数据寄存器（D11、

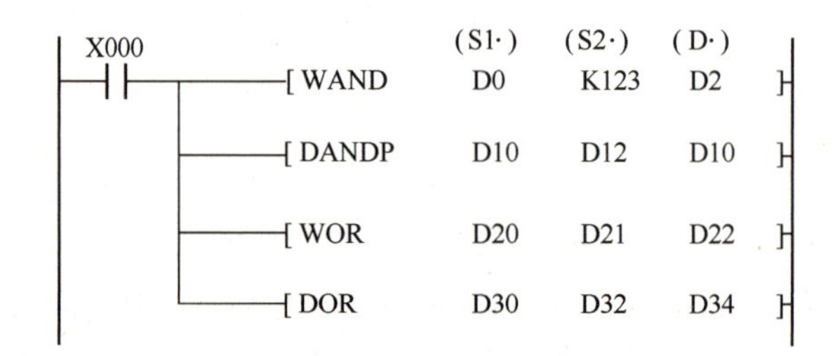

图 2-41 逻辑与和逻辑或指令

D10）和（D13、D12）进行逻辑与运算后，将运算结果再存放在数据寄存器（D11、D10）中（此处采用脉冲执行方式）。

使用逻辑与指令可以将指定位清零，如执行指令“WAND HFF00 D0”，可以使数据寄存器 D0 中低 8 位清零。

视频“WAND 指令”可通过扫描二维码 2-15 播放。

二维码 2-15

2. 逻辑或（WOR）指令

WOR 指令（FNC 27）是当输入条件接通时，将源操作数（S1·）和（S2·）中的内容以位为单位进行逻辑“或”运算，将结果传送到目标操作数（D·）中。若源操作数为常数，执行指令时会自动将指定的常数转换为 BIN 码。逻辑或运算规则是“有 1 出 1，全 0 出 0”。

图 2-41 中，当 X000 的常开触点由 OFF 变为 ON 时，执行逻辑或运算，将数据寄存器 D20 和 D21 进行逻辑或运算后，将运算结果存放在数据寄存器 D22 中；将数据寄存器（D31、D30）和（D33、D32）进行逻辑或运算后，将运算结果存放在数据寄存器（D35、D34）中。

使用逻辑或指令可以将指定位置 1，如执行指令“WORD H00FF K4Y000”，可以使 Y007～Y000 共 8 位全部置为 ON。

视频“WOR 指令”可通过扫描二维码 2-16 播放。

二维码 2-16

3. 逻辑异或（WXOR）指令

WXOR 指令（FNC 28）是当输入条件接通时，将源操作数（S1·）和（S2·）中的内容以位为单位进行逻辑“异或”运算，将结果传送到目标操作数（D·）中。若源操作数为常数，执行指令时会自动将指定的常数转换为 BIN 码。逻辑异或运算规则是“相异出 1，相同出 0”。

图 2-42 中，当 X000 的常开触点由 OFF 变为 ON 时，执行逻辑异或运算，将数据寄存器 D0 和 D1 进行逻辑异或运算后，将运算结果存放在数据寄存器 D2 中，其中 D0 中的数据是 H0F（2#00001111）与 D1 中的数据是 HF0（2#11110000）相异或后的结果是 HFF（2#11111111，相当于十进制数 255）；将数据寄存器（D11、D10）和（D13、D12）进行逻辑异或运算后，将运算结果存放在数据寄存器（D15、D14）中。

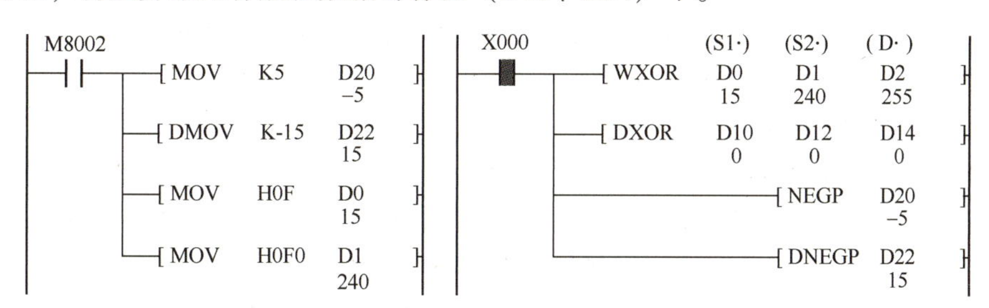

图 2-42 逻辑异或和补码指令

视频“WXOR 指令”可通过扫描二维码 2-17 播放。

二维码 2-17

4. 补码（NEG）指令

NEG 指令（FNC 29）只有目标操作数，必须采用脉冲执行方式。它将目标操作数（D·）指定数的每一位取反后再加 1，结果存放于同一软元件中，补码指令实际上是绝对值不变的改变符号的操作。

FX 系列 PLC 中有符号数用它的补码形式来表示，最高位为符号位，0 表示正数，1 表示负数，求负数的补码后得到它的绝对值。

图 2-42 中，当 X000 的常开触点由 OFF 变为 ON 时，执行补码指令分别将 D20 和 D22 中的数据 5 和-15，改变符号后输出，结果为-5 和 15。

2.4.3 浮点数运算指令

浮点数运算指令主要包括浮点数运算指令和浮点数转换指令。

1. 浮点数运算指令

浮点数运算指令主要包括浮点数四则运算、开平方和三角函数等指令。浮点数为 32 位数，浮点数指令均为 32 位指令，所以浮点数运算指令的指令助记符的前面均应加表示 32 位指令的字母 D。

浮点数运算指令的源操作数和目标操作数均为浮点数，源数据如果是常 K、H，将会自动转换为浮点数。

浮点数运算结果为 0 时零位标志 M8020 变为 ON，超过浮点数的上、下限时，进位标志 M8022 和借位标志 M8021 分别为 ON，运算结果分别被置为最大值和最小值。

源操作数和目标操作数如果是在同一个数据寄存器，应采用脉冲执行方式。

（1）浮点数加法（EADD）和减法（ESUB）运算指令

EADD 指令（FNC 120）将两个源操作数（S1·）和（S2·）中的浮点数相加，运算结果放在目标操作数（D·）中，示例如图 2-43 所示。

ESUB 指令（FNC 121）将两个源操作数（S1·）和（S2·）中的浮点数相减，运算结果放在目标操作数（D·）中。其中，（S1·）为被减数，（S2·）为减数，示例如图 2-43 所示。

（2）浮点数乘法（EMUL）和除法（EDIV）运算指令

EMUL 指令（FNC 122）将两个源操作数（S1·）和（S2·）中的浮点数相乘，运算结果放在目标操作数（D·）中，示例如图 2-43 所示。

EDIV 指令（FNC 123）将两个源操作数（S1·）和（S2·）中的浮点数相除，运算结果放在目标操作数（D·）中。其中，（S1·）为被除数，（S2·）为除数，示例如图 2-43 所示。除数为零时出现运算错误，不执行指令。

（3）浮点数函数指令

浮点数指数（EXP）指令（FNC 124）是以 e（2.71828）为底的指数运算指令，是将源操作数（S·）作为起始指定的软元件中的数求指数运算，将运算结果存放在目标操作数（D·）作为起始指定的软元件中，示例如图 2-44 所示。

浮点数常用对数（LOGE）指令（FNC 125）和浮点数自然对数指令 LOG10（FNC 126）是将源操作数（S·）作为起始指定的软元件中的数求常用对数和自然对数运算，将运算结果存放在目标操作数（D·）作为起始指定的软元件中，示例如图 2-44 所示。

浮点数开方（ESQR）指令（FNC 127）是将源操作数（S·）指定的浮点数开方，运算结果存放在目标操作数（D·）中。源操作数应为 0 或正数，若为负数则出错，运算错误标志 M8067 为 ON，不执行指令。若运算结果为 0，则零标志位 M8020 变为 ON。

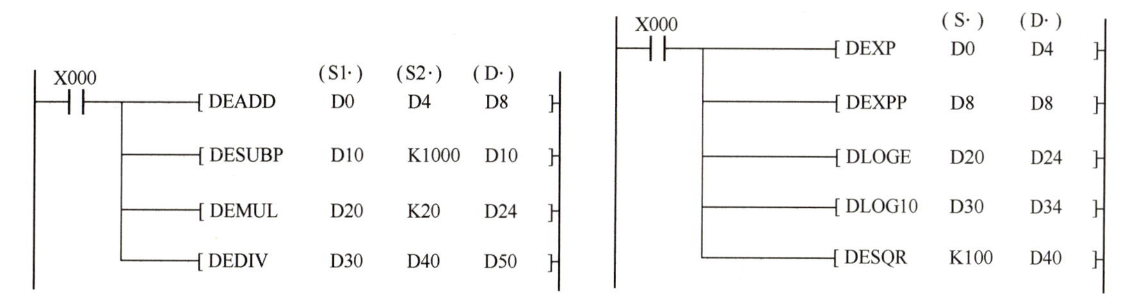

图 2-43　浮点数加、减、乘、除运算指令

图 2-44　指数指令、自然对数、常用对数和开方指令

【例 2-4】求 3 的 4 次方的值。

因为 3^4=EXP[4×LN(3.0)]=81.0，因此程序编写如图 2-45 所示。

从例 2-4 中可以看出，指数指令和对数指令配合使用，可以求任意正数的任意次方的值。

（4）浮点数三角函数和反三角函数指令

浮点数三角函数指令包括浮点数 SIN（正弦）、COS（余弦）和 TAN（正切）运算指令，功能指令编号分别为 FNC 130、FNC 131 和 FNC 132，它们均为 32 位指令，示例如图 2-46 所示。

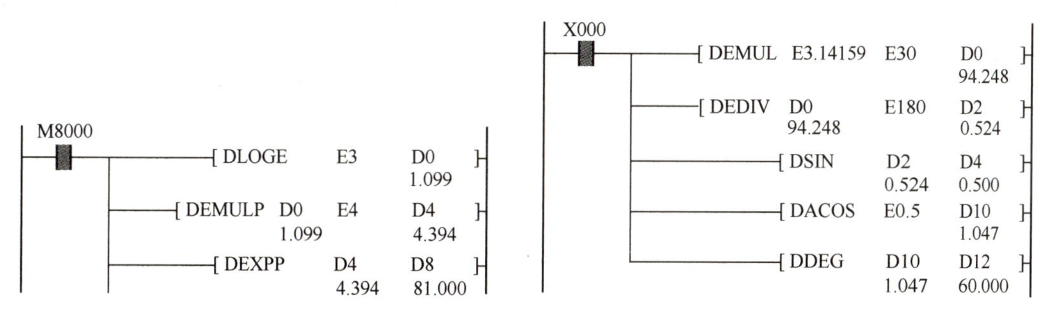

图 2-45　浮点数函数运算

图 2-46　浮点数三角函数和反三角函数运算

这些指令用来求出源操作数指定的浮点数的三角函数，角度单位为弧度，运算结果也是浮点数，并存放在目标操作数指定的单元。弧度值=π×角度值/180°。

ASIN（FNC 133）、ACOS（FNC 134）和 ATAN（FNC 135）分别是反正弦、反余弦和反正切运算指令。RAD（FNC 136）和 DEG（FNC 137）分别是浮点数角度→弧度、浮点数弧度→角度转换指令。

【例 2-5】求 sin30°的值和 arccos0.5 的度数值。

sin30°=0.5，arccos0.5=60°。根据要求编写的程序如图 2-46 所示，请读者自行分析所编写的程序。

2. 浮点数转换指令

（1）整数转浮点数（FLT）指令

FLT 指令（FNC 49）将存放在源操作数（S·）中的 16 位或 32 位整数（二进制整数）转换为浮点数（二进制浮点数），并将结果存放在目标操作数（D·）中，示例如图 2-47 所示。

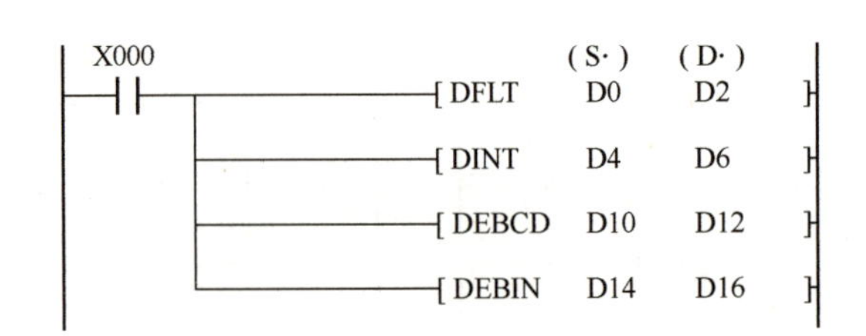

图 2-47　浮点数转换指令

(2) 浮点转整数（INT）指令

浮点转整数指令 INT（FNC 118）将存放在源操作数（S·）中的 32 位浮点数舍去小数部分后转换为整数（二进制整数），并将结果存放在目标操作数（D·）中，示例如图 2-47 所示。该指令是 FLT 指令的逆运算。

本书中没有特殊说明的浮点数均指二进制浮点数，整数均为二进制整数。

(3) 二进制浮点数转十进制浮点数（DEBCD）指令

DEBCD 指令（FNC 118）将存放在源操作数（S·）中二进制浮点数转换为十进制浮点数后，指数存放到目标操作数的高字（D·）+1 中，尾数存放到目标操作数（D·）的低字中，示例如图 2-47 所示。尾数绝对值在 1000~9999 之间，或等于 0。如源操作数为 3.4567×10^{-8}时，转换后高字中为-11，低字中为 3456。

(4) 十进制浮点数转二进制浮点数（DEBIN）指令

十进制浮点数转二进制浮点数指令 DEBIN（FNC 119）将源操作数（S·）指定的数据寄存器的十进制浮点数转换为二进制浮点数，并存放在目标操作数（D·）中，示例如图 2-47 所示。为了保证浮点数的精度，十进制浮点数的尾数绝对值应在 1000~9999 之间，或等于 0。

2.4.4　时钟运算指令

1. 时钟数据

FX 系列 PLC 中实时时钟（公历）的年的低 2 位、月、日、时、分和秒分别用 D8018~D8013 存储，D8019 存放星期值，如表 2-4 所示。

表 2-4　时钟指令使用的寄存器

软元件地址号	名　称	设 定 范 围
D8013	秒	0~59
D8014	分	0~59
D8015	时	0~23
D8016	日	0~31
D8017	月	0~12
D8018	年	0~99
D8019	星期	0~6（对应日~六）

实时钟指令使用下述的特殊辅助继电器。

- M8015（时钟停止及校时）：为 ON 时时钟停止，在它的下降沿写入时间后时钟动作。
- M8016（显示时间停止）：为 ON 时时钟数据被冻结，以便显示出来，时钟继续运行。
- M8017（±30 秒修正）：在它由 ON 变为 OFF 的下降沿时，如果当前为 0~29 s，变为 0 s，如果为 30~59 s，进位到 min，秒变为 0。
- M8018（安装检测）：为 ON 时表示 PLC 安装有实时时钟。
- M8019（设置错误）：设置的时钟数据超出了允许的范围。

2. 读出时钟数据（TRD）指令

TRD 指令（FNC 166）用来读出 FX 系列 PLC 内置的实时时钟的数据，并存放在目标操作数（D·）指定开始的 7 个字内，可以取 T、C 和 D 等，只有 16 位运算。如图 2-48 所示，每秒读出一次时间存放在 D0 开始的连续 7 位数据寄存器中。

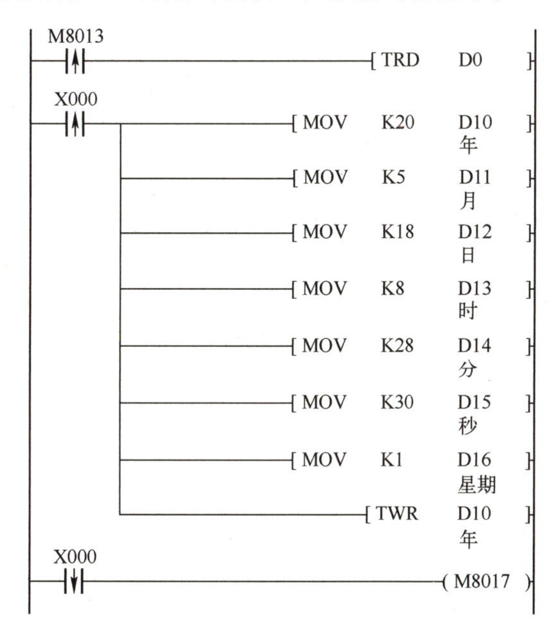

图 2-48 时钟数据读出和写入指令

3. 写入时钟数据（TWR）指令

TWR 指令（FNC 167）用来将时间设定值写入内置的实时时钟，写入的数据预先放在源操作数（S·）指定开始的连续 7 个单元内。源操作数（S·）可以取 T、C 和 D 等。执行该指令时，内置的实时时钟的时间立即变更，改为使用新的时间。图 2-48 中的 D10~D16 分别存放 2020 年 5 月 18 日 8 点 28 分 30 秒星期一的对应数据，当 X000 由 OFF 变 ON 时执行 TWR 指令，将该时间写入到实时钟；当 X000 由 ON 变 OFF 时进行秒修正。

4. 时钟数据比较（TCMP）指令

TCMP 指令（FNC 160）用来将指定时刻与时钟数据（S·）的大小。源操作数（S1·）、（S2·）和（S3·）分别用来存放指定时刻的时、分、秒，可以取任意数据类型的字软元件和常数。时钟数据（S·）可以取 T、C 和 D 等，目标操作数（D·）为 Y、M 和 S 等，占用 3 个连续的位软元件。时钟数据的时、分、秒钟分别用（S·）~（S·）+2 存放。比较结果用来控制（D·）~（D·）+2 的 ON/OFF。注意：图 2-49 中的 X000 变为 OFF 后，目标软元件 M0~M2 的 ON/OFF 状态保持不变。

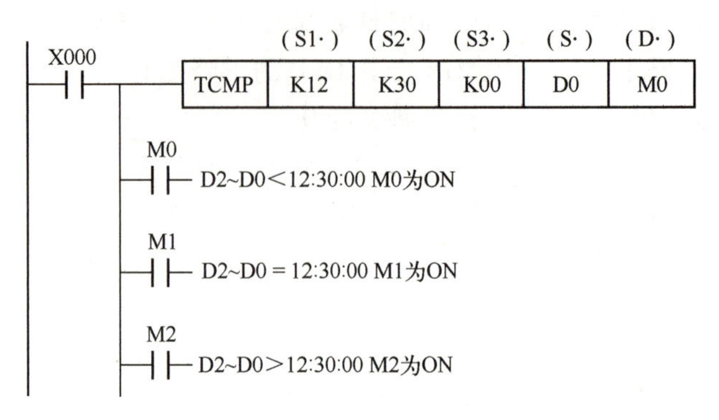

图 2-49　时钟数据比较指令

5. 时钟数据区间比较（TZCP）指令

TZCP 指令（FNC 161）用来将上下 2 点的比较基准时间（S2·）和（S1·）与时间数据（S·）进行大小比较，根据比较的结果控制指定位软元件的 ON/OFF，示例如图 2-50 所示。源操作数（S1·）、（S2·）和（S·）可以取 T、C 和 D 等，要求（S1·）≤（S2·），目标操作数（D·）为 Y、M 和 S 等，占用 3 个连续的位软元件，只有 16 位运算。下限时间（S1·）、上限时间（S2·）、时间数据（S·）分别占用 3 个数据寄存器，（S·）指定的数据分别用来存放读出的当前时间的时、分、秒的值。

当（S·）<（S1·）时，指定的目标位操作数（D·）为 ON；当（S1·）≤（S·）≤（S2·）时，指定的目标位操作数（D·）+1 为 ON；当（S2·）<（S·）时，指定的目标位操作数（D·）+2 为 ON。

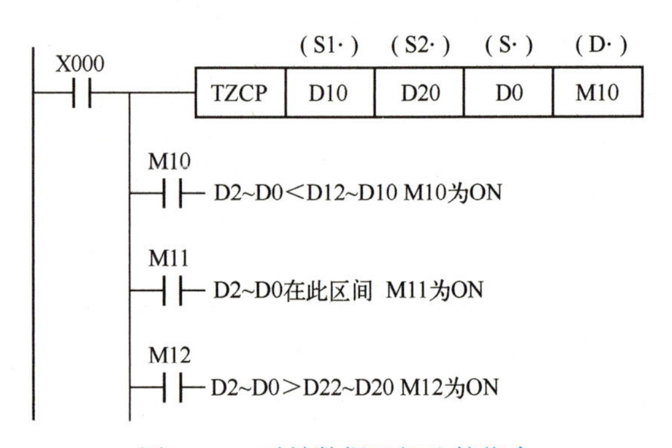

图 2-50　时钟数据区间比较指令

【例 2-6】某企业上下班有 4 个时刻响铃，上午 8:00，中午 11:30，下午 14:00、下午 17:30，每次响铃 30 s。用 TCMP 指令编制的响铃程序如图 2-51 所示；用 TZCP 指令编制的响铃程序如图 2-52 所示，其中 D3~D5 中存放的是实时时钟的时、分、秒；D13~D15 中存放的是上午上班时间 8:00，D16~D18 中存放的是上午下班时间 11:30，D23~D25 中存放的是下午上班时间 14:00，D26~D28 中存放的是下午下班时间 17:30。

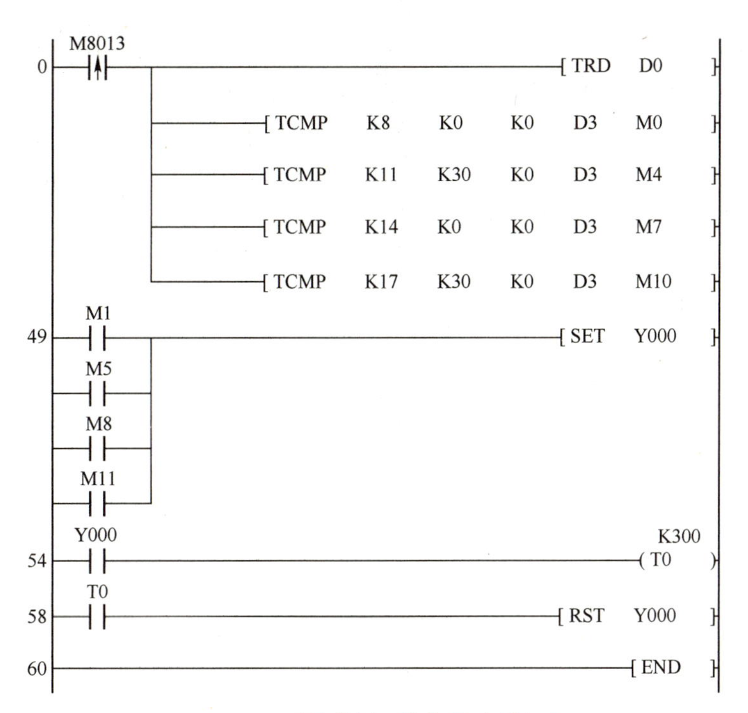

图 2-51　时钟数据比较指令示例程序

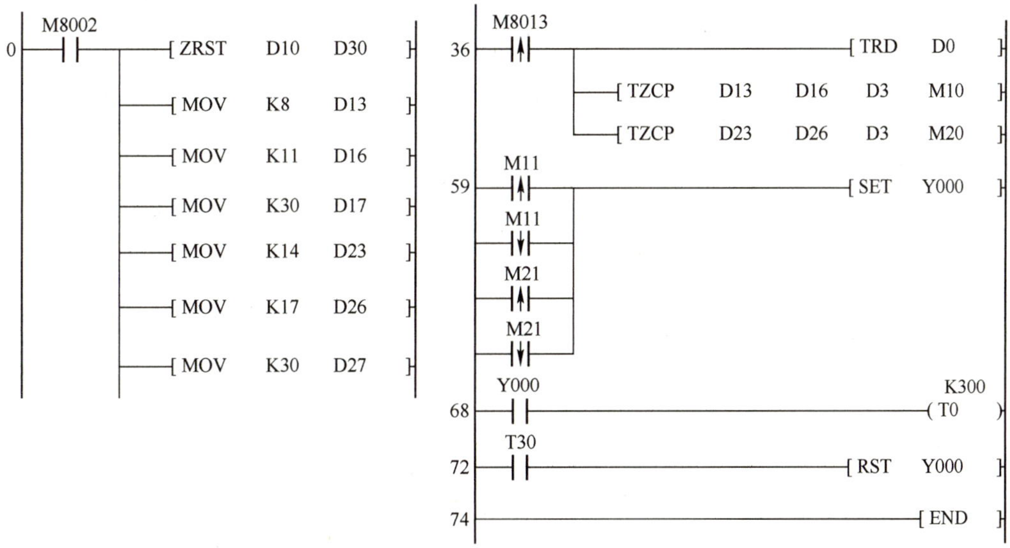

图 2-52　时钟数据区间比较指令示例程序

2.5　方便指令与外围设备指令

2.5.1　方便指令

1. 示教定时器（TTMR）指令

TTMR 指令（FNC 64），可以用一只按钮调节定时器的设定时间，目标操作数（D·）

为 D 和 R，n = 0~2。

图 2-53 中的示教定时器指令将按下示教按钮 X001 的时间（单位为 s）乘以系数 10^n后，作为定时器的设定值。按钮按下的时间由 D11［目标操作数（D·）+1］记录，该时间乘以 10^n后存入 D10［目标操作数（D·）］。若按下按钮的时间为 t，存入 D11 的值为 $10^n \times t$。X001 为 OFF 时，D11 被复位，D10 保持不变。

图 2-53 中示教按钮 X001 按下去的时间是 14.1 s，示教结束时保存 D10 中的 T0 的设定值为 141。T0 是 100 ms 定时器，其定时时间为 14.1 s。该定时器等于示教按钮按下的时间。

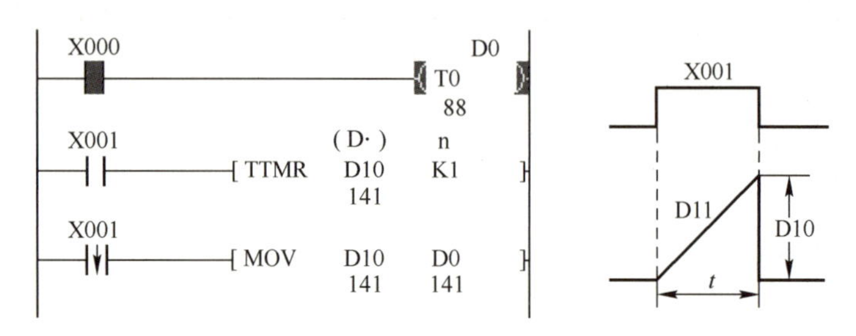

图 2-53　示教定时器指令

2. 特殊定时器（STMR）指令

STMR 指令（FNC 65）用来产生延时断开定时器、单脉冲定时器和闪烁定时器，只有 16 位运算。源操作数（S·）为 T0~T199（100 ms 定时器），目标操作数（D·）是 4 个输出的起始软元件号，可以取 Y、M 和 S。m 用来指定定时器的设定值（1~32767）。

图 2-54 中，T0 和 T1 的设定值均为 3 s（m = 30）。图 2-55 中 M0 是延时定时器，在输入信号 X000 接通时接通，在 X000 断开再延时所设定时间后断开；M1 是单脉冲定时器，在输入信号 X000 下降沿触发延时，延时所设定时间后断开；M2 和 M3 是为灯的闪烁设置的。M2 在输入信号 X000 上升沿时触发延时，延时时间为设定值，若输入信号 X000 接通时间小于设定值，则延时时间与输入信号接通时间相等；M3 在 M2 的下降沿触发接通，在 M1 的下降沿断开。

图 2-54 中 M7 的常闭触点接到 STMR 指令的输入电路中，使 M5 和 M6 产生闪烁输出（图 2-55）。令 X001 变为 OFF，M4、M5 和 M7 在设定的时间后变为 OFF，T1 被同时复位。

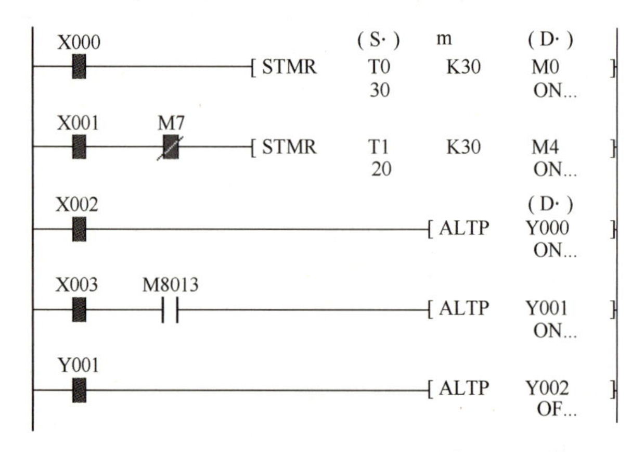

图 2-54　特殊定时器指令和交替输出指令

3. 交替输出（ALT）指令

ALT 指令（FNC 66）将目标操作数（D·）取反后输出，即每执行一次该指令，输出反转一次（见图 2-56）。若不采用脉冲执行方式，每个扫描周期输出的状态都要改变一次。图 2-56 中，X002 由 OFF 变为 ON 时，Y000 的状态就改变一次，即可以使用交替输出指令实现一个按钮控制外部负载的起动和停止。目标操作数可以用 Y、M、S 和 D□.b 等位软元件。

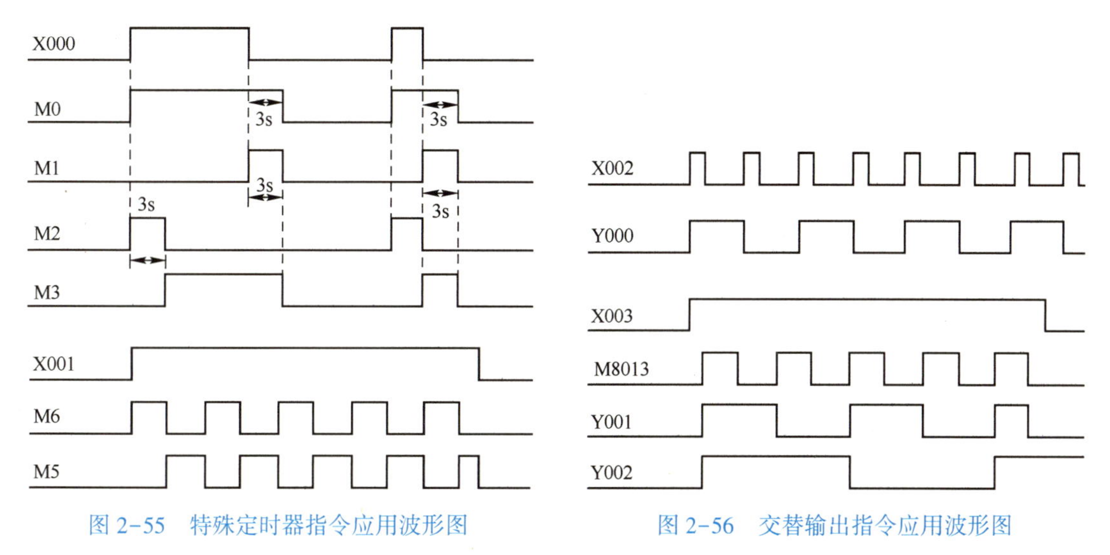

图 2-55　特殊定时器指令应用波形图　　图 2-56　交替输出指令应用波形图

使用交替输出指令可以实现分频功能，图 2-56 中，M8013 提供周期为 1 s 的时钟脉冲，X003 为 ON 时，ALTP（交替输出脉冲）指令通过 Y001 输出频率为 0.5 Hz 的脉冲信号，通过 Y002 输出频率为 0.25 Hz 的脉冲信号。

视频“ALT 指令”可通过扫描二维码 2-18 播放。

2.5.2　外围设备指令

二维码 2-18

1. 7 段码译码（SEGD）指令

7 段码译码指令 SEGD（FNC 73）将源操作数（S·）的低 4 位的 0~F（16 进制数）译码成 7 段显示用的数据，并保存在目标操作数（D·）的低 8 位中（见图 2-57），即软元件的输出开始的低 8 位被占用，高 8 位不变化。源操作数可以取 KnX、KnY、KnM、KnS、T、C、D、R、V、Z 和常数，目标操作数可以取 KnY、KnM、KnS、T、C、D、R、V 和 Z 等。7 段码译码指令 SEGD 只有 16 位指令。

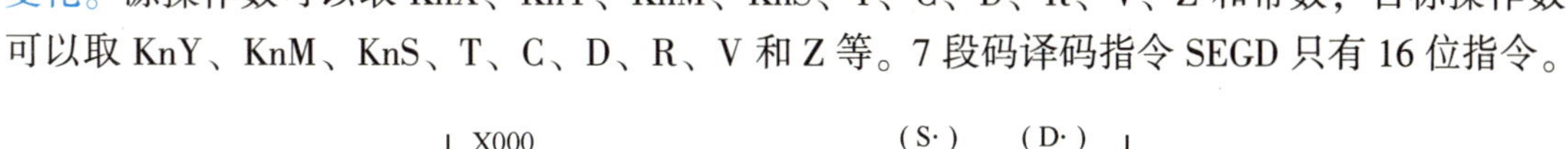

图 2-57　7 段码译码和时分显示指令

7 段码译码表如表 2-5 所示。

表 2-5　7 段码译码表

输入的数据（S·）		七段码组成	输出的数据（D·）								七段码显示
十六进制	二进制		h	g	f	e	d	c	b	a	
16#00	2#0000 0000		0	0	1	1	1	1	1	1	0
16#01	2#0000 0001		0	0	0	0	0	1	1	0	1
16#02	2#0000 0010		0	1	0	1	1	0	1	1	2
16#03	2#0000 0011		0	1	0	0	1	1	1	1	3
16#04	2#0000 0100		0	1	1	0	0	1	1	0	4
16#05	2#0000 0101		0	1	1	0	1	1	0	1	5
16#06	2#0000 0110	a b c d e f g	0	1	1	1	1	1	0	1	6
16#07	2#0000 0111		0	0	0	0	0	1	1	1	7
16#08	2#0000 1000		0	1	1	1	1	1	1	1	8
16#09	2#0000 1001		0	1	1	0	0	1	1	1	9
16#0A	2#0000 1010		0	1	1	1	0	1	1	1	A
16#0B	2#0000 1011		0	1	1	1	1	1	0	0	b
16#0C	2#0000 1100		0	0	1	1	1	0	0	1	C
16#0D	2#0000 1101		0	1	0	1	1	1	1	0	d
16#0E	2#0000 1110		0	1	1	1	1	0	0	1	E
16#0F	2#0000 1111		0	1	1	1	0	0	0	1	F

2. 7 段码时分显示（SEGL）指令

SEGL 指令（FNC 74），是控制 1 组或 2 组 4 位数带锁存的 7 段数码管显示的指令（图 2-57），将源操作数（S·）中的数值转换成 BCD 数据，采用时分方式，依次将每一位数输出到带 BCD 译码的 7 段数码管中。源操作数可以取 KnX、KnY、KnM、KnS、T、C、D、R、V、Z 和常数，目标操作数只能取 Y。

16 位运算指令 SEGL 是将源操作数（S·）中的 4 位数值从 BIN 转换为 BCD 后，采用时分方式，依次将每 1 位数输出到带 BCD 译码的 7 段数码管中。

（1）使用 4 位数 1 组时，$n = 0\sim3$。

1）数据和选通信号。

将源操作数（S·）中的 4 位数值从 BIN 转换为 BCD 后，采用时分方式，从目标操作数（D·）~（D·）+3 依次对每一位数进行输出。此外，选通信号输出（D·）+4~（D·）+7 也依次以时分方式输出，锁定为 4 位数第 1 组的 7 段码显示。

2）源操作数（S·）为 0~9999 范围的 BIN 数据时有效。

图 2-58 中，是以 FX_{3U}系列的基本单元（晶体管漏型输出）为例，1 组四位一体数码管接线图。目标操作数以 Y0 为起始地址。

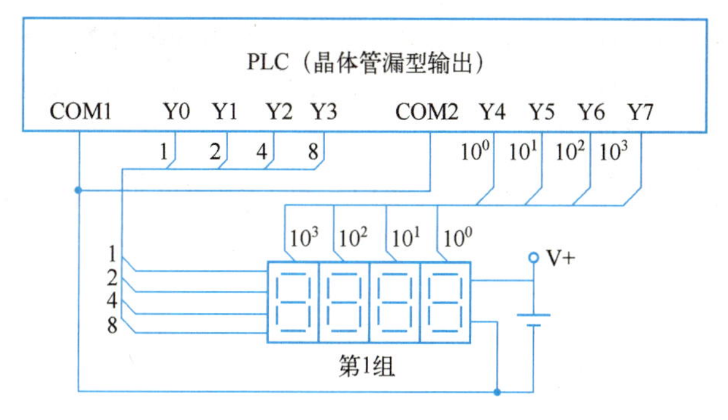

图 2-58　1 组四位一体数码管接线图

（2）使用 4 位数 2 组时，n = 4~7。

1）数据和选通信号。

4 位数第 1 组将从源操作数（S·）中的 4 位数值从 BIN 转换为 BCD 后，采用时分方式，从目标操作数（D·）~（D·）+3 依次对每一位数进行输出。选通信号输出（D·）+4~（D·）+7 也依次以时分方式输出，锁定为 4 位数第 1 组的 7 段码显示。

4 位数第 2 组将从源操作数（S·）+1 中的 4 位数值从 BIN 转换为 BCD 后，采用时分方式，从目标操作数（D·）+10~（D·）+13 依次对每一位数进行输出。选通信号输出（D·）+4~（D·）+7 也依次以时分方式输出，锁定为 4 位数第 2 组的 7 段码显示。选通信号的输出（D·）+4~（D·）+7 对各组都通用。

2）源操作数（S·）和（S·）+1 为 0~9999 范围的 BIN 数据时有效。

图 2-59 中，是使用 FX_{3U} 系列的基本单元（晶体管漏型输出）的 2 组四位一体数码管接线图。目标操作数以 Y0 为起始地址。

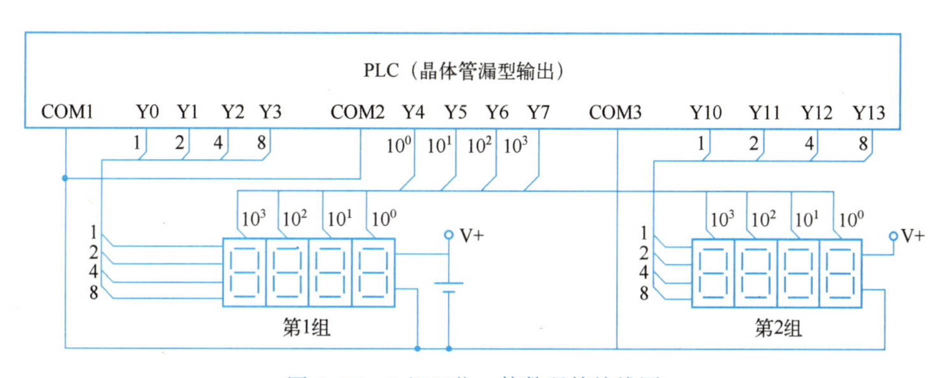

图 2-59　2 组四位一体数码管接线图

注意要点：

1）更新 7 段码 4 位数的显示所需要的时间为扫描时间的 12 倍。

2）指令输入为 OFF 时的动作。当指令输入为 ON 时，重复执行动作，但是如果在某一动作过程中，主触点变为 OFF，则动作中断，再次为 ON 时从最初动作开始。

3）软元件的占用点数。使用 4 位数 1 组时，占用源操作数（S·）中指定的起始软元件开始的 1 点，占用目标操作数（D·）中指定的起始软元件开始的 8 点，即使位数少时，占用的点也不能用于其他用途；使用4位数2组时，占用源操作数（S·）中指定的起始软元件开始的2点，占用目标操作数（D·）中指定的起始软元件开始的12点，即使位数少时，占用的点也不能用于其他用途。

4）扫描时间和显示时序。SEGL指令与PLC的扫描时间同步执行；为了执行一连串的显示，PLC的扫描时间要超出10 ms；不满10 ms时，请使用恒定扫描模式，在10 ms以上的扫描时间下运行。

5）PLC的输出形式。因为轮流刷新显示的需要，只有晶体管输出型PLC能满足此刷新频率的要求，所以要用晶体管输出型的PLC。

2.5.3 实训9 9s倒计时的PLC控制——四则运算及外围设备指令

【实训目的】

- 掌握四则运算指令；
- 掌握逻辑运算指令；
- 掌握多位数据数码管显示的方法。

【实训任务】

用PLC实现9 s倒计时控制，要求按下起动按钮后，数码管显示9，然后按每秒递减，减到0时停止。无论何时按下停止按钮，数码管显示当前数值，再次按下开始按钮，数码管依然从数字9开始递减。

【实训步骤】

1. I/O分配

根据项目分析可知，对输入量、输出量进行分配如表2-6所示。

表2-6 9 s倒计时控制I/O分配表

输　入		输　出	
输入继电器	元　件	输出继电器	元　件
X000	起动按钮SB1	Y000～Y007	数码管
X001	停止按钮SB2		

2. I/O接线图

根据控制要求及表2-6的I/O分配表，9 s倒计时控制I/O接线图可绘制如图2-60所示。

3. 创建工程项目

创建一个工程项目，并命名为九秒倒计时控制。

4. 编写程序

根据要求，并使用四则运算指令编写的梯形图如图2-61所示。

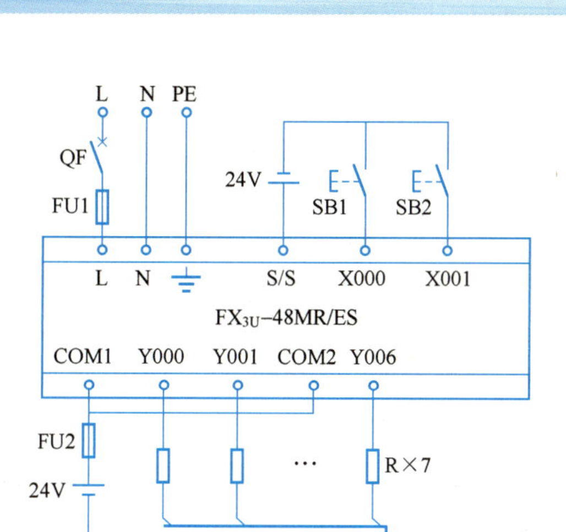

图 2-60　9 s 倒计时控制 I/O 接线图

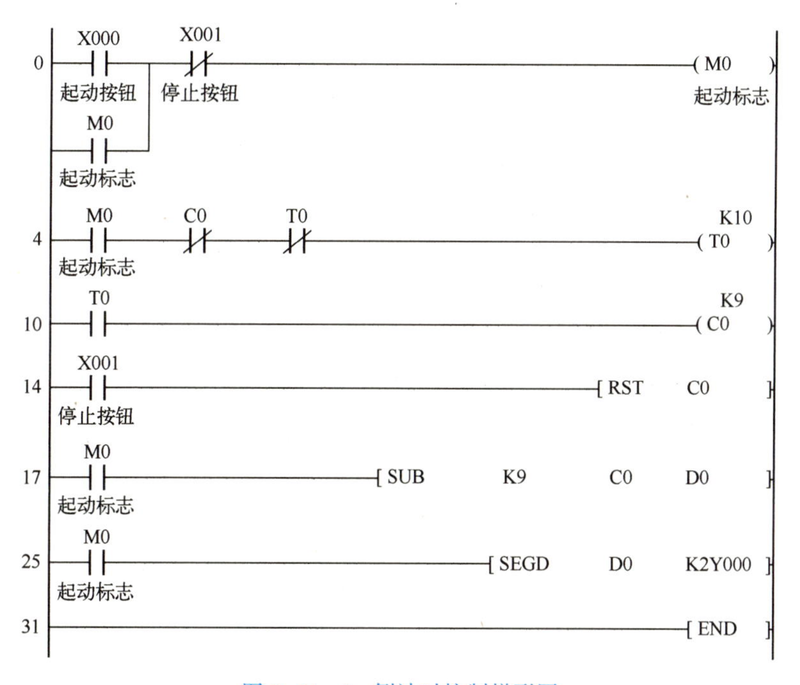

图 2-61　9 s 倒计时控制梯形图

5. 调试程序

将程序下载到仿真软件中，启用程序监控功能。模拟按下起动按钮，观察数码管是否从 9 开始进行倒计时，并且到 0 后保持数值不变？按下停止按钮后，再次起动按钮，在倒计时过程中按下停止按钮，观察数码管上的数值是否保持为当前值？如果调试现象与控制要求一致，则说明程序编写正确。程序正确后再下载到 PLC 中，再调试 PLC 的外围连接线路，如果数码管显示与控制要求相符，则说明线路连接正确。

【实训交流】

1. 两位数据的显示

如果不采用 SEGL 指令，如何进行两位或多位数据的显示，如何编写程序呢？例如 D0 中存放的数是 60，然后进行秒级递减，现将其数据通过 PLC 的 K4Y000 输出端在两位数码管上加以显示。

其实很简单，只要将显示的数据进行分离即可，如将寄存器 D0 中两位数进行分离，只需将 D0 中数除以 10 即可，即分离出“十”位和“个”位，然后将“十”位和“个”位分别通过 K2Y0000 和 K2Y010 加以显示即可。具体程序如图 2-62 所示。如果不使用 SEGL 指令，占用的 Y 输出端口比较多。

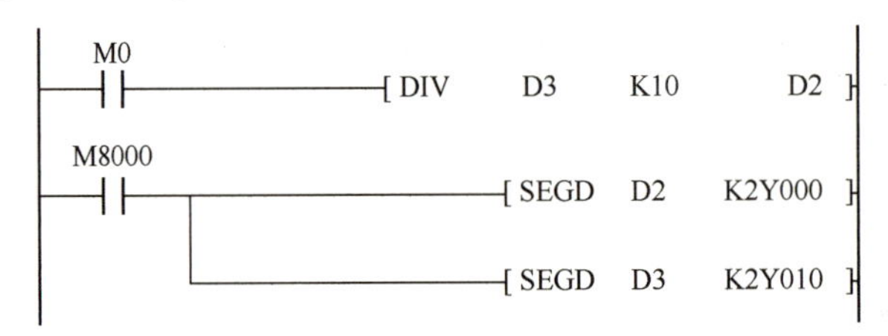

图 2-62　两位数的数码管显示控制程序

2. 多个数码管的使用

在进行多个数码管显示时，建议使用 SEGL 指令。不使用 SEGL 指令情况下，还可通过使用 CD4513 芯片进行驱动显示。

如果需要将 N 位数通过数码管显示，则先除以 10^{N-1} 分离最高位（商），再次用余数除以 10^{N-2} 分离出次高位（商），如此往下分离，直到除以 10 后分离出个位为止。这时如果仍用数码管显示必然要占用很多输出点。一方面可以通过扩展 PLC 的输出，另一方面可采用 CD4513 芯片。通过扩展 PLC 的输出会增加系统硬件成本，还会增加系统的故障率，用 CD4513 芯片则为首选。

CD4513 驱动多个数码管电路如图 2-63 所示。

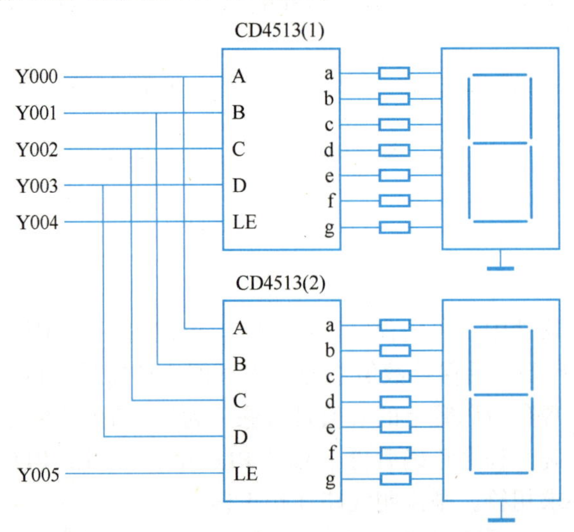

图 2-63　用 CD4513 减少输出点的电路图

数个 CD4513 的数据输入端 A~D 共用 PLC 的 4 个输出端，其中 A 为最低位，D 为最高位，LE 为高电平时，显示的数不受数据输入信号的影响。显然，N 个显示器占用的输出点可降到 $4+N$ 点。

如果使用继电器输出模块，最好在与 CD4513 相连的 PLC 各输出端与“地”之间分别接上一个几千欧的电阻，以避免在输出继电器模块的输出触点断开时 CD4513 的输入端悬空。输出继电器的状态变化时，其触点可能会抖动，因此应先送出数据输出信号，待信号稳定后，再用 LE 信号的上升沿将数据锁存在 CD4513 中。

【实训拓展】

训练 1　用减 1 运算指令实现本项目的控制要求。

训练 2　在本项目控制要求基础上增加暂停功能，即在倒计时过程中若按下“暂停”按钮，数码管上显示数值保持当前值，再次按下“暂停”按钮后数值从当前值再进行秒递减。

2.6　程序流程控制指令

2.6.1　跳转指令

跳转使 PLC 的程序灵活性和智能性大大提高，可以使主机根据对不同条件的判断，选择不同的程序段执行。

指针 P（Pointer）用于跳转和子程序指令。指针的编号称为标记，如 P10。在梯形图中标记放在左侧垂直母线的左边。FX_{3U} 系列 PLC 可以使用的指针 P 的点数为 4096（0~4095）点。

跳转（CJ）指令（FNC 00）用于跳转顺序程序中的某一部分，以控制程序的流程，使用跳转指令可以缩短扫描周期，而且整个程序中可以使用双线圈，但得保证同一个扫描周期内执行的程序中不得出现双线圈。

图 2-64 中，当 X000 为 ON 时，跳转条件满足。执行 CJ 指令后，跳转到标记 P0，不执行被跳过的那部分程序。如果 X000 为 OFF 时，跳转条件不满足，不会跳转，执行完 CJ 指令后，顺序执行 CJ 指令下面的指令。

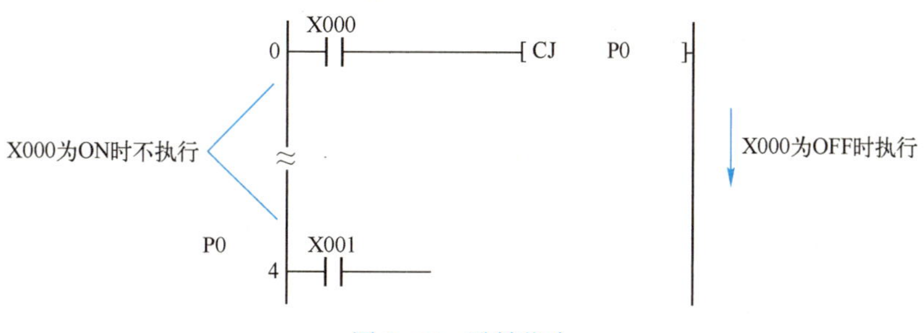

图 2-64　跳转指令

如果使用特殊辅助继电器 M8000 的常开触点驱动 CJ 指令，相当于无条件跳转，因为运行时 M8000 总为 ON。

标记可以放置在对应的跳转指令之前（即往回跳），但是如果反复跳转的时间超过看门狗定时器的设定时间（默认值为 200 ms），会引起看门狗定时器出错，PLC 进入 STOP 状态。

多条跳转指令可以跳到同一个标记处。一个标记只能出现一次，如果出现两次及以上，则会出错。CALL 指令（子程序调用）和 CJ 指令不能共用同一个标记。子程序之间不能相互跳转。

跳转的标记也可以放在主程序结束指令 FEND 之后，但跳转后指令的程序段必须以 FEND 指令结束，FEND 指令可以使用多次。

【例 2-7】设某烘干箱温度检测值存放在 D0 中，如果温度低于 60℃ 则黄灯秒级闪烁，如在 60℃～80℃ 之间则绿灯亮，如果高于 80℃ 则红灯秒级闪烁。按此要求编写的程序如图 2-65 所示。

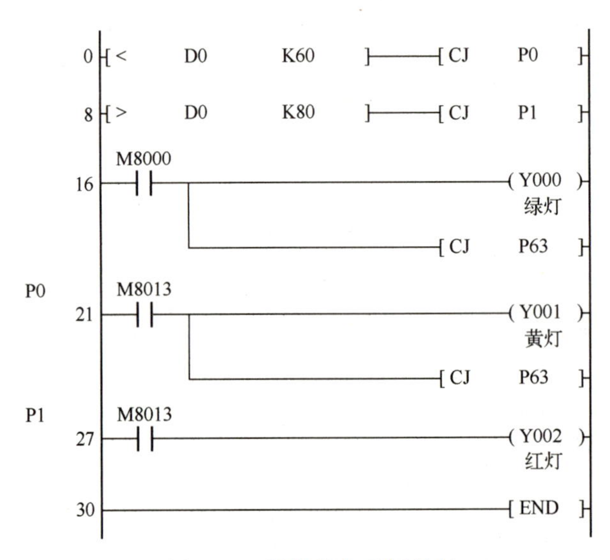

图 2-65　跳转指令示例程序

为了生成图 2-65 中的标记 P0 和 P1，双击步序号 21 和 27 所在行左侧垂直母线的左边，在出现的“梯形图输入”对话框中输入 P0 和 P1，单击“确定”按钮，生成相应的标记。

如果需要跳转到 END 指令所在的步序号，应使用指针 P63。注意：在程序中不需要设置标记 P63，若设置反而会出错。

跳转指令对软元件的影响有以下几个方面：

（1）位软元件

如果位软元件在当前扫描周期内为 ON，下一扫描周期时使用跳转指令跳过该位软元件所在的程序区，无论该位软元件的驱动条件是否接通，该位软元件仍保持跳转前的最后一个扫描周期状态不变，即仍为 ON 状态，因为跳转时根本就没有执行该位软元件所在的程序区。

（2）普通定时器（除 T192～T199 外的定时器）

如果定时器在当前扫描周期内接通定时，下一扫描周期时使用跳转指令跳过定时器所在的程序区，无论该定时器的驱动条件是否接通，该定时器仍保持当前值不变。如果停止跳转而执行定时器所在的程序时，若定时器的驱动条件接通，定时器在当前值的基础上继续定时。在发生跳转时可以在跳转区外使用复位指令使其复位。

(3) 计数器

如果计数器在当前扫描周期内对某信号进行计数，下一扫描周期时使用跳转指令跳过计数器所在的程序区，无论该计数器有无脉冲信号输入，该计数器仍保持当前值不变。如果停止跳转而执行计数器所在程序时，若有计数脉冲输入，计数器在当前值的基础上继续计数。在发生跳转时可以在跳转区外使用指令使其复位。

(4) 专用定时器 T192~T199

普通的定时器只是在执行线圈指令时进行定时，因此将它们用于跳转区、子程序或中断程序内时，不能进行正常的定时。

在跳转区、子程序和中断程序内，应使用子程序和中断程序专用的 100 ms 定时器 T192~T199，它们被启动定时后，在执行它们的线圈指令或执行 END 指令时进行定时，是否发生跳转，其定时不受影响（只要触发条件满足）。T192~T199 的功能不能仿真。

(5) 功能指令

绝大部分功能指令在发生跳转时不执行动作，但是跳转期间继续执行高速处理指令 FNC 52~58。如果脉冲输出指令 PLSY（FNC 57）和脉冲宽度调制指令 PWM（FNC 58）在刚开始执行时若被 CJ 指令跳过，则跳转期间将继续工作。

(6) 主控指令

如果从主控（MC）区的外部跳入其内部，不管它的主控触点是否接通，都把它当成接通来执行主控区的程序。如果跳转指令和它的标记都在同一个主控区内，主控触点没有接通时不执行跳转。

2.6.2 子程序指令

在编写复杂的 PLC 程序时，如果把所有的程序都写在主程序中，主程序会显得非常复杂，既难调试，又难阅读。可以把控制功能划分为几个符合工艺控制规律的子功能块，每个子功能块由一个或多个子程序组成。子程序的使用使程序结构简单清晰，易于调试、查错和维护。

在程序设计时，经常需要多次反复执行同一段程序，为了简化程序结构、减少程序编写工作量，在程序结构设计时常将需要反复执行的程序编写为一个子程序，以便调用程序多次反复调用。

每个扫描周期都要执行一次主程序。子程序的调用是有条件的，未调用它时不会执行子程序中的指令，因此使用子程序可以减少扫描时间。

1. 子程序指令

子程序调用（CALL）指令（FNC 01）的指针点数为 4095（P0~P4095，不包括 P63），子程序返回（SRET）指令（FNC 02）无操作数。

子程序和中断程序放在主程序结束（FEND）指令（FNC 06）之后，如果有多条 FEND 指令，子程序和中断程序应放在最后的 FEND 和 END 指令之间。CALL 指令调用的子程序必须用子程序返回指令结束。

主程序结束指令无操作数，表示主程序结束。执行到 FEND 指令时 PLC 进行输入/输出处理，看门狗定时器刷新，完成后返回第 0 步。主程序从第 0 步开始到 FEND 指令的程序，子程序是从 CALL 指令指定的标记 Pn 到 SRET 指令的程序。

如果 FEND 指令出现在 FOR-NEXT 循环中，则程序出错。

2. 子程序的调用

在子程序建立后，可以通过子程序调用指令反复调用子程序。如图 2-66 所示，当 X001 变为 ON 时，“CALL　P0” 指令使程序跳到标记 P0 所在的第 11 步，P0 开始的子程序被执行，执行完第 14 步的 SRET 指令后返回到 “CALL　P0” 指令下面的第 8 步的指令。子程序放在主程序结束指令之后。

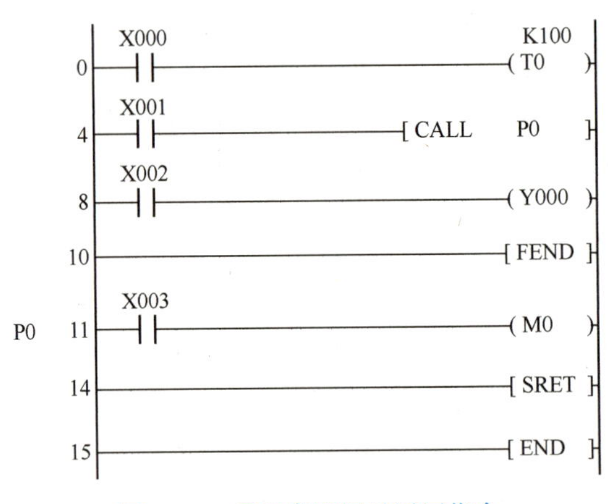

图 2-66　子程序调用及返回指令

同一个标记只能出现一次，同一个标记开始的子程序可以被不同的 CALL 指令多次调用。CALL 指令使用的标记不能与 CJ 指令相同。

在出现多个子程序的程序中，每一个子程序都以标记开始，以子程序返回 SRET 指令结束。

子程序可以多级嵌套调用，即子程序也可以调用其他子程序。嵌套调用的层数是有限制的，最多嵌套 5 层。

3. 子程序调用指令对软元件的影响

(1) 位软元件

停止调用子程序后，不再执行子程序中的指令，子程序中线圈对应的位软元件保持子程序被执行的最后一个扫描周期结束时的状态不变。可以在停止调用子程序时对其相应的位软元件复位。

(2) 定时器和计数器

未调用子程序时，子程序中的定时器或计数器不能动作。在调用子程序时，若定时器或计数器开始动作，在停止调用子程序时，子程序中的定时器或计数器的当前值保持不变，重新调用时，定时器和计数器在保持当前值的基础上继续定时或计数。

在子程序中应使用子程序和中断程序专用的 100 ms 定时器 T192～T199。在子程序中 T192～T199 正在定时的时候停止调用子程序，T192～T199 仍会继续定时，定时时间到时，其定时器的触点会动作。在调用子程序时如果 T192～T199 的线圈断电，它被复位，当前值变为 0。

在子程序和中断程序中，如果使用了 1 ms 累计型定时器，当它到达设定值之后，在最初执行的线圈指令处输出触点会动作。

(3) 功能指令

在停止调用子程序时，功能指令中目标操作数的内容保持为子程序被执行的最后一个扫描周期结束时的状态不变。可以在停止调用子程序时对其目标操作数中的内容进行改写。

(4) 双线圈

同一个位软元件的线圈可以出现在多个子程序中，前提是每个扫描周期内所执行的子程序中不会出现双线圈，即双线圈输出是有前提条件的。

2.6.3 中断指令

中断在计算机技术中应用较为广泛。中断功能是用中断程序及时地处理中断事件，中断事件与用户程序的执行时序无关，有的中断事件不能事先预测何时发生。中断程序不是由用户程序调用，而在中断事件发生时由操作系统调用。中断程序是用户编写的。中断程序应该优化，在执行完某项特定任务后应返回被中断的程序。应使中断程序尽量短小，以减少中断程序的执行时间，减少对其他处理的延迟，否则可能引起主程序控制的设备操作异常。设计中断程序时应遵循“越短越好”的原则。

FX 系列 PLC 的中断事件包括输入中断、定时器中断和高速计数器中断。中断事件出现时，在当前指令执行完成后，当前正在执行的程序被停止执行（被中断），操作系统将会立即调用一个用户编写的分配给该事件的中断程序。中断程序被执行完后，被暂停执行的程序将从被打断的地方开始继续执行。这一过程不受 PLC 扫描工作方式的影响，因此使 PLC 能迅速地响应中断事件。在中断程序中应使用子程序和中断程序专用的 100 ms 定时器 T192~T199。

1. 中断指令

中断返回（IRET）指令（FNC 03）、中断允许（EI）指令（FNC 04）和中断禁止（DI）指令（FNC 05）均无操作数，分别占用一个程序步长。

中断允许指令允许处理中断事件。中断禁止指令禁止处理所有的中断事件，允许中断排队等候，但是不允许执行中断程序，直到中断允许指令重新启用而再次允许中断。中断返回指令用来表示中断程序的结束。

PLC 通常处于禁止中断的状态，指令 EI 和 DI 之间的程序段为允许中断的区间（见图 2-67），CPU 停止执行当前的程序，转去执行相应的中断程序，执行到中断程序中的 IRET 指令时，返回原断点，继续执行原来的程序。

中断程序从它对应的唯一的中断指针开始，到第一条 IRET 指令结束。中断程序应放在主程序结束指令 FEND 之后。

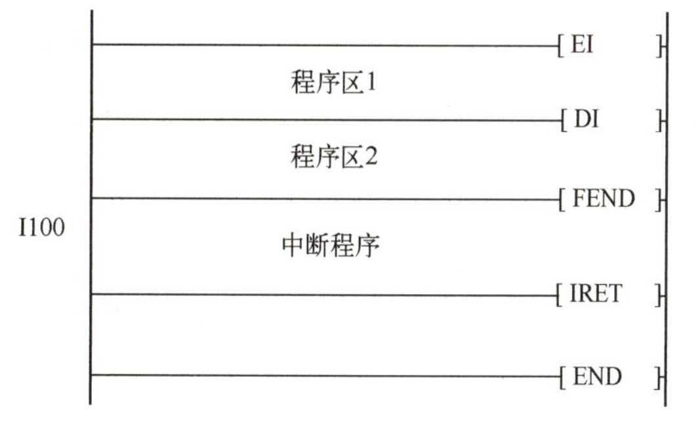

图 2-67　中断程序示意图

2. 中断指针

中断指针（图 2-68）用来指明某一中断事件的中断程序入口，执行到中断返回指令 IRET 时，返回到出现中断事件标记处正在执行的程序。

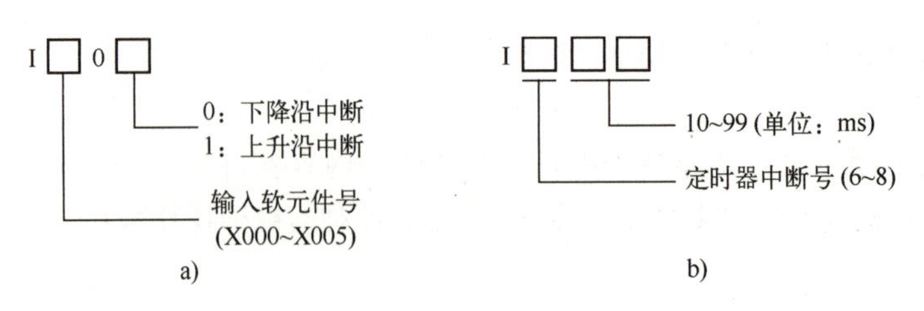

图 2-68　中断指针
a）输入中断　b）定时器中断

（1）输入中断

输入中断用于快速响应 X000～X005 的输入信号，对应的输入中断指针为 I□0□（图 2-68a），最高位“□”是产生中断的输入继电器的软元件号（0～5），最低位“□”为 0 或 1，分别表示下降沿中断和上升沿中断。例如中断指针 I201 开始的中断程序在输入信号 X002 的上升沿执行。同一个输入中断源只能使用上升沿或下降沿中断，例如不能同时使用中断指针 I100 和 I101。用于中断的输入点不能同时用作高速计数器和脉冲密度等功能指令的输入点。

（2）定时器中断

如图 2-68 所示，定时器中断的中断指针分别为 I6□□、I7□□和 I8□□，低两位“□□”是以 ms 为单位的中断周期（10 ms～99 ms）。I6、I7、I8 开始的定时器中断指针分别只能使用一次。定时器中断使 PLC 以指定的中断循环时间周期性地执行中断程序，循环处理某些指定的任务，处理时间不受 PLC 扫描时间的影响。

如果中断程序的处理时间比较长，或者主程序中使用了处理较长的指令，且定时器中断的设定值小于 9 ms，可能不能按正确的周期处理定时器中断，所以建议中断周期不小于 10 ms。

（3）计数器中断

FX_{3U} 系列 PLC 有 6 点计数器中断，中断指针编号为 I0□0，“□”为 1～6。计数器中断与高速计数器比较置位指令 HSCS 配合使用。根据高速计数器的计数当前值与计数设定值的关系来确定是否执行相应的中断服务程序。

3. 禁止部分中断源

当某一个中断源被禁止时，即使编写了相应的中断程序，在中断事件出现时也不会执行对应的中断程序。如果使用禁止中断（DI）指令，则程序中所有中断源都被禁止。使用相应的特殊辅助继电器可以禁止相应的中断源，特殊辅助继电器 M8050～M8055 为 ON 时，分别禁止处理 X000～X005 产生的中断；M8056～M8058 为 ON 时，分别禁止处理中断指针为 I6□□、I7□□和 I8□□的定时器中断；M8059 为 ON 时，禁止处理所有的计数器中断。

PLC 上电时，M8050～M8059 均为 OFF 状态，没有中断源被禁止。执行中断允许指令后，CPU 将处理编写的中断程序的中断事件。

【例 2-8】I/O 中断：在 X001 的上升沿通过中断使 Y000 立即置位，在 X002 的下降沿通过中断使 Y000 立即复位。根据要求编写的程序如图 2-69 所示。

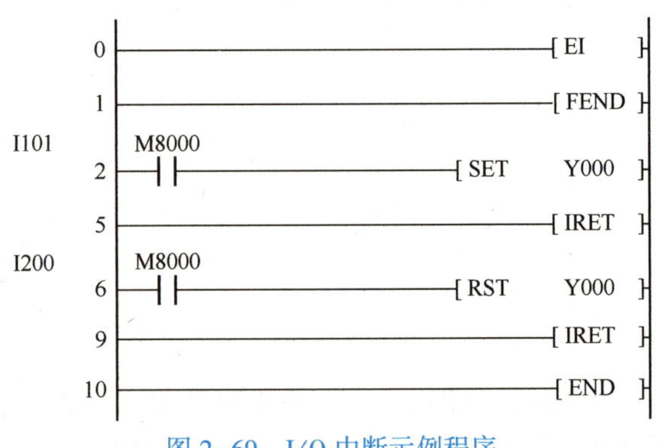

图 2-69　I/O 中断示例程序

【例 2-9】定时器中断：用定时器中断实现周期为 2 s 的定时，使接在 Y000 上的指示灯闪烁。根据要求编写的程序如图 2-70 所示，每隔 50 ms 中断一次，中断 40 次时对输出 Y000 求反。

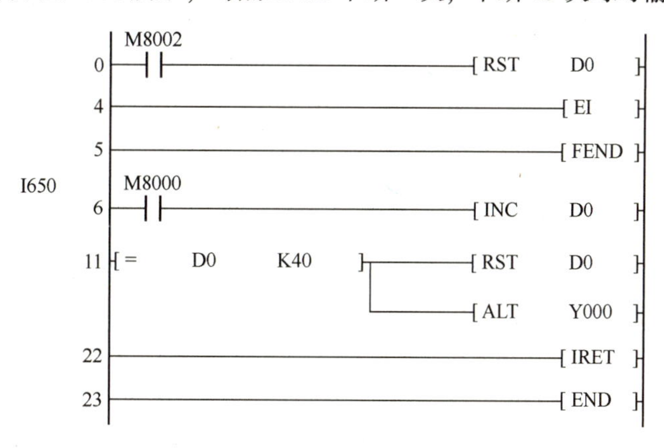

图 2-70　定时器中断示例程序

2.6.4　循环及看门狗指令

1. 循环指令

循环开始（FOR）指令（FNC 08）用来表示循环范围程序段的开始，它的源操作数（S·）（循环次数），为 1～32767（若在-32768～0 范围内时源操作数作为 1 处理）。源操作数可以取 KnY、KnM、KnS、T、C、D、V、Z 和常数。

循环结束（NEXT）指令（FNC 09）用来表示循环范围程序段的结束，无操作数。

FOR 和 NEXT 是不需要驱动触点的独立指令。

FOR 和 NEXT 之间的程序被反复执行，执行次数由 FOR 指令的源操作数设定，执行完后，执行 NEXT 后面的指令。

循环指令可以嵌套使用（FOR 和 NEXT 必须成对使用），最多可以嵌套 5 层。如果 FOR 和 NEXT 没有成对使用会出错。循环程序是在一个扫描周期中完成的，如果执行 FOR-NEXT 循环程序的时间太长超过看门狗定时器的设定时间，将会出错。

【例 2-10】求 1～100 之间所有自然数的和。根据要求编写的程序如图 2-71 所示。

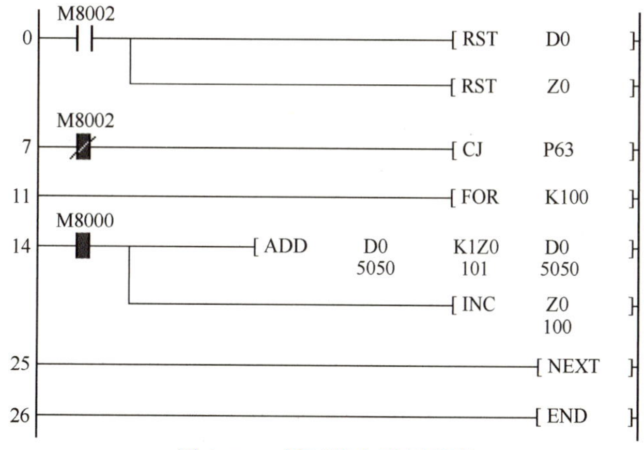

图 2-71　循环指令示例程序

为了能看清执行循环指令后的结果，在程序中加入了7~10步，否则FOR与NEXT之间程序循环执行，无法看清执行最终结果D0中的数值。只有加入7~10步才能看出FOX与NEXT之间的程序是在一个扫描周期内完成的。

2. 看门狗定时器复位指令

看门狗定时器（WDT）指令（FNC 07）用于复位看门狗定时器。

看门狗定时器又称看门狗（Watchdog），或称监控定时器。FX3系列PLC中它的定时时间默认值为200 ms，每次扫描它都被自动复位，然后又开始定时。正常工作时扫描周期小于200 ms，它不起作用。如果扫描周期超过200 ms，CPU会自动切换到STOP模式，基本单元上的ERROR（CPU错误）发光二极管点亮。

如果FOR-NEXT循环程序的执行时间太长，可能超过看门狗定时器的定时时间，可以将WDT指令插入到循环程序中。

条件跳转指令CJ若在它对应的标记之后（即程序往回跳），使它们之间的程序被反复执行，可能使看门狗定时器动作。可以在CJ指令和对应的标记之间插入WDT指令，WDT指令不能直接与左侧垂直母线相连，需要触点或电路块驱动。

如果PLC的特殊I/O模块的个数较多，PLC进入RUN模式时对这些模块的缓冲存储器初始化的时间较长，可能导致看门狗定时器动作。另外如果执行大量的读/写特殊I/O模块的FROM/TO指令、或向多个缓冲存储器传送数据、或高速计数器较多，也会导致看门狗定时器动作。

在上述情况下，可以使用脉冲M8002的常开触点和MOV指令，修改特殊辅助继电器D8000中以ms为单位的看门狗定时器的设定时间。

2.6.5 实训10 闪光频率的PLC控制——跳转及子程序指令

【实训目的】

- 掌握跳转指令。
- 掌握子程序指令。
- 掌握分频电路的应用。

【实训任务】

用PLC实现闪光灯闪光频率的控制，根据要求选择按钮，闪光灯以相应频率闪烁。若按下慢闪按钮，闪光灯以4 s周期闪烁；若按下中闪按钮，闪光灯以2 s周期闪烁；若按下快闪按钮，闪光灯以1s周期闪烁。无论何时按下停止按钮，闪光灯熄灭。

【实训步骤】

1. I/O分配

根据项目分析可知，对输入量、输出量进行分配如表2-7所示。

表 2-7　闪光灯闪光频率控制 I/O 分配表

输　　入		输　　出	
输入继电器	元　　件	输出继电器	元　　件
X000	慢闪按钮 SB1	Y000	闪光灯 HL
X001	中闪按钮 SB2		
X002	快闪按钮 SB3		
X003	停止按钮 SB4		

2. I/O 接线图

根据控制要求及表 2-7 的 I/O 分配表，闪光灯闪光频率控制 I/O 接线图可绘制如图 2-72 所示。

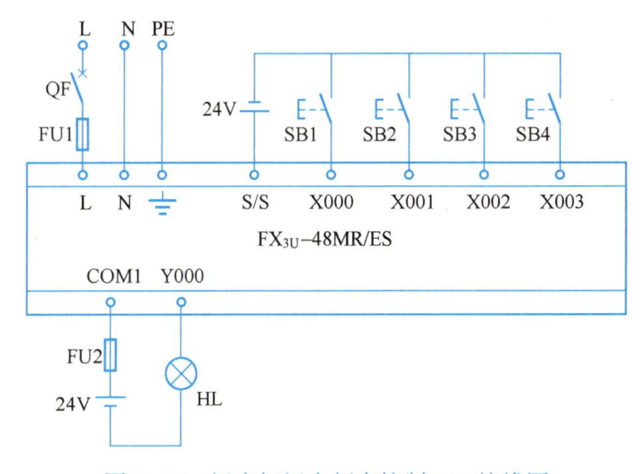

图 2-72　闪光灯闪光频率控制 I/O 接线图

3. 创建工程项目

创建一个工程项目，并命名为闪光灯闪光频率控制。

4. 编写程序

根据要求，使用跳转指令编写的梯形图如图 2-73 所示，使用子程序指令编写的梯形图如图 2-74 所示。

5. 调试程序

将上述程序可以分别直接下载到 PLC 中，先不用接通 PLC 输出端负载的电源，分别按下慢闪、中闪和快闪及停止按钮，观察输出点 Y000 是否闪烁及停止闪烁，闪烁的频率是否与控制要求一致？若一致说明程序编写正确。然后再接通负载电源，重复上述步骤即可。

【实训交流】

编写本实训任务程序，首要解决时间脉冲的产生，一般可通过定时器产生，或通过交替使用输出指令产生，在此介绍一种二分频电路，如图 2-75 所示。

待分频的脉冲信号为 X000，设 M0 和 Y000 的初始状态为“0”。当 X000 的第一个脉冲信号的上升沿到来时，M0 接通一个扫描周期，即产生一个单脉冲，此时 M0 的常开触点闭合，与之相串联的 Y000 触点又为常闭，即 Y000 接通被置为“1”，在第二个扫描周期 M0

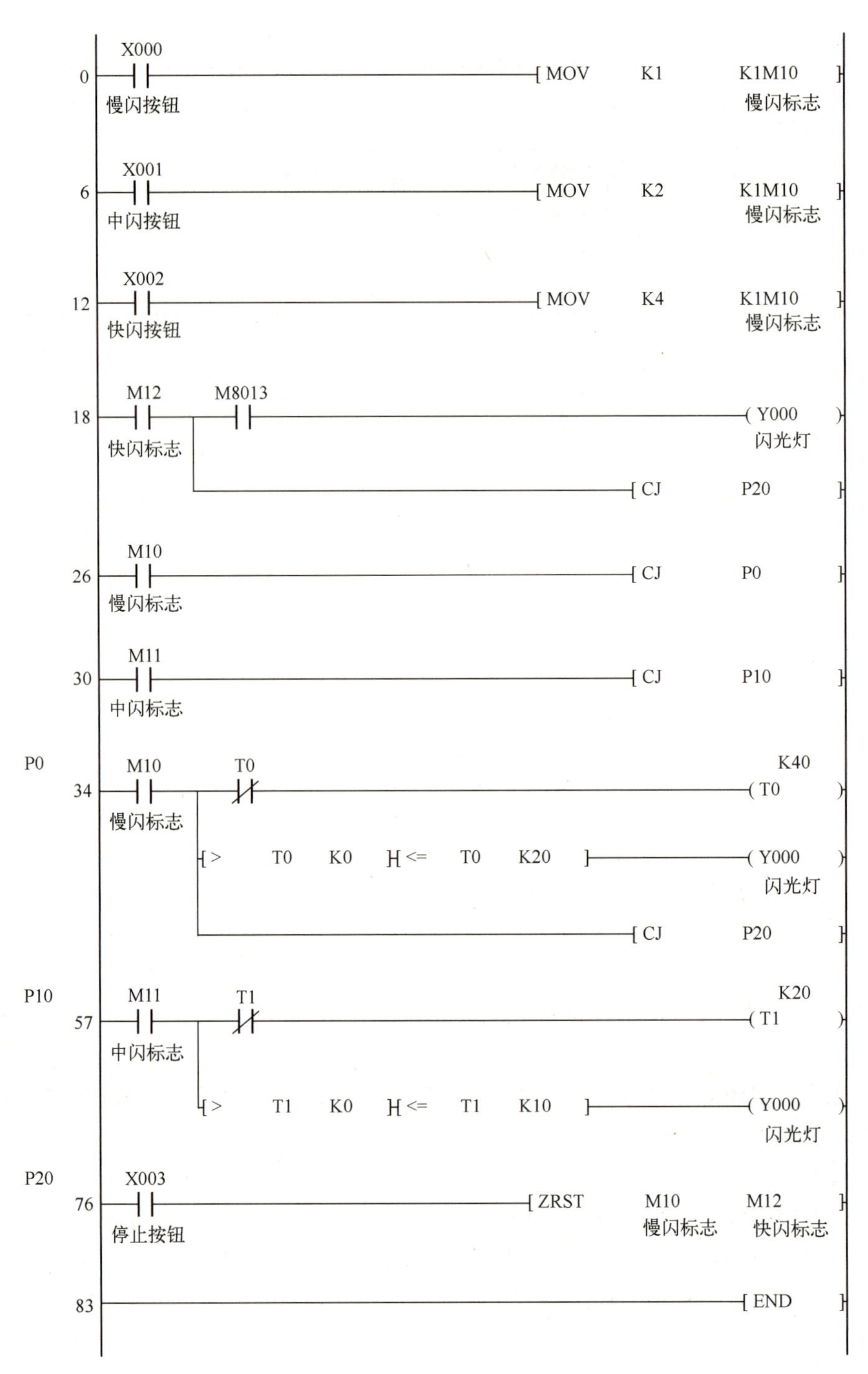

图 2-73　闪光灯闪光频率控制梯形图—跳转指令

断电，M0 的常闭触点闭合，与之相串联的 Y000 常开触点因在上一扫描已被接通，即 Y000 的常开触点闭合，此时 Y000 的线圈仍然得电。

当 X000 的第二个脉冲信号的上升沿到来时，M0 又接通一个扫描周期，此时 M0 的常开触点闭合，但与之相串联 Y000 的常闭触点在前一扫描周期是断开的，这两触点状态“逻辑

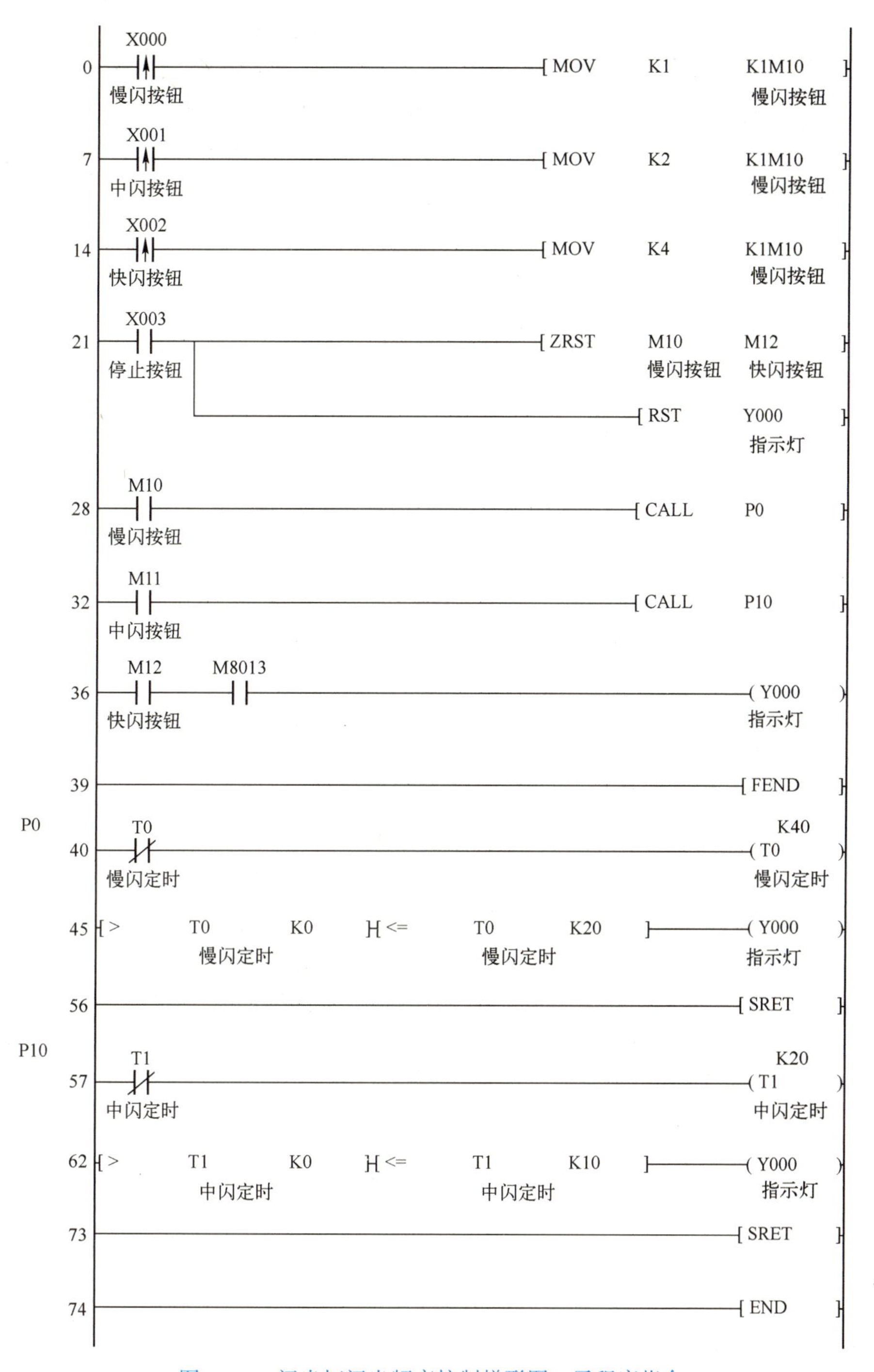

图 2-74　闪光灯闪光频率控制梯形图—子程序指令

与”的结果是“0”；与此同时，M0 的常闭触点断开，与之相串联 Y000 常开触点虽然在前一扫描周期是闭合的，但这两触点状态“逻辑与”的结果仍然是“0”，即 Y000 由“1”变为“0”，此状态一直保持到 X000 的第三个脉冲到来。当 X000 第三个脉冲到来时，又重复上述过程。

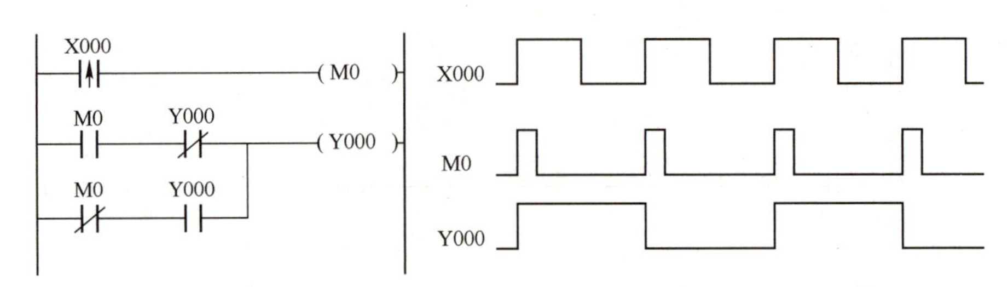

图 2-75　二分频电路及波形图

由此可见，X000 每发出两个脉冲，Y000 产生一个脉冲，完成对输入信号的二分频。依次类推，可以实现四分频、八分频等。

【实训拓展】

训练 1　用常规编程方法（不用跳转或子程序指令）实现本实训任务的控制要求。

训练 2　用分频电路实现本实训任务的控制要求。

2.6.6　实训 11　电动机轮休的 PLC 控制——中断指令

【实训目的】

- 掌握中断指令；
- 掌握延时时间扩展的方法；
- 掌握逻辑运算指令的应用。

【实训任务】

使用 PLC 实现电动机轮休的控制。控制要求如下：按下起动按钮起动系统，此时第 1 台电动机起动并工作 3 h 后，第 2 台电动机开始工作，同时第 1 台电动机停止；当第 2 台电动机工作 3 h 后，第 1 台电动机开始工作，同时第 2 台电动机停止，如此循环。当按下停止按钮时，两台电动机立即停止。

【实训步骤】

1. I/O 分配

根据项目分析可知，对输入量、输出量进行分配，如表 2-8 所示。

表 2-8　电动机轮休控制 I/O 分配表

输　入		输　出	
输入继电器	元　件	输出继电器	元　件
X000	起动按钮 SB1	Y000	交流接触器 KM1
X001	停止按钮 SB2	Y001	交流接触器 KM2
X002	热继电器 FR1		
X003	热继电器 FR2		

2. I/O 接线图

根据控制要求及表 2-8 的 I/O 分配表，电动机轮休控制 I/O 接线图可绘制如图 2-76 所示，主电路为两台电动机相互独立的直接起动电路，在此省略。

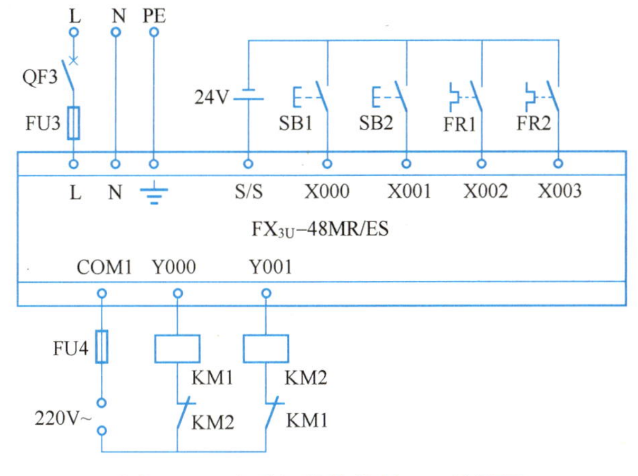

图 2-76　电动机轮休控制 I/O 接线图

3. 创建工程项目

创建一个工程项目，并命名为电动机轮休控制。

4. 编写程序

根据要求，使用中断指令编写的梯形图程序如图 2-77 所示，此程序中也可以不用中断禁止 DI 指令，也就是中断一直被允许。

5. 调试程序

首先将定时器中断程序中与数据寄存器 D0 相比较的常数改为 K100（轮休时为 5 s），再将与数据寄存器 D1 相比较的常数改为 K2，即轮休的时间为 10 s，然后将程序下载到仿真软件中。按下起动按钮，观察第一台电动机是否立即起动运行（线圈 Y000 是否立即通电），10 s 后，能否切换到第二台电动机，使其起动并运行（线圈 Y001 是否立即通电），两台电动机是否每 10 s 进行循环切换。如果两台电动机能循环切换，再按下停止按钮或模拟电动机过载，观察两台电动机是否立即停止运行（线圈 Y000 和 Y001 是否立即断电）。如果上述程序正常，再将程序下载到 PLC 中，先调试 PLC 的控制线路，再接通主电路电源进行主电路的调试，直到联机调试正常为止。

【实训交流】

巧用逻辑指令：在本实训任务的程序编写中，使用了区间复位（ZRST）指令对 PLC 的输出端口 Y000 和 Y001 进行清 0，使用复位（RST）指令对起动标志清 0，使用传送指令对累计次数的数据寄存器（D1、D0）清 0，使用上述指令对软元件中某些位，特别是不连续的位清 0 时非常不方便，这时可以考虑使用逻辑与（WAND）指令对软元件清 0。

使用逻辑与指令进行清 0 操作时，可以方便地对某一位或几位进行清 0，而不影响同一操作数中的其他位。例如只需要对 PLC 的 K2Y000 输出端中的 Y002 和 Y007 清 0，不影响其他输出端口，或其他输出端口已被使用而不能被影响。那么在对 Y002 和 Y007 进行操作时，为了不想影响其他输出端口，可执行指令“WAND K2Y000 K125”。

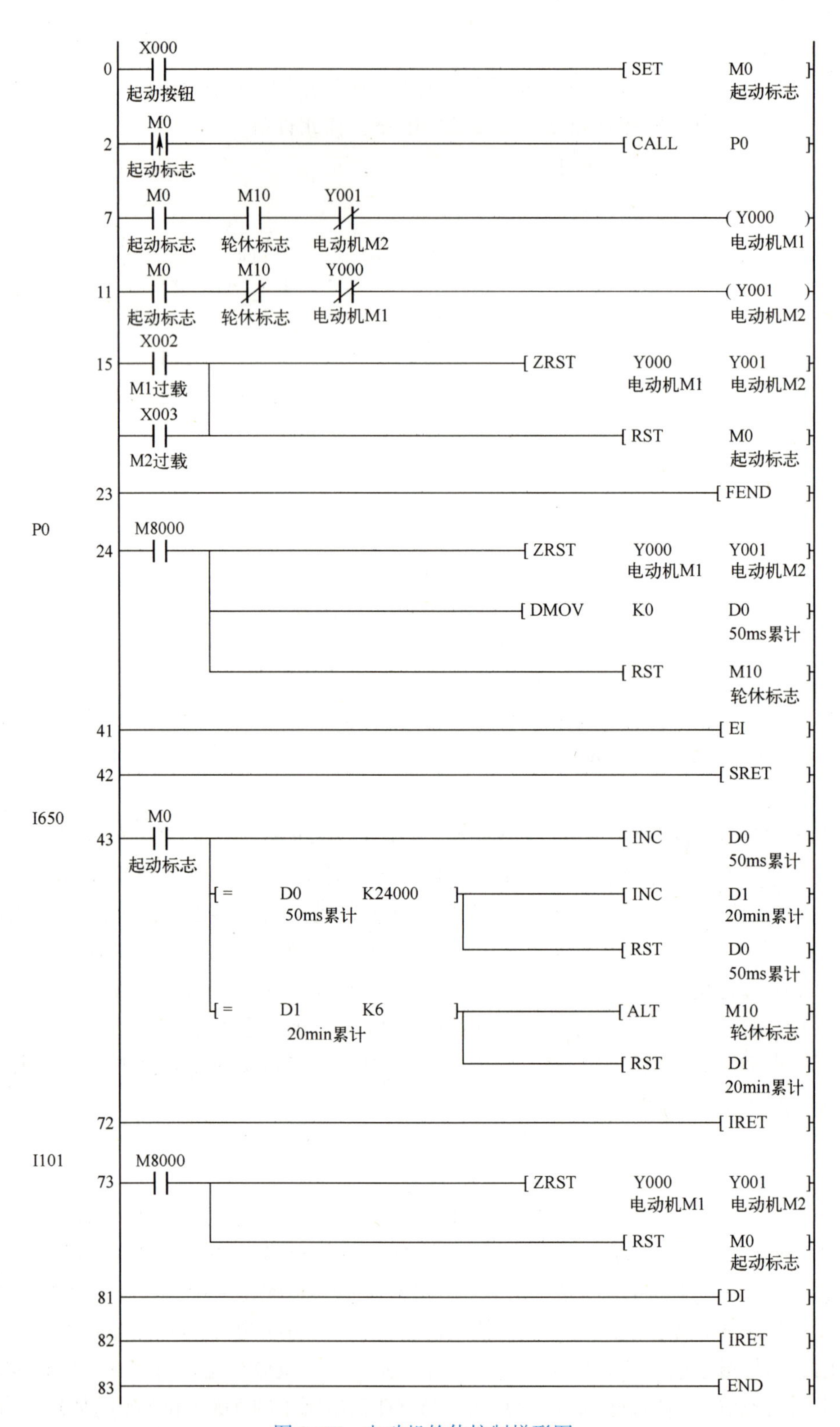

图 2-77　电动机轮休控制梯形图

【实训拓展】

训练1 用定时器中断实现9s倒计时控制。

训练2 将本实训任务中两台电动机的过载保护和正常停止功能通过同一个中断程序来实现。

2.7 习题与思考

1. 功能指令（S·）表示________操作数，（D·）表示________操作数。
2. 每一条功能指令有一个________和一个________，两者之间有严格的对应关系。
3. 功能指令有________和________两种类型。
4. D0和D1组成的32位整数（D1、D0）中的________是高16位数据，________是低16位数据。
5. 如果Z0中的数据为2，则D3Z0相当于软元件________、X7Z0相当于软元件________、K5Z0相当于常数________。
6. K4M0表示由________~________组成的________个位元件组，其中最低位是________。
7. 16或32位整数中，最高位是________位，其中________表示正数，________表示负数。
8. BIN是________的简称，HEX是________的简称。
9. 每一个BCD码用________位二进制码表示，其取值范围为二进制的________~________。
10. 逻辑与指令的运算规则是________________、逻辑或指令的运算规则是________、逻辑异或指令的运算规则是________。
11. 16位二进制数除法指令，目标操作数为________，其中________中存放的是商，________中存放的是余数。
12. 如果需要跳转到END指令所在的步序号，应使用标记________。
13. 子程序和中断程序应该放在________指令后面。
14. 子程序用________指令结束，中断程序用________指令结束。
15. 子程序和中断程序中应使用________~________的定时器。
16. 循环指令可以嵌套________层，子程序可以嵌套________层。
17. X005的上升沿中断指针是________，I670的中断周期是________ms。
18. 存放看门狗定时器的特殊数据寄存是________，________ms为默认时间。
19. 使用定时器及比较指令编写占空比为1:2，周期为1.2s的连续脉冲信号。
20. 用循环移位指令实现接在输出K4Y000端口16盏灯的跑马灯式往复点亮控制。
21. 用运算指令实现[8+9×6/(12+10)]/(6-2)运算，并将结果保存在（D1、D0）中。
22. 用循环中断实现5!。
23. 编写分时段交通灯控制程序，要求凌晨5点到晚上12点间正常显示，晚上12到第二天凌晨5点间4个方向均为黄灯秒闪。
24. 用定时器中断产生周期为10s的方波信号。

第3章　模拟量、脉冲量和通信指令及应用

大型生产设备或自动化生产线中各机构间的协调动作，离不开工业现场中实时数据的采集，执行机构的精准动作（如位置控制、运动控制和轨迹控制等），各PLC站点之间数据的传输等。本章重点介绍FX_{3U}系列PLC中模拟量指令的应用、脉冲量指令的应用、通信指令的应用。

3.1　模拟量

模拟量是区别于开关量的一个连续变化的电压或电流信号。模拟量可作为PLC的输入或输出，PLC通过传感器或控制设备对控制系统的温度、压力、流量等模拟量信号进行检测或控制。通过变送器可将传感器提供的电量或非电量信号转换为标准的直流电流（4~20 mA、±20 mA等）或直流电压信号（0~5 V、0~10 V、±5 V、±10 V等）。

变送器分为电流输出型和电压输出型。

1）电压输出型变送器具有恒压源的性质，PLC模拟量输入模块的电压输出端的输出阻抗很高。如果变送器距离PLC较远，则通过电路间的分布电容和分布电感所感应的干扰信号，在模块的输出阻抗上将产生较高的干扰电压，所以在远程传送模拟量电压信号时，抗干扰能力很差。

2）电流输出具有恒流源的性质，恒流源的内阻很大，PLC的模拟量输出模块输入电流时，输入阻抗较低。线路上的干扰信号在模块的输入阻抗上产生的干扰电压很低，所以模拟量电流信号适用于远程传送，最大传送距离可达200 m。并非所有模拟量模块都需要专门的变送器。

3.1.1　模拟量模块简介

三菱FX_{3U}系列PLC配套的模拟量模块有很多，如早期的FX_{2N}-2AD、FX_{2N}-4AD、FX_{2N}-2DA、FX_{2N}-4DA、FX_{2N}-4AD-TC、FX_{2N}-4AD-PT、FX_{2N}-5A、FX_{2N}-3A等，FX_{3U}系列PLC配套的FX_{3U}-4AD、FX_{3U}-4DA、FX_{3U}-4AD-ADP、FX_{3U}-4DA-ADP、FX_{3U}-3A-ADP、FX_{3U}-4AD-PT（W）-ADP、FX_{3U}-4AD-PNK-ADP、FX_{3U}-4AD-TC-ADP等，FX_{3U}系列PLC兼容早期的模拟量模块。

模拟量模块包括模拟量输入模块、模拟量输出模块和模拟量输入/输出混合模块。“AD”表示A→D转换输入模块、“DA”表示D→A转换输出模块、“A”表示模拟量输入/输出混合模块、“PT”表示铂电阻、“TC”表示热电偶。上述模块中后面没有ADP的模块称为特殊功能模块，安装在FX_{3U}系列PLC基本单元的右侧；带有ADP的模块称为特殊适配器，安装在FX_{3U}系列PLC基本单元的左侧。

二维码3-1

视频“模拟量模块简介”可通过扫描二维码3-1播放。

3.1.2 FX_{3U}-4AD 模块

图 3-1 为模拟量输入模块 FX_{3U}-4AD，通过左侧的扁平总线电缆与 FX_{3U}系列 PLC 的基本单元相连接，FX_{3U}系列 PLC 的基本单元最多可以连接 8 台特殊功能模块（不包括特殊适配器）。图 3-2 为特殊功能模块与 PLC 的基本单元连接示意图。

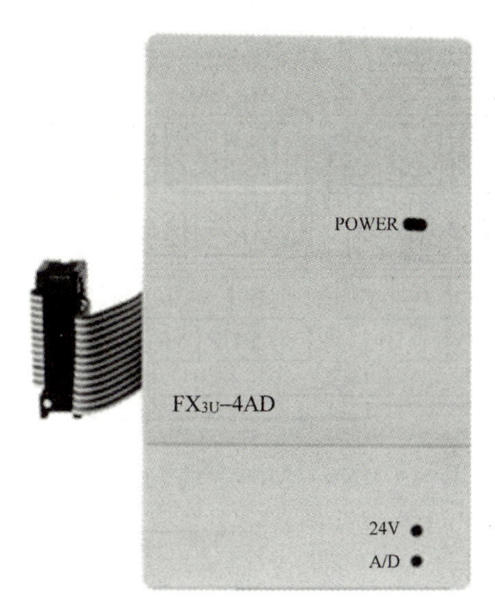

图 3-1 FX_{3U}-4AD 模块

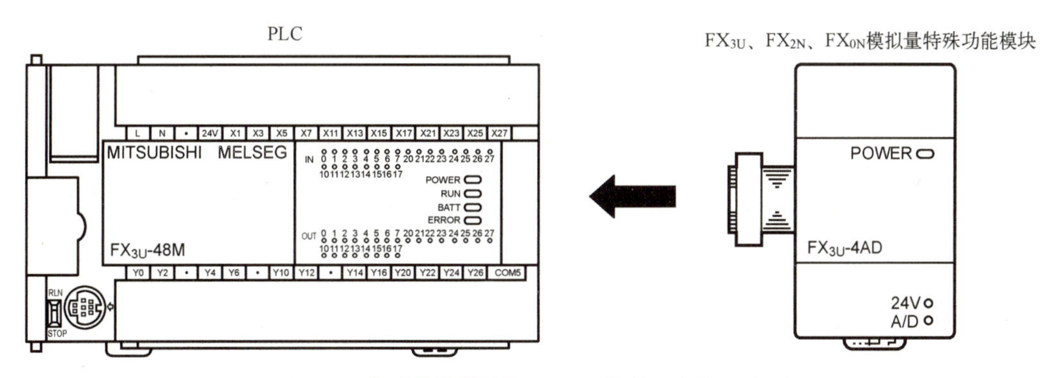

图 3-2 特殊功能模块与 PLC 基本单元连接示意图

1. 端子与接线

图 3-3 为模拟量输入模块 FX_{3U}-4AD 的端子排列及含义，图 3-4 为模拟量输入模块 FX_{3U}-4AD 的输入接线图，若为电压输入，直流电压信号接在“V+”和“VI-”端；若为电流输入，要将“V+”和“I+”端子短接。应将模块的接地端子和 PLC 基本单元的接地端子连接到一起后接地。如果电压输入有波动或外部接线有噪音时，可以在电压输入端外接一个电容（0.1~0.47 μF、25 V）。

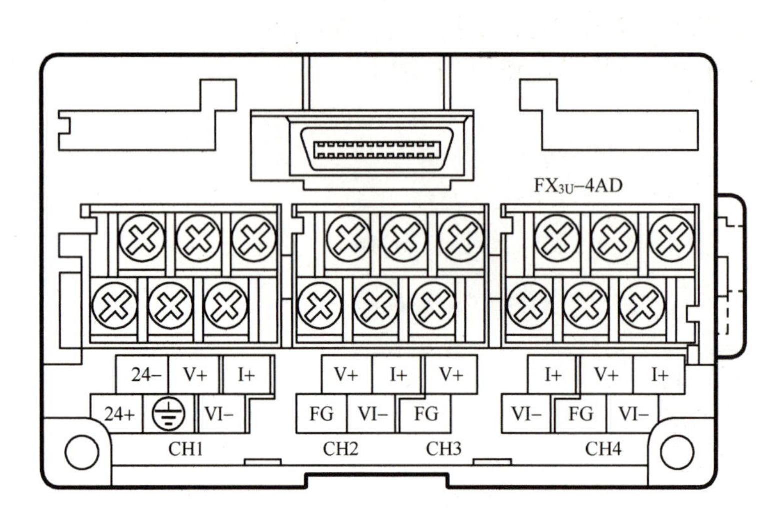

信号名称	用途
24+	DC 24V电源
24−	
⏚	接地端子
V+	通道1模拟量输入
VI−	
I+	
FG	通道2模拟量输入
V+	
VI−	
I+	
FG	通道3模拟量输入
V+	
VI−	
I+	
FG	通道4模拟量输入
V+	
VI−	
I+	

图 3-3　FX3U-4AD 模块端子排列及含义

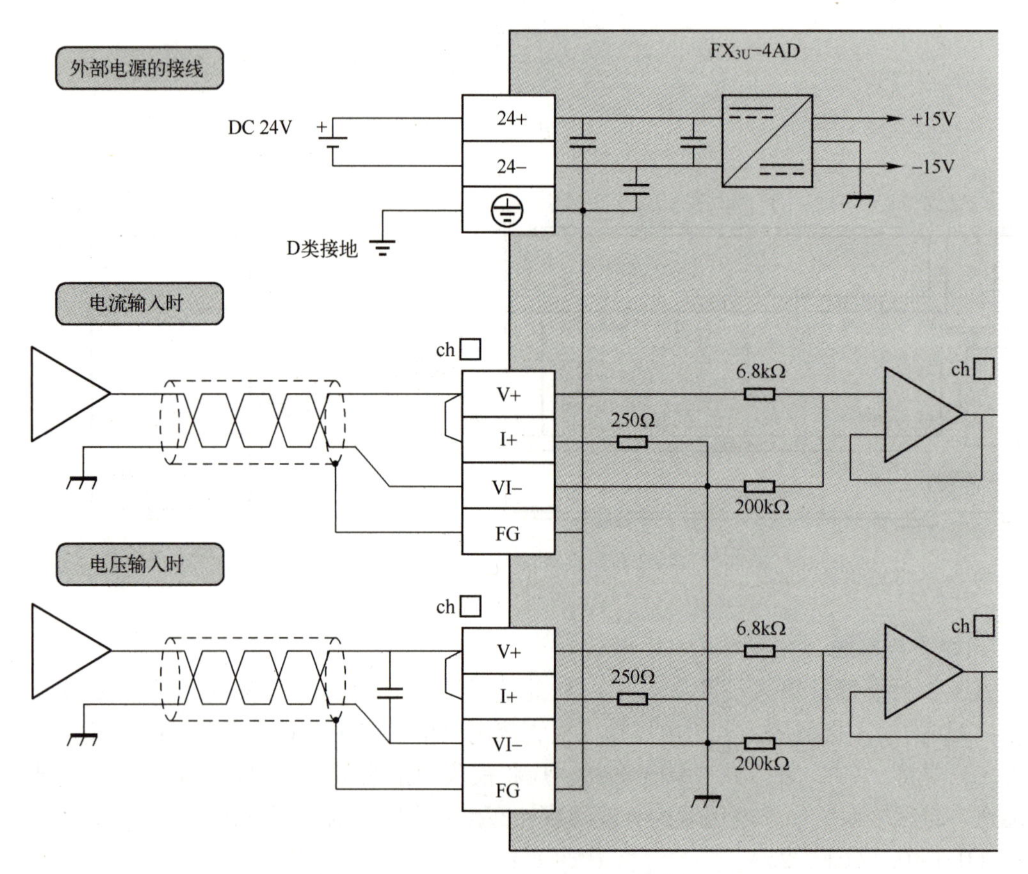

图 3-4　FX3U-4AD 模块的输入接线图

□—为输入通道号

2. 单元号的分配

有多个特殊功能模块（或输入/输出扩展模块）与 FX_{3U} 系列 PLC 基本单元连接时，如图 3-5 所示，输入/输出扩展模块没有单元号，特殊功能模块从左侧开始依次分配单元号为 0~7。

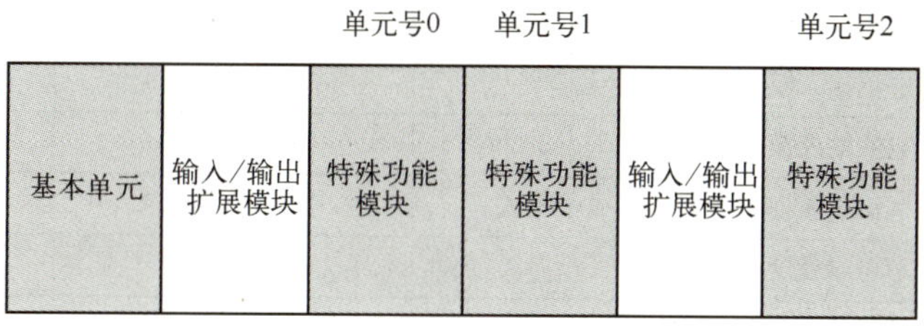

基本单元	输入/输出扩展模块	特殊功能模块（单元号0）	特殊功能模块（单元号1）	输入/输出扩展模块	特殊功能模块（单元号2）

图 3-5　扩展模块、特殊功能模块与 PLC 基本单元连接示意图

3. 缓冲存储器（BFM）分配

FX_{3U}-4AD 共有 8064 个缓冲存储器（BFM），每个 BFM 均为 16 位，常用的 BFM 分配如表 3-1 所示，BFM #0 输入模式的设定如表 3-2 所示。

表 3-1　FX_{3U}-4AD 的 BFM 分配表

BFM 编号	内　　容	设定范围	初　始　值
#0	指定通道 1~4 的输入模式		H0000
#1	不可以使用	—	—
#2	通道 1 采样平均次数	1~4095	K1
#3	通道 2 采样平均次数	1~4095	K1
#4	通道 3 采样平均次数	1~4095	K1
#5	通道 4 采样平均次数	1~4095	K1
#6	通道 1 数字滤波设定	1~1600	K0
#7	通道 2 数字滤波设定	1~1600	K0
#8	通道 3 数字滤波设定	1~1600	K0
#9	通道 4 数字滤波设定	1~1600	K0
#10	通道 1 数据（即时值数据或者平均值数据）	—	—
#11	通道 2 数据（即时值数据或者平均值数据）	—	—
#12	通道 3 数据（即时值数据或者平均值数据）	—	—
#13	通道 4 数据（即时值数据或者平均值数据）	—	—
#14~#18	不可以使用	—	—

表 3-2　BFM #0 输入模式设定表

设　定　值	输 入 模 式	模拟量输入范围	数字量输出范围
0	电压输入模式	-10 V~10 V	-32000~32000
1	电压输入模式	-10 V~10 V	-4000~4000
2	电压输入模拟量值直接显示模式	-10 V~10 V	-10000~10000

（续）

设　定　值	输 入 模 式	模拟量输入范围	数字量输出范围
3	电流输入模式	4 mA～20 mA	0～16000
4	电流输入模式	4 mA～20 mA	0～4000
5	电流输入模拟量值直接显示模式	4 mA～20 mA	4000～20000
6	电流输入模式	-20 mA～20 mA	-16000～16000
7	电流输入模式	-20 mA～20 mA	-4000～4000
8	电流输入模拟量值直接显示模式	-20 mA～20 mA	-20000～20000
9～E	不可以设定	—	—
F	通道不使用	—	—

模拟量输入模块可能采集到缓慢变化的模拟量信号中的干扰噪声，这些噪声往往以窄脉冲的方式出现。为了减轻噪声信号的影响，模块提供连续若干次采样平均值，可以设置求平均值的采样周期数。

但是取平均值会降低 PLC 对外部输入信号的响应速度。在使用 PID 指令对模拟量进行闭环控制时，如果平均值的次数设置过大，将使模块的反应迟缓，可能会影响闭环控制系统的动态稳定性。

4. 读/写模拟量数据指令

（1）特殊功能模块的 BFM 读出指令

特殊功能模块的 BFM 读出（FROM）指令（FNC 78）用于从特殊功能单元缓冲存储器（BFM）中读出数据，如图 3-6 所示。该指令是在编号为 m1（单元号 0～7）的特殊功能单元块内，将缓冲存储器号为 m2（0～32766）开始的 n（1～32767）个数据读出到目标操作数（D·）。当指令条件满足时，执行读出操作。

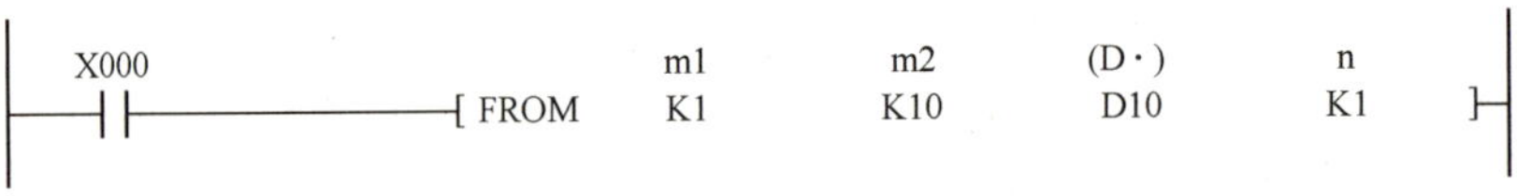

X000 ── [FROM　m1 K1　m2 K10　(D·) D10　n K1]

图 3-6　FROM 指令

其他操作数 m1、m2、n 为：D 或常数；目标操作数为：KnY、KnM、KnS、T、C、D、V 和 Z。

（2）特殊功能模块的 BFM 写入指令

特殊功能模块的 BFM 写入（TO）指令（FNC 79）用于向特殊功能单元缓冲存储器写入数据，如图 3-7 所示。该指令是源操作数（S·）指定开始的 n（1～32767）个字的数据，写入到特殊功能模块 m1（单元号 0～7）中编号为 m2（缓冲存储器号 0～32766）开始的缓冲存储器中。

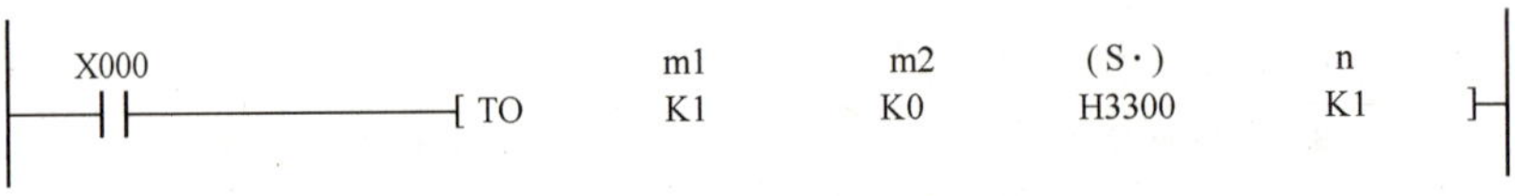

X000 ── [TO　m1 K1　m2 K0　(S·) H3300　n K1]

图 3-7　TO 指令

其他操作数 m1、m2、n 为：D 或常数；源操作数为：KnY、KnM、KnS、T、C、D、V 和 Z。

（3）缓冲存储器的直接指定

在 FX_{3U} 系列 PLC 中除了采用上述 FROM/TO 指令读取/写入 BFM，还可以直接指定 BFM 进行操作。此时采用如图 3-8 所示的方式设定软元件，将其指定为直接功能指令的源操作数或目标操作数。

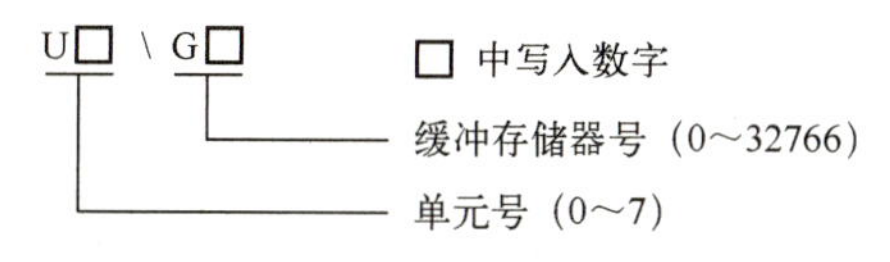

图 3-8　缓冲存储区的直接指定方式

如图 3-9 所示为采用 FROM 指令读取缓存区 BFM 与直接指定方式的对比。图 3-9a 与图 3-9b 指令作用相同（传送点数为 1 时直接指定方式中 K1 可以省略，若不为 1 则不能省略）；图 3-9c 与图 3-9d 指令作用相同。

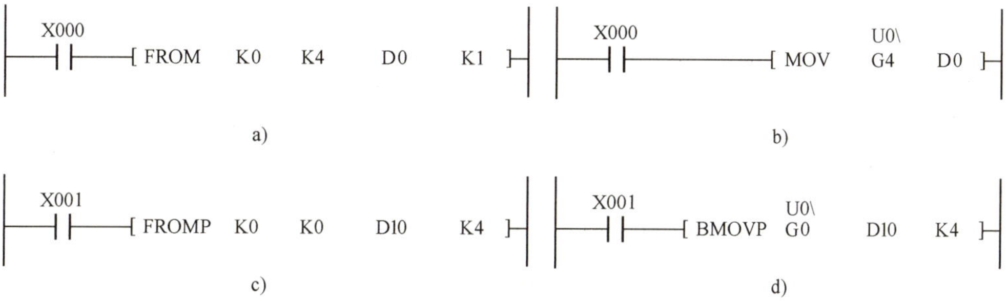

X000 ─┤├─ [FROM K0 K4 D0 K1]

a)

X000 ─┤├─ [MOV U0\G4 D0]

b)

X001 ─┤├─ [FROMP K0 K0 D10 K4]

c)

X001 ─┤├─ [BMOVP U0\G0 D10 K4]

d)

图 3-9　采用 FROM 指令读取缓存区 BFM 与直接指定方式对比

a）采用 FROM 指令　b）采用 MOV 指令　c）采用 FROMP 指令　d）采用 BMOVP 指令

在图 3-10 中，当 X000 常开触点接通后将单元号 1 的缓冲存储器（BFM　#10）的内容乘以数据（K10），并将结果读出到数据寄存器（D10、D11）中；将数据寄存器（D20）加上数据（K20），并将结果写入单元号 1 的缓冲存储区（BFM　#6）中。

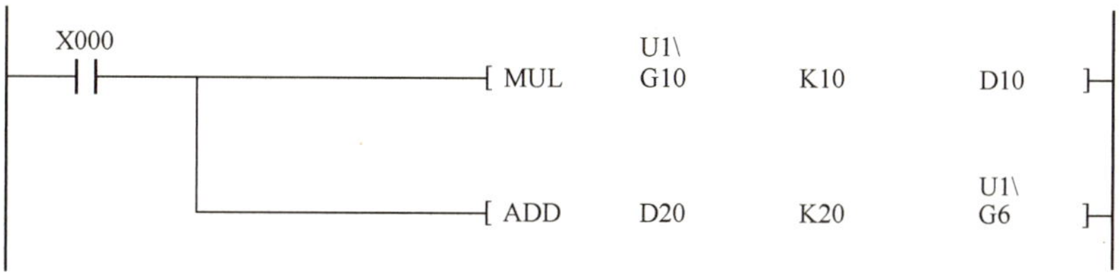

X000 ─┤├─┬─ [MUL U1\G10 K10 D10]

└─ [ADD D20 K20 U1\G6]

图 3-10　直接指定方式的应用

5. 读出模拟量数据

模拟量模块的通道模式按图 3-11 所示方式设定，用十六进制数设定输入模式。具体数字的含义见表 3-2。图 3-12 是读出模拟量特殊功能模块中的数据。一般在输入模式设定后，经 5 s 及以上时间再执行各输入模式设定的写入。但是，一旦指定了输入模式，是被断电保持的。此后如果使用相同的输入

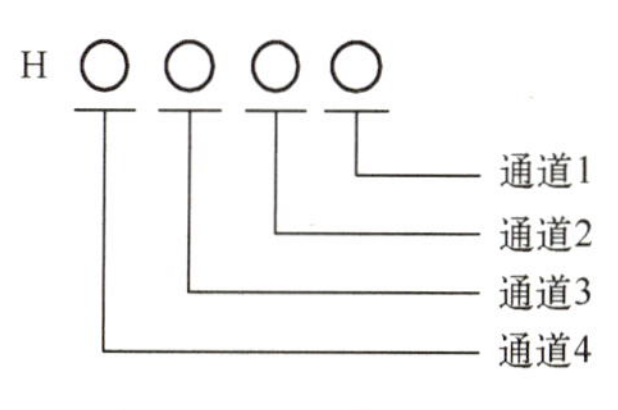

图 3-11　通道的指定

模式，则可以省略输入模式的指定及 T0 K50 的等待时间。

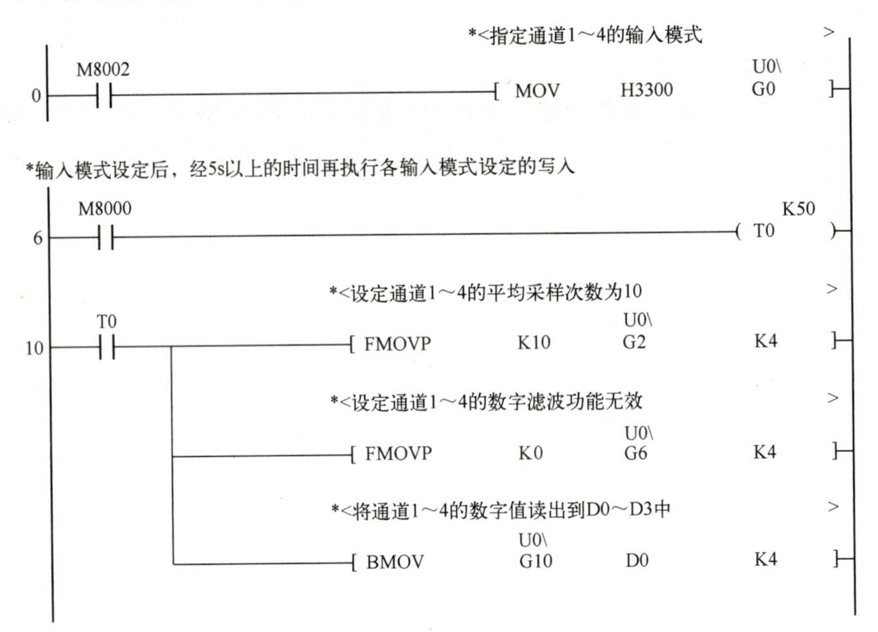

图 3-12 模拟量数据的读出

6. 模拟量输出与物理量的数学关系

在 PLC 中读取的数值是数字量，与实际检测的物理量存在某一对应关系，如何通过读出的数字量而得知实际的物理量呢？设某温度变送器的输入信号范围为-100℃～500℃，输出信号为 4～20 mA 的电流信号，通过 FX_{3U}-4AD 将 4～20 mA 的电流信号转换为 0～16000 的数字量（采用输入模式 3），设转换后得到的数字为 N，求以 1℃为单位温度值。

温度值-100℃～500℃对应于数字量 0～16000，根据图 3-13 中有关线段比例关系，可列出下面的比例公式：

$$\frac{T-(-100)}{N}=\frac{500-(-100)}{16000}$$

经整理以后得出 T（单位为℃）的计算公式为：

$$T=\frac{600\times N}{16000}-100=\frac{15\times N}{400}-100$$

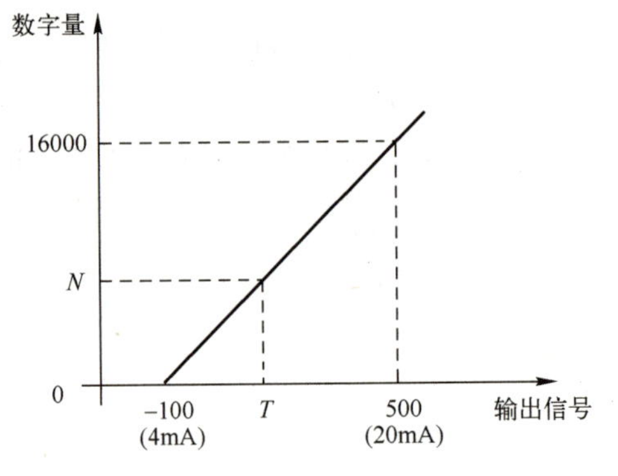

图 3-13 温度与转换值的关系

7. 模块参数恢复出厂设置

对 FX_{3U}-4AD 等特殊功能模块恢复出厂设置时，需要编程实现，如图 3-14 所示。

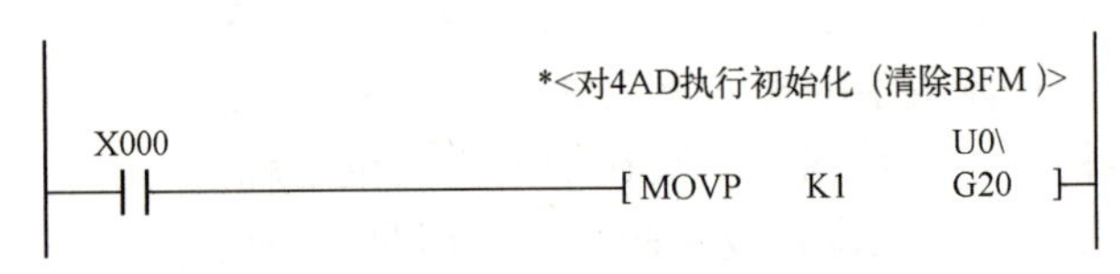

图 3-14 特殊功能模块恢复出厂设置程序

视频“FX_{3U}-4AD”可通过扫描二维码 3-2 播放。

二维码 3-2

3.1.3 FX_{3U}-4AD-ADP 模块

1. 端子与接线

FX_{3U}-4AD-ADP 是安装在 FX_{3U}系列 PLC 基本单元左侧的特殊适配器，FX_{3U}系列 PLC 基本单元可以连接 4 台模拟量特殊适配器（包括模拟量功能扩展板），从最靠近基本单元左侧开始向左依次为第 1 台、第 2 台、第 3 台和第 4 台，但是高速输入特殊适配器、通信特殊适配器、CF 卡特殊适配器不包含在内。FX_{3U}-4AD-ADP 特殊适配器只有两种直流信号输入，分别为电压 0～10 V 和电流 4～20 mA。图 3-15 为 FX_{3U}-4AD-ADP 的端子排列及含义，图 3-16 为 FX_{3U}-4AD-ADP 的输入接线图。

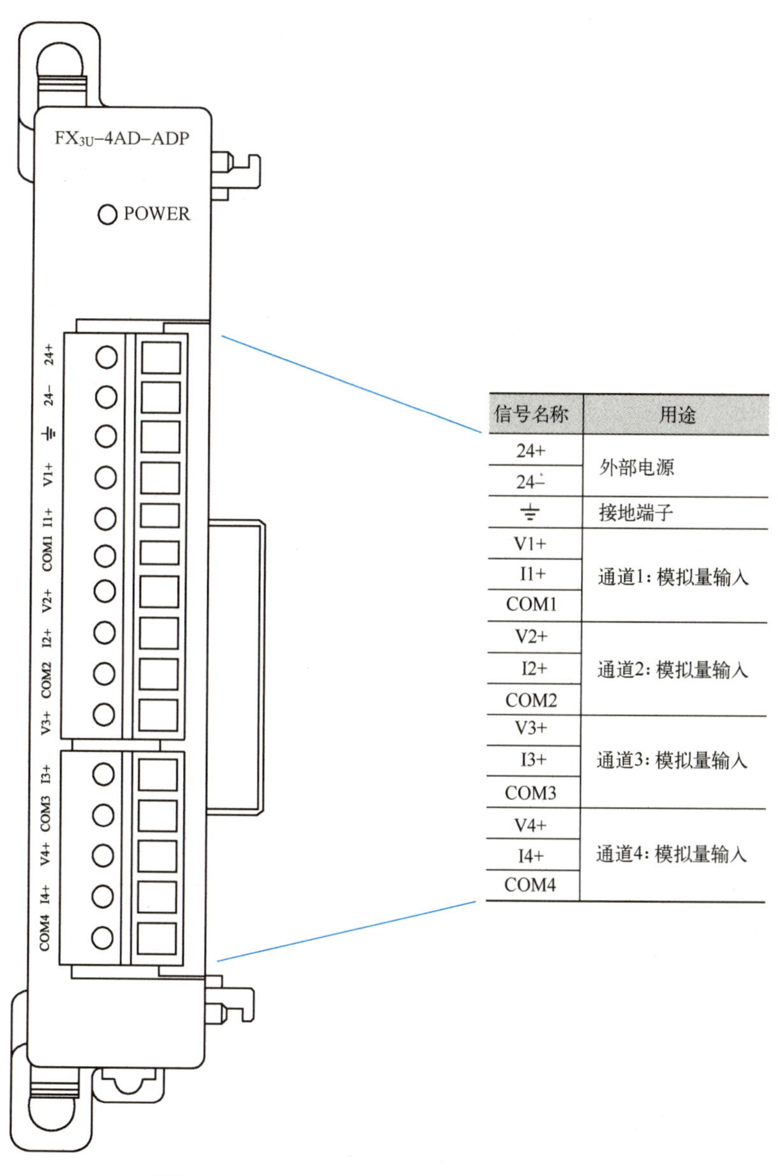

信号名称	用途
24+	外部电源
24-	
⏚	接地端子
V1+	通道1：模拟量输入
I1+	
COM1	
V2+	通道2：模拟量输入
I2+	
COM2	
V3+	通道3：模拟量输入
I3+	
COM3	
V4+	通道4：模拟量输入
I4+	
COM4	

图 3-15　FX_{3U}-4AD-ADP 的端子排列及含义

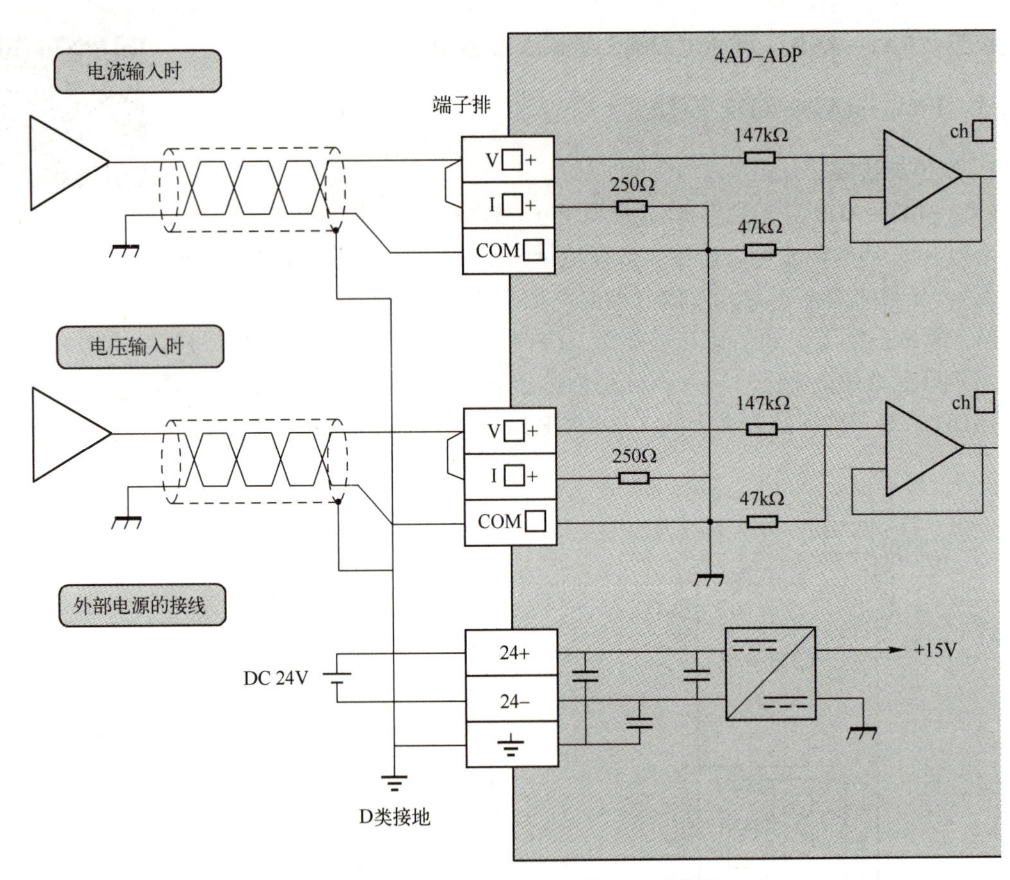

图 3-16　FX$_{3U}$-4AD-ADP 的输入接线图

□—V□+、I□+、ch□的□中用以输入通道号。

模拟量的输入接线最好与其他动力线或者易于受感应的线分开布线，在电流输入时需将V□+端子和 I□+端子短接。

2. 特殊软元件

FX$_{3U}$-4AD-ADP 模拟量输入特殊适配器有 4 个输入通道。相应的特殊辅助继电器为 ON 或 OFF 时，对应适配器的通道分别为电流输入和电压输入；相应的特殊数据寄存器用来保存相应通道的输入数据；相应的数据寄存器用来设定相应通道的平均采样次数，其特殊软元件如表 3-3 所示。

表 3-3　FX$_{3U}$-4AD-ADP 特殊软元件表

特殊软元件	软元件编号				作　用	属　性
	第 1 台	第 2 台	第 3 台	第 4 台		
特殊辅助继电器	M8260	M8270	M8280	M8290	通道 1 输入模式切换	R/W
	M8261	M8271	M8281	M8291	通道 2 输入模式切换	R/W
	M8262	M8272	M8282	M8292	通道 3 输入模式切换	R/W
	M8263	M8273	M8283	M8293	通道 4 输入模式切换	R/W
	M8264～M8269	M8274～M8279	M8284～M8289	M8294～M8299	禁用	—

（续）

特殊软元件	软元件编号				作　用	属　性
	第 1 台	第 2 台	第 3 台	第 4 台		
特殊数据寄存器	D8260	D8270	D8280	D8290	通道 1 输入数据	R
	D8261	D8271	D8281	D8291	通道 2 输入数据	R
	D8262	D8272	D8282	D8292	通道 3 输入数据	R
	D8263	D8273	D8283	D8293	通道 4 输入数据	R
	D8264	D8274	D8284	D8294	通道 1 平均采样次数（设定范围：1~4095）	R/W
	D8265	D8275	D8285	D8295	通道 2 平均采样次数（设定范围：1~4095）	R/W
	D8266	D8276	D8286	D8296	通道 3 平均采样次数（设定范围：1~4095）	R/W
	D8267	D8277	D8287	D8297	通道 4 平均采样次数（设定范围：1~4095）	R/W
	D8268	D8278	D8288	D8298	错误状态	R/W
	D8269	D8279	D8289	D8299	机型代码 = 1	R

图 3-17 是对输入通道进行了设定，假设为第 1 台模拟量输入特殊适配器，其中第 1 通道设定为电压输入，第 2 通道设定为电流输入。

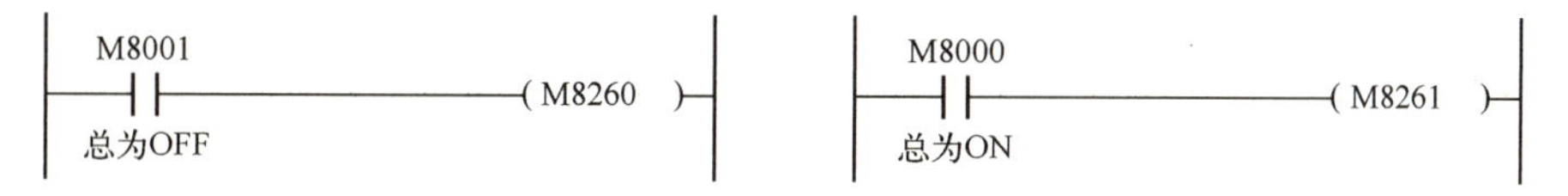

图 3-17　FX_{3U}-4AD-ADP 的输入设定

图 3-18 中，将第 1 台模拟量输入特殊适配器的通道 1 的输入数据保存到数据寄存器 D100 中，将第 1 台模拟量输入特殊适配器的通道 2 的输入数据保存到数据寄存器 D101 中。即使不在 D100、D101 中保存输入数据，也可以在定时器、计数器的设定值或 PID 指令中直接使用 D8260 和 D8261。

```
M8000
--| |----+--------[MOV  D8260  D100 ]
总为ON   |
         +--------[MOV  D8261  D101 ]
```

图 3-18　FX_{3U}-4AD-ADP 的数据读出

保存适配器错误信息的寄存器中，b0~b3 位分别为通道 1~4 的上限量程溢出；b4 位为 EEPROM 错误；b5 位为平均次数的设定错误；b6 位为 FX_{3U}-4AD-ADP 硬件错误（含电源异常）；b7 位为 FX_{3U}-4AD-ADP 通信数据错误；b8~b11 位分别为通道 1~4 的下限量程溢出；b12~b15 位未使用。

PLC 的电源由 OFF 到 ON 时，b6 和 b7 位需要用程序来清除，即执行图 3-19 中的程序（设为第 3 台模拟量输入特殊适配器）。在图 3-19 中还使用 M15~M0 或 D8288.15~D8288.0

位信号来监视其他各位的实时情况。图 3-19 中程序用来检测第 3 台模拟量输入特殊适配器的第 1 通道上限量程是否溢出，检测第 3 台模拟量输入特殊适配器的第 3 通道上限量程是否溢出。

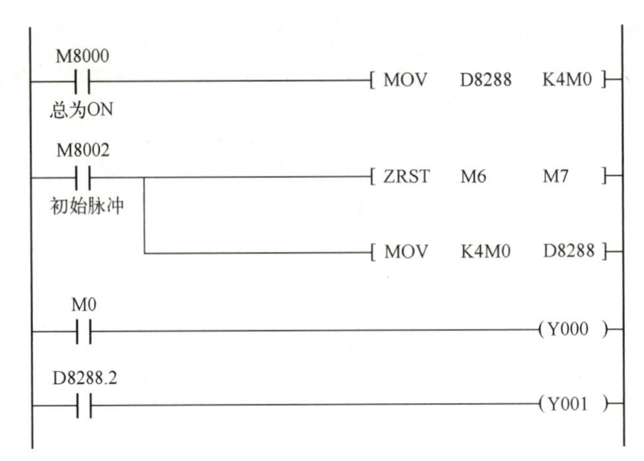

图 3-19　FX_{3U}-4AD-ADP 的数据监视

3. 读出模拟量输入数据

按图 3-20 可以读出 FX_{3U}-4AD-ADP 特殊适配器输入信号的数据，设第 1 台模拟量输入特殊适配器的通道 1 为电压输入，通道 2 为电流输入，将它们的 A/D 转换值分别保存在 D0、D1 中。

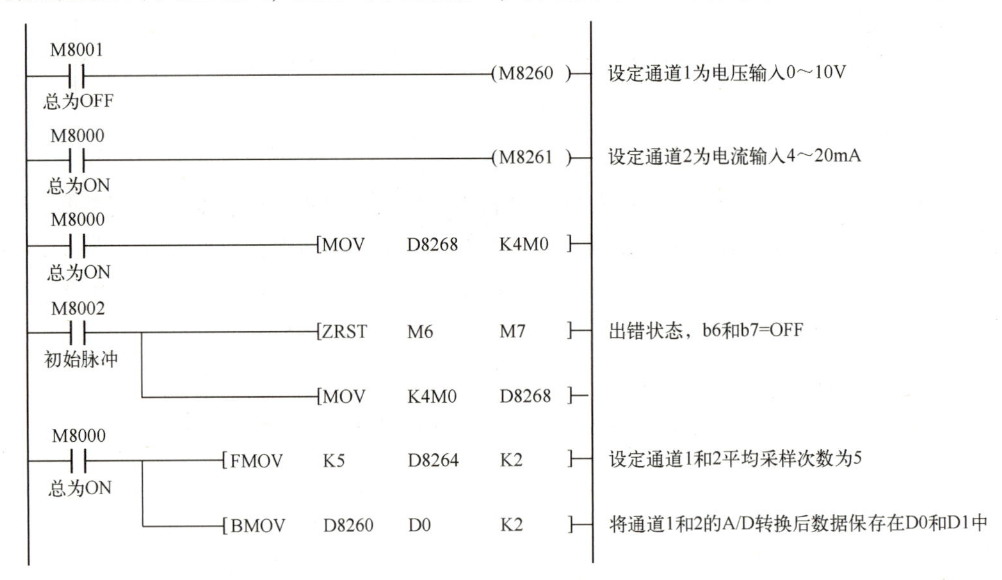

图 3-20　FX_{3U}-4AD-ADP 的通道设定和数据读出程序

视频“FX_{3U}-4AD-ADP”可通过扫描二维码 3-3 播放。

二维码 3-3

3.1.4　FX_{3U}-4DA 模块

1. 端子与接线

FX_{3U}-4DA 安装在 FX_{3U} 系列 PLC 基本单元右侧，是将 PLC 的 4 个通道

的数字值转换成模拟量（电压/电流）并输出的模拟量特殊功能模块。图 3-21 为 FX_{3U}-4DA 的端子排列及含义，图 3-22 为 FX_{3U}-4DA 的输出接线图。

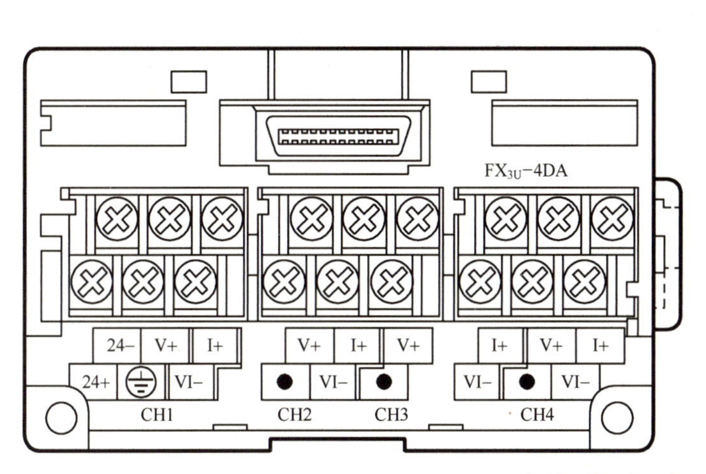

信号名称	用途
24+	DC 24V电源
24–	
⏚	接地端子
V+	通道1模拟量输出
VI–	
I+	
•	请不要接线
V+	通道2模拟量输出
VI–	
I+	
•	请不要接线
V+	通道3模拟量输出
VI–	
I+	
•	请不要接线
V+	通道4模拟量输出
VI–	
I+	

图 3-21　FX_{3U}-4DA 的端子排列及含义

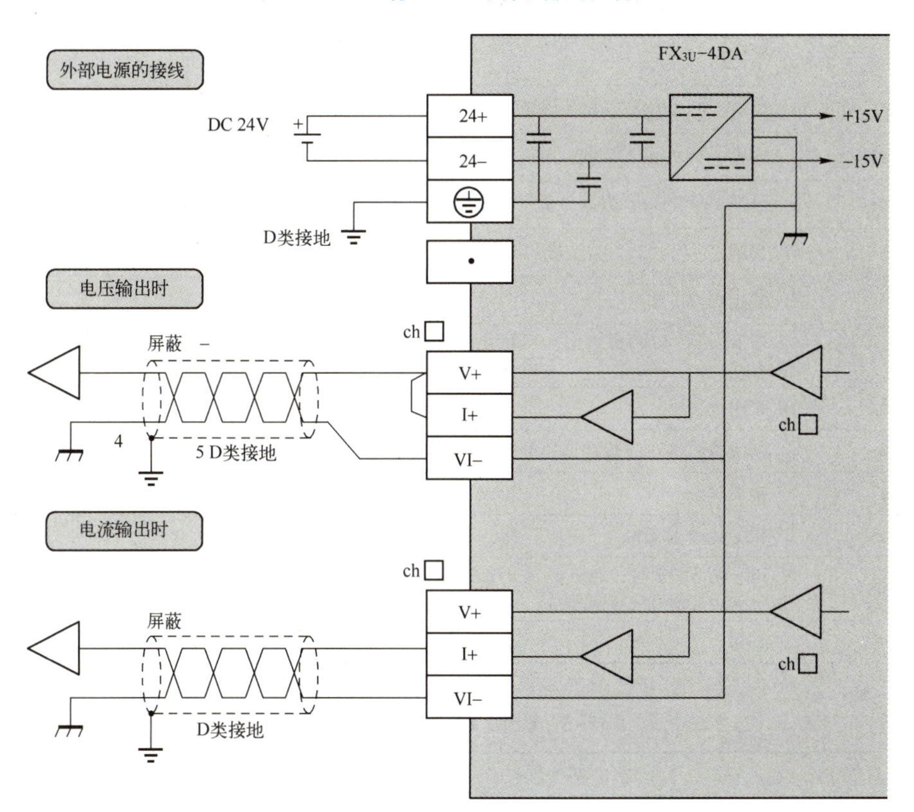

图 3-22　FX_{3U}-4DA 的输出接线图

□—ch□的□中为输入通道号。

模拟量的输出线使用 2 芯屏蔽双绞电缆，最好与其他动力线或易于受感应的线分开布线。输出电压有噪声或者波动时，可在信号接收侧附近连接电容（0.1~0.47 μF、25 V）。

2. 单元号的分配

多个特殊功能模块（或输入/输出扩展模块）与 FX_{3U}系列 PLC 基本单元连接时，输入/输出扩展模块没有单元号，特殊功能模块从左侧开始依次分配的单元号为 0~7。

3. 缓冲存储器（BFM）分配

FX_{3U}-4DA 共有 3099 个缓冲存储器（BFM），每个 BFM 均为 16 位，常用的 BFM 分配如表 3-4 所示，BFM #0 输出模式的指定如表 3-5 所示。

表 3-4　FX_{3U}-4DA 的 BFM 分配表

BFM 编号	内　　容	设定范围	初 始 值
#0	指定通道 1~4 的输出模式	—	H0000
#1	通道 1 的输出数据	根据模式设定	K0
#2	通道 2 的输出数据		K0
#3	通道 3 的输出数据		K0
#4	通道 4 的输出数据		K0
#5	PLC 处于 STOP 时输出设定	根据模式设定	H0000
#6	输出状态	—	H0000
#7、#8	不可用	—	—
#9	通道 1~4 的偏置、增益设定值的写入		H0000
#10~#13	通道 1~4 的偏置数据，单位 mV 或 mA	根据模式设定	根据模式设定
#14~#17	通道 1~4 的增益数据，单位 mV 或 mA	根据模式设定	根据模式设定
#18	禁用	—	—
#19	禁止变为可用	K3030	K3030
#20	用 K1 进行功能初始化，初始化结束后自动变为 K0	K0 和 K1	K0
#21~#27	禁用	—	—
#28	断线检测状态（仅在选择电流模式时有效）	—	H0000
#29	错误状态	—	H0000
#30	机型代码 K3030	—	K3030
#31~#35	PLC 在 STOP 时，通道 1~4 的输出数据（仅在 BFM #5=H○○2○时有效）	根据模式设定	K0
#36、#37	禁用	—	—

表 3-5　BFM #0 输出模式设定表

设　定　值	输 出 模 式	模拟量输出范围	数字量输入范围
0	电压输出模式	-10 V~10 V	-32000~32000
1	电压输出模拟量值（mV）指定模式	-10 V~10 V	-10000~10000

（续）

设定值	输出模式	模拟量输出范围	数字量输入范围
2	电流输出模式	0~20 mA	0~32000
3	电流输出模式	4 mA~20 mA	0~32000
4	电流输出模拟量值（μA）指定模式	4 mA~20 mA	0~20000
5~E	无效	—	—
F	通道不使用	—	—

改变输出模式时，输出停止，输出状态（BFM #6）中自动写入 H0000，输出模式变更结束后，输出状态（BFM #6）中自动写入 H1111，并恢复输出。输出模式的设定需要约 5 s 钟，改变了输出模式时，需设计 5 s 以上的时间延迟，再执行各设定的写入。

4. 模拟量输出的编程

在输出模式设定后，各设定的写入时间在 5 秒以上，一旦指定了输出模式，是被断电保持的。此后如果使用相同的输出模式，则可以省略输出模式的指定以及 T0 K50 的等待时间。

图 3-23 中，设 FX_{3U}-4DA 的单元号为 0，设定通道 1、通道 2 为模式 0（电压输出，-10 V~10 V)，设定通道 3 为模式 3（电流输出，4 mA~20 mA)，设定通道 4 为模式 2（电流输出，0~20 mA)。

执行图 3-23 中的指令后，第 1 通道输出 3. 125 V 电压信号，第 2 通道输出 4. 688 V 电压信号，第 3 通道输出 14. 0 mA 电流信号，第 4 通道输出 18. 75 mA 电流信号。

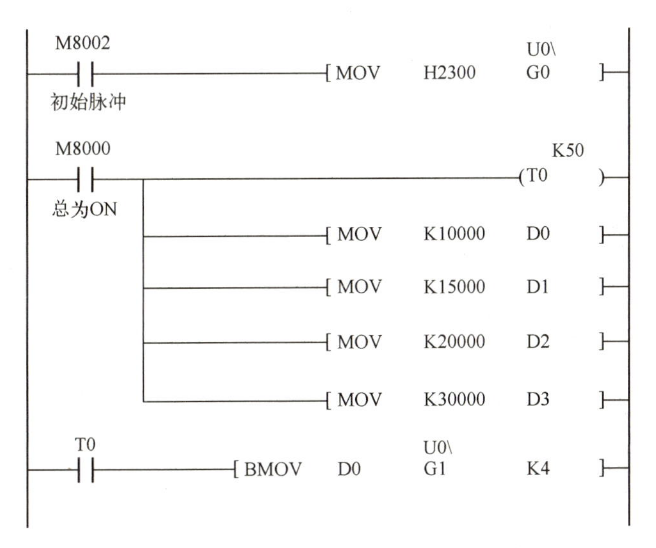

图 3-23 FX_{3U}-4DA 的模拟量输出程序

5. 模块参数恢复出厂设置

FX_{3U}-4DA 恢复出厂设置的程序与 FX_{3U}-4AD 类似，如图 3-14 所示。

视频“FX_{3U}-4DA”可通过扫描二维码 3-4 播放。

二维码 3-4

3.1.5 FX$_{3U}$-4DA-ADP 模块

1. 端子与接线

FX$_{3U}$-4DA-ADP 是安装在 FX$_{3U}$系列 PLC 基本单元左侧的特殊适配器，FX$_{3U}$系列 PLC 基本单元可以连接 4 台模拟量适配器（包括模拟量功能扩展板），从最靠近基本单元左侧开始向左依次为第 1 台、第 2 台、第 3 台和第 4 台，但是高速输入特殊适配器、通信特殊适配器、CF 卡特殊适配器不包含在内。FX$_{3U}$-4DA-ADP 特殊适配器只有两种直流信号输出形式，分别为电压 0~10V（数字量为 0~4000），电流 4~20 mA（数字量为 0~4000）。图 3-24 为 FX$_{3U}$-4DA-ADP 的端子排列及含义，图 3-25 为 FX$_{3U}$-4DA-ADP 的输出接线图。

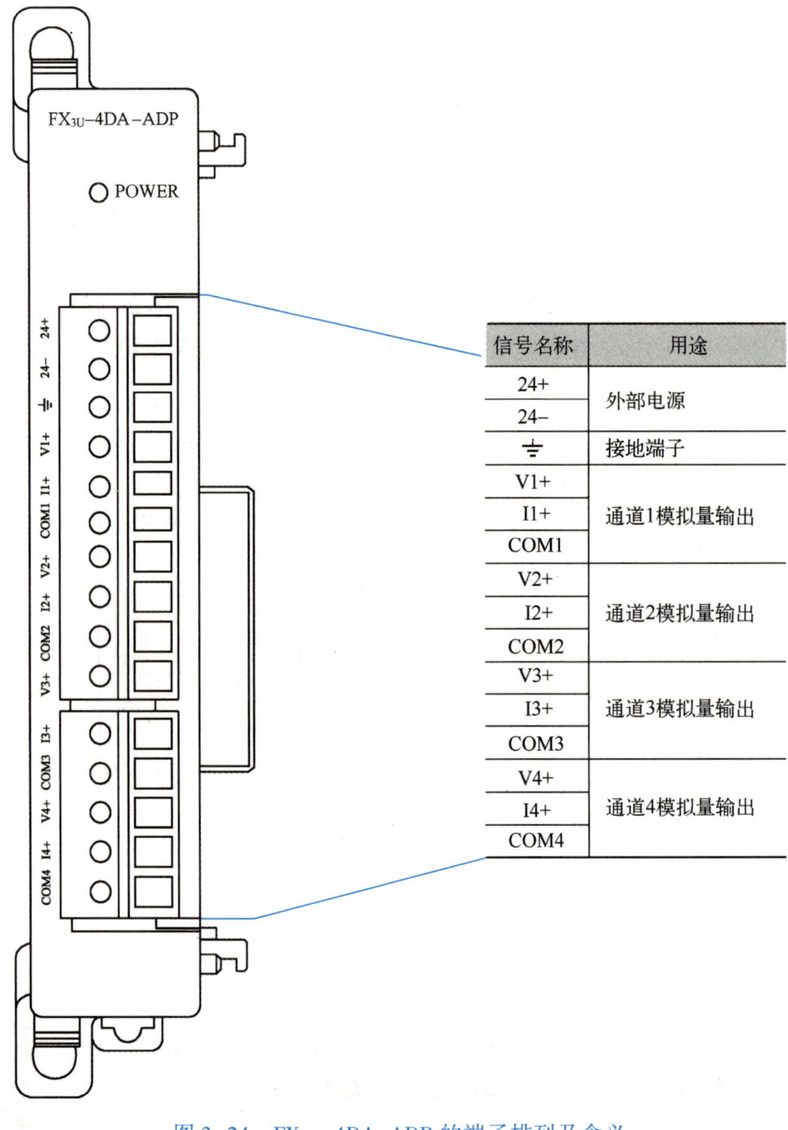

信号名称	用途
24+	外部电源
24−	
⏚	接地端子
V1+	通道1模拟量输出
I1+	
COM1	
V2+	通道2模拟量输出
I2+	
COM2	
V3+	通道3模拟量输出
I3+	
COM3	
V4+	通道4模拟量输出
I4+	
COM4	

图 3-24　FX$_{3U}$-4DA-ADP 的端子排列及含义

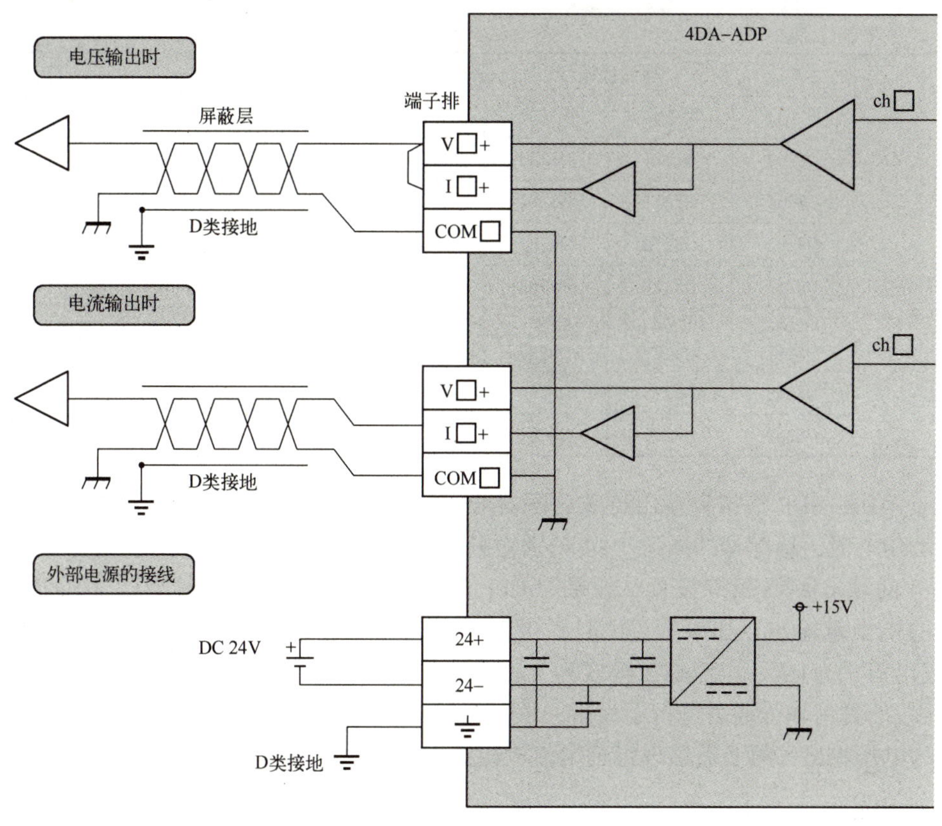

图 3-25　FX3U-4DA-ADP 的输出接线图

□—V□+、I□+、ch□的□中为输入通道号。

模拟量的输出接线最好与其他动力线或者易于受感应的线分开布线，在电压输出时，负载接在 V□+端子和 COM□，在电流输出时，负载接在 I□+端子和 COM□。

2. 特殊软元件

FX_{3U}-4DA-ADP 模拟量输出特殊适配器有 4 个输出通道。相应的特殊辅助继电器为 ON 或 OFF 时，适配器的通道分别为电流输出和电压输出；相应的特殊数据寄存器用来写入相应通道的输出数据，其特殊软元件如表 3-6 所示。

表 3-6　FX_{3U}-4DA-ADP 特殊软元件表

特殊软元件	软元件编号				作　用	属　性
	第 1 台	第 2 台	第 3 台	第 4 台		
特殊辅助继电器	M8260	M8270	M8280	M8290	通道 1 输出模式切换	R/W
	M8261	M8271	M8281	M8291	通道 2 输出模式切换	R/W
	M8262	M8272	M8282	M8292	通道 3 输出模式切换	R/W
	M8263	M8273	M8283	M8293	通道 4 输出模式切换	R/W
	M8264～M8267	M8274～M8277	M8284～M8287	M8294～M8297	通道 1～4 输出保持/解除的设定	R/W
	M8268～M8269	M8278～M8279	M8288～M8289	M8290～M8289	禁用	—

（续）

特殊软元件	软元件编号				作　用	属　性
	第1台	第2台	第3台	第4台		
特殊数据寄存器	D8260	D8270	D8280	D8290	通道1输出数据	R/W
	D8261	D8271	D8281	D8291	通道2输出数据	R/W
	D8262	D8272	D8282	D8292	通道3输出数据	R/W
	D8263	D8273	D8283	D8293	通道4输出数据	R/W
	D8264~D8267	D8274~D8277	D8284~D8287	D8294~D8297	禁用	—
	D8268	D8278	D8288	D8298	错误状态	R/W
	D8269	D8279	D8289	D8299	机型代码=1	R

FX_{3U}-4DA-ADP模拟量输出特殊适配器若为第1台，当特殊辅助继电器M8260~M8263为ON和OFF时，适配器的通道1~4分别为电流输出和电压输出。M8264~M8267分别用于通道1~4的输出保持/解除设置，如果为OFF时，当PLC从RUN进入STOP时对应通道保持最后的模拟量输出；如果为ON时，当PLC从RUN进入STOP时对应通道输出偏置值（电压输出模式为0 V，电流输出模式为4 mA）。

图3-26是对输入通道进行了设定，假设为第1台模拟量输出特殊适配器，其中第1通道设定为电压输出，第2通道设定为电流输出。

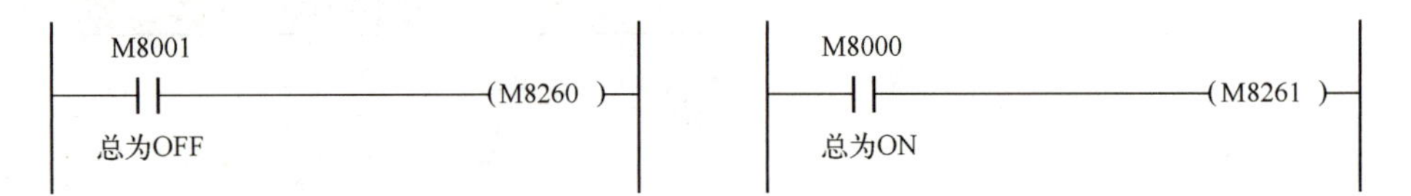

图3-26　FX_{3U}-4DA-ADP的输入通道设定

图3-27中，对D100中保存的数字值进行第1台模拟量输出特殊适配器的通道1的D/A转换后输出；对D101中保存的数字值进行第1台模拟量输出特殊适配器的通道2的D/A转换后输出。

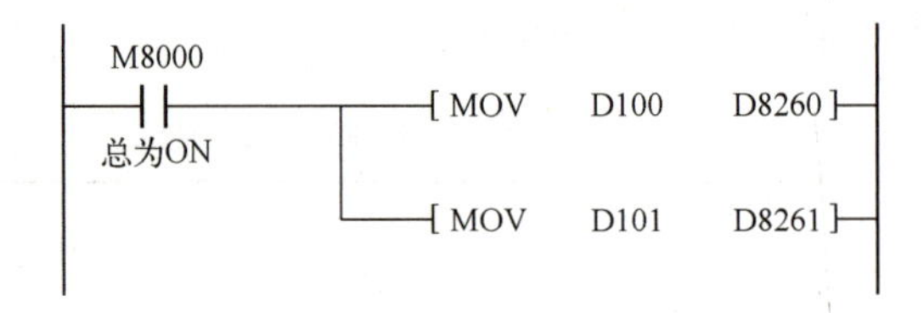

图3-27　FX_{3U}-4DA-ADP的写入数据示例

FX_{3U}-4DA-ADP模拟量输出特殊适配器若为第1台，特殊数据寄存器D8268用于保存适配器的错误信息，其中b0~b3位分别为通道1~4的输出数据设定值错误；b4位为EEPROM错误；b6位为FX_{3U}-4DA-ADP硬件错误（含电源异常）；其他位未使用。

将1 V~5 V（400~2000）的模拟量输出，变更为0~10000范围内的数字值，可以使用功能SCL指令（FNC 259）改变输出特性，如图3-28所示。表3-7为对应坐标转换的设定。

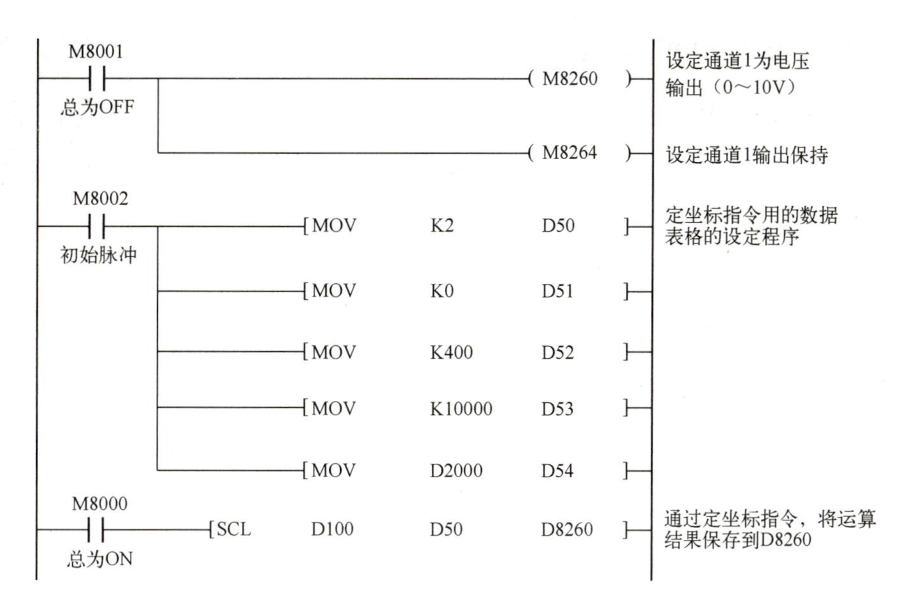

图 3-28 对模拟量输出进行数字量更改的程序

表 3-7 对应坐标转换的设定

项　目		内　容	值	软 元 件
点　数		设 定 点 数	2	D50
起点	X 坐标	指定的作为 X 坐标起点的数字值	0	D51
	Y 坐标	D/A 转换数字值的起点数据	400	D52
终点	X 坐标	指定的作为 X 坐标终点的数字值	10000	D53
	Y 坐标	D/A 转换数字值的终点数据	2000	D54

3. 写入模拟量输出数据

在图 3-29 中，FX_{3U}的第 1 台 FX_{3U}-4DA-ADP 模拟量输出特殊适配器的通道 1 被设定为电压输出、输出保持，通道 2 为电流输出、输出保持被解除。将数据寄存器 D0 和 D1 中的值送入通道 1 和通道 2 进行 D-A 转换。

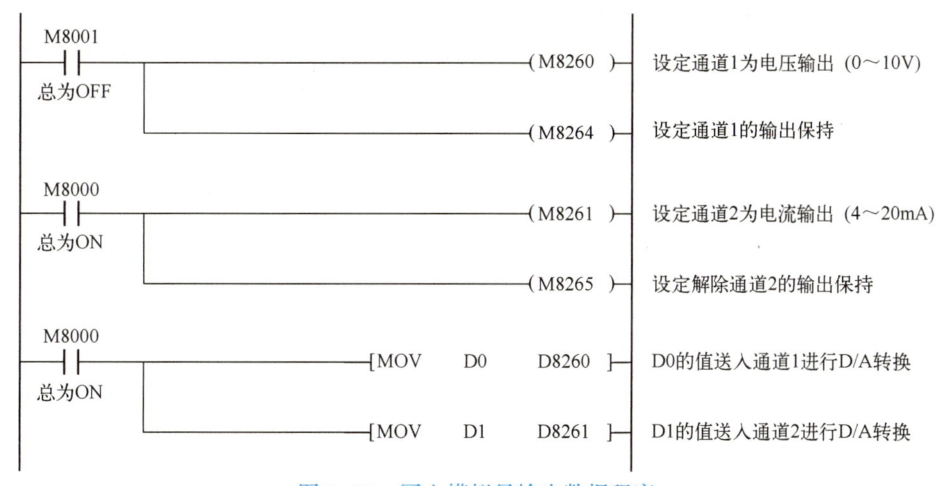

图 3-29 写入模拟量输出数据程序

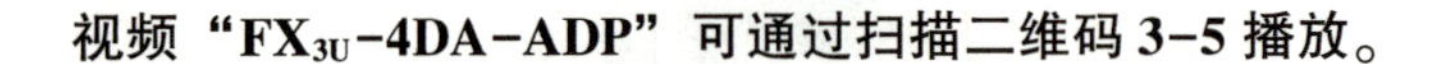

视频“FX$_{3U}$-4DA-ADP”可通过扫描二维码 3-5 播放。

二维码 3-5

3.1.6 FX$_{3U}$-3A-ADP 模块

1. 端子与接线

FX$_{3U}$-3A-ADP 是安装在 FX$_{3U}$系列 PLC 基本单元左侧的模拟量输入/输出混合特殊适配器，它是具有 2 通道模拟量输入和 1 通道模拟量输出的混合特殊适配器。它的输入信号为直流电压（0~10 V）和直流电流（4~20 mA）；它的模拟量输出信号为直流电压（0~10 V）和直流电流（4~20 mA）。数字量输入/输出为 12 位二进制，分辨率为 2.5 mV（10 V/4000）或 5 μA（16 mA/3200）。图 3-30 为 FX$_{3U}$-3A-ADP 的接线端子排列及含义，图 3-31 为输入接线图，图 3-32 为输出接线图。

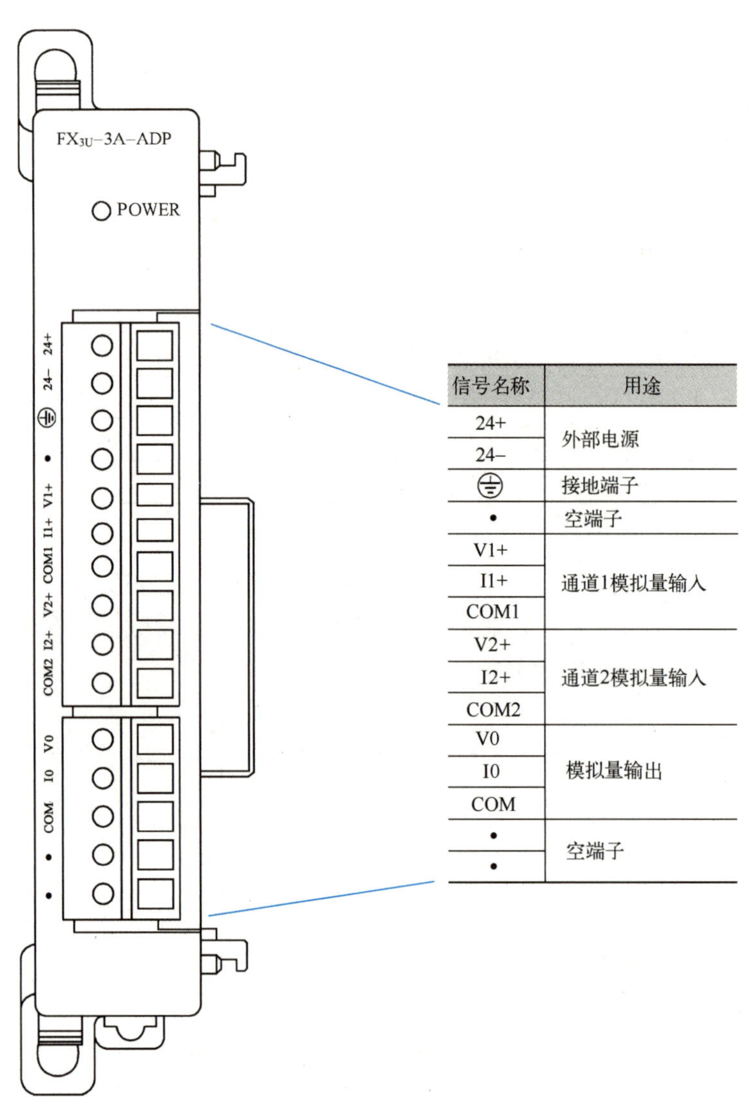

信号名称	用途
24+	外部电源
24-	
⏚	接地端子
•	空端子
V1+	通道1模拟量输入
I1+	
COM1	
V2+	通道2模拟量输入
I2+	
COM2	
V0	模拟量输出
I0	
COM	
•	空端子
•	

图 3-30 FX$_{3U}$-3A-ADP 的端子排列及含义

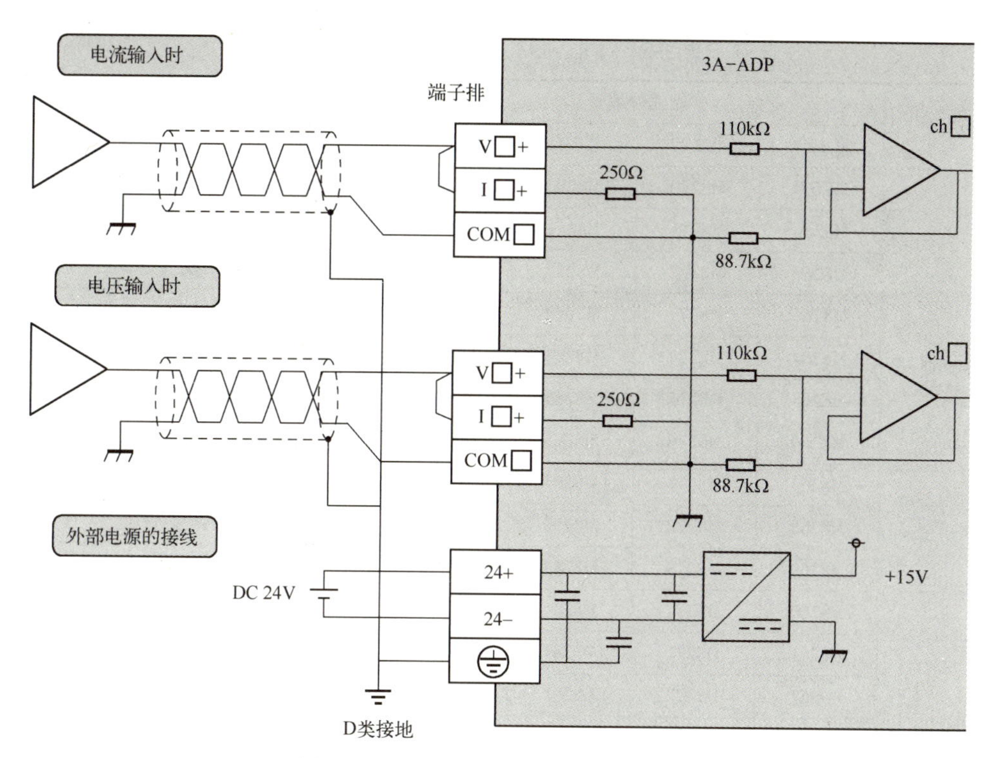

图 3-31　FX$_{3U}$-3A-ADP 的输入接线图

□—V□+、I□+、ch□的□中为输入通道编号。

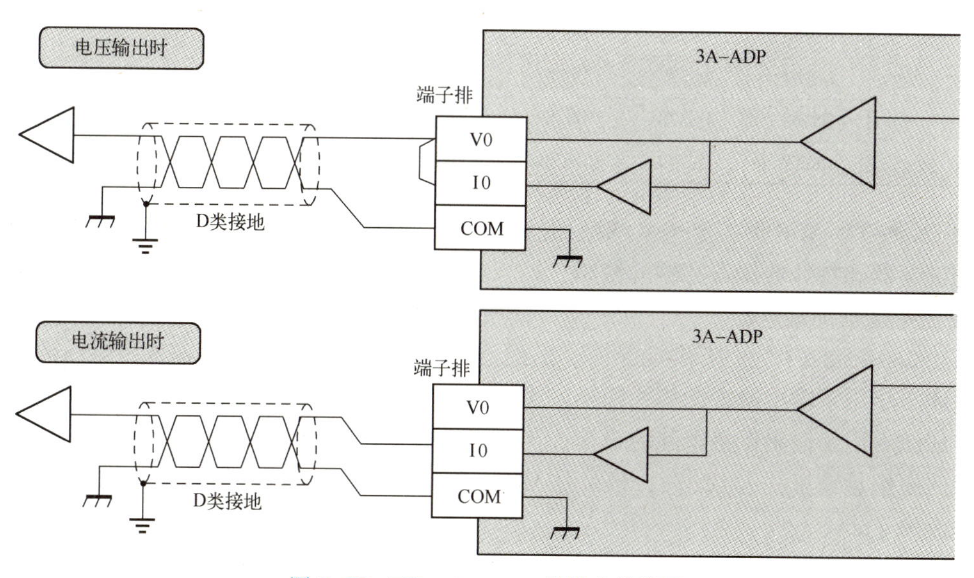

图 3-32　FX$_{3U}$-3A-ADP 的输出接线图

2. 特殊软元件

FX$_{3U}$-3A-ADP 模拟量输入/输出混合特殊适配器也同前述的 4AD-ADP 和 4DA-ADP 一样，相应的特殊辅助继电器为 ON 或 OFF 时，适配器的通道分别为电流输入/输出和电压输入/输出；相应的特殊数据寄存器用来写入相应通道的输出数据，其特殊软元件如表 3-8 所示。

表 3-8　FX_{3U}-3A-ADP 特殊软元件表

特殊软元件	软元件编号				内　容	属　性
	第 1 台	第 2 台	第 3 台	第 4 台		
特殊辅助继电器	M8260	M8270	M8280	M8290	通道 1 输入模式切换	R/W
	M8261	M8271	M8281	M8291	通道 2 输入模式切换	R/W
	M8262	M8272	M8282	M8292	输出模式切换	R/W
	M8263	M8273	M8283	M8293	禁用	—
	M8264	M8274	M8284	M8294		
	M8265	M8275	M8285	M8295		
	M8266	M8276	M8286	M8296	输出保持解除的设定	R/W
	M8267	M8277	M8287	M8297	设定输入通道 1 是否使用	R/W
	M8268	M8278	M8288	M8298	设定输入通道 2 是否使用	R/W
	M8269	M8279	M8289	M8299	设定输出通道是否使用	R/W
特殊数据寄存器	D8260	D8270	D8280	D8290	通道 1 输入数据	R
	D8261	D8271	D8281	D8291	通道 2 输入数据	R
	D8262	D8272	D8282	D8292	输出所设定的数据	R/W
	D8263	D8273	D8283	D8293	禁用	—
	D8264	D8274	D8284	D8294	通道 1、2 平均采样次数（设定范围 1~4095）	R/W
	D8265	D8275	D8285	D8295		
	D8266	D8276	D8286	D8296	禁用	—
	D8267	D8277	D8287	D8297		
	D8268	D8278	D8288	D8298	错误状态	R/W
	D8269	D8279	D8289	D8299	机型代码 = 1	R

对 FX_{3U}-3A-ADP 模拟量输入/输出混合特殊适配器现以第 1 台位置为例，说明有关特殊辅助继电器和特殊数据寄存器的使用。

（1）特殊辅助继电器

- M8260~M8261 为 ON 和 OFF 时，适配器的通道 1~2 分别为电流输入和电压输入。
- M8262 用于输出通道的模式切换，为 ON 和 OFF 时，分别为电流输出和电压输出。
- M8266 用于输出保持解除的设定，为 OFF 时，PLC 从 RUN 进入 STOP 时，保持之前的模拟量输出，为 ON 时，PLC 从 RUN 进入 STOP 时，输出偏置值（电压为 0V，电流为 4 mA）。
- M8267~M8269 用来设定输入和输出通道是否使用，为 OFF 时使用相应通道，为 ON 时不使用相应通道。

（2）特殊数据寄存器

- D8260 和 D8261 为通道 1 和通道 2 的输入数据。
- D8262 为输出的设定数据。
- D8264 和 D8265 为通道 1 和通道 2 的平均采样次数。
- D8268 为错误状态，其中 b0 和 b1 位为检测出通道 1 和 2 上限量程溢出；b2 位为输出数据设定值错误；b4 位为 EEPROM 错误；b5 位为平均采样次数设定值错误；b6 位为 3A-ADP 硬件错误（含电源异常）；b7 位为 3A-ADP 通信数据错误；b8 和 b9 位为检测出通道 1 和 2 下限量程溢出；其他位未使用。

- D8269 中存放的是特殊适配器的种类代码。

当 PLC 电源由 OFF 到 ON 时，FX_{3U}-3A-ADP 硬件错误（含电源异常）和通信数据错误需要用程序来清除，如图 3-33 所示。

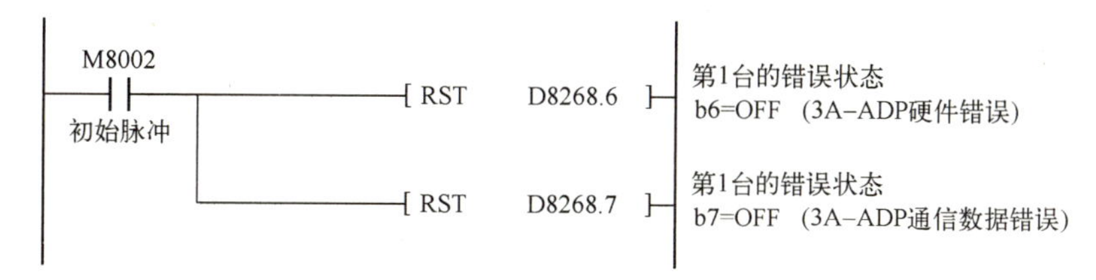

图 3-33 硬件和通信数据错误的清除程序

对 FX_{3U}-3A-ADP 特殊适配器错误状态的监视编程或恢复出厂设置，与 FX_{3U}-4AD-ADP 和 FX_{3U}-4DA-ADP 相同，参见 3.1.4 小节。

3. 读/写模拟量数据

图 3-34 中的程序是设定第 1 台的输入通道 1 为电压输入、输入通道 2 为电流输入，并将它们的 A/D 转换值分别保存在 D100、D101 中。此外，设定输出通道为电压输出，并将 D/A 转换数字值设定在 D102 中。即使不在 D100 和 D101 中保存输入数据，也可以在定时器、计数器的设定值或者 PID 指令等中直接使用 D8260 和 D8261。

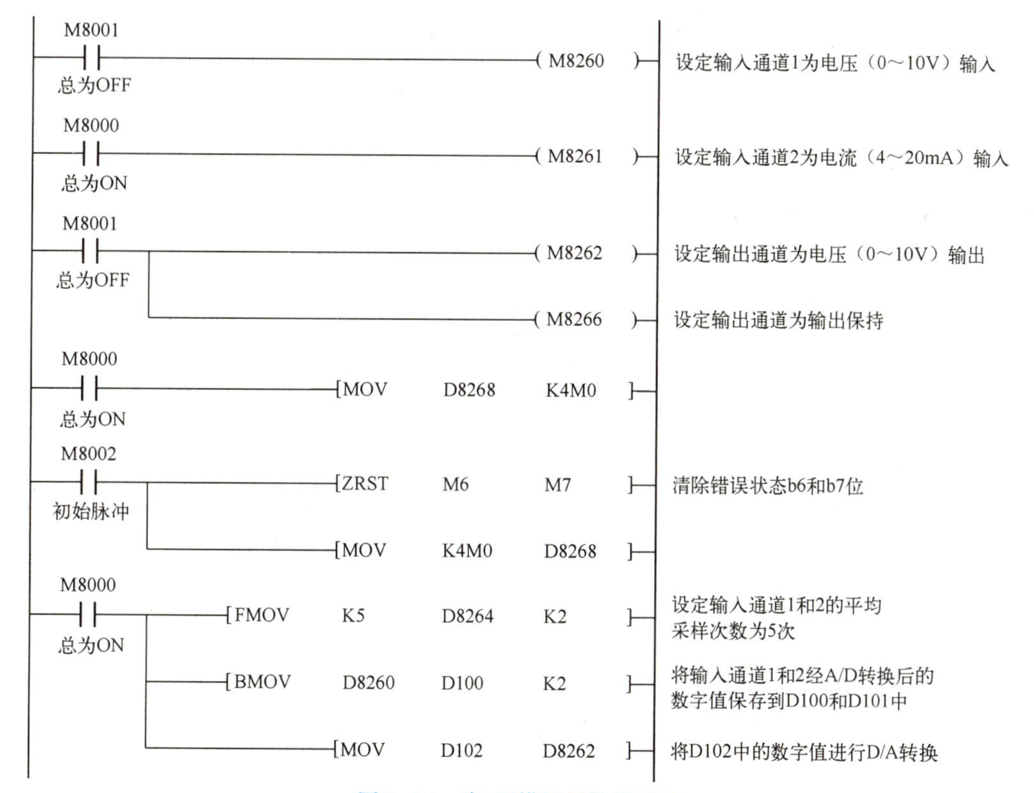

图 3-34 读/写模拟量数据程序

3.1.7 实训 12 炉温系统的 PLC 控制——功能模块读/写指令

【实训目的】

- 掌握模拟量模块及适配器的输入接线；
- 掌握模拟量模块及适配器的单元号分配；
- 掌握模拟量模块及适配器的数据读/写方法。

【实训任务】

本实训任务是用 PLC 实现炉温控制。系统由一组 10 kW 的加热器进行加热，温度要求控制在 50~60℃，炉内温度由一温度传感器进行检测，系统起动后当炉内温度低于 50℃时，加热器自行起动加热；当炉内温度高于 60℃时，加热器停止运行。同时，要求系统炉温在被控范围内绿灯常亮，低于被控温度 50℃时黄灯亮，高于被控温度 60℃时红灯亮。

【实训步骤】

1. I/O 分配

根据任务分析可知，对输入量、输出量进行 I/O 分配，如表 3-9 所示。

表 3-9 炉温控制 I/O 分配表

输　入		输　出	
输入继电器	元　件	输出继电器	元　件
X000	起动按钮 SB1	Y000	交流接触器 KM
X001	停止按钮 SB2	Y004	黄灯 HL1
		Y005	绿灯 HL2
		Y006	红灯 HL3

2. 主电路及 I/O 接线图

根据控制要求及表 3-9 的 I/O 分配表，炉温控制主电路图和 I/O 接线图可绘制如图 3-35 和图 3-36 所示。

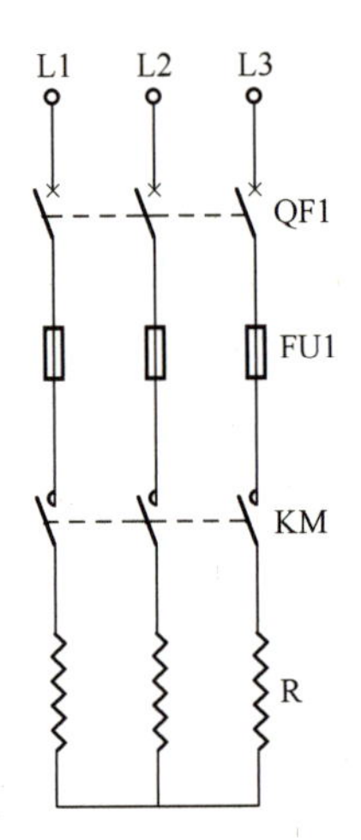

图 3-35 炉温控制主电路

3. 创建工程项目

创建一个工程项目，并命名为炉温控制。

4. 编写程序

根据要求编写的梯形图如图 3-37 所示。因模拟量适配器 FX_{3U}-3A-ADP 输入信号为直流电压（0~10 V），经 A/D 转换后的数字量为 0~4000，因此 50℃对应数字量为 2000，60℃对应数字量为 2400。

5. 调试程序

将程序下载到仿真软件中，起动系统来人工修改特殊数据存在器 D8260 的值，观察程序是否运行正确。程序调试无误后，下载到 PLC 中，先调试 PLC 控制线路（主电路断电），观察交流接触器 KM

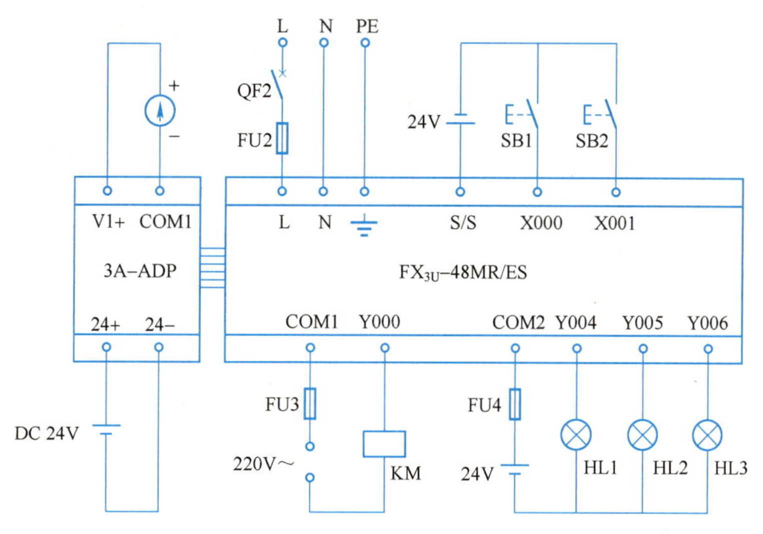

图 3-36 炉温控制 I/O 接线图

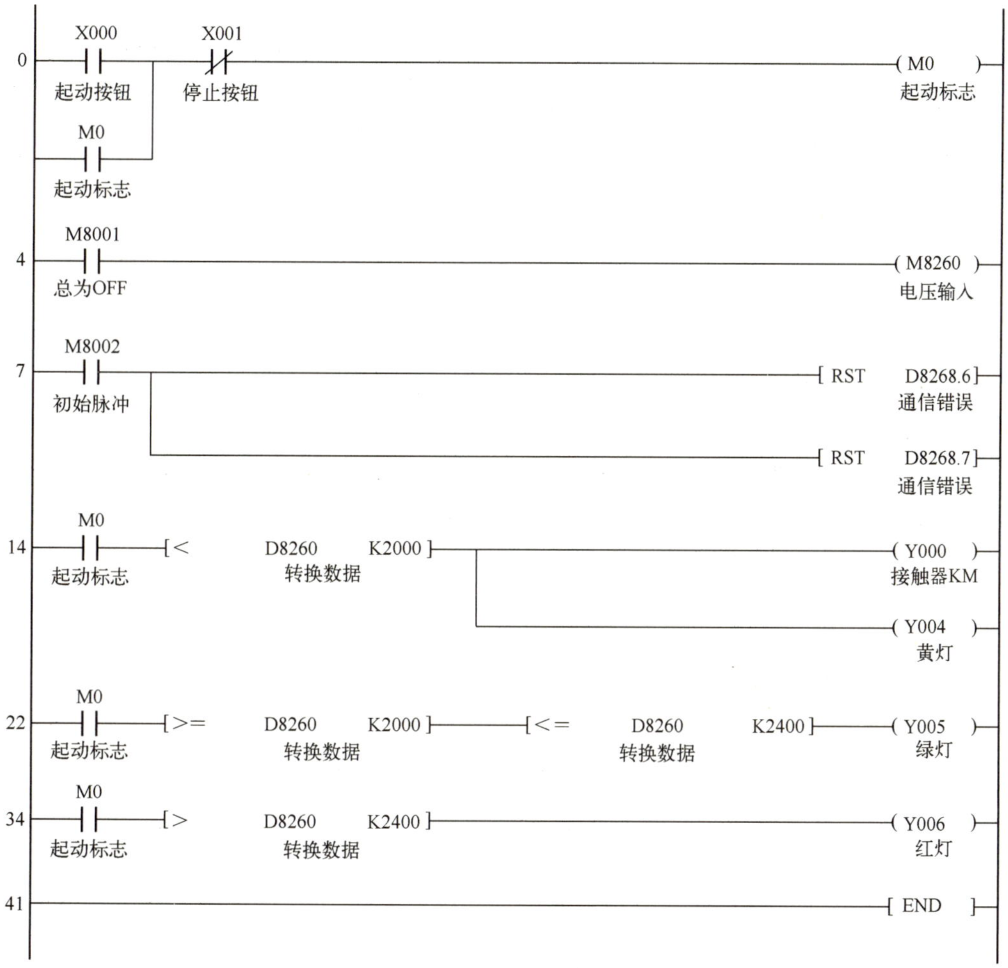

0 X000 起动按钮 X001 停止按钮 M0 起动标志 (M0) 起动标志

4 M8001 总为OFF (M8260) 电压输入

7 M8002 初始脉冲 [RST D8268.6] 通信错误

[RST D8268.7] 通信错误

14 M0 起动标志 [< D8260 转换数据 K2000] (Y000) 接触器KM

(Y004) 黄灯

22 M0 起动标志 [>= D8260 转换数据 K2000] [<= D8260 转换数据 K2400] (Y005) 绿灯

34 M0 起动标志 [> D8260 转换数据 K2400] (Y006) 红灯

41 [END]

图 3-37 炉温控制梯形图

和指示灯动作情况，是否与控制要求一致，若一致再调试主电路直至调试正常为止。

【实训交流】

如果 PLC 的基本单元（CPU）的输入/输出点数不够使用，那么可通过输入/输出扩展模块来增加输入/输出点数。只要通过硬件物理连接后，在 PLC 上电时，会自动对输入/输出模块进行 X 和 Y 编号（8 进制数）分配，不需要通过参数指定输入/输出编号。

在输入/输出扩展模块中，会继续接着前面的输入编号和输出编号，分配得到各自的输入编号和输出编号。但是，首位数必须从 0 开始，如以 X043 结束，那么下一个输入编号就从 X050 开始。使用 FX_{3U} 的输入/输出扩展模块（例如 FX_{3U}-16MR/ES，FX_{3U} 系列的输入/输出扩展模块全为混合型，输入和输出点各占一半）不会产生空号（扩展号全是 16 的整数倍），而使用 FX_{2N} 的输入/输出扩展模块（有输入型、输出型、输入/输出混合型）就有可能产生空号（因为扩展号是 8 的整数倍），例如 FX_{2N}-8ER，输入和输出各为 4 点，输入和输出紧接着的 4 点就为空号。

【实训拓展】

训练 1　使用电流输出型变送器和模拟量适配器 FX_{3U}-3A-ADP 实现对本任务的控制。

训练 2　使用模拟量输入模块 FX_{3U}-4AD 实现对本任务的控制。

3.2　PID 指令

3.2.1　PID 指令介绍

1. 模拟量闭环控制系统的组成

模拟量闭环控制系统的组成如图 3-38 所示，点画线部分在 PLC 内。在模拟量闭环控制系统中，被控制量 $c(t)$（如温度、压力、流量等）是连续变化的模拟量，某些执行机构（如电动调节阀和变频器等）要求 PLC 输出模拟信号 $M(t)$，而 PLC 的 CPU 只能处理数字量。$c(t)$ 首先被检测元件（传感器）和变送器转换为标准量程的直流电流或直流电压信号 $pv(t)$，PLC 的模拟量输入模块用 A/D 转换器将它们转换为数字量 $pv(n)$。

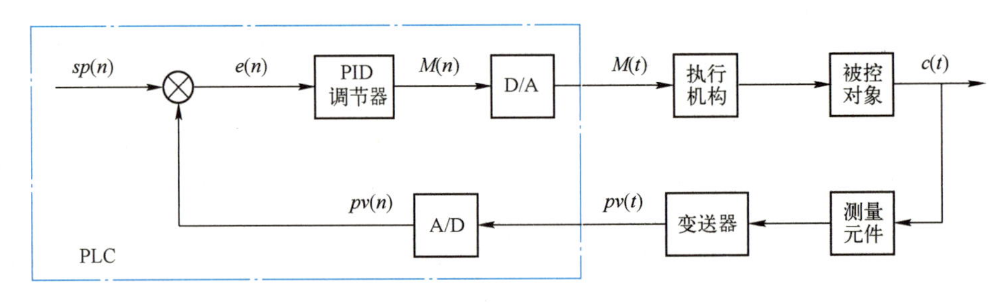

图 3-38　PLC 模拟量闭环控制系统的组成框图

PLC 按照一定的时间间隔采集反馈量，并进行调节控制的计算。这个时间间隔称为采样周期（或称为采样时间）。图 3-38 中的 $sp(n)$、$pv(n)$、$e(n)$、$M(n)$ 均为第 n 次采样时的数字量，$pv(t)$、$M(t)$、$c(t)$为连续变化的模拟量。

如在温度闭环控制系统中，用传感器检测温度，温度变送器将传感器输出的微弱的电压信号转换为标准量程的电流或电压，然后送入 PLC 的模拟量输入模块，经 A/D 转换后得到与温度成比例的数字量，CPU 将它与温度设定值进行比较，并按某种控制规律（如 PID 控制算法）对误差进行计算，将计算结果（数字量）送入 PLC 的模拟量输出模块，经 D/A 转换后变为电流信号或电压信号，用来控制加热器的平均电压，实现对温度的闭环控制。

2. PID 指令

在工业生产过程中，模拟量 PID（由比例、积分、微分构成的闭合回路）调节是常用的一种控制方法。FX_{3U}系列 PLC 设置了专门用于 PID 运算的参数表和 PID 回路指令，可以方便地实现 PID 运算。

（1）PID 算法

在一般情况下，控制系统主要针对被控参数 PV_n（又称为过程变量）与期望值 SP_n（又称为给定值）之间产生的偏差 EV_n进行 PID 运算。

典型的 PID 算法包括 3 项：比例项、积分项和微分项，即输出 = 比例项+积分项+微分项。

$$M(t) = K_p e + K_i \int e\mathrm{d}t + K_d \mathrm{d}e/\mathrm{d}t$$

式中，$M(t)$为经过 PID 运算后的输出值（随时间变化的输出值）；e 是过程值与给定值之间的差；K_p是比例放大系数（或称增益）；K_i是积分时间系数，K_d是微分时间系数。

计算机在周期性采样并离散化后进行 PID 运算，算法如下所示。

$$M_n = K_p \times (SP_n - PV_n) + K_p \times (T_s / T_i) \times (SP_n - PV_n) + M_x + K_p \times (T_d / T_s) \times (PV_{n-1} - PV_n)$$

式中各物理量的含义见表 3-2。

- 比例项 $K_p \times (SP_n - PV_n)$：能及时地产生与偏差成正比的调节作用，比例系数越大，比例调节作用越强，系统的调节速度越快，但比例系数过大会使系统的输出量振荡加剧，稳定性降低。
- 积分项 $K_p \times (T_s / T_i) \times (SP_n - PV_n) + M_x$：与偏差有关，只要偏差不为 0，PID 控制的输出就会因积分作用而不断变化，直到偏差消失，系统处于稳定状态，所以积分项的作用是消除稳态误差，提高控制精度，但积分的动作缓慢，给系统的动态稳定带来不良影响，很少单独使用。从式中可以看出，积分时间常数增大，积分作用减弱，消除稳态误差的速度减慢。
- 微分项 $K_p \times (T_d / T_s) \times (PV_{n-1} - PV_n)$：根据误差变化的速度（即误差的微分）进行调节，具有超前和预测的特点。微分时间常数 T_d 增大，超调量减少，动态性能得到改善，如 T_d 过大，系统输出量在接近稳态时可能上升缓慢。

（2）PID 指令

PID 指令（FNC 88）举例如图 3-39 所示，源操作数（S1·）、（S2·）、（S3·）和目标操作数（D·）均为数据寄存器 D。（S1·）用来存放给定值 SV，（S2·）用来存放本次采样的测量值 PV，PID 指令占用起始软元件号为（S3·）的连续的 25 个数据寄存器，用来存放控制参数的值，运算结果（PID 输出值）MV 用目标操作数（D·）存放。然后再将目标操作数（D·）中的内容写入到模拟量功能模块（或模拟量适配器）中以输出一个模拟量，用来控制执行机构的动作。

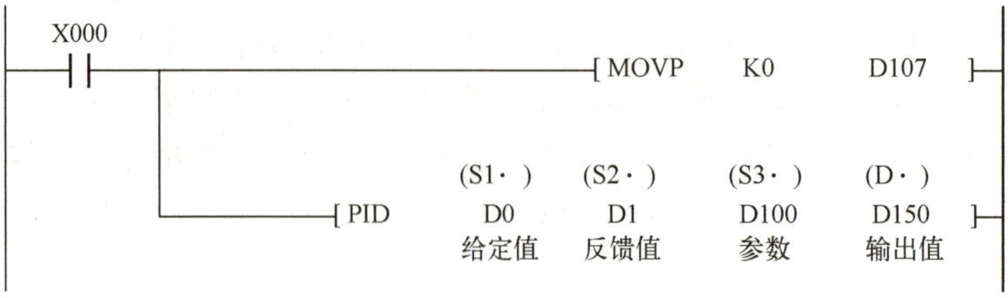

X000
[MOVP K0 D107]
[PID (S1·) D0 给定值 (S2·) D1 反馈值 (S3·) D100 参数 (D·) D150 输出值]

图 3-39 PID 指令

在开始执行 PID 指令之前，应使用 MOV 指令将各参数和设定值预先写入指令指定的数据寄存器，如表 3-10 所列。如果使用有断电保持功能的数据寄存器，不需要重复写入。如果目标操作数（D·）有断电保持功能，应使用初始脉冲 M8002 的常开触点将它复位。

表 3-10 PID 指令参数表

数据寄存器地址	参数设定内容	参数设定范围及应用说明
(S3·)	采样时间（T_s）	1~32767 ms，若设定值比运算周期短，则无法执行
(S3·)+1	动作方向（ACT）	b0=0：正向动作；b0=1：反向动作 b1=0：无输入变量报警；b1=1：输入变量报警有效 b2=0：无输出变量报警；b2=1：输出变量报警有效 b3：不可设置 b4=0：不执行自动调谐；b4=1：自动执行调谐 b5=0：不设定输出值上/下限；b5=1：输出值上/下限设定有效 b6~b15：禁用 （b2 和 b5 不可同时为 ON）
(S3·)+2	输入滤波常数（a）	0%~99%，设定为 0 时无输入滤波
(S3·)+3	比例增益（K_P）	1%~32767%
(S3·)+4	积分时间（T_I）	0~32767（×100 ms），设定为 0 时无积分处理
(S3·)+5	微分增益（K_D）	0%~100%，设定为 0 时无微分增益
(S3·)+6	微分时间（T_D）	0~32767（×100 ms），设定为 0 时无微分处理
(S3·)+7~ (S3·)+19	PID 运算时内部处理用	
(S3·)+20	输入变化量（增加）报警设定	0~32767（b1=1 时有效）
(S3·)+21	输入变化量（减少）报警设定	0~32767（b1=1 时有效）
(S3·)+22	输入变化量（增加）报警设定或输出上限设定	0~32767（b2=1、b5=0 时有效） -32768~32767（b2=0、b5=1 时有效）
(S3·)+23	输入变化量（减少）报警设定或输出下限设定	0~32767（b2=1、b5=0 时有效） -32768~32767（b2=0、b5=1 时有效）
(S3·)+24	报警输出	b0=1：输入变化量（增加）溢出报警 b1=1：输入变化量（减少）溢出报警 b2=1：输出变化量（增加）溢出报警 b3=1：输出变化量（减少）溢出报警

PID 指令可以在定时器中断、子程序、步进程序和跳转指令中使用，但是在执行 PID 指令之前应使用脉冲执行的 MOVP 指令将（S3·）+7 数据寄存器清零（如图 3-38 所示）。

控制参数的设定和 PID 运算中的数据出现错误时，“运算错误”标志 M8067 为 ON，错误代码存放在数据寄存器 D8067 中。

PID 指令可以同时多次调用，但是每次调用时使用的数据寄存器的软元件号不能重复。

3.2.2 实训 13 液位系统的 PLC 控制——PID 指令

【实训目的】

- 掌握闭环控制系统的组成及作用；
- 掌握 PID 指令的应用；
- 掌握模拟量输出特殊适配器的使用。

【实训任务】

本实训任务是用 PLC 实现液位控制。水泵电动机由变频器驱动，在系统起动后要求储水箱水位（-300 mm~+300 mm）保持在水箱中心的-150 mm~+150 mm 范围之内，若水箱水位在高于（或低于）水箱中心+150 mm 时，系统发出报警指示。

【实训步骤】

1. I/O 分配

根据任务分析可知，对输入量、输出量进行 I/O 分配，如表 3-11 所示。

表 3-11 液位控制 I/O 分配表

输　入		输　出	
输入继电器	元　件	输出继电器	元　件
X000	起动按钮 SB1	Y000	交流接触器 KM
X001	停止按钮 SB2	Y004	水泵电动机运行指示灯 HL1
		Y005	水位下限报警指示灯 HL2
		Y006	水位上限报警指示灯 HL3

2. 电气原理图

根据控制要求及表 3-11 的 I/O 分配表，液位控制电气原理图如图 3-40 所示（以三菱变频器 FR-D740 为例）。

3. 创建工程项目

创建一个工程项目，并命名为液位控制。

4. 编写程序

本任务中液位由压差变送器检测，压差变送器的输出信号为 0~10 V（将模拟量模块输入通道 1 设定为 0~10 V 电压输入，将输出通道设定为 0~10 V 电压输出）。输入信号与相应 A/D 转换数值如表 3-12 所示。

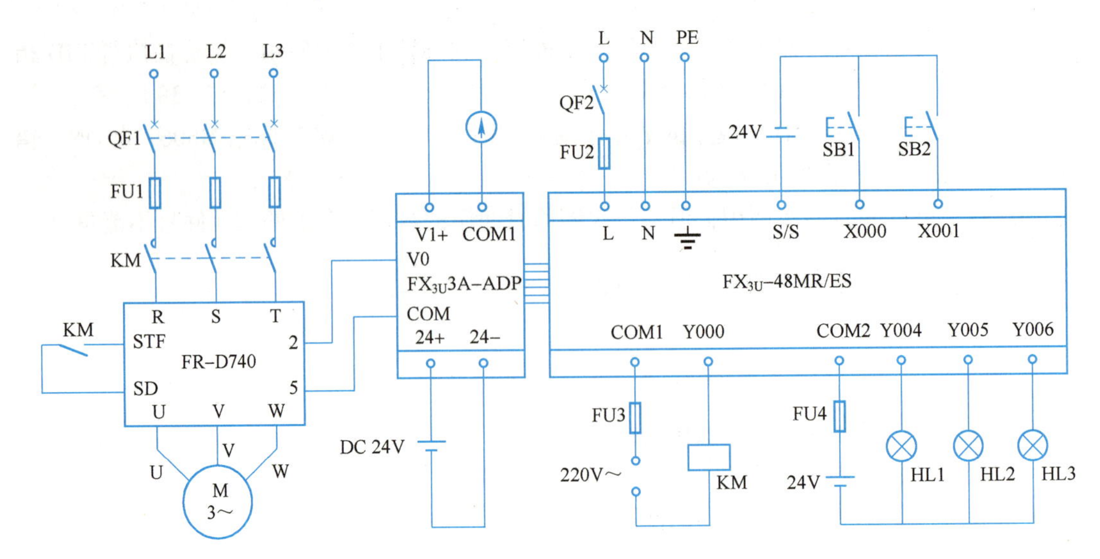

图 3-40　液位控制电气原理图

表 3-12　输入信号与相应 A/D 转换数值

	测量物理范围 -300 mm ~ +300 mm	控制范围 -150 mm ~ +150 mm	报警点 < -150 mm 或> +150 mm
输入信号	0~10 V		
A/D 转换后数值	0~4000	1000~3000	<1000 或 >3000

根据要求，并使用 PID 指令编写的梯形图如图 3-41 所示。

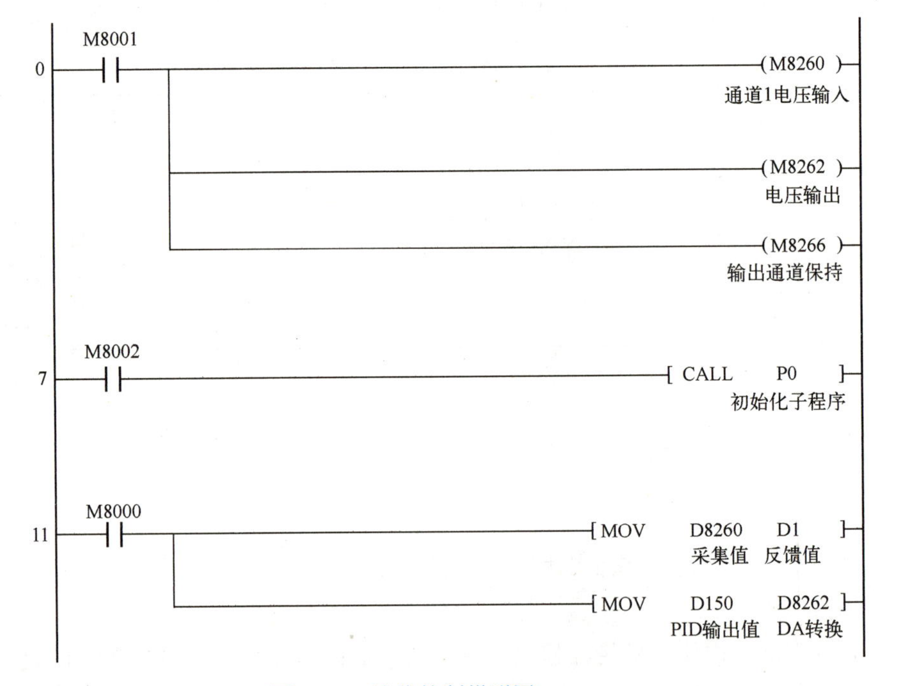

图 3-41　液位控制梯形图

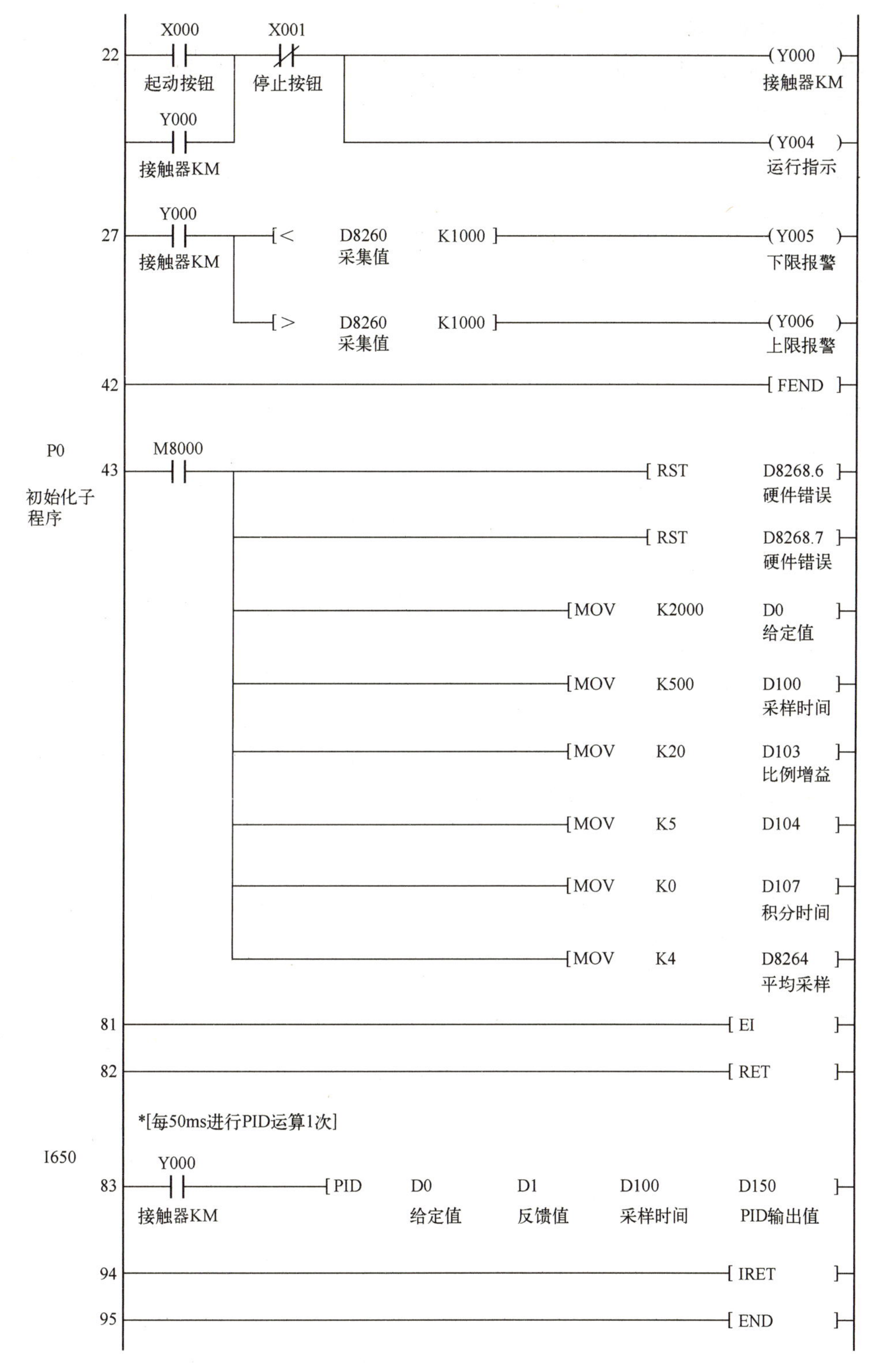

图 3-41　液位控制梯形图（续）

5. 变频器的参数设置

本任务采用的是模拟量输入控制变频器的输出频率，变频器的相关参数设置（水泵电动机的额定数据除外）如表 3-13 所示。

表 3-13　变频器的参数设置

参数号	设置值	内　　容	参数号	设置值	内　　容
P1	50	上限频率（Hz）	P20	50	加/减速基准频率（Hz）
P2	0	下限频率（Hz）	P73	0	电压（0~10 V）
P3	50	基准频率（Hz）	P79	4	用模拟量控制运行速度
P7	3	加速时间（s）	P178	60	正向运行
P8	3	减速时间（s）			

6. 调试程序

将程序下载到仿真软件中，起动系统后人为地连续改变特殊数据寄存器 D8260 的值，观察特殊数据寄存器 D8262 的数据变化。如果运行情况基本满足控制要求，则程序无错误，再将程序下载到 PLC 中，起动系统后人为地改变水位，观察泵机运行情况，如果 PID 调节后，电动机速度变化太快，这时可以改变 PID 调节的比例增益和积分时间，直到水泵电动机的调节速度满足控制要求为止。

联机调试时，若没有液位传感器，最方便的方法就是从 FR-D740 变频器的端子 10 和 5 上引出 10 V 电压，接上电位器，调节电位器使输出电压值在 0~10 V 之间，并将此电压接入至模拟量特殊适配器 FX_{3U}-3A-ADP 的输入通道 1 上。通过调节电位器，相当于实时变化的液位，观察变频器的输出频率变化及三个指示灯的亮灭情况。

【实训交流】

如果调试人员比较熟悉被控对象，或者有类似的控制系统的资料可供参考，PID 控制器的初始参数是比较容易确定的。反之，控制系统的初始参数的确定相对来说比较困难，随意确定的初始参数比最后调试好的参数相差数十倍甚至数百倍，无形中增加了项目调试的工作量。

建议确定 PI 控制器初始参数的步骤为：为了保证系统的安全，避免在首次投入运行时出现系统不稳定或超调量过大的异常情况，在第一次试运行时设置尽量保守的参数，即比例增益不要太大，积分时间不要太小，以保证不会出现较大的超调量。此外还应制订被控量响应曲线上升过快、可能出现较大超调量的紧急处理预案，如迅速关闭系统或马上切换到手动方式。试运行后根据响应曲线的特征和调整 PID 控制的一般做法来修改控制器的参数。

【实训拓展】

训练 1　用模拟量功能模块实现手动调节变频器驱动的电动机速度。要求当长按调速按钮 3 s 以上后进入调速状态，每次按下增速按钮，变频器输出频率增加 2 Hz；每次按下减速按钮，变频器输出频率减小 2 Hz。若 3 s 内未按下增速或减速按钮则系统自动退出调速状态。

训练 2　用 PID 指令实现恒温排风系统的控制，要求当温度在被控范围里（50℃ ~ 60℃）时，由变频器驱动的排风机转速为 0；若温度高于 60℃时，排风机转速变快，温度越高排风机的转速也相应越快。

3.3 高速脉冲指令

3.3.1 编码器

编码器（Encoder）是将角位移或直线位移转换成电信号的一种装置，是对信号（如比特流）或数据进行编制将其转换为用于通信、传输和存储等的信号形式。按照其工作原理，编码器可分为增量式和绝对式两类。增量式编码器是将位移转换成周期性的电信号，再把这个电信号转变成计数脉冲，用脉冲的个数表示位移的大小。绝对式编码器的每一个位置对应一个确定的数字码，因此它的实际值只与测量的起始和终止位置有关，而与测量的中间过程无关。

（1）增量式编码器

光电增量式编码器的码盘上有均匀刻制的光栅。码盘旋转时，输出与转角的增量成正比的脉冲，需要用计数器来统计脉冲数。根据输出信号的个数，有 3 种增量式编码器。

1）单通道增量式编码器。

单通道增量式编码器内部只有 1 对光电耦合器，只能产生一个脉冲序列。

2）双通道增量式编码器。

双通道增量式编码器又称为 A、B 相型编码器，内部有两对光电耦合器，能输出相位差为 90°的两组独立脉冲序列。正转和反转时，两路脉冲的超前、滞后关系刚好相反，如图 3-42 所示。如果使用 A、B 相型编码器，PLC 可以识别出转轴旋转的方向。

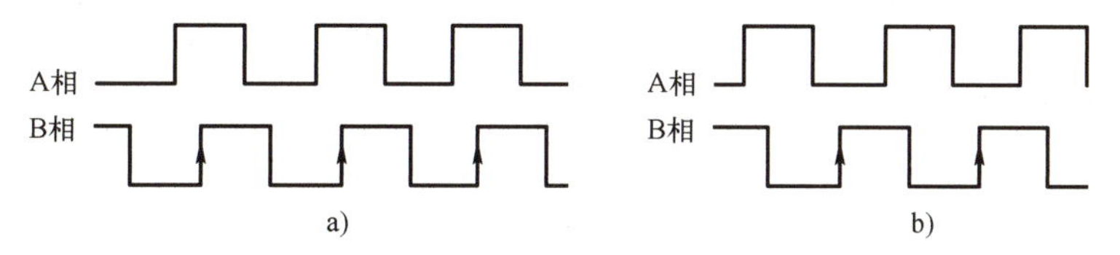

图 3-42　A、B 相型编码器的输出波形
a）正转　b）反转

3）三通道增量式编码器。

在三通道增量式编码器内部除了有双通道增量式编码器的两对光电耦合器外，在脉冲码盘的另外一个通道还有一个透光段，每转 1 圈，输出一个脉冲，该脉冲称为 Z 相零位脉冲，用作系统清零信号或坐标的原点，以减少测量的累积误差。

（2）绝对式编码器

N 位绝对式编码器有 N 个码道，最外层的码道对应于编码的最低位。每一码道有一个光电耦合器，用来读取该码道的 0、1 数据。绝对式编码器输出的 N 位二进制数反映了运动物体所处的绝对位置，根据位置的变化情况，可以判别旋转的方向。

二维码 3-6

视频“增量式编码器”可通过扫描二维码 3-6 播放。

3.3.2 高速计数器

在工业控制中有很多场合输入的是一些高速脉冲，如编码器信号，这时 PLC 可以使用高速计数器对这些特定的脉冲进行加/减计数，来最终获取所需要的工艺数据（如转速、角度、位移等）。PLC 的普通计数器的计数过程与扫描工作方式有关，CPU 在每一扫描周期读取一次被测信号，用这种方法来捕捉被测信号的上升沿。当被测信号的频率较高时，将会丢失计数脉冲，因此普通计数器的工作频率很低，一般仅有几十赫兹。高速计数器可以对普通计数器无法计数的高速脉冲进行计数，FX_{3U}系列 PLC 有 6 点计数频率最高为 100 kHz 的单相计数器，而特殊适配器 FX_{3U}-4HSX-ADP 有 8 点计数频率最高为 200 kHz 的单相计数器。

1. 高速计数器简介

高速计数器（HSC，High Speed Counter）在现代自动控制中的精确控制领域有很高的应用价值，它用来累计比 PLC 扫描频率高得多的脉冲输入个数，计数过程与 PLC 的扫描工作方式无关，利用产生的中断事件来完成预定的操作。

FX_{3U}系列 PLC 提供 21 个高速计数器，元件编号为 C235~C255，共用 PLC 的 8 个高速计数器输入端 X000~X007，某一输入端同时只能供一个高速计数器使用。这 21 个计数器均为 32 位加/减计数器。不同类型的高速计数器可以同时使用，但是它们的高速计数器输入端的使用不能产生冲突。

在对外部脉冲进行计数时，梯形图中高速计数器的线圈应一直通电，以表示与它有关的输入点已被使用，其他高速计数器的处理不能与它冲突。可以用特殊辅助继电器 M8000 的常开触点来驱动高速计数器的线圈。

高速计数器的当前值达到设定值时，如果要立即进行输出处理，应使用高速计数器比较置位/复位指令（HSCS/HSCR）和高速计数器区间比较指令（HSZ）。

当高速计数器的当前值为 2147483647 时，若再来一个增计数脉冲，则变为-2147483648；当高速计数器的当前值为-2147483648 时，若再来一个减计数脉冲，则变为 2147483647，因此高速计数器属于环形计数器。

表 3-14 给出了各高速计数器对应的输入端子的软元件号，表中的 U 和 D 分别为加、减计数输入，A 和 B 分别为 A、B 相输入，R 为复位输入，S 为置位（启动）输入。

表 3-14　高速计数器输入端子对应的软元件号

输入端		X000	X001	X002	X003	X004	X005	X006	X007
单相单输入高速计数器（无起动/复位输入端）	C235	U/D							
	C236		U/D						
	C237			U/D					
	C238				U/D				
	C239					U/D			
	C240						U/D		
单相单输入高速计数器（带起动/复位输入端）	C241	U/D	R						
	C242			U/D	R				
	C243					U/D	R		
	C244	U/D	R					S	
	C245			U/D	R				S

（续）

输入端		X000	X001	X002	X003	X004	X005	X006	X007
单相双输入高速计数器	C246	U	D						
	C247	U	D	R					
	C248				U	D	R		
	C249							S	
	C250								S
双相双输入高速计数器	C251	A	B						
	C252	A	B	R					
	C253				A	B	R		
	C254	A	B	R				S	
	C255				A	B	R		S

2. 单相单输入高速计数器

单相单输入无启动/复位输入端的高速计数器为 C235～C240，C244～C245 为单相单输入带启动/复位输入端的高速计数器，可以用特殊辅助继电器 M8235～M8245 来设置 C235～C245 的计数方向，对应的特殊辅助继电器为 ON 时为减计数，为 OFF 时为加计数。C235～C245 只能用 RST 指令复位。

图 3-43 中的 C235 是单相单输入高速计数器，当 X003 为 ON 时，即选择了高速计数器 C235，它接收来自输入端 X000 的高速脉冲信号，X000 并不出现在程序中。注意程序中的 X003 只是接通高速计数器 C235 的线圈，高速脉冲信号并不是由 X003 提供。

图 3-43 中，C245 是单相单输入带启动/复位输入端的高速计数器，计数脉冲由 X002 提供，X003 和 X007 分别为复位输入端和启动输入端，它们的复位和启动与扫描工作方式无关。如果 X007 为 ON，则启动高速计数器 C245，脉冲输入端为 X002，若 X010 为 ON 时进行减计数，若 X011 为 ON 时进行加计数。当 X007 为 OFF 时，立即停止计数。C245 的设定值由（D1、D0）提供，若（D1、D0）中的值为 K20000，在加计数时，若计数器的当前值由 19999 变为 20000 时，计数器 C245 的输出触点变为 ON；在减计数时，若计数器的当前值由 20000 变为 19999 时，计数器 C245 的输出触点变为 OFF。

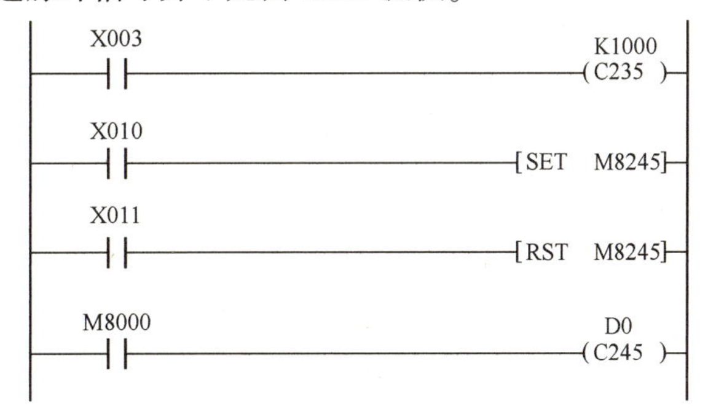

图 3-43 单相单输入高速计数器

3. 单相双输入高速计数器

单相双输入高速计数器（C246～C250）有一个加计数器输入端和一个减计数器输入端，如 C246 的加、减计数输入端分别为 X000 和 X001。计数器的线圈通电时，在 X000 的上升沿计数器的当前值加 1，在 X001 的上升沿，计数器的当前值减 1。某些计数器还有复位和启动输入端，也可以在梯形图中用复位指令来复位。

通过特殊辅助继电器 M8246～M8255，可以监视 C246～C255 实际的计数方向，对应的特殊辅助继电器为 ON 时计数器为减计数，为 OFF 时为加计数。

图 3-44 中，计数器 C246 在 X012 为 ON 时，通过输入端 X000 的上升沿进行加计数，通过输入端 X001 的上升沿进行减计数。可通过程序中的 X011 执行复位。计数器 C250 在 X014 为 ON 时，如果 X007 也为 ON 就开始计数，加计数的计数输入端为 X003，减计数的计数输入端为 X004，可通过程序中的 X015 执行复位，当然，当 X005 外部电路接通时 C250 也能复位。如果 Y000 线圈通电，则说明计数器 C250 正处在减计数器工作状态。

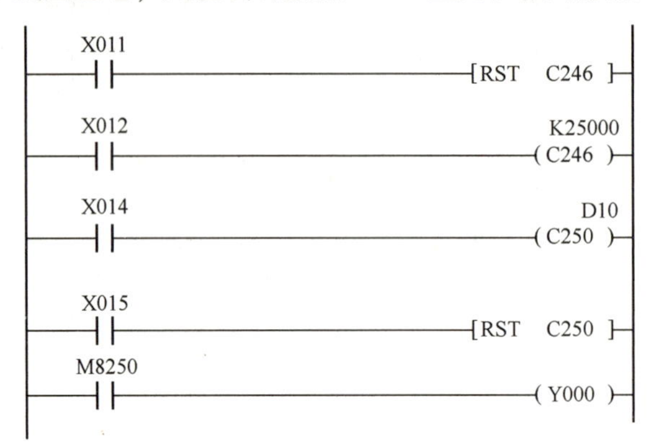

图 3-44 单相双输入高速计数器

4. 双相双输入高速计数器

双相（又称 A-B 相型）双输入高速计数器（C251~C255），它们有两个计数输入端，某些计数器还有复位和启动端。这些计数器在 A 相输入接通的同时，B 相输入由 OFF 到 ON 时为加计数器，由 ON 到 OFF 时为减计数器。

图 3-45 中，X011 为 ON 时，C251 对输入端 X000 的 A 相信号和输入端 X001 的 B 相信号进行计数。X010 为 ON 时 C251 复位。当计数值大于等于设定值 K5000 时触点动作，Y000 线圈通电，若计数值小于设定值 K5000 时触点复位，Y000 线圈断电。

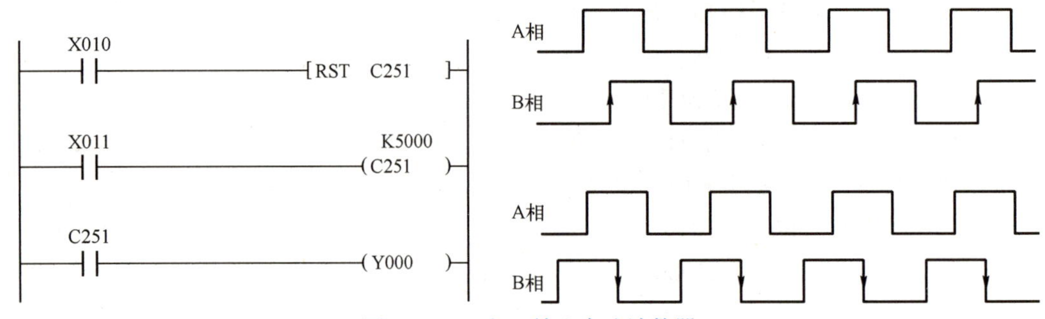

图 3-45 双相双输入高速计数器

3.3.3 高速处理指令

1. 输入/输出刷新（REF）指令

REF 指令（Refresh FNC 50）用于在顺序程序扫描过程中读入继电器（X）提供的最新的输入信息，或通过输出继电器（Y）立即输出逻辑运算结果。目标操作数（D·）用来指定目标软元件的首位，应取软元件号最低位为 0 的 X 和 Y 软元件，如 X0、Y10 等。要刷新的位软元件的点数 n= 8~256，应该是 8 的整数倍数。

PLC 使用 I/O 批处理方法，即输入信号在程序处理之前被成批读入到输入映像存储器区，而输出数据在执行END指令之后由输出映像存储器区通过输出锁存器送到输出端子。

若图3-46中X000为ON时，8点输入值（$n=8$）被立即读入X010~X017中；当X001为ON时，Y000~Y017（共16点）的值立即被送到输出模块。I/O软元件被刷新时有很短的延迟，输入的延迟时间与输入滤波器的设置有关。

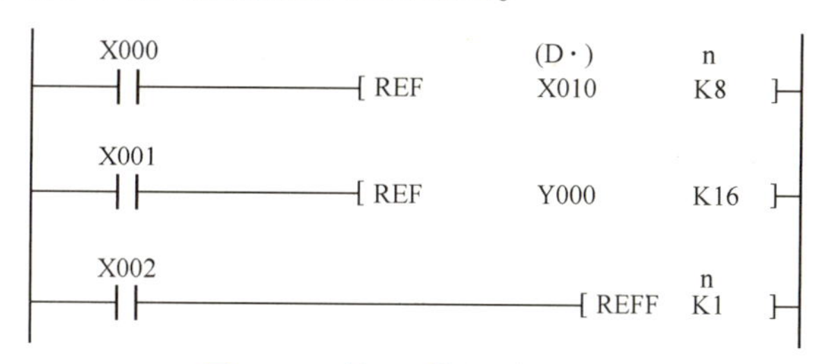

图3-46　输入/输出刷新指令

2. 输入刷新与滤波器设定指令

机械触点在接通或断开时，由于触点的抖动会使输入信号在接通或断开瞬间产生干扰，这些干扰可能会影响程序的正常执行，如开关拨动一次，计数器会有多次计数，可以用输入滤波器来滤除这些干扰信号。

为了防止输入噪声的影响，开关量输入端有RC硬件滤波器，滤波时间常约为10 ms。这些硬件滤波器会影响高速脉冲输入的速度。

输入刷新（带滤波器设定）指令即REFF指令（FNC 51）用于FX_{3U}系列PLC，它们的X000~X017输入的滤波器为数字式滤波器。REFF用来刷新（立即读/取）X000~X017，并指定它们的输入滤波时间常数n（$n=0\sim60$ ms），图3-46中的X002为ON时，X000~X017的输入映像存储器被刷新，它们的滤波时间常被设定为1 ms（$n=1$）。

n为0时，X000~X005、X006~X007、X010~X017的滤波时间常数自动变为5 μs、50 μs和200 μs。未执行REFF指令时，X000~X017的输入滤波器采用D8020中的设定值。

使用高速计数输入和脉冲密度（SPD）指令，或者使用输入中断功能时，X000~X005和X006~X007的滤波时间自动变为5 μs和50 μs。

3. 高速计数器比较置位（HSCS）指令

HSCS指令（FNC 53）用来当高速计数器的当前值达到设定值时，以中断的方式将目标操作数（D·）指定输出的位软元件置位。源操作数（S1·）可以取所有数据类型（位软元件除外），源操作数（S2·）为C235~C255，目标操作数（D·）可以取Y、M和S。HSCS指令为32位指令。

图3-47中，C235的设定值（S1·）为K10000，当前值由9999变为10000时，Y000立即置为1，不受扫描时间的影响。如果当前值是被强制为10000的，Y000不会为ON。

HSCS指令的目标操作数（D·）可以指定为I0□0（□=1~6）。在源操作数（S2·）指定的高速计数器的当前值等于源操作数（S1·）指定的设定值时，执行目标操作数（D·）指定的指针为I0□0的中断程序，程序中只显示中断指针后两位（如图3-47中I20）。

4. 高速计数器比较复位（HSCR）指令

HSCR指令（FNC 54）用来当高速计数器的当前值达到设定值时，以中断的方式将目标操作数（D·）指定输出的位软元件复位。源操作数（S1·）可以取所有数据类型（位软元件除外），源操作数（S2·）为C235~C255，目标操作数（D·）可以取Y、M和S。

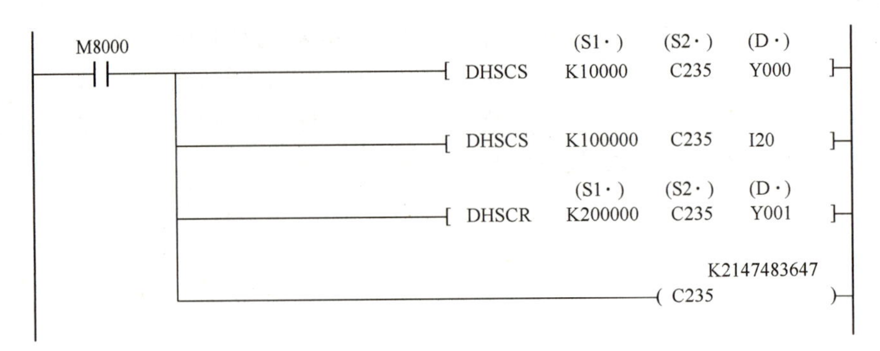

图 3-47　高速计数器比较置位和复位指令

HSCS 指令为 32 位指令。

图 3-47 中，C235 的设定值（S1·）为 K200000，当前值由 199999 变为 200000 时或由 200001 变为 200000，用中断的方式使 Y001 立即复位。如果当前值是被强制为 200000 的，Y001 不会为 OFF。

5. 高速计数器区间比较（HSZ）指令

HSZ 指令（FNC 55）用来将高速计数器的当前值与源操作数（S1·）和（S2·）进行区间比较，与运算周期无关，以中断的方式将比较得出的结果（小、区间内、大）的目标操作数［(D·)、(D·) +1、(D·) +2］中任意一个置位。源操作数（S1·）可以取所有数据类型（位软元件除外），源操作数（S2·）为 C235~C255，目标操作数（D·）可以取 Y、M 和 S。HSZ 指令为 32 位指令。

图 3-48 中，当计数器 C235 的当前值小于 K1000 时，Y000 线圈通电；若 C235 的当前值大于等于 K1000 小于等于 K10000 时，Y001 线圈通电；若 C235 的当前值大于 K10000 时，Y002 线圈通电。

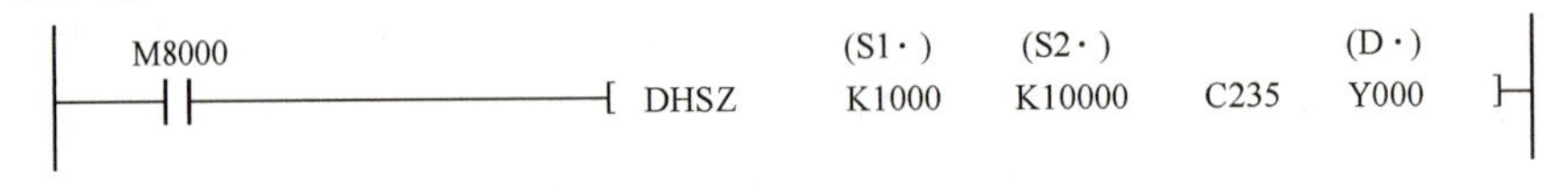

图 3-48　高速计数器区间比较指令

6. 脉冲密度（SPD）指令

SPD 指令（FNC 56）采用中断方式对指定时间的脉冲计数，从而计算出速度值。源操作数（S1·）是脉冲输入的软元件号（FX_{3U}系列 PLC 可选 X000~X007），源操作数（S2·）用来指定以 ms 为单位的计数时间，目标操作数（D·）用来指定计数结果的存放处，用 3 点软元件。

图 3-49 中，SPD 指令用 D1 对 X000 输入的脉冲串的上升沿计数，100 ms 后计数结果送到 D0，D1 中的当前值复位后重新开始对脉冲计数。D2 中是剩余时间（单位为 ms），D0 的值与转速成正比。转速 N 用下列公式计算：

$$N = 60 \times (D0) \times 10^3 / nt$$

式中（D0）为 D0 中的数，t 为（S2·）指定的计数时间（单位为 ms），n 为旋转编码器每转输出的脉冲数。SPD 指令中用到的输入点不能用于其他高速处理。

7. 脉冲输出（PLSY）指令

PLSY 指令（FNC 57）用于产生指定数量和频率的脉冲。源操作数（S1·）和（S2·）可以取所有的字软元件和整数常数，该指令只能使用一次。

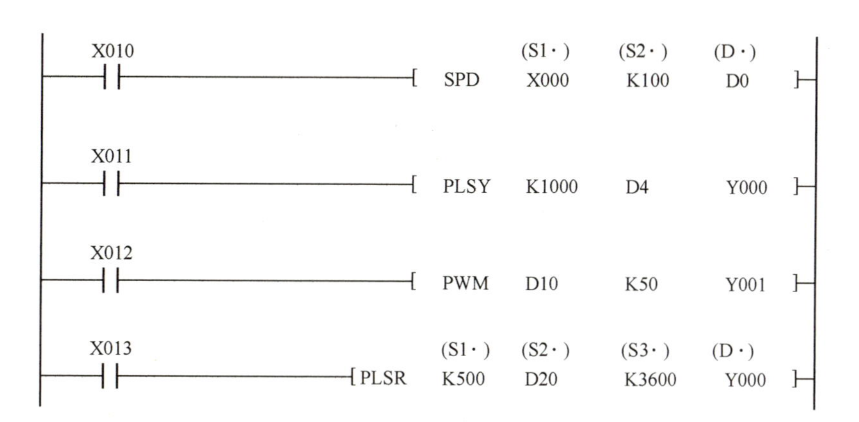

图 3-49　脉冲密度、脉冲输出与脉宽调制指令

用源操作数（S1·）指定脉冲频率，（S2·）指定脉冲个数。若指定的脉冲数为 0，则持续产生脉冲。目标操作数（D·）只能指定晶体管输出型 PLC 输出端（或 FX_{3U} 的高速输出特殊适配器）的 Y000 或 Y001，占空比（脉冲宽度与周期之比）为 50%，以中断方式输出。指定脉冲数输出完成后，“指定执行完成”标志位 M8029 置 ON。图 3-49 中 X011 由 ON 变为 OFF 时 M8029 复位，脉冲输出停止。X011 再次变为 ON 时，重新开始输出脉冲。在发生脉冲串期间若 X011 变为 OFF，Y000 也变为 OFF。

FX_{3U} 系列 PLC 的基本单元的最高输出频率为 100kHz，使用特殊适配器时为 200kHz。Y000 和 Y001 输出的脉冲个数可以分别用 32 位的（D8141，D8140）和（D8143，D8142）来监视。

M8349 和 M8359 为 ON 时，Y000 和 Y001 分别停止输出脉冲。

8. 脉冲调制（PWM）指令

PWM 指令（FNC 58）用于产生指定脉冲宽度和周期的脉冲串。源操作数（S1·）和（S2·）可以取所有的字软元件和整数常数，只有 16 位运算。源操作数（S1·）用来指定脉冲宽度（t=1~32767ms），（S2·）用来指定脉冲周期（T= 1~32767ms），（S1·）应小于（S2·），目标操作数（D·）只能指定晶体管输出型 PLC 输出基本单元的 Y000~Y002，或连接到 FX_{3U} 的高速输出特殊适配器的 Y000~Y003 来输出脉冲。

图 3-49 中的 D10 的值从 0~50 变化时，Y001 输出的脉冲的占空比从 0~1 变化，D10 的值大于 50 时将会出错。X012 变为 OFF 时，Y001 也会变为 OFF。

9. 带加/减速的脉冲输出（PLSR）指令

PLSR 指令（FNC 59）的源操作数（S1·）为最高频率，（S2·）为总的输出脉冲数，（S3·）为加/减速时间（50~5000ms）。目标操作数（D·）只能指定晶体管输出型 PLC 基本单元或连接 FX_{3U} 高速输出特殊适配器的 Y000 或 Y001 来输出脉冲。

3.3.4　实训 14　钢包车行走的 PLC 控制——高速处理指令

【实训目的】

- 了解编码器有关知识；
- 掌握高速计数器的基础知识；
- 掌握高速计数器的编程方法。

【实训任务】

用 PLC 实现钢包车行走控制。系统起动后钢包车低速起步；运行至中段时，可加速至高速运行；在接近工位（如加热位或吊包位）时，低速运行以保证平稳、准确停车。按下停止按钮时，若钢包车高速运行，则应先低速运行 5 s 后，再停车（考虑钢包车的载荷惯性）；若低速运行，则可立即停车。在此，为减化项目难度，对钢包车返回不做要求。

【实训步骤】

1. I/O 分配

根据项目分析可知，对输入量、输出量进行 I/O 分配，如表 3-15 所示。

表 3-15 钢包车行走控制 I/O 分配表

输入		输出	
输入继电器	元件	输出继电器	元件
X000	编码器脉冲输入	Y000	电动机运行
X001	起动按钮 SB1	Y001	低速运行
X002	停止按钮 SB2	Y002	高速运行
		Y004	电动机运行指示灯 HL

2. I/O 接线图

根据控制要求及表 3-15 的 I/O 分配表，钢包车行走控制 I/O 接线图如图 3-50 所示（以三菱变频器 FR-D740 为例）。

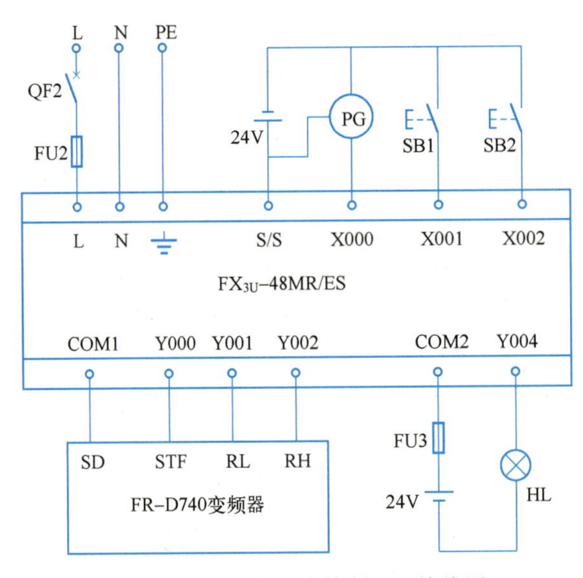

图 3-50 钢包车行走控制 I/O 接线图

3. 创建工程项目

创建一个工程项目，并命名为钢包车行走控制。

4. 编写程序

根据要求，并使用高速计数器指令编写的梯形图如图 3-51 所示。

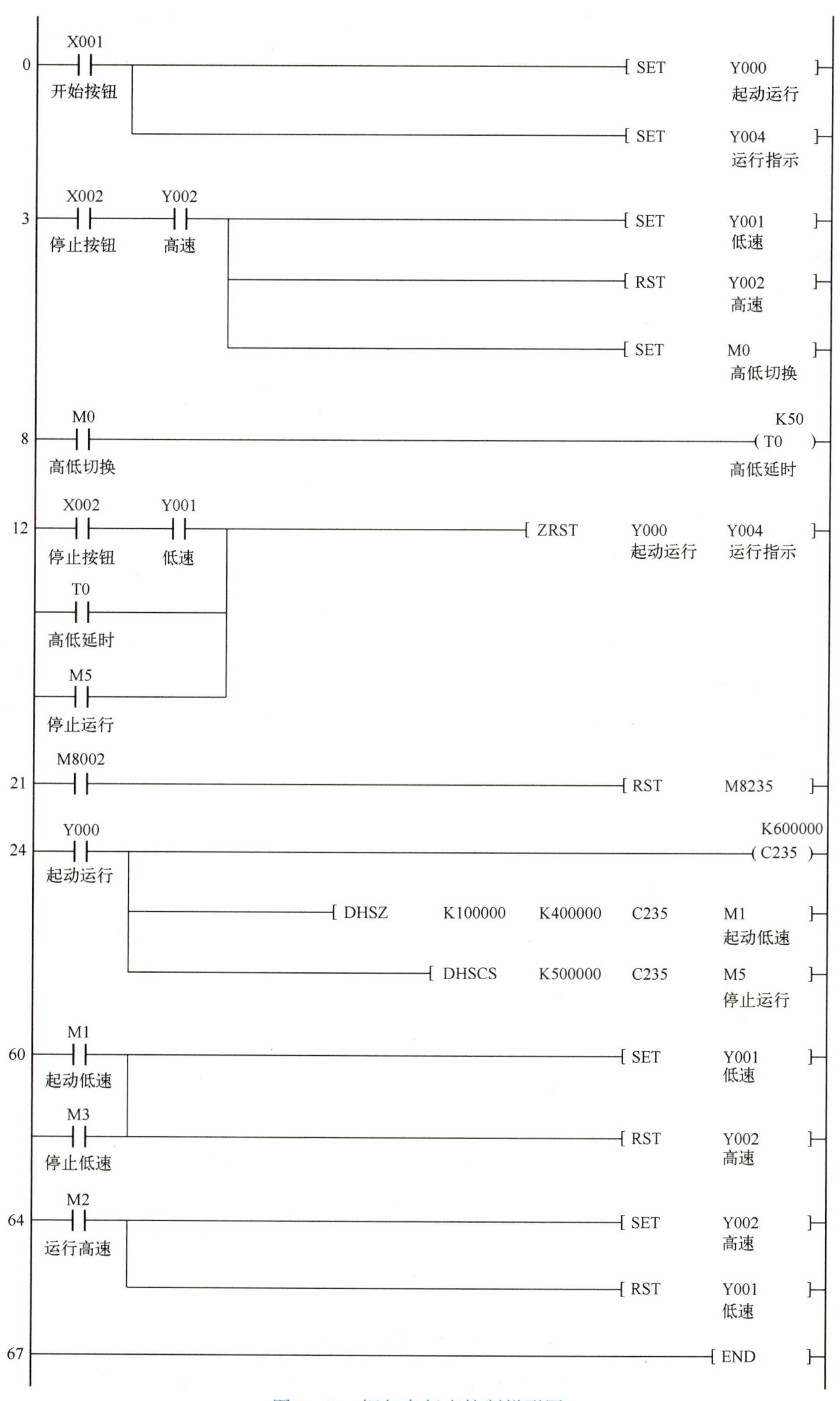

图 3-51 钢包车行走控制梯形图

本实训任务将电动机的运行分 3 个阶段控制，即对应高速计数器 HSC 的 3 个计数段：第 1 计数段为 0～100000（低速起动阶段）；第 2 计数段为 100000～400000（高速运行阶段）；第 3 计数段为 400000～500000（低速停止阶段）。

5. 变频器的参数设置

本实训任务中采用的是开关量输入控制变频器的输出频率，变频器的相关参数设置（电动机的额定数据除外）如表 3-16 所示。

表 3-16　变频器的参数设置

参数号	设置值	内　容	参数号	设置值	内　容
P1	50	上限频率 Hz	P7	3	加速时间/s
P2	0	下限频率 Hz	P8	3	减速时间/s
P3	50	基准频率 Hz	P20	50	加减速基准频率/Hz
P4	20	低速频率 20 Hz	P79	2	多段速控制
P6	40	高速频率 40 Hz	P178	60	正向运行

6. 调试程序

将程序下载到 PLC 中，启动程序监控功能。首先按下起动按钮起动系统，观察变频器的输出频率是否为 20 Hz？当高速计数器当前值为 100000 时，变频器的输出频率是否上升到 40 Hz？当高速计数器当前值为 400000 时，变频器的输出频率是否下降到 20 Hz？当高速计数器当前值为 500000 时，变频器是否停止输出？再次起动系统，在高速计数器当前值小于 100000 和在 400000～500000 之间时，按下停止按钮，电动机是否立即停止；在高速计数器当前值在 100000～400000 之间时，按下停止按钮，电动机是否先低速运行 5 s 后再停止运行？在系统运行过程中，电动机的运行指示灯是否点亮？如果电动机的运行指示灯及变频器的输出频率变化情况与控制要求相吻合，则说明参数设置和程序编写正确。

【实训交流】

本实训任务中只要求钢包车单向运行，如何实现本实训任务中钢包车的双向运行呢？在以上内容的基础上还需考虑以几点：

1）电路原理的设计，应增加变频器的反向连接端子 STR。

2）行程保护，应在钢包车始端和末端设置行程开关，起到限位和保护作用。

3）M8235 的设置，正向运行时计数器为加计数，应使其为 0（OFF），反向运行时为减计数，应使其应为 1（ON）。

4）计数值清 0，在始端和末端停止运行时，应将其当前计数值清 0，否则影响下一个周期的正常运行。

5）变频器的参数设定，将变频器的参数号 P179 设为 61，即反向运行。

【实训拓展】

训练 1　使用高速计数器中断的方法实现对本实训任务的控制。

训练 2　用 PLC 的高速计数器测量电动机的转速。电动机的转速由编码器提供，通过高速计数器 HSC 并利用每隔 100 ms 计数差值的方法测量电动机的实时转速。

3.3.5 实训 15 步进电动机的 PLC 控制——脉冲输出指令

【实训目的】

- 掌握脉冲输出指令的应用；
- 掌握脉冲调制指令的应用；
- 掌握步进电动机驱动器的连接方式。

【实训任务】

用 PLC 实现对步进电动机的控制。某剪切机的送料装置由步进电动机驱动，每次送料长度为 200 mm，当送料完成后，延迟 5 s 后再进行第二次送料，如此循环。要求按下起动按钮开始工作，按下停止按钮停止工作。

【实训步骤】

1. I/O 分配

根据项目分析可知，对输入量、输出量进行 I/O 分配，如表 3-17 所示。

表 3-17 步进电动机控制 I/O 分配表

输 入		输 出	
输入继电器	元 件	输出继电器	元 件
X000	起动按钮 SB1	Y000	脉冲输出
X001	停止按钮 SB2	Y001	旋转方向

2. I/O 接线图

根据控制要求及表 3-17 的 I/O 分配表，步进电动机控制 I/O 接线图如图 3-52 所示。

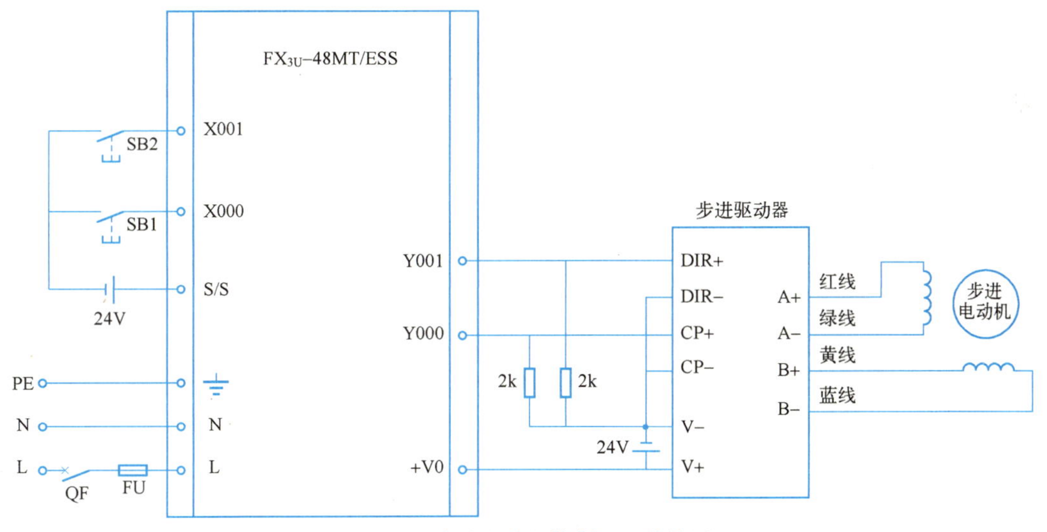

图 3-52 步进电动机控制 I/O 接线图

PLC 为 FX_{3U}-48MT/ESS，步进电动机驱动器为 MUa-2H202D，步进电动机为 17HS111。因步进驱动器的控制信号是+5 V，而西门子 PLC 的输出信号是+24 V，需要在 PLC 与步进驱动器之间串联一个 2 kΩ 电阻，起分压作用。CP 是脉冲输入端子，DIR 是方向信号控制端子。因选用的 PLC 是源型，其输出信号是+24 V（即 PNP 型接法），应采用共阴接法，即步进驱动器的 CP-和 DIR-端子与电源负极性端相连接。

3. 创建工程项目

创建一个工程项目，并命名为步进电动机控制。

4. 编写程序

此型号步进电动机的驱动器电流为额定电流 1.6 A，驱动器细分数为 5，步距角为 0.36°。即收到 1000 个脉冲步进电动机旋转 1 圈，因细分是 5，即 PLC 发出 200 个脉冲步进电动机旋转 1 圈。设步进电动机旋转 1 圈驱动送料机构的送料长度为 10 mm，如需送料 200 mm，则步进电动机需要转 20 圈，需要发出脉冲数为 4000 个脉冲。设步进电动机转速为 60 r/min，即 1 r/s，即需要每秒钟发 200 个脉冲，则脉冲频率为 200 Hz。根据上述分析本实训任务控制程序如图 3-53 所示。

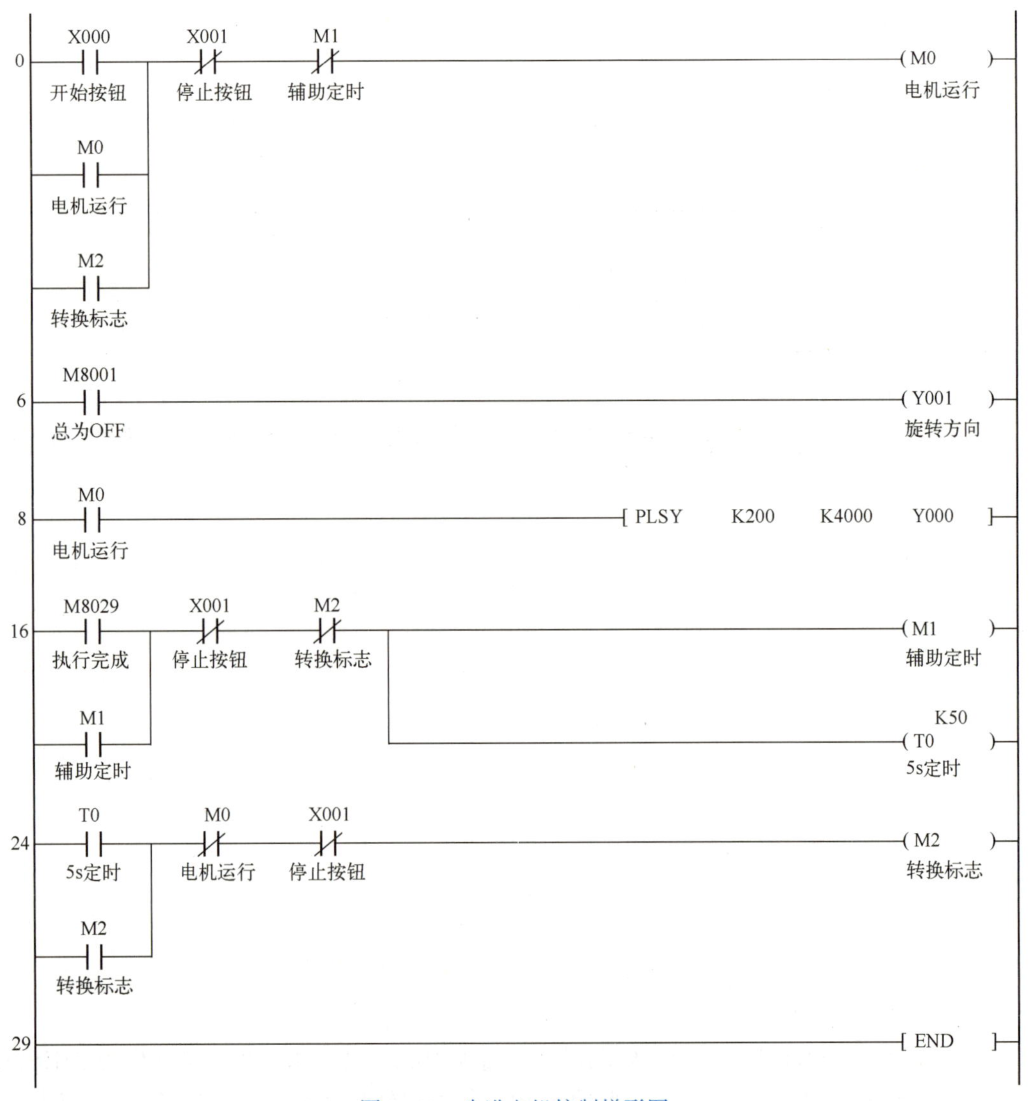

图 3-53　步进电机控制梯形图

5. 调试程序

将程序下载到 PLC 中，起动程序监控功能。首先按下起动按钮起动系统，观察步进电动机是否运行，是否旋转 20 圈后停止运行？此时观察定时器 T0，延时时间到后，步进电动机是否再次运行？如果电动机的运行方向和旋转的圈数符合控制要求，则说明程序编写正确。

【实训交流】

步进电动机是通过驱动器驱动后才能运行，那驱动器与 PLC 是如何连接的呢？步进电动机驱动器的输入信号有脉冲信号正端、脉冲信号负端、方向信号正端、方向信号负端，其连接方式共有 3 种。

（1）共阳极方式

把脉冲信号正端和方向信号正端并联后连接至电源的正极性端，脉冲信号接入脉冲信号负端，方向信号接入方向信号负端，电源的负极性端接至 PLC 的电源接入公共端。

（2）共阴极方式

把脉冲信号负端和方向信号负端并联后连接至电源的负极性端，脉冲信号接入脉冲信号正端，方向信号接入方向信号正端，电源的正极性端接至 PLC 的电源接入公共端。

（3）差动方式（直接连接）

一般步进电动机驱动机的输入信号的幅值为 TTL 电平，最大为 5 V，如果控制电源为5 V 则可以接入，否则需要在外部连接限流电阻 R，以保证给驱动器内部光电耦合元件提供合适的驱动电流。如果控制电源为 12 V，则外接 680 Ω 的电阻；如果控制电源为 24 V，则外接 2 kΩ 的电阻。具体连接可参考步进电动机驱动器的相关操作说明。

【实训拓展】

训练 1　某步进电动机，脉冲当量是 3°/脉冲，编写程序实现电动机的转速为 250 r/min 时，转 10 圈后停止。

训练 2　使用脉冲调制指令 PWM 实现灯亮度控制，灯泡额定电压为直流 24 V。编程实现当第一次按下按钮时，灯电压为 12 V；当第二次按下按钮时，灯电压为 18 V；当第三次按下按钮时，灯电压为 24 V；当第四次按下按钮时，灯熄灭。

3.4　PLC 的通信

3.4.1　通信简介

通信是指一地与另一地之间的信息传递。PLC 通信是指 PLC 与计算机、PLC 与 PLC、PLC 与人机界面（触摸屏）、PLC 与变屏器和 PLC 与其他智能设备之间的数据传递。

1. 通信方式

（1）有线通信和无线通信

有线通信是指以导线、电缆、光缆、纳米材料等看得见的材料为传输媒质的通信。无线通信是指以看不见的材料（如电磁波）为传输媒质的通信，常见的无线通信有微波通信、短波通信、移动通信和卫星通信等。

(2) 并行通信与串行通信

并行通信是指数据的各个位同时进行传输的通信方式，其特点是数据传输速度快，它由于需要的传输线多，故成本高，只适合近距离的数据通信。PLC 主机与扩展模块之间通常采用并行通信。

串行通信是指数据一位一位地传输的通信方式，其特点是数据传输速度慢，但由于只需要一条传输线，故成本低，适合远距离的数据通信。PLC 与计算机、PLC 与 PLC、PLC 与人机界面、PLC 与变频器之间通信采用串行通信。

(3) 异步通信和同步通信

串行通信又可分异步通信和同步通信。PLC 与其他设备通信主要采用串行异步通信方式。

在异步通信中，数据是一帧一帧地传送，一帧数据传送完成后，可以传下一帧数据，也可以等待。串行通信时，数据是以帧为单位传送的，帧数据有一定的格式，它是由起始位、数据位、奇偶校验位和停止位组成。

在异步通信中，每一帧数据发送前要用起始位，在结束时要用停止位，这样会导致数据传输速度较慢。为了提高数据传输速度，在计算机与一些高速设备数据通信时，常采用同步通信。同步通信的数据后面取消了停止位，前面的起始位用同步信号代替，在同步信号后面可以跟很多数据，所以同步通信传输速度快，但由于同步通信要求发送端和接收端严格保持同步，这需要用复杂的电路来保证，所以 PLC 不采用这种通信方式。

(4) 单工通信和双工通信

在串行通信中，根据数据的传输方向不同，可分为三种通信方式：单工通信、半双工通信和全双工通信。

1）单工通信：顾名思义数据只能往一个方向传送的通信，即只能由发送端传输给接收端。

2）半双工通信：数据可以双向传送，但在同一时间内，只能往一个方向传送，只有一个方向的数据传送完成后，才能往另一个方向传送数据。

3）全双工通信：数据可以双向传送，通信的双方都有发送器和接收器，由于有两条数据线，所以双方在发送数据的同时可以接收数据。

2. 通信传输介质

有线通信采用传输介质主要有双绞线、同轴电缆和光缆。

(1) 双绞线

双绞线是将两根导线扭在一起，以减少电磁波的干扰，如果再加上屏蔽套层，则抗干扰能力更好，双绞线的成本低、安装简单，RS-232C、RS-422 和 RS-485 等接口多用双绞线电缆进行通信。

(2) 同轴电缆

同轴电缆的结构是从内到外依次为内导体（芯线）、绝缘线、屏蔽层及外保护层。由于从截面看这四层构成了 4 个同心圆，故称为同轴电缆。根据通频带不同，同轴电缆可分为基带和宽带两种，其中基带同轴电缆常用于 Ethernet（以太网）中。同轴电缆的传送速度高、传输距离远，但价格较双绞线高。

（3）光缆

光缆是由石英玻璃经特殊工艺拉成细丝结构，这种细丝的直径比头发丝还要细，但它能传输的数据量却是巨大的。它是以光的形式传输信号的，其优点是传输的为数字量的光脉冲信号，不会受电磁干扰，不怕雷击，不易被窃听，数据传输安全性好，传输距离长，且带宽宽、传输速度快。但由于通信双方发送和接收的都是电信号，因此通信双方都需要价格昂贵的光纤设备进行光电转换，另外光纤连接头的制作与光纤连接需要专门工具和专门的技术人员。

3. FX_{3U}-485-BD 通信接口设备

利用 FX_{3U}-485-BD 通信板，可进行 FX 系列两台 PLC 之间并联链接通信，也可以进行多台 PLC 之间的 N∶N 通信。

（1）外形与安装

FX_{3U}-485-BD 通信板如图 3-54 所示，在安装通信板时，拆下 PLC 上表面左侧的盖子，再将通信板上的连接器插入 PLC 电路板的连接器插槽内即可。

图 3-54　FX_{3U}-485-BD 通信板

（2）RS-485 接口的电气特性

RS-485 接口可使用一对平衡驱动差分信号线，发送和接收不能同时进行，属于半双工通信方式。

（3）RS-485 接口的针脚功能定义

RS-485 接口没有特定的开关，FX_{2N}-485-BD 通信板上有一个 5 针的 RS-485 接口，各针脚功能定义如图 3-55 所示。

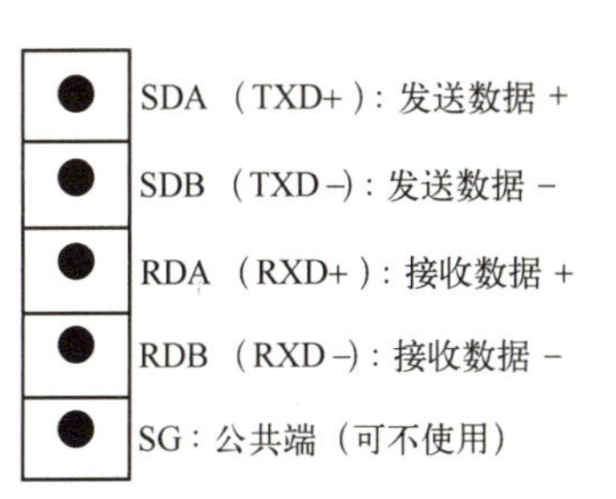

图 3-55　RS-485 接口的针脚功能定义

（4）RS-485 通信接线

RS-485 设备之间的通信接线有 1 对和 2 对两种方式，当使用 1 对接线方式时，设备之间只能进行半双工通信。当使用 2 对接线方式时，设备之间可以进行全双工通信。

1）1 对接线方式

RS-485 设备的 1 对接线方式如图 3-56 所示。在使用 1 对接线方式时，需要将各设备的 RS-485 接口的发送端和接收端并并行连接起来，设备之间使用 1 对接线各接口的同名端，另外要在始端和终端设备的 RDA、RDB 端接上 110 Ω 的终端电阻，提高数据传输质量，减小干扰。FX_{3U}-485-BD 通信板或 FX_{3U}-485-ADP 特殊适配器内置终端电阻，用终端电阻切换开关设置是否使用终端电阻。

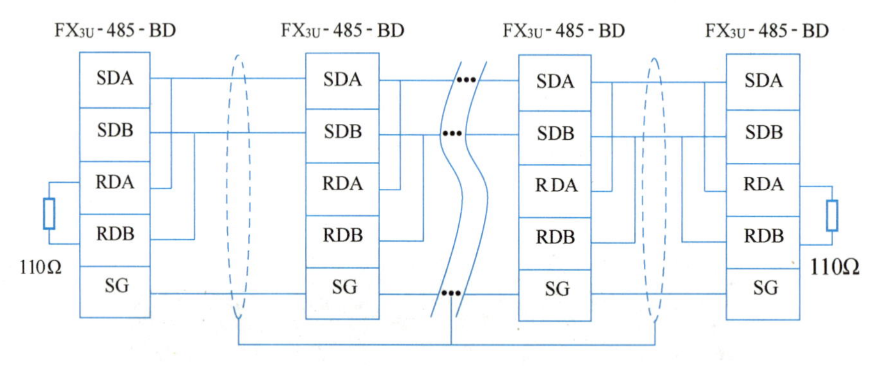

图 3-56　一对连接线方式

2）2 对接线方式

RS-485 设备的 2 对接线方式如图 3-57 所示。在使用 2 对接线方式时，需要用 2 对线将各设备接口的发送端、接收端分别连接，另外要在始端和终端设备的 RDA、RDB 端接上 110 Ω 的终端电阻，提高数据传输质量，减小干扰。

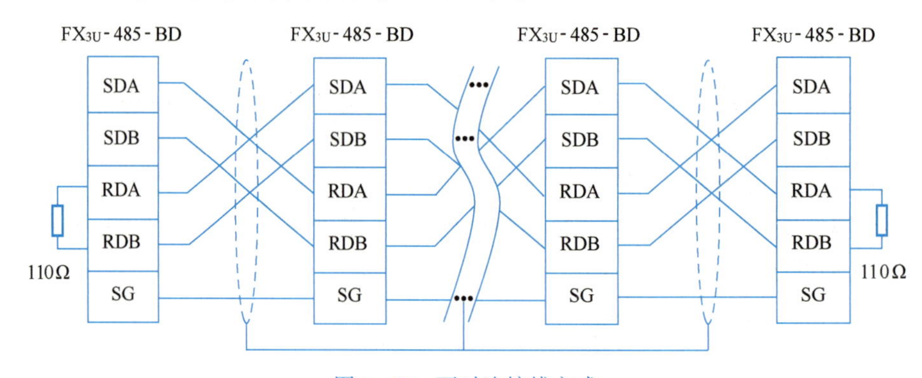

图 3-57　两对连接线方式

3.4.2　并联链接

并联链接是三菱 FX 系列 PLC 之间通过使用 RS-485 通信适配器或功能扩展板，实现两台同一子系列 PLC 的数据自动传送，如图 3-58 所示。

并联链接有普通模式和高速模式之分，用特殊辅助继电器 M8162 来设置工作模式。主站和从站之间通过周期性的自动通信，用表 3-18 中的 100 个辅助继电器和 10 个数据寄存器

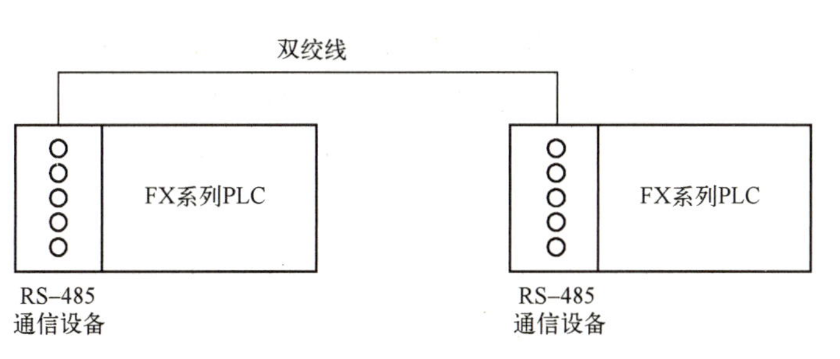

图 3-58　并联链接

存放所交换的信息和实现数据共享。

$T_{\text{FX3系列PLC的链接时间}}=T_{\text{主站扫描周期}}+T_{\text{从站扫描周期}}+15\,\text{ms}$（20 ms）（15 mm 对应普通模式，20 ms 对应高速模式），通信波特率为 115200 bit/s。

表 3-18　并联链接两种模式

模　　式	传 送 方 向	普通模式（M8162 为 OFF）	高速模式（M8162 为 ON）
标准模式	主站→从站	M800～M899（100 点） D490～D499（10 点）	D490 和 D491（2 点）
	从站→主站	M900～M999（100 点） D500～D509（10 点）	D500 和 D501（2 点）

与并联链接有关的特殊软元件如表 3-19 所示。D8063 用于 FX 系列 PLC 的通道 1，D8438 用于 FX3 系列 PLC 的通道 2，它们用于保存通信出错时的错误代码。

表 3-19　与并联链接有关的特殊软元件

软元件名	操　　作
M8070	为 ON 时 PLC 作为并联链接的主站
M8071	为 ON 时 PLC 作为并联链接的从站
M8072	PLC 运行在并行连接时为 ON
M8073	在并行连接时 M8070 和 M8071 中任何一个设置出错时为 ON
M8162	为 OFF 时为标准模式，为 ON 时为快速模式
M8178	为 ON 时使用 FX_{3U} 的通道 2，反之为通道 1
M8063	FX 系列 PLC 通道 1 通信错误时为 ON
M8438	FX3 系列 PLC 通道 2 通信错误时为 ON
D8070	并行连接时监视时间，默认值为 500 ms

【例 3-1】两台 FX_{3U} 系列 PLC 进行普通模式的并联链接通信，要求主站的 X000～X007 控制接在从站 Y000～Y007 的 8 盏灯，主站的 D0 中的数据为从站定时器 T0 的时间设置值；从站 M0～M7 控制接在主站 Y010～Y017 的 8 盏灯，从站 D10 的数据为主站计数器 C0 的计数设置值。

根据要求编写的主站和从站程序如图 3-59 和图 3-60 所示。

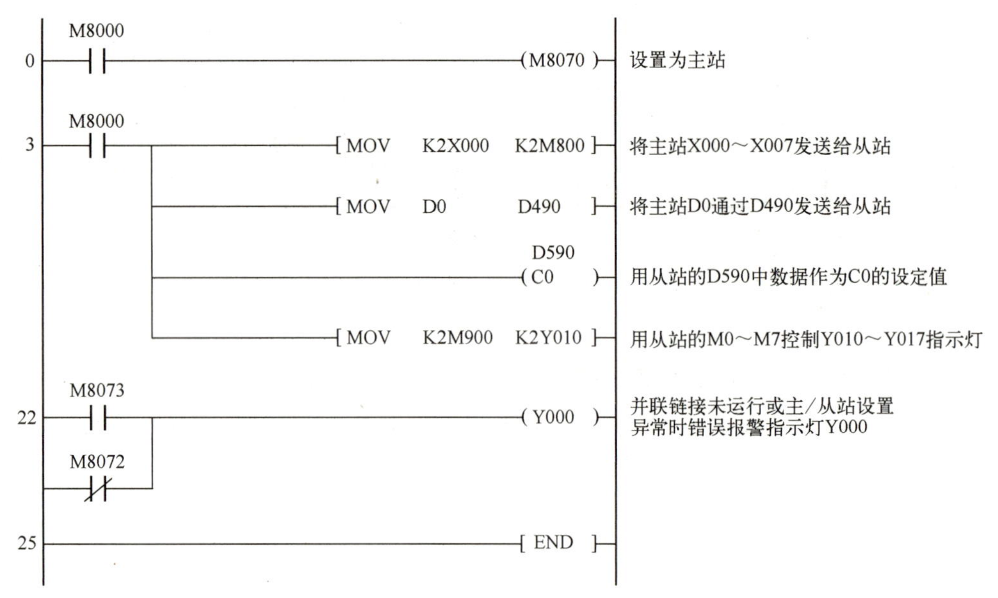

M8000
0
(M8070)
设置为主站
M8000
3
[MOV K2X000 K2M800]
将主站X000～X007发送给从站
[MOV D0 D490]
将主站D0通过D490发送给从站
D590
(C0)
用从站的D590中数据作为C0的设定值
[MOV K2M900 K2Y010]
用从站的M0～M7控制Y010～Y017指示灯
M8073
22
(Y000)
并联链接未运行或主/从站设置
异常时错误报警指示灯Y000
M8072
25
[END]

图 3-59　并联链接示例的主站程序

M8000
0
(M8071)
设置为从站
M8000
3
[MOV K2M0 K2M900]
将从站的M0～M7发送给主站
[MOV D10 D590]
将从站的D10通过D590发送给主站
[MOV K2M800 K2Y000]
用主站的M800～M807控制Y000～Y007
X000
19
D490
(T0)
用主站的D490中数据作为T0的设定值
23
[END]

图 3-60　并联链接示例的从站程序

并联链接通信的高速模式的编程与普通模式基本上相同，其区别仅在于应将 M8162 置为 ON（设为高速模式）。高速模式时，在主站和从站的程序中，都需要用 M8000 的常开触点接通 M8162 的线圈。

3.4.3　N:N 链接

FX_{3U}系列 PLC 的 N:N 链接通信时支持用一台 PLC 作为主站进行网络控制，最多连接 7 个从站，即可以在 8 台 PLC 之间进行数据交换和共享，通过 RS-485 通信功能扩展板或通信适配器进行通信。

1. N:N 链接通信模式

N:N 链接通信共有 3 种模式，3 种模式的共享软元件点数如表 3-20 所示。数据链接时间（更新链接的软元件的循环时间）与链接的台数有关。

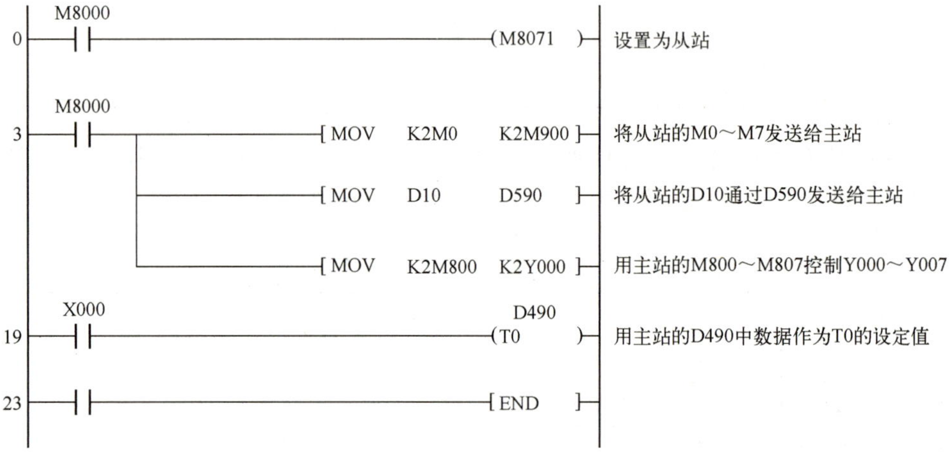

表 3-20　N:N 链接通信模式和链接点数

性能指标	模式 0	模式 1	模式 2
共享的位软元件（M）	0 点	32 点	64 点
共享的字软元件（D）	4 点	4 点	8 点
2~8 个站通信的链接时间	18~65 ms	22~82 ms	34~131 ms

2. 主站和从站共享的数据区

在每台 PLC 的辅助继电器和数据寄存器中分别有一片系统指定的共享数据区，如表 3-21 所示。对于某一台 PLC 来说，分配给它的共享数据区的数据自动地传送到其他站的相同区域，分配给其他 PLC 的共享数据区中的数据是其他站自动传送来的。每台 PLC 就像读取自己内部的数据区一样，使用其他站自动传来的数据。

表 3-21　N:N 网络中共享的辅助继电器和数据寄存器

站号	模式 0		模式 1		模式 2	
	位元件	4 点字元件	32 点位元件	4 点字元件	64 点位元件	8 点字元件
0（主站）	—	D0~D3	M1000~M1031	D0~D3	M1000~M1063	D0~D7
1	—	D10~D13	M1064~M1095	D10~D13	M1064~M1127	D10~D17
2	—	D20~D23	M1128~M1159	D20~D23	M1128~M1191	D20~D27
3	—	D30~D33	M1192~M1223	D30~D33	M1192~M1255	D30~D37
4	—	D40~D43	M1256~M1287	D40~D43	M1256~M1319	D40~D47
5	—	D50~D53	M1320~M1351	D50~D53	M1320~M1383	D50~D57
6	—	D60~D63	M1384~M1415	D60~D63	M1384~M1447	D60~D67
7	—	D70~D73	M1448~M1479	D70~D73	M1448~M1511	D70~D77

以模式 1 为例，如果要用 0 号站（主站）的 X000 控制 2 号站的 Y000，可以用 0 号站的 X000 来控制它的 M1000。通过通信，各从站中的 M1000 的状态与主站的 M1000 相同。用 2 号站的 M1000 来控制它的 Y000，相当于用 0 号的 X000 来控制 2 号站的 Y000。

3. N:N 网络的设置

N:N 网络的设置（如表 3-22 所示）只有在程序运行或 PLC 起动时才有效。除了站号其余参数均由主站设置。D8178 设置的刷新范围模式适用于 N:N 网络中所有的工作站。使用 M8179 设定使用的串行通信的通道。

表 3-22　N:N 网络中的特殊软元件

软元件	名称	描述	初始值
M8038	参数	设定通信参数用的标志位	
M8179	通道	M8179 为 ON 时使用通道 2，为 OFF 时通道 1 时禁用 M8179	
M8183	主站数据传送序列错误	主站发生数据传送数据错误时为 ON	
M8184~M190	从站数据传送序列错误	从站 1~7 发生数据传送序列错误时为 ON	
M8191	正在执行数据传送序列	正在执行 N:N 数据传送序列时为 ON	
D8176	站号	主站为 0，从站为 1~7	0
D8177	从站个数	要进行通信的从站的个数（1~7）	7
D8178	刷新范围模式	相互进行通信的软元件点数的模式（0~2）	0
D8179	重试次数	通信出错时的自动重试次数（0~10）	3
D8180	通信超时时间	用于判断通信异常的时间，单位为 10 ms（5~255）	5

1）设置工作站号（D8176）

D8176的取值范围为0~7，主站应设置为0，从站设置为1~7。

2）设置从站个数（D8177）

该设置只适用于主站，D8177的设定范围为1~7之间的值，默认值为7。

3）设置刷新范围模式（D8178）

刷新范围是指主站与从站共享的辅助继电器和数据寄存器的范围。刷新范围模式由主站的D8178来设置，可以设置为0、1或2值（默认值为0），对应的刷新范围见表3-20。

4）设置重试次数（D8179）

D8179的取值范围为0~10（默认值为3），该设置仅用于主站。当通信出错时，主站就会根据设置的次数自动重试通信。

5）设置通信超时时间（D8180）

D8180的取值范围为5~255（默认值为5），该值乘以10ms就是通信超时时间。该设置仅用于主站。

在主站的程序中，可以用M8184~M8190的常开触点控制指示从站故障的指示灯。

N:N网络的设定程序必须从第0步M8038的常开触点开始编写，否则不能执行N:N网络功能。不要用程序或编程工具使M8038置为ON。站号必须连续设置，若有重复或空的站号则不能进行正常通信链接。

【例3-2】三台FX_{3U}系列PLC进行N:N网络通信，要求0号主站的X000~X007控制1号从站接在Y000~Y007的8盏灯，1号从站的X000~X007控制号2号从站接在Y000~Y007的8盏灯，2号从站的X000~X007控制号0号主站接在Y000~Y007的8盏灯。

根据控制要求，编写的0号主站、1号从站、2号从站的程序如图3-61~图3-63所示。

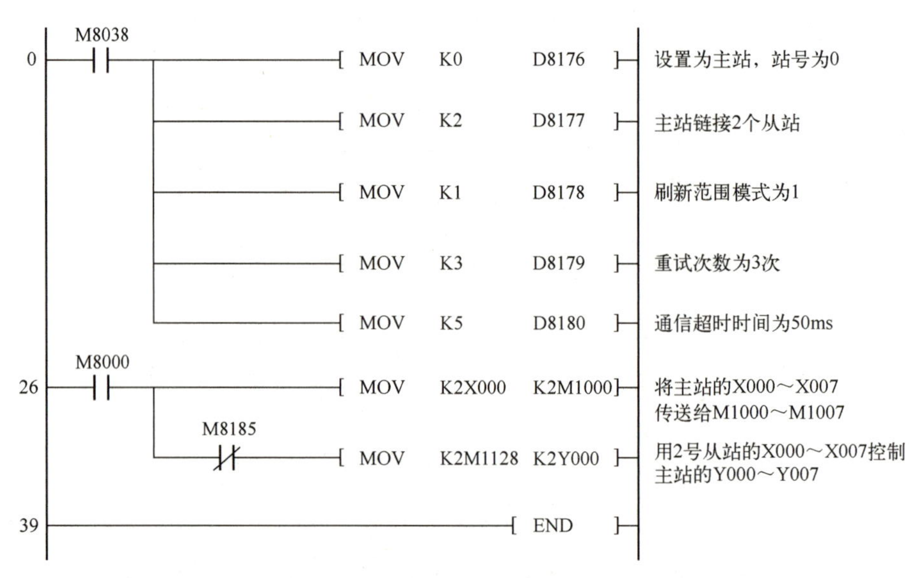

图3-61　N:N链接示例的主站程序

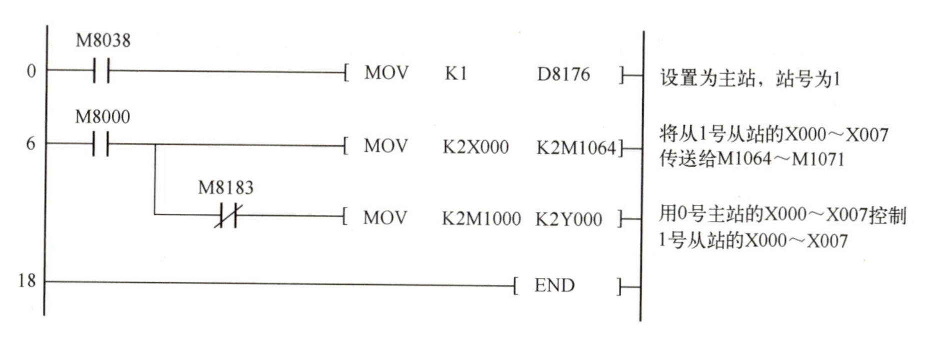

图 3-62 N:N 链接示例的 1 号从站程序

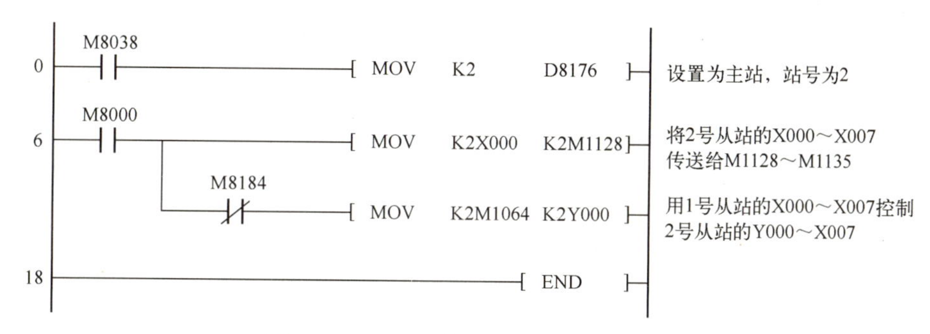

图 3-63 N:N 链接示例的 2 号从站程序

在更改 PLC 通信参数后，将程序下载到各台 PLC 中，然后将所有 PLC 的电源全部断开，再同时上电。正常通信时各通信设备内置的 SD 和 RD 的 LED 指示灯应不断闪烁。

FX3 系列 PLC 可以使用两个通道，使用通道 2 时，应使用 OUT 指令将 M8179 置为 ON。但是两个通道不要同时使用 N:N 网络或分别使用并联链接和 N:N 网络。

3.4.4 实训 16 电动机异地起停的 PLC 控制——并联链接通信

【实训目的】

- 了解通信的基础知识；
- 掌握并联链接通信的软元件分配；
- 能使用并联链接通信方式进行简单控制程序的编写。

【实训任务】

用 PLC 实现两台电动机的异地起停控制。控制要求如下：按下主站的起动按钮和停止按钮，主站电动机起动和停止。按下从站电动机（主站控制）的起动按钮和停止按钮，从站电动机起动和停止。同样在从站也能实现上述控制，同时要求两站均有主站和从站电动机的工作指示。要求使用并联链接实现上述任务。

【实训步骤】

1. I/O 分配

根据实训任务分析可知，对输入量、输出量进行分配，如表 3-23 所示（本实训任务中主站和从站输入/输出地址分配相同，在此只给出主站输入/输出地址的 I/O 分配表）。

表 3-23　异地起停控制 I/O 分配表

输　入		输　出	
输入继电器	元　件	输出继电器	元　件
X000	主站起动 SB1	Y000	交流接触器 KM
X001	主站停止 SB2	Y004	主站运行指示灯 HL1
X002	从站起动 SB3	Y005	从站运行指示灯 HL2
X003	从站停止 SB4		
X004	主站过载 FR		

2. I/O 接线图

根据控制要求及表 3-23 的 I/O 分配表，异地起停控制 I/O 接线图如图 3-64 所示（从站的主电路同主站，主电路为电动机的直接起动电路，在此省略。主/从站使用 FX_{3U}-485-BD 通信功能扩展板相连接）。

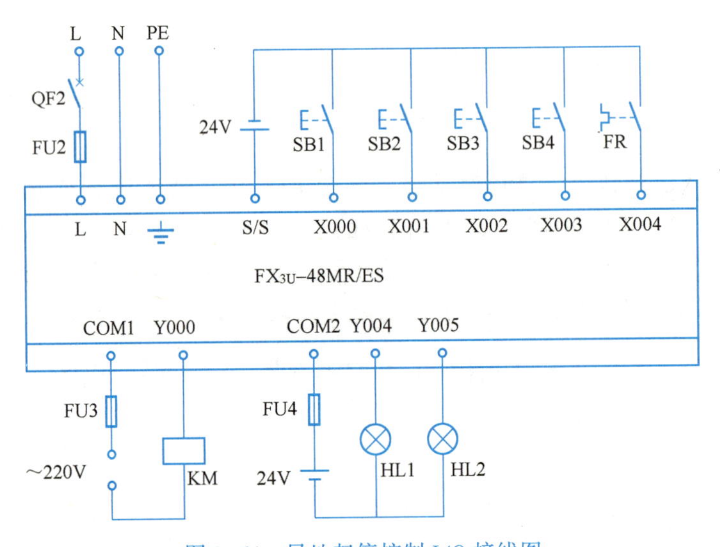

图 3-64　异地起停控制 I/O 接线图

3. 创建工程项目

创建一个工程项目，并命名为异地起停控制。

4. 编写程序

根据要求，使用并联链接通信方式编写的梯形图如图 3-65 和图 3-66 所示。

5. 调试程序

将两台 PLC 通过 FX_{3U}-485-BD 通信功能板相连接，将主站和从站程序分别下载到相应的 PLC 中，分别断开主、从站的主电路电源，启动主站程序监控功能。首先按下主站的起动按钮和停止按钮，观察主站电动机是否能正常起停？然后按下主站控制从站电动机的起动按钮和停止按钮，观察从站电起动是否能正常起停？如能正常起停，同样在从站进行同样的操作，观察两站电动机是否能正常起/停及两站电动机的工作指示，如能正常起停和显示，

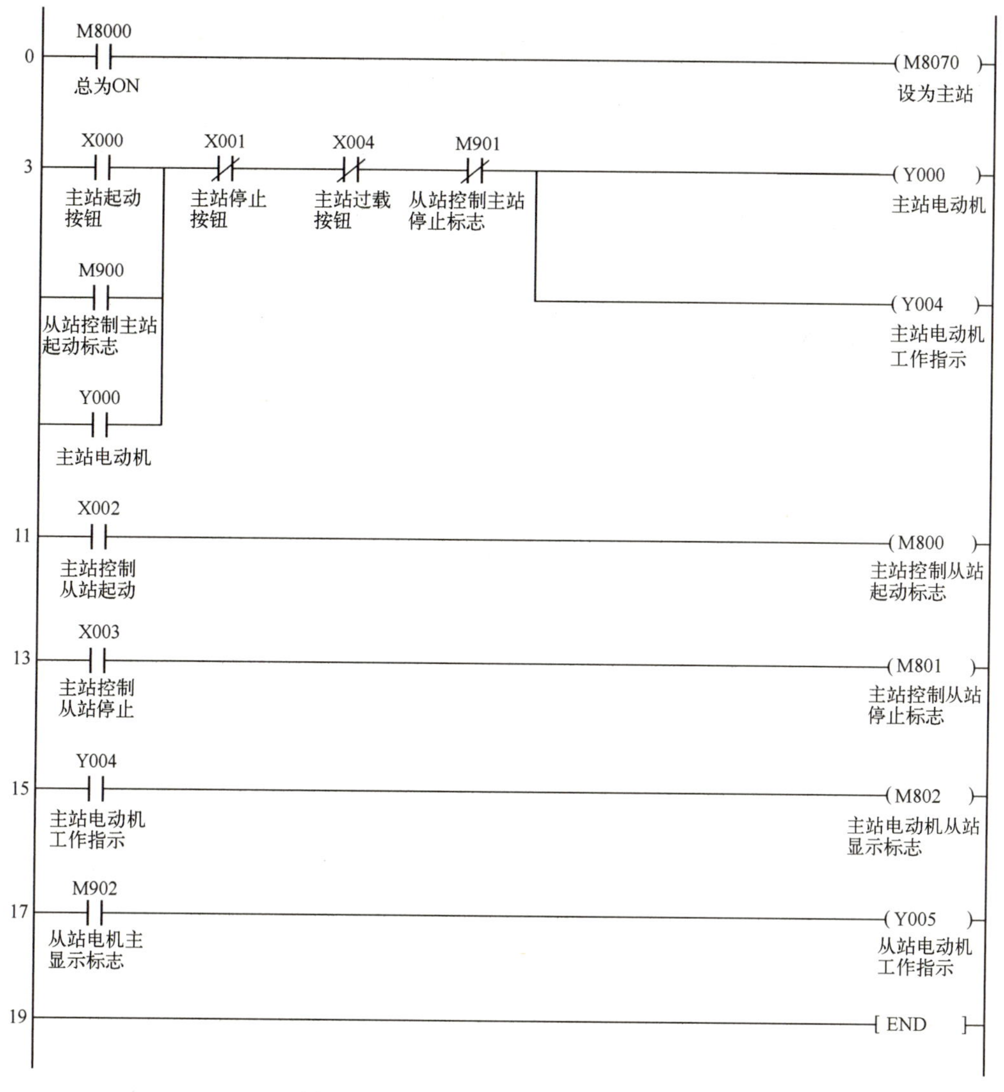

图 3-65　异地起停控制梯形图——主站

从电机主显示标志——从站电动机在主站中的显示标志

则说明程序编写正确。再接通两站主电路的电源进行联机调试，直至运行正常为止。

【实训交流】

并联链接、N:N 网络链接都属于 PLC 的串行通信，它们通过 RS-485 特殊适配器进行通信时，最长通信距离为 500 m；使用 RS-485-BD 通信功能板进行通信时，最长通信距离为 50 m。

【实训拓展】

训练 1　用 PLC 实现两站电动机自动投切控制，即主站和从站只能有一台电动机工作，两站都能互相进行起/停控制，若某一台电动机因过载而停止运行，则另一台立即投入运行。

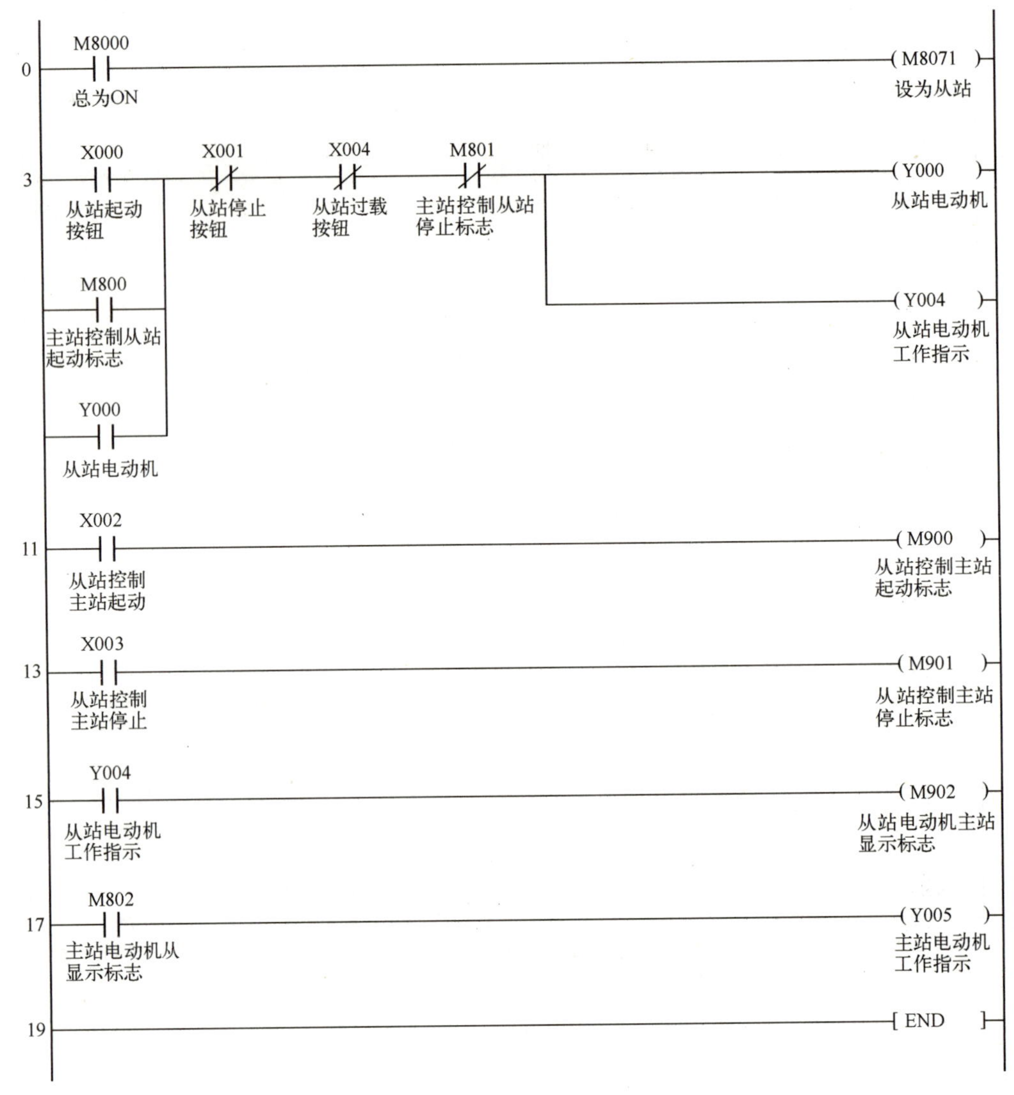

图 3-66　异地起停控制梯形图——从站

主电机从显示标志——主站电动机在从站中的显示标志

训练 2　用 PLC 实现两站电动机自动轮休控制，即主站和从站只能有一台电动机工作，两站都能互相进行起/停控制，某一台在运行一段时间后另一台自动进行轮换，若某一台因过载发生故障发生时，另一台自动投入运行，同时不需要对轮休进行计时且发出报警指示。

3.4.5　实训 17　电动机同向运行的 PLC 控制——N:N 链接通信

【实训目的】

- 掌握 N:N 网络的软元件号分配；
- 掌握 N:N 网络通信的编程方法；
- 掌握节约 PLC 输入/输出点数的方法。

【实训任务】

用 PLC 实现两台电动机的同向运行控制。控制要求如下：本站按钮只控制本站电动机的起动和停止。若主站电动机正向起动运行，则从站电动机只能正向起动运行；若主站电动机反向起动运行，则从站电动机只能反向起动运行。同样，若先起动从站电动机，则主站电动机也得与从站电动机运行方向一致。要求使用 N:N 网络链接实现上述任务。

【实训步骤】

1. I/O 分配

根据实训任务分析可知，对输入量、输出量进行分配，如表 3-24 所示（本实训任务中将主站和从站输入/输出地址分配相同，在此只给出本站输入/输出地址的 I/O 分配表）。

表 3-24　同向运行控制 I/O 分配表

输　入		输　出	
输入继电器	元　件	输出继电器	元　件
X000	正向起动按钮 SB1	Y000	正向交流接触器 KM1
X001	反向起动按钮 SB2	Y001	反向交流接触器 KM2
X002	停止按钮 SB3		
X003	热继电器 FR		

2. I/O 接线图

根据控制要求及表 3-24 的 I/O 分配表，同向运行控制 I/O 接线图如图 3-67 所示（从站的主电路同主站，主电路为电动机的直接起动电路，在此省略。主/从站使用 FX_{3U}-485-BD 通信功能扩展板相连接）。

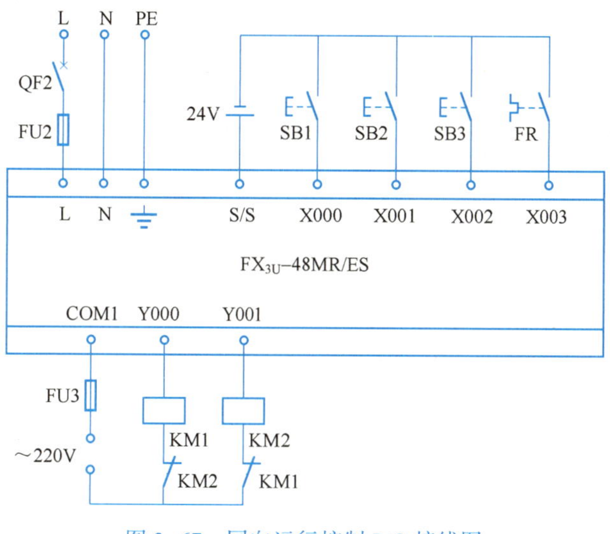

图 3-67　同向运行控制 I/O 接线图

3. 创建工程项目

创建一个工程项目，并命名为同向运行控制。

4. 编写程序

根据要求，使用 N:N 网络通信方式编写的主站和从站程序如图 3-68 和图 3-69 所示。

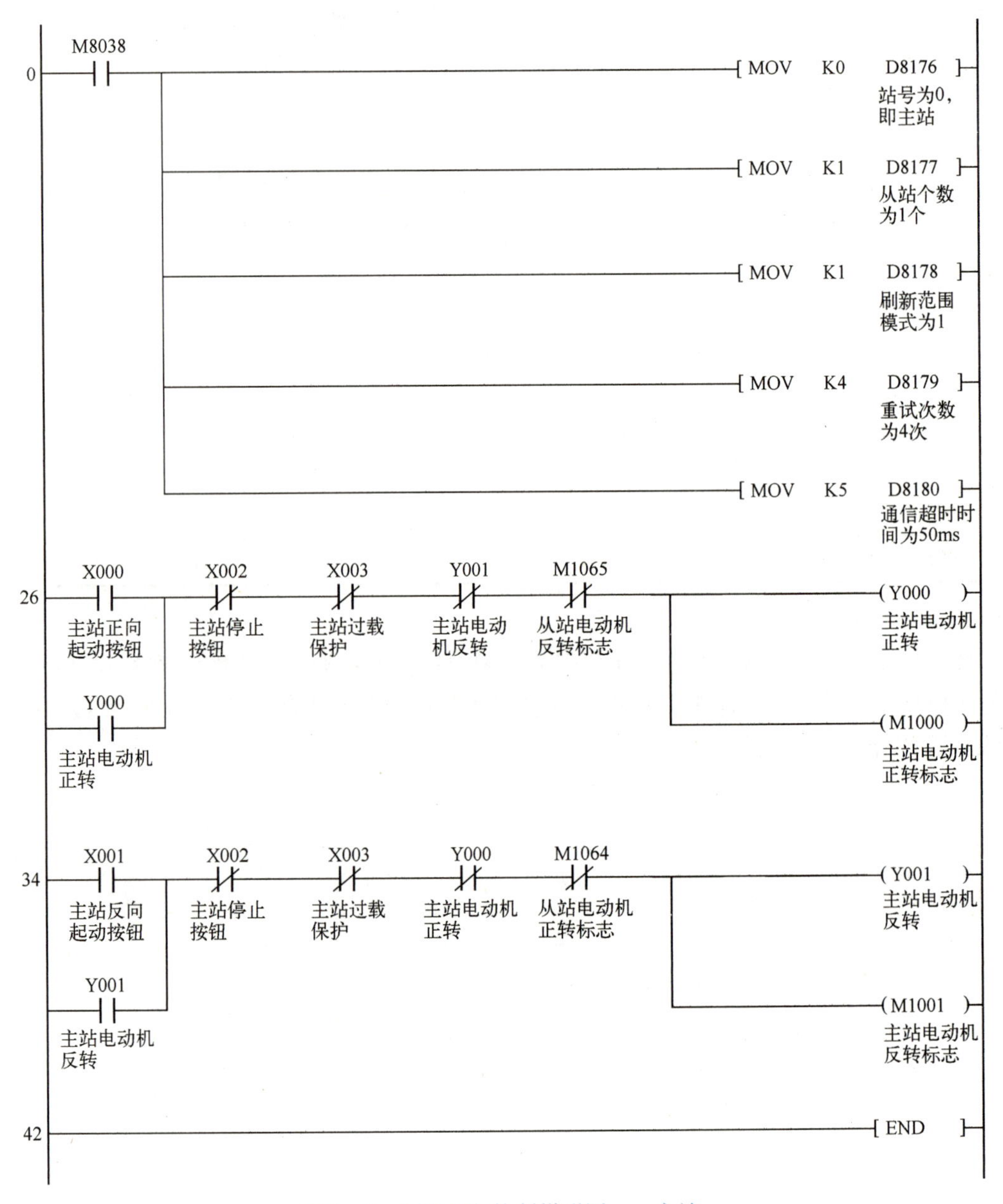

图 3-68　同向运行控制梯形图——主站

5. 调试程序

将两台 PLC 通过 FX_{3U}-485-BD 通信功能板相连接，将主站和从站程序分别下载到相应的 PLC 中，分别断开主、从站的主电路电源，启动主站程序监控功能。按下主站的正向起

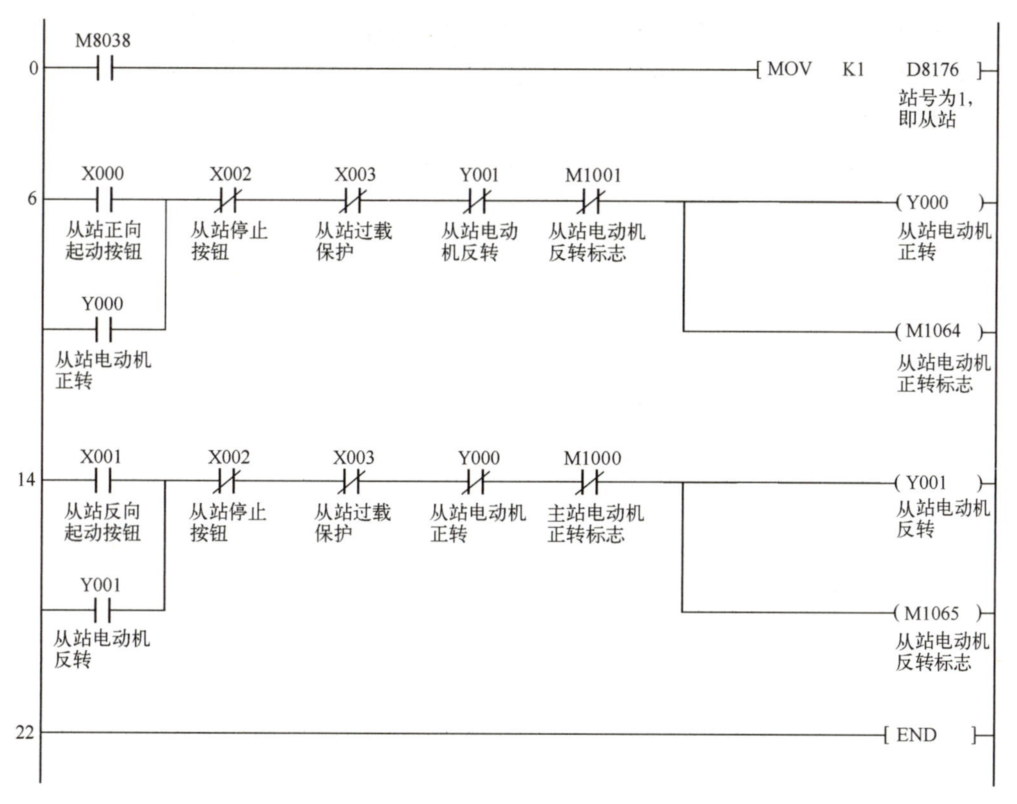

图 3-69　同向运行控制梯形图——从站

动按钮，正向起动主站电动机，再按下从站的反向起动按钮，观察电动机能否反向起动？再按下从站的正向起动按钮，观察电动机能否正向起动？停止两站电动机，再按下主站的反向起动按钮，反向起动主站电动机，再按下从站的正向起动按钮，观察电动机能否正向起动？再按下从站的反向起动按钮，观察电动机能否反向起动？同样，先起动从站电动机，然后再起动主站电动机，观察两站点的电动机是否只能同向起动？如能同向起动和运行，则说明程序编写正确。再接通两站主电路的电源进行联机调试，直至运行正常为止。

【实训交流】

控制系统中一般不建议使用扩展模块，若 I/O 点缺得不多，可通过适当的方法减少 I/O 点，一方面可节省系统硬件成本，另一方面可提高系统运行的可靠性和稳定性。在必须扩展的情况下再选择扩展模块。那如何节约 PLC 的输入/输出点呢？可通过以下方法进行节约 I/O 点。

1. 节约输入点

通过以下四种方法可节约 PLC 的输入点。

(1) 分组输入

很多设备都分自动和手动两种操作方式，自动程序和手动程序不会同时执行，把自动和手动信号叠加起来，按不同控制状态要求分组输入到 PLC，可以节省输入点数，如图 3-70 所示。X000 用来输入自动/手动操作方式信号，用于自动程序和手动程序切换。SB1 和 SB3

按钮同时使用了同一个 X000 输入端，但是实际代表的逻辑意义不同。很显然，X000 输入端可以分别反映两个输入信号的状态，其他输入端 X001～X007 与其类似，节省了输入点数。

图中的二极管用来切断寄生回路。假设图 3-70 中没有二极管，系统处于自动状态，SB1、SB2、SB3 闭合，SB4 断开，这时电流从 S/S 端子流出，经 SB3、SB1、SB2 形成的寄生回路流入 X001 端子，使输入位 X001 错误地变为 ON。各按钮串联了二极管后，切断了寄生回路，避免了错误输入的产生。

(2) 输入触点的合并

如果某些外部输入信号总是以某种“与或非”组合的整体形式出现在梯形图中，可以将它们对应的触点在 PLC 外部串、并联后作为一个整体输入到 PLC，则只占 PLC 的一个输入点。串联时几个开关或按钮同时闭合有效；并联时其中任何一个触点闭合都有效。

如果要求在两处设置控制某电动机的起动和停止按钮，可以将两个起动按钮并联，将两个停止按钮串联，分别送给 PLC 的两个输入点，如图 3-71 所示。与每一个起动按钮或停止按钮占用一个输入点的方法相比，不仅节约输入点，还简化了梯形图电路。

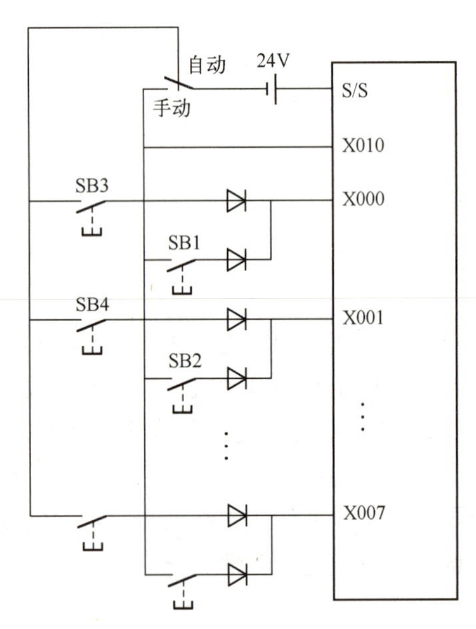

图 3-70 分组输入接线图

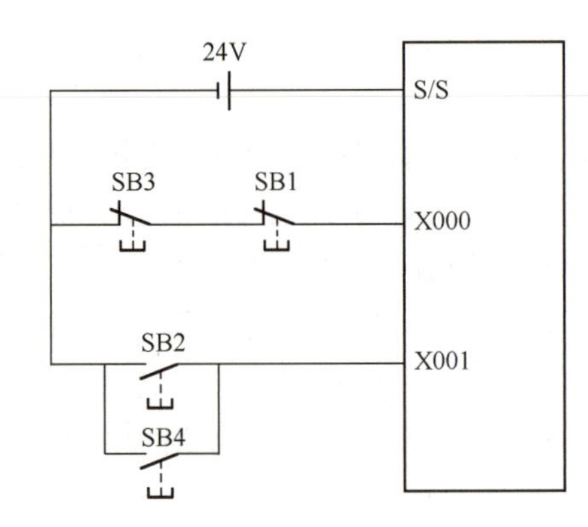

图 3-71 输入触点的合并

(3) 将信号设置在 PLC 之外

系统的某些输入信号，如手动操作按钮、保护动作后需要手动复位的热继电器常闭触点提供的信号，可以设置在 PLC 外部的硬件电路中，如图 3-72 所示，但在输入触点有余量的情况下，不建议这样使用，在 1.2.1 实训 3 中曾提及。某些手动按钮需要串联一些安全联锁触点，如果外部硬件联锁电路过于复杂，则应考虑将有关信号送入 PLC，用梯形图实现联锁。

(4) 利用 PLC 内部功能

在一个输入端上接一个开关，作为自动、手动操作方式转换开关，用转移指令，可将自动和手动操作加以区别，或利用 PLC 内该输入继电器的常开或常闭触点加以区别。

利用计数器、移位指令和求反指令实现单按钮的起动和停止。可以利用同一输入端在不

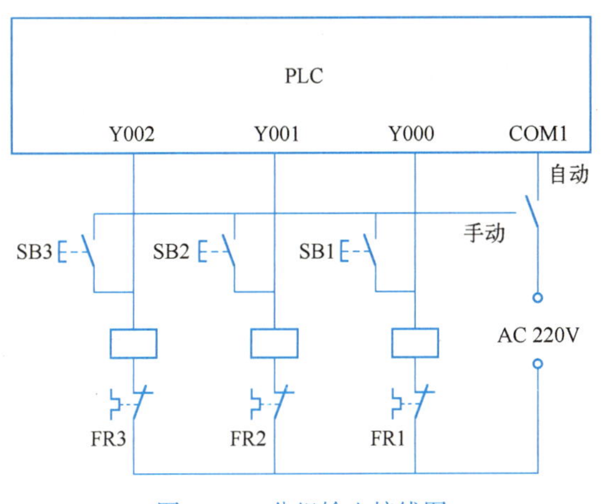

图 3-72　分组输入接线图

同操作方式下实现不同的功能，如电动机的点动和起动按钮，在电动机点动操作方式下，此按钮作为点动按钮，在连续操作方式下，此按钮作为起动按钮。

2. 节约 PLC 输出点的方法

有时候 PLC 输出点缺得不多的情况，也可以不使用扩展模块来解决输出点不够的问题。那又如何实现节约输出点呢？可通过以下两个方法来解决。

（1）触点合并输出

通断状态完全相同的负载并联后，可共用 PLC 的一个输出点，即一个输出点带数个负载。如在需要用指示灯显示 PLC 驱动负载的状态时，可以将指示灯与负载并联或用其触点驱动指示灯，并联时指示灯与负载的额定电压应相同，总电流应不超过允许的值。如果多个负载的总电流超出输出点的容量，可以接一个中间继电器，再控制其他负载。

（2）利用数码管功能

用数码管做指示灯可以减少输出点数。例如电梯的楼层指示，如果用信号灯，则一层就要一个输出点，楼层越高占用输出点越多，现在很多电梯使用数字显示器显示就可以节省输出点，常见的是用 BCD 码输出，9 层以下仅用 4 个输出点，用 7 段码指令 SEGD 指令来实现。

如果直接用数字量输出点来控制多位 LED 七段显示器，所需要的输出点是很多的，这时可选择具有锁存、译码、驱动功能的芯片 CD4513 驱动共阴极 LED 实现。

在系统中某些相对独立或比较简单的部分，可以不用 PLC，而用继电器电路来控制，这样也可以减少所需的 PLC 输入或输出点数。

在 PLC 的应用中，减少 I/O 是可行的，但要根据系统的实际情况来确定具体方法。

【实训拓展】

训练 1　用 PLC 实现两站电动机同向运行控制：在本实训任务控制要求基础上增加两站电动机方向指示和过载报警指示，同时还要求，若某台电动机起动 10 s 后，另一台电动机未起动则此台电动机也自动停止运行。

训练 2　用 PLC 实现 3 站传送电动机有序起停控制：当按下 3 个站的任意一个站的传送带传送电动机起动按钮，连接在 0 号站的第 1 台起动，起动 5 s 后，连接在 1 号站的第 2 台起动，起动5 s后，连接在2号站的第3台起动；按下3个站的任意一个站的传送带传送电动机停止按钮，连接在2号站的第3台立即停止，5 s后连接在1号站的第2台停止，5 s后连接在0号站的第1台停止。在运行过程中，任意一台电动机过载后三台电动机仍按上述方式逆向停止运行（如果第2台电动机过载，则第1台和第3台电动机同时停止）。

3.5 习题与思考

1. 列举 FX_{3U}系列 PLC 常用的模拟量功能模块或特殊适配器，如________、________、________。

2. FX_{3U}系列 PLC 硬件系统中，基本单元右侧第1个为数字量扩展模块，第2个为模拟量功能模块 FX_{3U}-4AD，则此功能模块单元号是________。

3. 模拟量功能模块 FX_{3U}-4AD，其模拟量输入通道1工作在模式1时，电压输入0~10 V 经 A/D 转换得到的数值为________。

4. FX_{3U}系列 PLC 的基本单元右侧连接特殊功能模块，最多连接________块。

5. N:N 网络通信中，特殊数据寄存器________可以设置________个从站。

6. FX_{3U}系列 PLC 有________个高速计数器，可以设置________种不同的工作模式。

7. 高速计数器 C248 的增、减计数脉冲分别由 X ________和 X ________提供。

8. FX_{3U}系列 PLC 中高速计数器最高计数频率为________。

9. FX_{3U}系列 PLC 高速脉冲分别由 Y ________和 Y ________输出。

10. 在使用 PWM 时，若脉冲宽度设置为周期值时，占空比为________，输出连续接通。若脉冲宽度为0时，占空比为________，输出断开。

11. 通信的基本方式可分为________和________。

12. 为什么在远距离传送模拟量信号时应使用电流信号，而不是电压信号？

13. 编码器的作用是什么？

14. 如何更改 FX_{3U}系列 PLC 的数字量滤波时间？

15. 使用高速计数器产生的中断指针有哪些？

16. N:N 网络通信有几种模式？主站0号和1号从站的共享软元件有哪些？

17. A-B 相双输入高速计数器，何时为增计数，何时为减计数。

18. 特殊适配器 FX_{3U}-4AD-ADP 电流输入和电压输入时输入端如何连接？

19. PLC 控制系统中常用的节约输入和输出点的方法有哪些？

20. 实训17中，如果要求设置“联机/单机”选择开关，当选择开关拨至“联机”工作方式，则两台 PLC 按控制要求同向运行；如选择开关拨至“单机”工作方式，则两台电动机运行方向可自由控制，其程序该如何编写？

第 4 章　步进顺控编程及应用

在诸多零部件生产加工过程中，执行机构的动作往往具有一定的顺序性，它们按照生产工艺预先设定的顺序而动作，如果采用 PLC 中比较典型的编程法设计控制程序时，会繁琐且易出错，给程序的调试及设备维护带来困难，而采用顺序设计法则能达到事半功倍。本章重点介绍顺序控制系统结构、顺序控制系统的编程方法、步进顺控指令的应用。

4.1　顺序控制系统

4.1.1　顺序控制

在工业应用现场诸多加工工艺的控制系统有一定的顺序性，它是按照生产工艺预先规定的顺序，在各个输入信号的作用下，根据内部状态和时间的顺序，在生产过程中各个执行机构自动地、有秩序地进行操作，这样的控制系统称之为顺序控制系统。采用顺序控制设计法很容易被初学者接受，对于有经验的工程师，也会提高设计的效率，对程序的调试、修改和阅读也很方便。

图 4-1 所示为机械手搬运工件的动作过程：在初始状态下（步 S0）若在工作台 *E* 点处检测到有工件，则机械手下降（步 S1）至 *D* 点处，然后开始夹紧工件（步 S2），夹紧时间为 5 s，机械手上升（步 S3）至 *C* 点处，手臂向左伸出（步 S4）至 *B* 点处，然后机械手下降（步 S5）至 *D* 点处，释放工件（步 S5），释放时间为 3 s，将工件放在工作台的 *F* 点处，机械手上升（步 S6）至 *C* 点处，手臂向右缩回（步 S7）至 *A* 点处，一个工作循环结束。若再次检测到工作台 *E* 点处有工件，则又开始下一工作循环，周而复始。

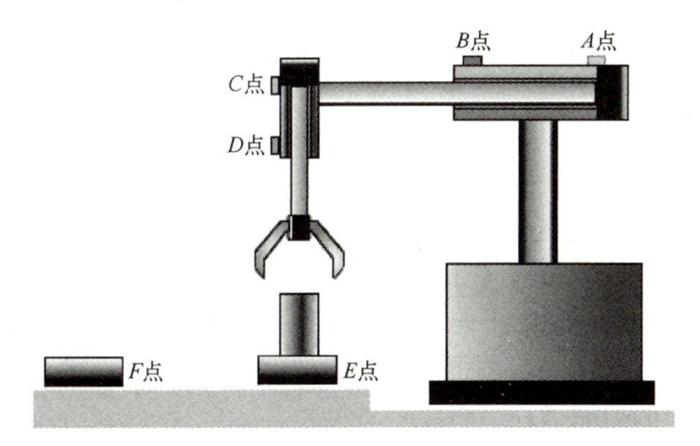

图 4-1　机械手动作过程——顺序动作示例

从以上描述可以看出，机械手搬运工件过程是由一系列步（S）或功能组成，这些步或功能按顺序由转换条件激活，这样的控制系统就是典型的顺序控制系统，或称之为步进系统。

4.1.2　顺序控制系统的结构

一个完整的顺序控制系统由 4 部分组成：方式选择、顺控器、命令输出和故障及运行信号，如图 4-2 所示。

1. 运行方式选择

在运行方式选择部分主要处理各种运行方式的条件和封锁信号。运行方式在操作台上通过选择开关或按钮进行设置和显示。设置的结果形成使能信号或封锁信号，并影响“顺控器”和“命令输出”部分的工作。基本的运行方式有以下几种。

1）“自动”方式：在该方式下，系统将按照顺控器中确定的控制顺序，自动执行各控制环节的功能，一旦系统起动后就不再需要操作人员的干预，但可以响应停止和急停操作。

2）“单步”方式：在该方式下，系统在操作人员的控制下，依据控制按钮一步一步地完成整个系统的功能，但并不是每一步都需要操作人员确认。

3）“键控”方式：在该方式下，各执行机构（输出端）动作需要由手动控制实现，不需要 PLC 程序。

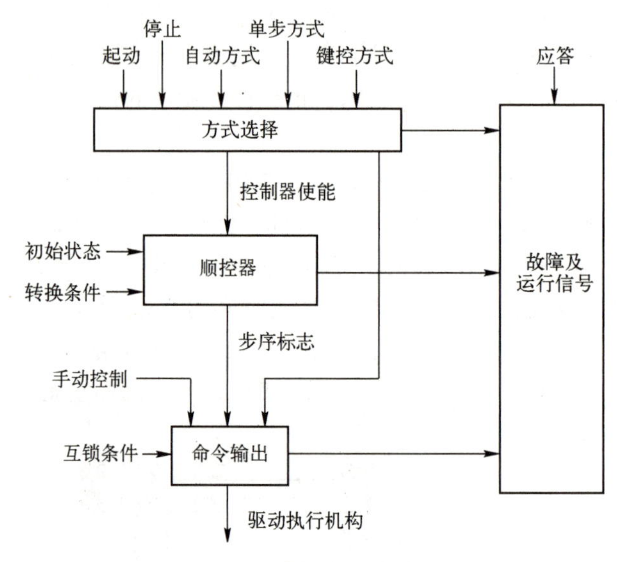

图 4-2　顺序控制系统结构图

2. 顺控器

顺控器是顺序控制系统的核心，是实现按时间顺序控制工业生产过程的一个控制装置。这里所讲的顺控器专指用顺序功能图语言或梯形图语言编写的一段 PLC 控制程序，使用顺序功能图描述控制系统的控制过程、功能和特性。

3. 命令输出

命令输出部分主要实现控制系统各控制步的具体功能，如驱动执行机构。

4. 故障及运行信号

故障及运行信号部分主要处理控制系统运行过程中的故障及运行状态，如当前系统工作

于哪种方式、已经执行到哪一步，工作是否正常等。

4.2 顺序功能图

4.2.1 顺序控制设计法

1. 顺序控制设计法的基本思想

将系统的一个工作周期划分为若干个顺序相连的阶段，这些阶段称为步（Step），并用编程元件（如辅助继电器 M）来代表各步。在任何一步之内，输出量的状态保持不变，这样使步与输出量的逻辑关系变得十分简单。

2. 步的划分

根据输出量的状态来划分步，只要输出量的状态发生变化就在该处划出一步，如图 4-1 所示，共分为 8 步。

3. 步的转换

系统不能总停在一步内工作，从当前步进入到下一步称为步的转换，这种转换的信号称为转换条件。转换条件可以是外部输入信号，也可以是 PLC 内部信号或若干个信号的逻辑组合。顺序控制设计就是用转换条件去控制代表各步的编程软元件，让它们按一定的顺序变化，然后用代表各步的软元件去控制 PLC 的各输出位。

4.2.2 顺序功能图的结构

顺序功能图（Sequential Function Chart，SFC）又称为功能表图，是描述控制系统的控制过程、功能和特性的一种图形，也是设计 PLC 的顺序控制程序的有力工具。它涉及所描述的控制功能的具体技术，是一种通用的技术语言。在 IEC 的 PLC 编程语言标准（IEC 61131-3）中，顺序功能图被确定为位居首位的 PLC 编程语言，但目前仅仅作为组织编程的工具，不能为 PLC 所执行，还需要其他编程语言（如梯形图）将其转换成 PLC 可执行的程序。现在还有相当多的 PLC 还没有配备顺序功能图语言，但是可以用顺序功能图来描述系统的功能，根据它来设计梯形图程序。

顺序功能图主要由步、有向连线、转换、转换条件和动作（或命令）组成。

1. 步

步表示系统的某一工作状态，用矩形框表示，方框中可以用数字表示该步的编号，也可以用代表该步的编程元件作为步的编号（如 M0），这样在根据顺序功能图设计梯形图时较为方便。

2. 初始步

初始步表示系统的初始工作状态，用双线框表示，初始状态一般是系统等待启动命令的相对静止的状态。每一个顺序功能图应该至少有一个初始步。

3. 与步对应的动作或命令

与步对应的动作或命令是在每一步内把状态为 ON 的输出位表示出来。可以将一个控制系统划分为被控系统和施控系统。对于被控系统，在某一步要完成某些“动作”（Action）；对于施控系统，在某一步要向被控系统发出某些“命令”（Command）。

为了方便，以后将命令或动作统称为动作，也用矩形框中的文字或符号表示，该矩形框与对应的步相连表示在该步内的动作，并放置在步序框的右边。在每一步之内只标出状态为ON的输出位，一般用输出类指令（如输出、置位、复位等）。步内这些动作命令平时不被执行，只有当对应的步被激活才被执行。

如果某一步有几个动作，可以用图4-3中的两种画法来表示，但是并不隐含这些动作之间的任何顺序。

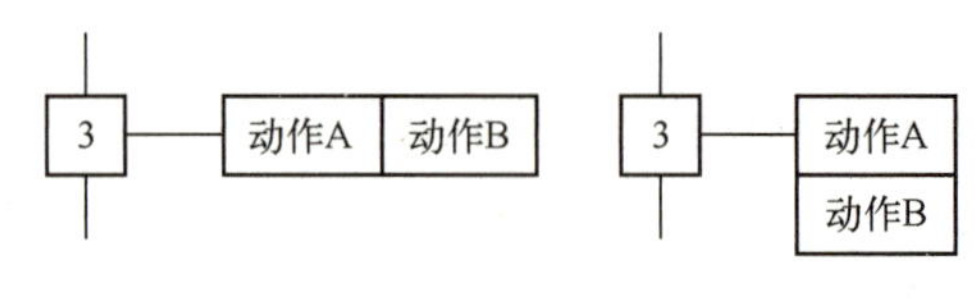

图4-3　动作

4. 有向连线

有向连线是把每一步按照它们成为活动步的先后顺序用直线连接起来。有向连线的默认方向由上至下，凡与此方向不同的连线均应标注箭头表示方向。

5. 活动步

活动步是指系统正在执行的那一步。步处于活动状态时，相应的动作被执行，即该步内的元件为ON状态；处于不活动状态时，相应的非存储型动作被停止执行，即该步内的元件为OFF状态。

6. 转换

转换是用有向连线上与有向连线垂直的短画线来表示，将相邻两步分隔开。步的活动状态的进展是由转换的实现来完成的，并与控制过程的发展相对应。

转换表示从一个状态到另一个状态的变化，即从一步到另一步的转移，用有向连线表示转移的方向。

转换实现的条件：该转换所有的前级步都是活动步，且相应的转换条件得到满足。

转换实现后的结果：使该转换的后续步变为活动步，前级步变为不活动步。

7. 转换条件

使系统由当前步进入到下一步的信号称为转换条件。转换是一种条件，当条件成立时，称为转换使能。该转换如果能够使系统的状态发生转换，则称为触发。转换条件是指系统从一个状态向一个状态转移的必要条件。

转换条件是与转换相关的逻辑命令，转换条件可以用文字语言、布尔代数表达式或图形符号标注在表示转换的短线旁边，使用最多的是布尔代数表达式。

在顺序功能图中，只有当某一步的前级步是活动步时，该步才有可能变成活动步。如果用没有断电保持功能的编程元件代表各步，进入RUN工作方式时，它们均处于0状态，必须在开机时将初始步预置为活动步，否则因顺序功能图中没有活动步，系统将无法工作。

绘制顺序功能图应注意以下几点。

1）步与步不能直接相连，要用转换隔开。

2）转换也不能直接相连，要用步隔开。

3）初始步描述的是系统等待启动命令的初始状态，通常在这一步里没有任何动作。但是初始步是必须画的，因为如果没有该步，则无法表示系统的初始状态，系统也无法返回停止状态。

4）自动控制系统应能多次重复完成某一控制过程，要求系统可以循环执行某一程序，因此顺序功能图应是一个闭环，即在完成一次工艺过程的全部操作后，应从最后一步返回初始步，系统停留在初始状态（单周期操作）；在连续循环工作方式下，系统应从最后一步返回下一工作周期开始运行的第一步。

二维码 4-1

视频“顺序功能图设计”可通过扫描二维码 4-1 播放。

4.2.3 顺序功能图的类型

顺序功能图主要有 3 种类型：单序列、选择序列、并行序列。

1. 单序列

单序列是由一系列相继激活的步组成，每一步的后面仅有一个转换，每一个转换的后面只有一个步，如图 4-4a 所示。

2. 选择序列

选择序列的开始称为分支，转换符号只能标在水平连线之下，如图 4-4b 所示。步 5 后有两个转换 h 和 k 所引导的两个选择序列，如果步 5 为活动步并且转换 h 使能，则步 8 被触发；如果步 5 为活动步并且转换 k 使能，则步 10 被触发。一般只允许选择一个序列。

选择序列的合并是指几个选择序列合并到一个公共序列。此时，用需要重新组合的序列相同数量的转换符号和水平连线来表示，转换符号只允许在水平连线之上。图 4-4b 中如果步 9 为活动步并且转换 j 使能，则步 12 被触发；如果步 11 为活动步并且转换 n 使能，则步 12 也被触发。

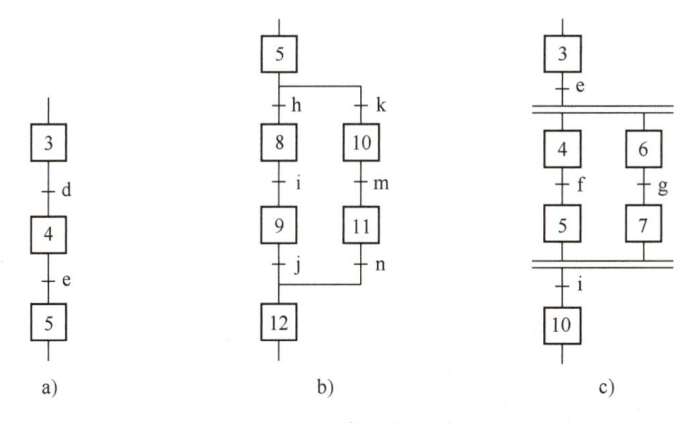

图 4-4 顺序功能图类型
a）单序列 b）选择序列 c）并行序列

3. 并行序列

并行序列用来表示系统的几个同时工作的独立部分的情况。当转换的实现导致几个序列同时触发时，这些序列称为并行序列。并行序列的开始称为分支。如图 4-4c 所示，在当步 3 是活动步并且转换条件 e 为 ON，步 4、步 6 这两步同时变为活动步，同时步 3 变为不活动步。为了强调转换的实现，水平连线用双线表示。步 4、步 6 被同时触发后，每个序列中活动步的进展将是独立的。在表示同步的水平双线上，只允许有一个转换符号。并行序列的结束称为合并，在表示同步平行双线之下，只允许有一个转换符号。当直接连在双线上的所有前级步（步 5、步 7）都处于活动状态，并且转换状态条件 i 为 ON 时，才会发生步 5、步 7 到步 10 的进展，即步 5、步 7 同时变为不活动步，而步 10 变为活动步。

4.3 顺序控制系统的编程方法

根据控制系统的工艺要求画出系统的顺序功能图后，若 PLC 没有配备顺序功能图语言，则必须将顺序功能图转换成 PLC 可执行的梯形图程序。将顺序功能图转换成梯形的方法主要有 2 种，分别是采用起-保-停电路的设计方法和采用置位（SET）与复位（RST）指令的设计方法。

4.3.1 起-保-停设计法

起-保-停电路仅仅用于与触点和线圈有关的指令，任何一种 PLC 的指令系统都是这一类指令，因此这是一种通用的编程方法，可以用于任意型号的 PLC。

图 4-5a 给出了自动小车运动的示意图。当按下起动按钮时，小车由原点 SQ0 处前进（Y000 动作）到 SQ1 处，停留 2 s 返回（Y001 动作）到原点，停留 3 s 后前进至 SQ2 处，停留 2 s 后返回到原点。当再次按下起动按钮时，重复上述动作。

设计起-保-停电路的关键是找出它的起动条件和停止条件。根据转换实现的基本规则，转换实现的条件是它的前级步为活动步，并且满足相应的转换条件。在起-保-停电路中，应将代表前级步的辅助继电器 Mx 的常开触点和代表转换条件（如 Xx）的常开触点串联，作为控制下一位的起动电路。

图 4-5b 给出了自动小车运动顺序功能图，当 M1 和 SQ1 的常开触点均闭合时，步 M2 变为活动步，这时步 M1 应变为不活动步，因此可以将 M2 为 ON 状态作为使辅助继电器 M1 变为 OFF 的条件，即将 M2 的常闭触点与 M1 的线圈串联。上述的逻辑关系可以用逻辑代数式表示：

顺序控制梯形图输出电路部分的设计：由于步是根据输出变量的状态变化来划分的，它们之间的关系极为简单，可以分为两种情况来处理。其一某输出量仅在某一步为 ON，则可以将其线圈与对应步的辅助继电器 M 的线圈相并联；其二如果某输出量在几步中都为 ON，应将各步对应的辅助继电器的常开触点并联后，驱动其输出的线圈，如图 4-5c 中 50~55 步所示。

二维码 4-2

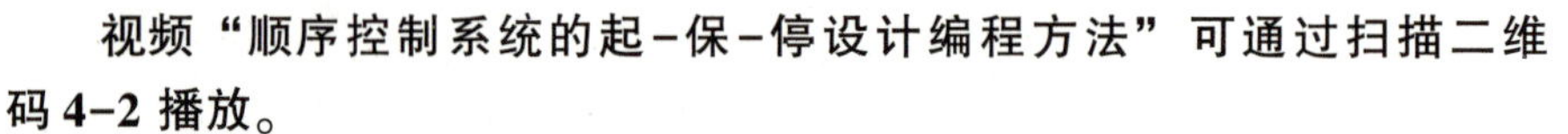

视频“顺序控制系统的起-保-停设计编程方法”可通过扫描二维码 4-2 播放。

4.3.2 置位/复位指令设计法

1. 使用 SET、RST 指令设计顺序控制程序

在使用 SET、RST 指令设计顺序控制程序时，将各转换的所有前级步对应的常开触点与转换对应的触点或电路串联，该串联电路即是起-保-停电路中的起动电路，用它作为使所有后续步置位（使用 SET 指令）和使所有前级步复位（使用 RST 指令）的条件。

$$M1=(M0 \cdot X000+M1) \cdot \overline{M2}$$

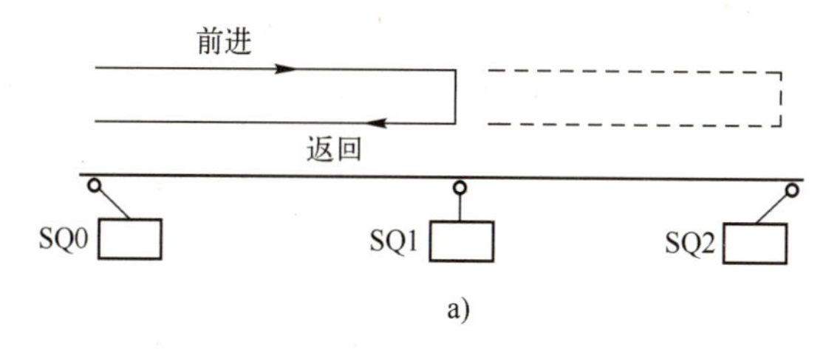

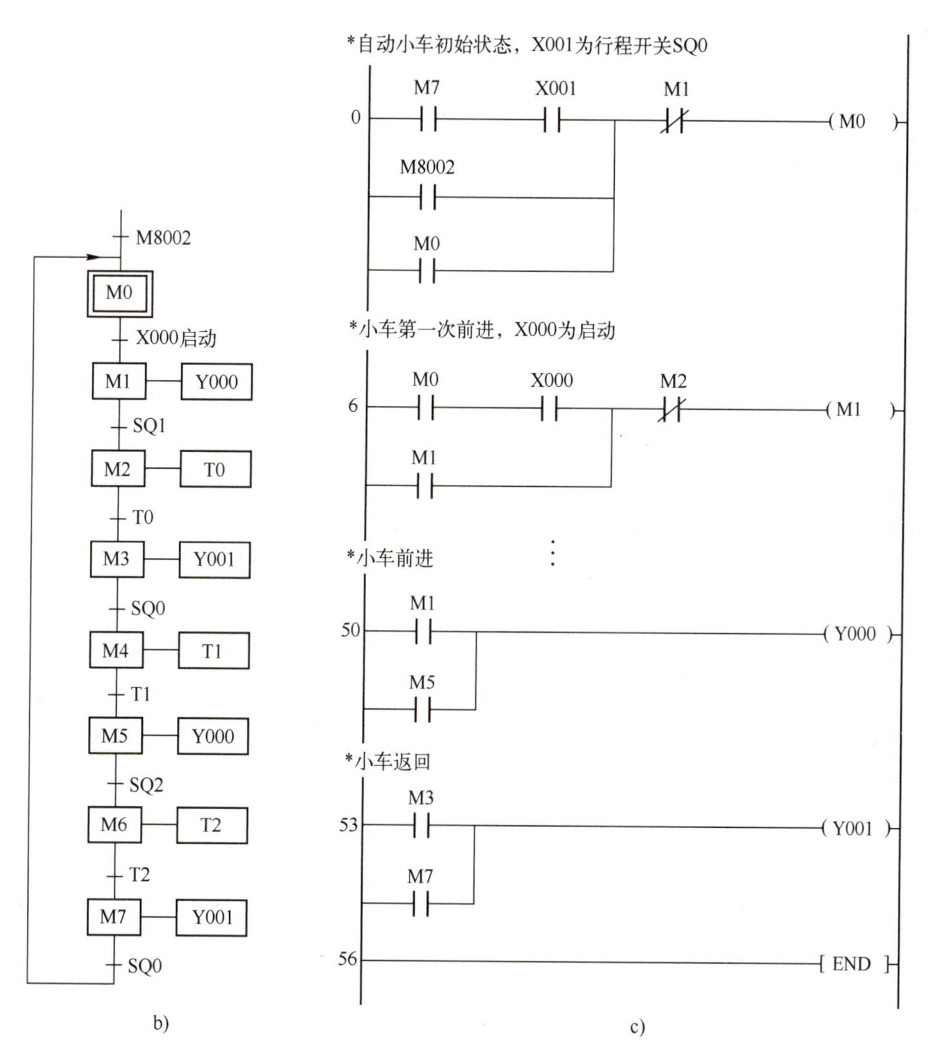

图 4-5　自动小车运动控制

a）小车运动示意图　b）小车运动顺序功能图　c）小车运动梯形图

在任何情况下，各步的控制电路都可以用这一原则来设计，每一个转换对应一个这样的控制置位和复位的电路块，有多少个转换就有多少个这样的电路块。这种设计方法有规律可循，梯形图与转换实现的基本规则之间有着严格的对应关系，在设计复杂的顺序功能图的梯形图时，既容易掌握，又不容易出错。

2. 使用SET、RST指令设计顺序功能图的方法

（1）单序列的编程方法

某组合机床的动力头在初始状态时停在最左边，限位开关X001为ON状态，如图4-6a所示。按下起动按钮X000，动力头的进给运动如图4-6所示，工作一个循环后，返回并停在初始位置，控制电磁阀的Y000、Y001和Y002在各工步的状态如图4-6b的顺序功能图所示。

实现图4-6中X002对应的转换需要同时满足两个条件，即该步的前级步是活动步（M1为ON）和转换条件满足（X002为ON）。在梯形图中，可以用M1和X002的常开触点组成的串联电路来表示上述条件，如图4-6c所示。该电路接通时，两个条件同时满足。此时应将该转换的后续步变为活动步，即用置位指令“SET　M2”将M2置位；还应将该转换的前级步变为不活动步，即用复位指令“RST　M1”将M1复位。

使用这种编程方法时，不能将输出线圈与置位指令和复位指令并联，这是因为图4-6中控制置位、复位的串联电路接通的时间只有一个扫描周期，转换条件满足后前级步立即被

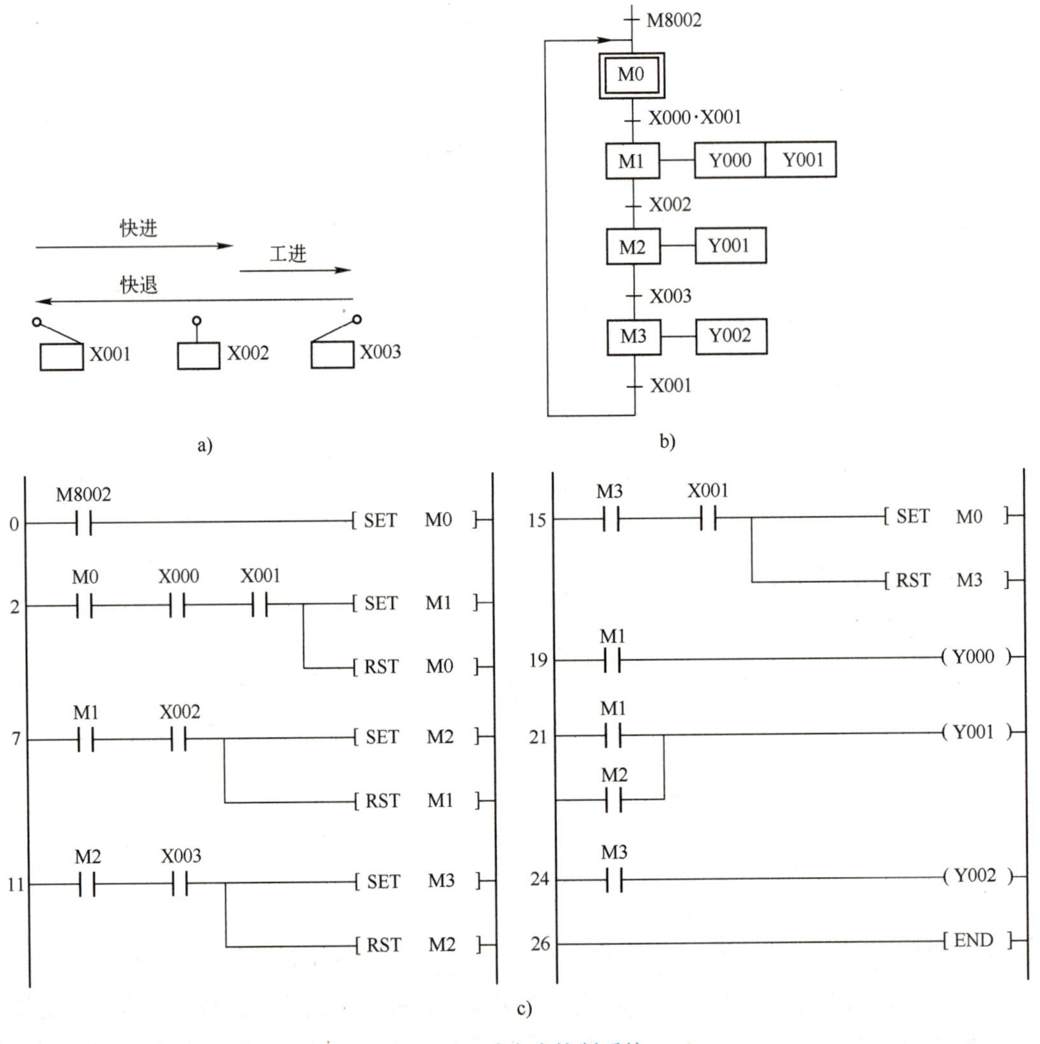

图4-6　动力头控制系统

a）运动示意图　b）顺序功能图　c）梯形图

复位，该串联电路断开，而输出线圈至少应该在某一步对应的全部时间内被接通。所以应根据顺序功能图，用代表步的辅助继电器的常开触点或它们的并联电路来驱动输出线圈。

(2) 并行序列的编程方法

图 4-7 是一个并行序列的顺序功能图，采用 SET、RST 指令进行并行序列控制程序设计的梯形图如图 4-8 所示。

1) 并行序列分支的编程。

在图 4-7 中，步 M0 之后有一个并行序列的分支。当 M0 是活动步，并且转换条件 X000 为 ON 时，步 M1 和步 M3 应同时变为活动步，这时用 M0 和 X000 的常开触点串联电路使 M1 和 M3 同时置位，用复位指令使步 M0 变为不活动步，如图 4-8 所示。

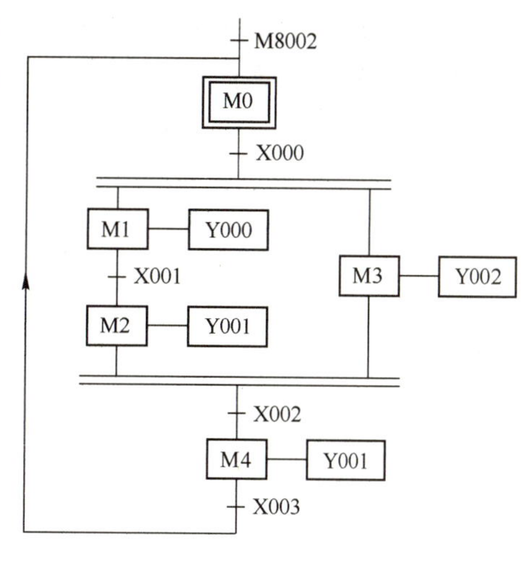

图 4-7　并行序列的顺序功能图

2) 并行序列合并的编程。

在图 4-7 中，在转换条件 X002 之前有一个并行序列的合并。当所有的前级步 M2 和 M3 都是活动步，并且转换条件 X002 为 ON 时，实现并行序列的合并。用 M2、M3 和 X002 的常开触点串联电路使后续步 M4 置位，用复位指令使前级步 M2 和 M3 变为不活动步，如图 4-8 所示。

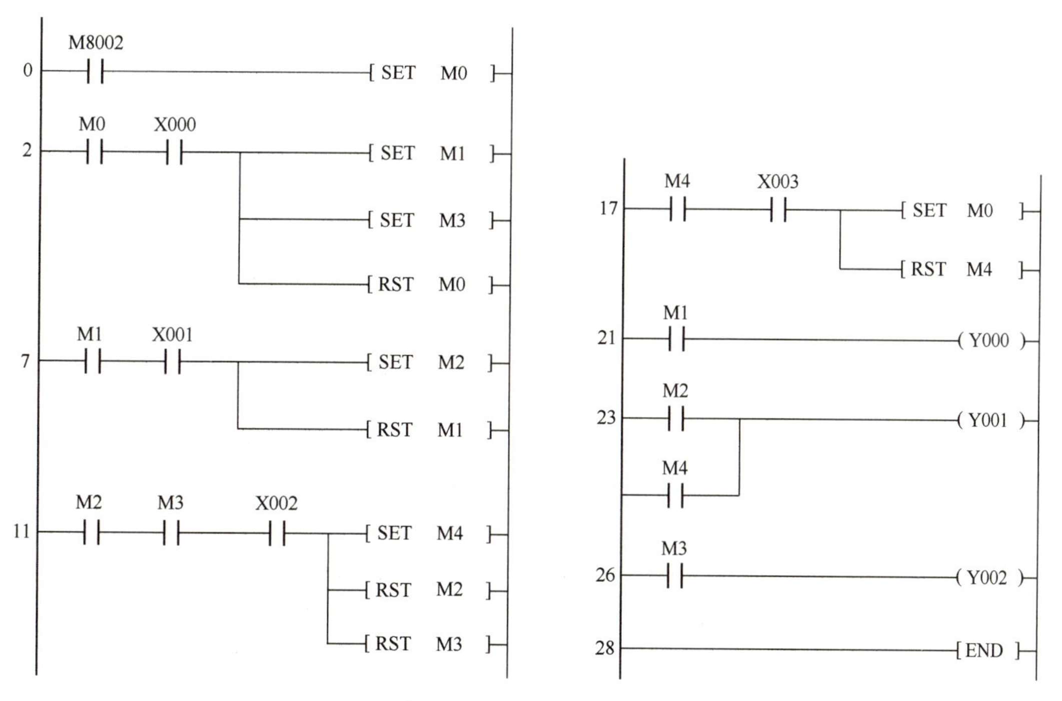

图 4-8　并行序列的梯形图

有时并行序列的合并和分支需要由一个转换条件同步实现。如图 4-9a 所示，转换的上面是并行序列的合并，转换的下面是并行序列的分支，该转换实现的条件是所有的前级步 M10 和 M11 都是活动步且转换条件 X001 或 X003 为 ON。因此，应将 X001 的常开触点与

X003 的常开触点并联后再与 M10、M11 的常开触点串联，作为 M12、M13 置位和 M10、M11 复位的条件。其梯形图如图 4-9b 所示。

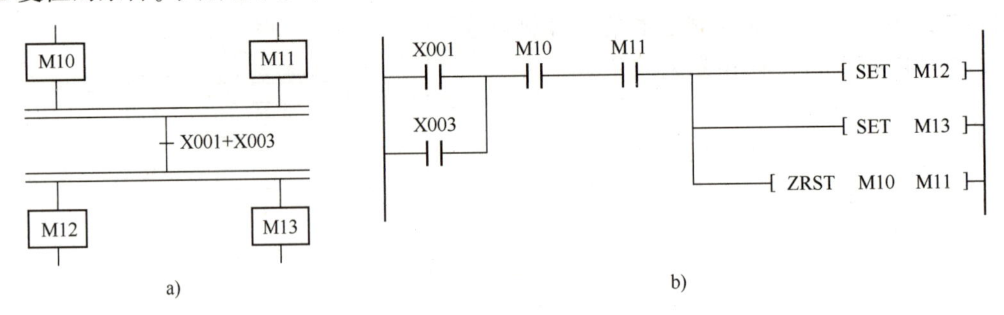

图 4-9　并行序列转换的同步实现
a）并行序列合并顺序功能图　b）梯形图

（3）选择序列的编程方法

图 4-10 是一个选择序列的顺序功能图，采用 SET、RST 指令进行选择序列控制程序设计的梯形图如图 4-11 所示。

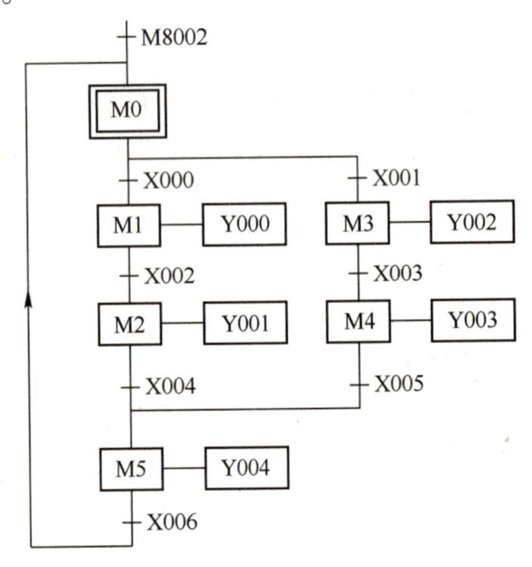

图 4-10　选择序列的顺序控制图

1）选择序列分支的编程。

在图 4-10 中，步 M0 之后有一个选择序列的分支。当 M0 为活动步时，可以有两种不同的选择，当转换条件 X000 满足时，后续步 M1 变为活动步，M0 变为不活动步；而当转换条件 X001 满足时，后续步 M3 变为活动步，M0 变为不活动步。

当 M0 被置为 1 时，后面有两个分支可以选择。若转换条件 X000 为 ON 时，该程序中的指令“SET　M1”，将转换到步 M1，然后向下继续执行；若转换条件 X001 为 ON 时，该程序中的指令“SET　M3”，将转换到步 M3，然后向下继续执行。

2）选择序列合并的编程。

在图 4-10 中，步 M5 之前有一个选择序列的合并，当步 M2 为活动步，并且转换条件 X004 满足，或者步 M4 为活动步，并且转换条件 X005 满足时，步 M5 应变为活动步。在步 M2 和步 M4 后续对应的程序中，分别用 X004 和 X005 的常开触点置位指令“SET　M5”，就能实现选择序列的合并。

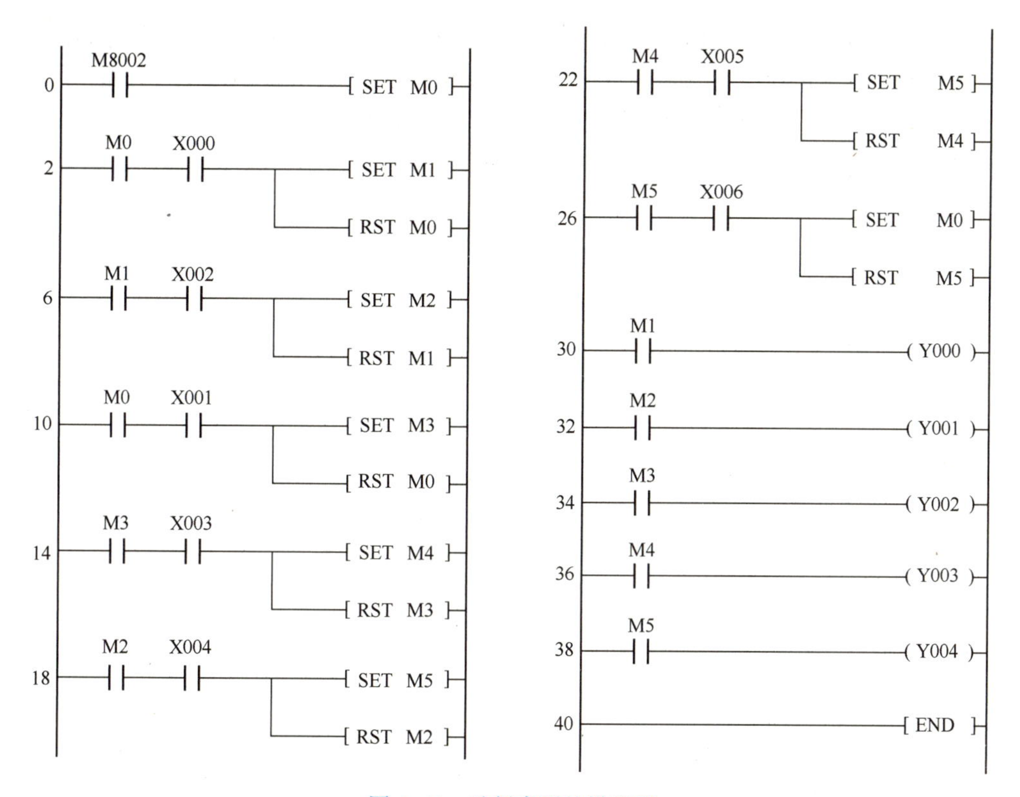

图 4-11　选择序列的梯形图

4.3.3　实训 18　液压机系统的 PLC 控制——起-保-停设计法

【实训目的】

- 掌握顺序功能图的绘制；
- 掌握单序列顺序控制程序的设计方法；
- 掌握起-保-停电路设计顺序控制程序的编写。

【实训任务】

用 PLC 实现液压机系统的控制。图 4-12 为 3000 kN 液压机工作示意图。控制要求如下：系统通电时，按下液压泵起动按钮，起动液压泵电动机。当液压缸活塞处于原位 SQ1 处时，按下活塞下行按钮，活塞快速下行（电磁阀 YV1、YV2 得电），当遇到快转慢的转换检测传

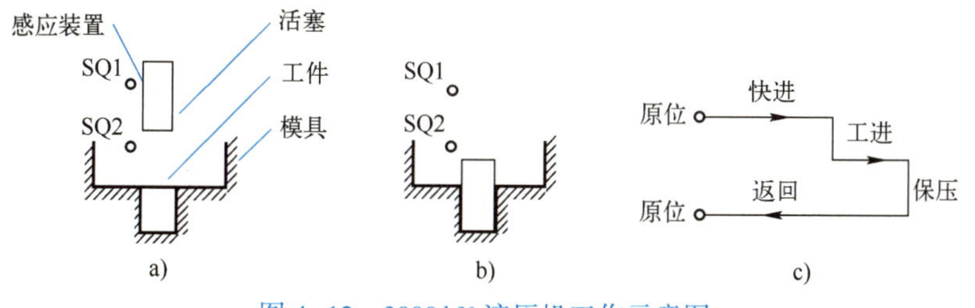

图 4-12　3000 kN 液压机工作示意图
a）放料图　b）成型图　c）活塞运动过程

感器 SQ2 时，活塞慢行（仅电磁阀 YV1 得电），当碰到工件时继续下行，当压力达到设置值时，压力继电器 KP 动作，即停止下行（电磁阀 YV1 失电），保压 3 s 后，电磁阀 YV3 得电，活塞开始返回，当到达 SQ1 处时返回停止。

控制系统还要求有：液压泵电动机工作指示，活塞下行指示、保压及返回显示等。

【实训步骤】

1. I/O 分配

根据项目分析可知，对输入量、输出量进行分配如表 4-1 所示。

表 4-1　液压机系统控制 I/O 分配表

输　入		输　出	
输入继电器	元　件	输出继电器	元　件
X000	液压泵停止按钮 SB1	Y000	交流接触器 KM
X001	液压泵起动按钮 SB2	Y001	电磁阀 YV1
X002	活塞下行按钮 SB3	Y002	电磁阀 YV2
X003	原位检测传感器 SQ1	Y003	电磁阀 YV3
X004	快转慢检测传感器 SQ2	Y004	工作指示 HL1
X005	压力继电器 KP	Y005	下行指示 HL2
X006	热继电器 FR	Y006	保压指示 HL3
		Y007	返回指示 HL4

2. I/O 接线图

根据控制要求及表 4-1 的 I/O 分配表，液压机系统 I/O 接线图如图 4-13 所示。

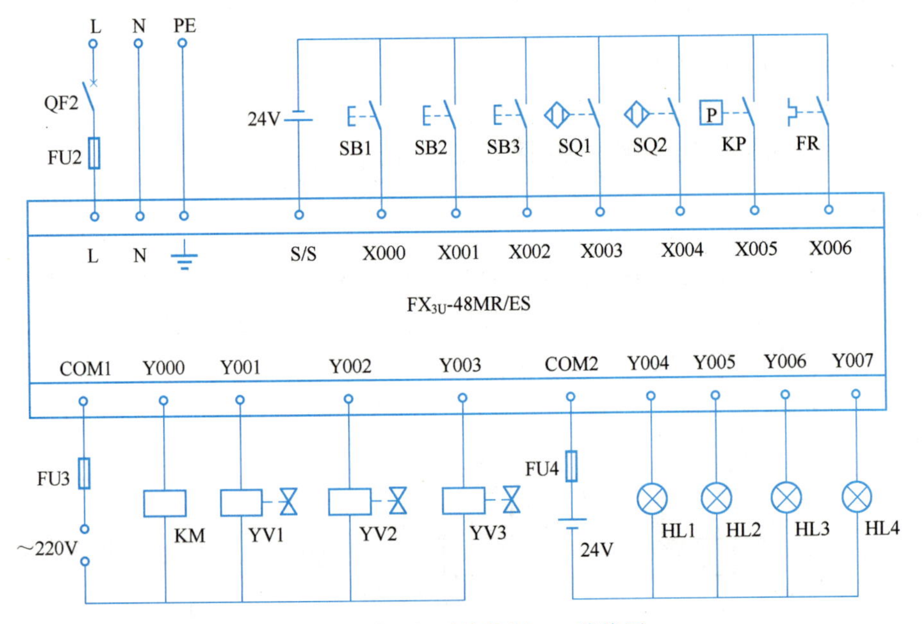

图 4-13　液压机系统控制 I/O 接线图

3. 创建工程项目

创建一个工程项目，并命名为液压机系统控制。

4. 编写程序

根据要求，画出顺序功能图，如图 4-14 所示，并使用起-保-停电路编写的梯形图如图 4-15 所示。

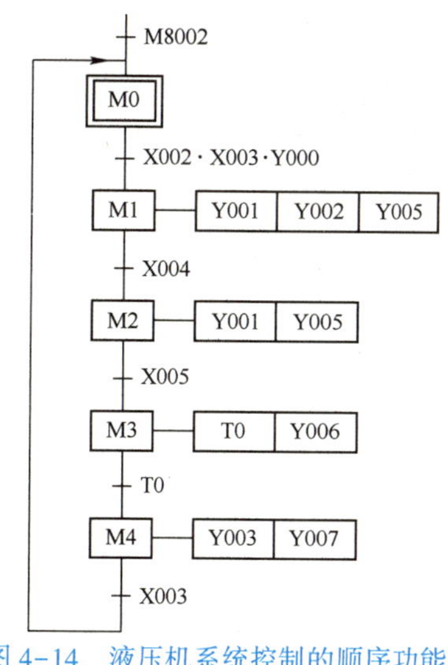

图 4-14　液压机系统控制的顺序功能图

5. 调试程序

将程序下载到 PLC 中，启动程序监控功能。首先起动液压泵，观察电动机能否起动及系统工作指示灯 HL1 是否点亮？按下活塞下行按钮，观察电磁阀 YV1 和 YV2 及下行指示灯 HL2 是否动作？当遇到快转慢转换检测传感器 SQ2 时，观察电磁阀 YV2 是否失电？当压力继电器 KP 动作时，活塞是否停止下行，同时进行保压，观察保压指示灯 HL3 是否点亮？3s 后观察返回电磁阀 YV3 及返回指示灯 HL4 是否动作？返回到

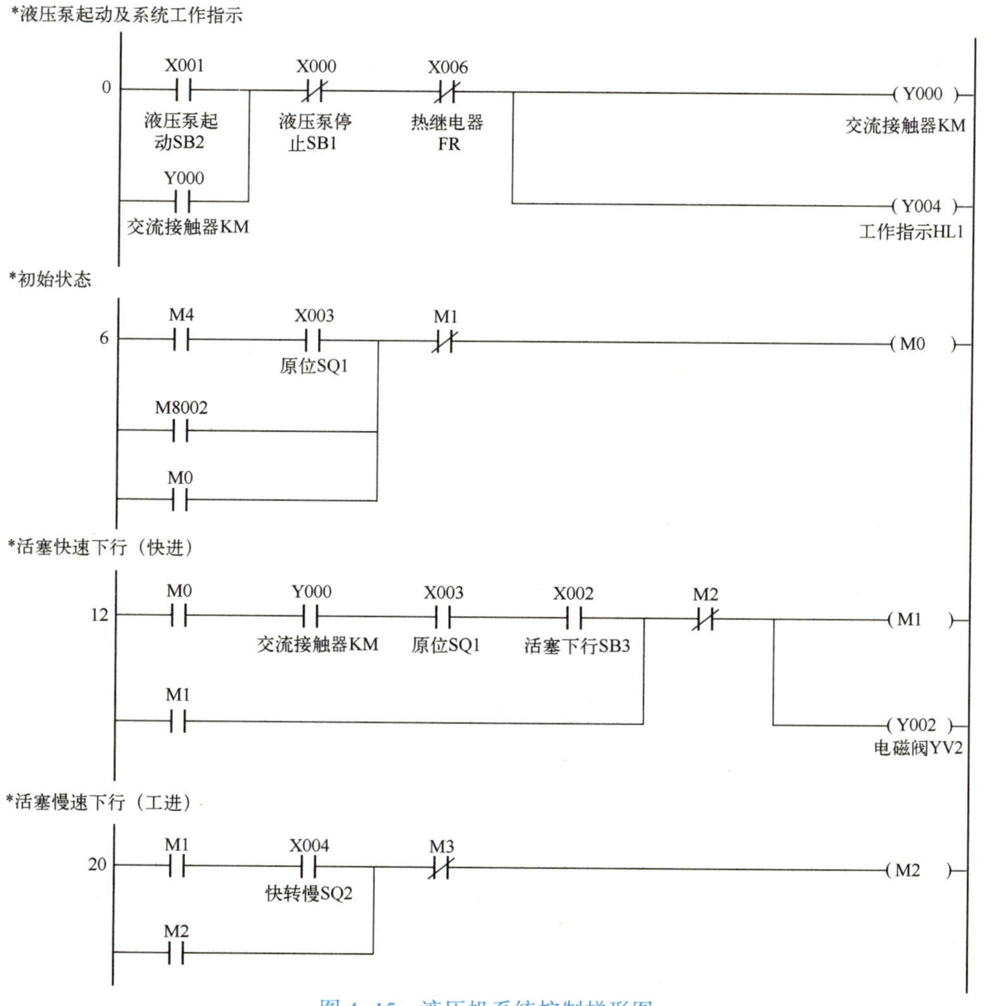

图 4-15　液压机系统控制梯形图

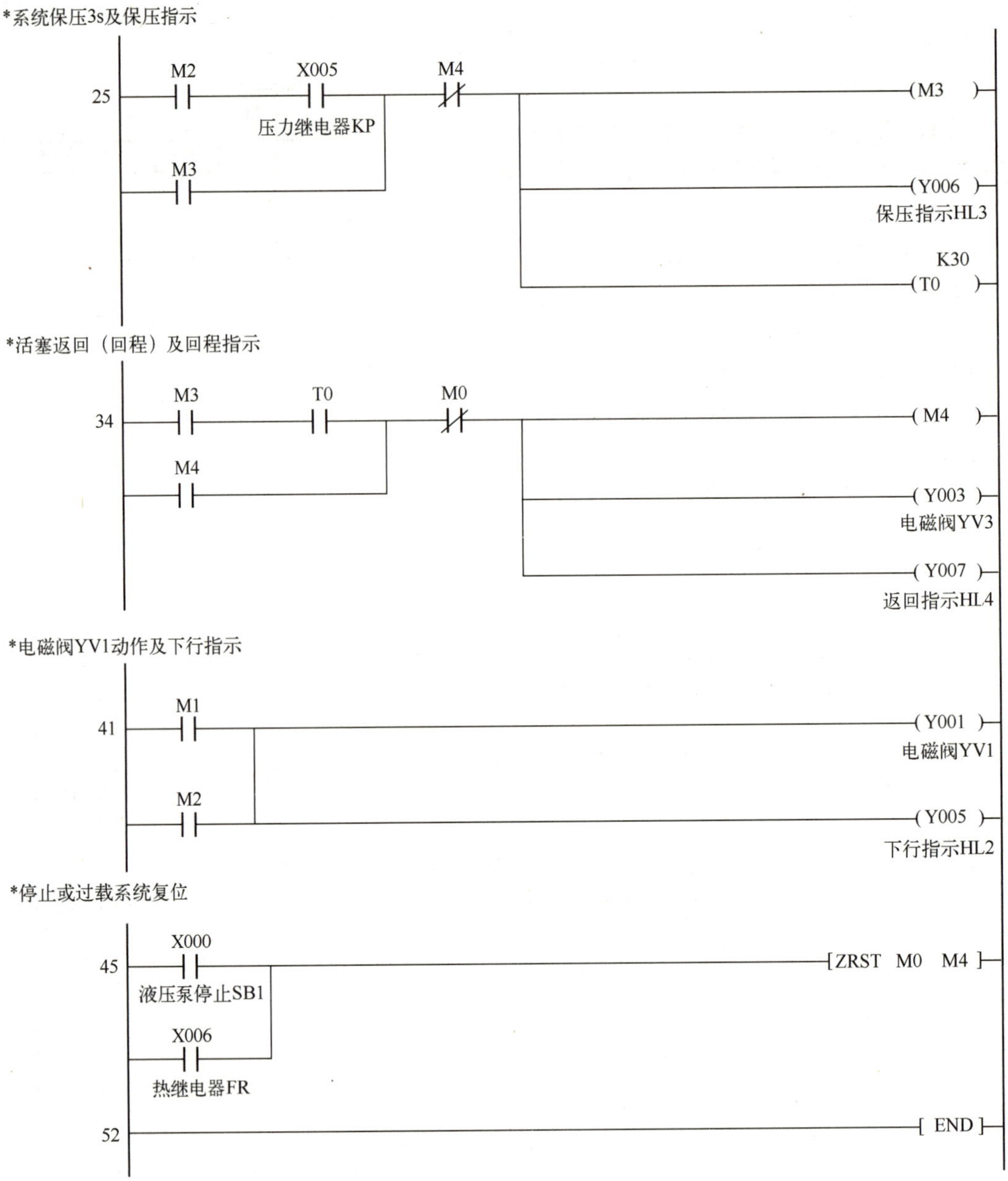

*系统保压3s及保压指示

25 M2 X005 压力继电器KP M4 (M3) M3 (Y006) 保压指示HL3 K30 (T0)

*活塞返回（回程）及回程指示

34 M3 T0 M0 (M4) M4 (Y003) 电磁阀YV3 (Y007) 返回指示HL4

*电磁阀YV1动作及下行指示

41 M1 (Y001) 电磁阀YV1 M2 (Y005) 下行指示HL2

*停止或过载系统复位

45 X000 液压泵停止SB1 [ZRST M0 M4] X006 热继电器FR

52 [END]

图 4-15 液压机系统控制梯形图（续）

原点时，活塞是否停止？再次按下活塞下行按钮，若能进行上述循环，则说明程序编写正确。

【实训交流】

如果在顺序功能图中仅有两步组成的小闭环，如图 4-16 所示，用起保停电路设计的梯形图不能正常工作。如图 4-16b 的情况①所示 M2 和 X002 均为 ON 状态时，M3 的起动电路接通，但是这时与 M3 的线圈相串联的 M2 的常闭触点却是断开的，所以 M3 的线圈不能“通电”。出现上述问题的根本原因在于步 M2 既是步 M3 的前级步，又是它的后续步。

如果用转换条件 X002 和 X003 的常闭触点分别代替后续步 M3 和 M2 的常闭触点，如图 4-16b 所示，将引发出另一问题。假设步 M2 为活动步时 X002 变为 ON 状态，执行图 4-16b 的情况②中第 1 个起保停电路时，因为 X002 为 ON 状态，它的常闭触点断开，使 M2 的线圈断电。M2 的常开触点断开，使控制 M3 的起保停电路的起动电路开路，因此不能转换到步 M3。

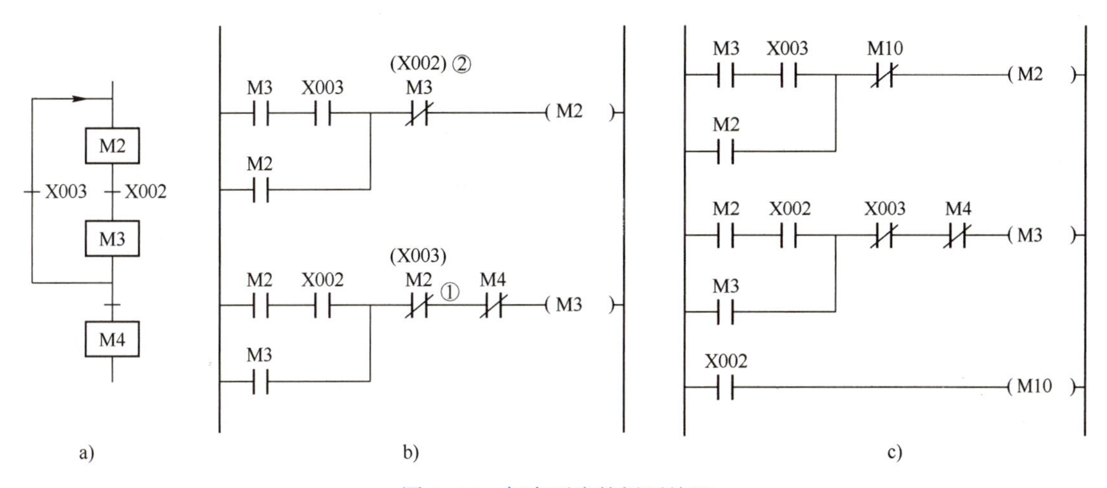

图 4-16　仅有两步的闭环处理

a）顺序图　b）不能工作的梯形图　c）能工作的梯形图

为了解决这一问题，应在此梯形图中增设一个受 X002 控制的中间元件 M10，如图 4-16c 所示，用 M10 的常闭触点取代图 4-16b 的情况②中 X002 的常闭触点。如果 M2 为活动步时 X002 变为 ON 状态，执行图 4-16c 中的第 1 个起保停电路时，M10 尚为 OFF 状态，它的常闭触点闭合，M2 的线圈通电，保证了控制 M3 的起保停电路的起动电路接通，使 M3 的线圈通电。执行完图 4-16c 中最后一行的电路后，M10 变为 ON 状态，在下一个扫描周期使 M2 的线圈断电。

【实训拓展】

训练 1　用起保停电路的顺控设计法实现交通灯的控制。要求：系统起动后，东西方向绿灯亮 15 s，闪烁 3 s，黄灯亮 3 s，红灯亮 18 s，闪烁 3 s；同时，南北方向红灯亮 18 s，闪烁 3 s，绿灯亮 15 s，闪烁 3 s，黄灯亮 3 s。如此循环，无论何时按下停止按钮，东西南北方向交通灯全部熄灭。

训练 2　用起保停电路的顺控设计法实现三台电动机顺起逆停的控制。要求：按下起动按钮后，第一台电动机立即起动，10 s 后第二台电动机起动，15 s 后第三台电动机起动，工作 2 h 后第三台电动机停止，15 s 后第二台电动机停止，10 s 后第一台电动机停止。无论何时按下停止按钮，当前所运行的电动机中最大编号电动机立即停止（第三台电动机编号最大，第二台电动机编号次之，第一台电动机编号最小），然后按照逆停的方式依次停止运行，直到电动机全部停止运行。

4.3.4 实训19 剪板机系统的PLC控制——置位/复位指令设计法

【实训目的】

- 熟练掌握顺序功能图的绘制；
- 掌握并行序列顺序控制程序的设计方法；
- 掌握使用SET、RST指令编写顺序控制系统程序。

【实训任务】

用PLC实现剪板机系统的控制。图4-17是某剪板机的工作示意图。开始时压钳和剪刀都在上限位，限位开关X000和X001都为ON。按下压钳下行按钮X005后，首先板料右行（Y000为ON）至限位开关X003处动作，然后压钳下行（Y003为ON并保持）压紧板料后，压力继电器X004为ON，压钳保持压紧，剪刀开始下行（Y001为ON）。剪断板料后，剪刀下限位开关X002变为ON，Y001和Y003为OFF，延时1 s后，剪刀和压钳同时上行（Y002和Y004为ON），它们分别碰到限位开关X000和X001后，分别停止上行，直至再次按下压钳下行按钮，方才进行下一个周期的工作。为简化程序工作量，板料及剪刀驱动电动机控制、压钳驱动液压泵控制均省略。

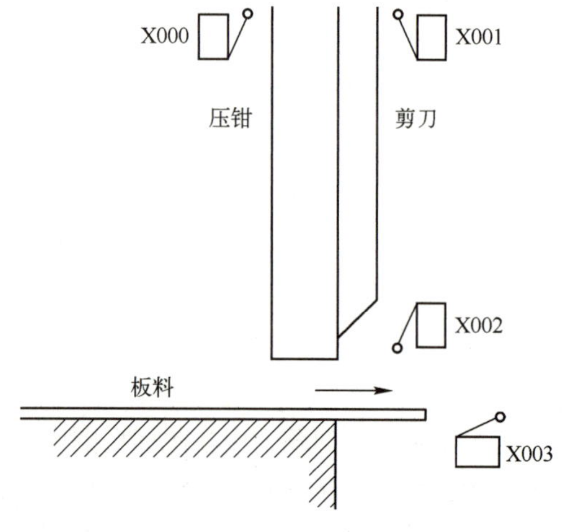

图4-17 剪板机工作示意图

【实训步骤】

1. I/O分配

根据项目分析可知，对输入量、输出量进行分配，如表4-2所示。

表4-2 剪板机系统控制I/O分配表

输入		输出	
输入继电器	元件	输出继电器	元件
X000	压钳上限位开关SQ1	Y000	驱动板料右行接触器KM1
X001	剪刀上限位开关SQ2	Y001	驱动剪刀下行接触器KM2
X002	剪刀下限位开关SQ3	Y002	驱动剪刀上行接触器KM3
X003	板料右限位开关SQ4	Y003	驱动压钳下行接触器YV1
X004	压力继电器KP	Y004	驱动压钳上行接触器YV2
X005	压钳下行按钮SB		

2. I/O接线图

根据控制要求及表4-2的I/O分配表，剪板机系统I/O接线图如图4-18所示。

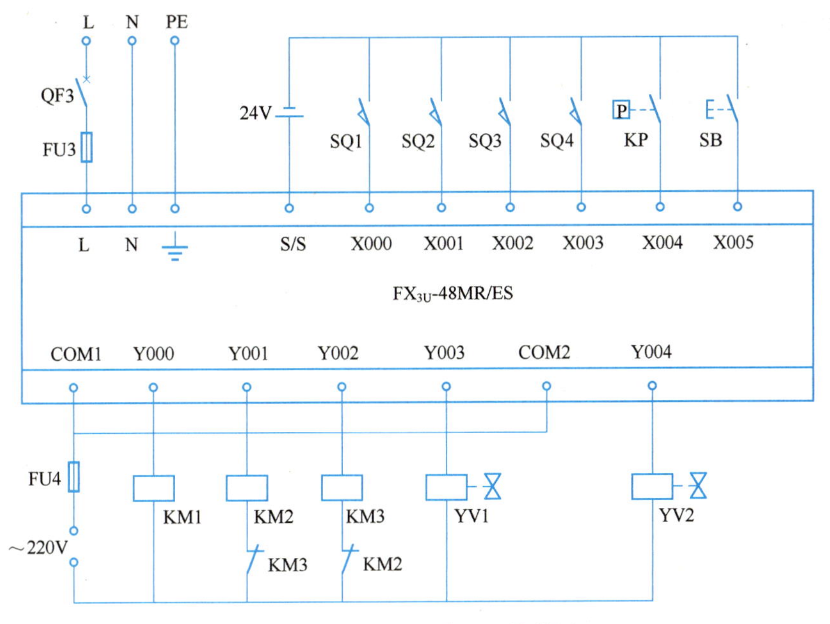

图 4-18　剪板机系统 I/O 接线图

3. 创建工程项目

创建一个工程项目，并命名为剪板机系统控制。

4. 编写程序

根据要求，画出顺序功能图，如图 4-19 所示，使用置位/复位指令编写的梯形图如图 4-20 所示。

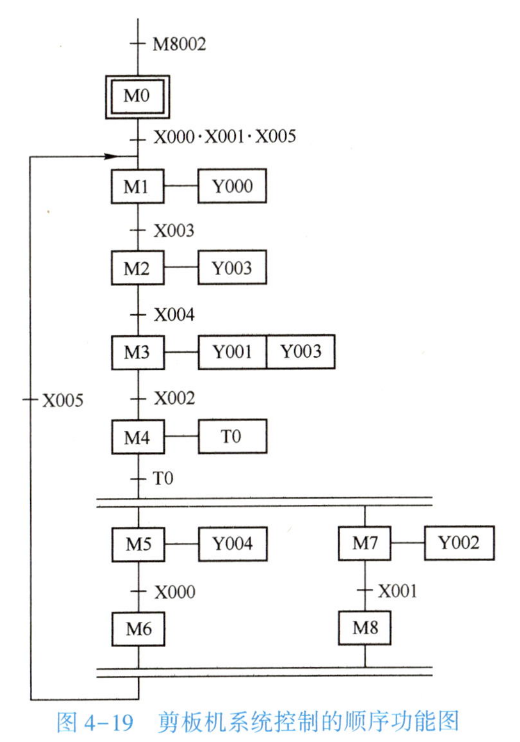

图 4-19　剪板机系统控制的顺序功能图

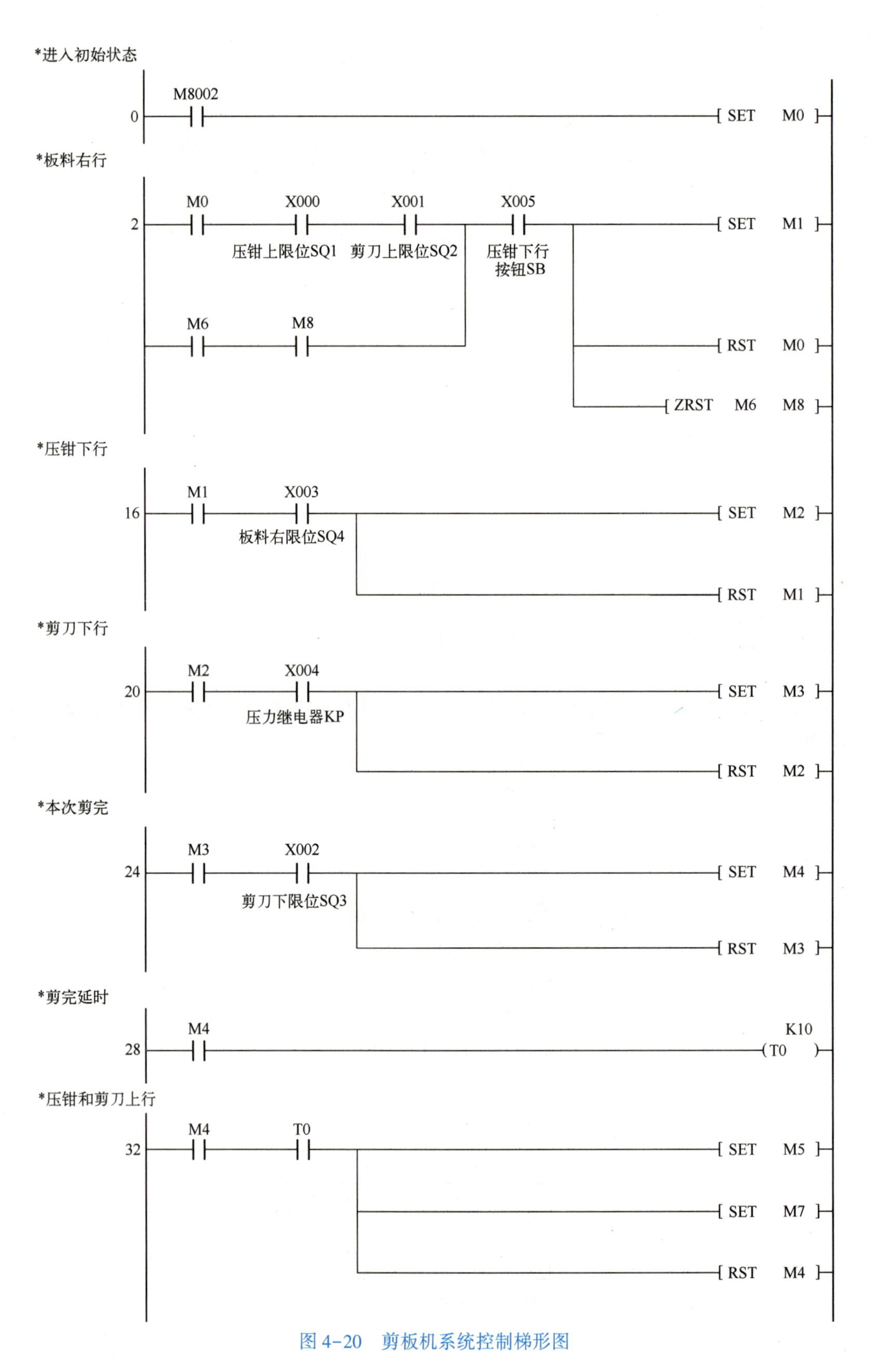

图 4-20　剪板机系统控制梯形图

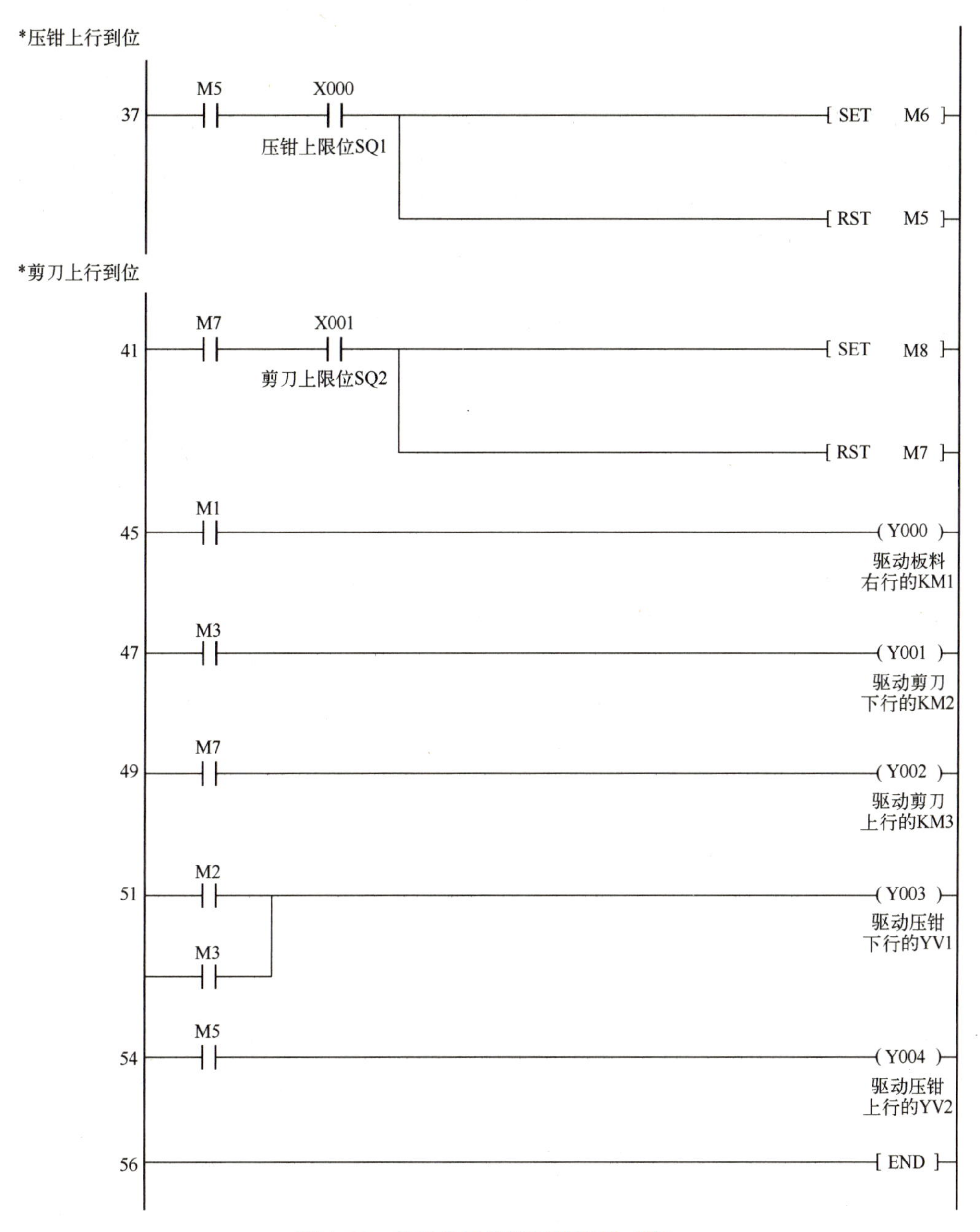

图 4-20 剪板机系统控制梯形图（续）

5. 调试程序

将程序下载到 PLC 中，启动程序监控功能。观察压钳和剪刀上限位开关是否动作，若已动作，按下压钳下行按钮，观察板料是否右行？若碰到了右行限位开关，是否停止运行，同时压钳是否下行，当压力继电器动作时，观察剪刀是否下行？当剪完本次板料时，延时一段时间后压钳和剪刀是否均上升，各自上升到位后，是否停止上升？若再次按下压钳下行按钮，压钳是否再次下行，若下行，则能进行循环剪料，即说明程序编写正确。在此程序中，由于为了减少编程工作量，对驱动压钳动作的液压泵的起停控制已省略。

【实训交流】

若本次下载的程序不是PLC的首次下载项目，可能会发生系统在未起动情况下就有输出，那如何处理类似问题呢？发生上述现象的原因可能是某些继电器被用户设置为断电保持了。为了解决上述问题，建议在首次扫描时将本项目中涉及的所有继电器先清0，如在程序开始时可采用如图4-21所示的编程方法。

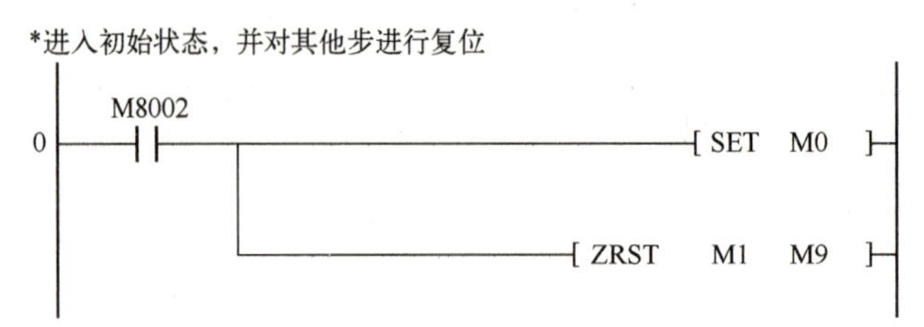

图4-21 首次扫描时对初始步外的其他所有步复位程序

【实训拓展】

训练1 用起保停电路的顺控设计法实现本项目的控制。

训练2 用置位/复位指令实现剪板机控制。要求在本项目基础上增加如下功能：在液压泵电动机起动情况下，方可进行循环剪板工作，同时对剪板数量进行计数。

4.4 步进顺控指令及应用

4.4.1 步进顺控指令介绍

1. 步进顺控指令定义

在 FX_{3U} 系列PLC中的步进顺控（STL/RET）指令专门用于编制顺序控制程序。在 FX_{3U} PLC中使用STL指令的状态继电器（S）共有4096个，其中S0~S9共10点，一般作为初始化状态用（也可以作为一般使用，不建议使用）；S10~S19共10点，一般作为自动返回原点用（也可以作为一般使用，不建议使用）；S20~S499共480点，作为一般用；S500~S899共400点，作为数据断电保持用（可通过参数设置为断电保持或非保持用）；S900~S999共100点，作为信号报警器用；S1000~S4095共3096点，作为固定保持用。

状态继电器（S）与辅助继电器（M）相同，有无数个常开触点和常闭触点，可以在顺控程序中随意使用。而且，不作为步进梯形图指令使用时候，状态继电器（S）也和辅助继电器（M）相同，可以在一般的程序中使用。

步进顺控指令的助记符、名称、功能、梯形图、操作软元件及程序步长如表4-3所示。

表4-3 步进顺控指令表

助记符	指令名称	功　能	梯　形　图	可用软元件	程序步长
STL	步进开始	步进梯形图开始	├──[STL S×××]┤	S0~S999	1
RET	步进结束	步进梯形图结束	├──[RET]┤	无	1

(1) STL 指令

STL 指令是步进开始指令。步进触点接通后需要使用 SET 指令进行置位。步进触点接通时，其作用如同主控触点一样，将左母线移到新的临时位置，即移到步进触点右边，相当于子母线。这时，步进触点下方的逻辑行开始执行。步进触点接通时可实现负载的驱动处理和指定转换目标的功能。

(2) RET 指令

RET 指令是步进结束指令，使 STL 指令所形成的子母线复位。STL 和 RET 是一对指令，但在每条步进指令 STL 后面，不必都加一条 RET 指令，只需在一系列 STL 指令的最后接一条 RET 指令即可，但必须要有 RET 指令。

【例 4-1】STL 和 RET 指令的应用实例如图 4-22 所示。

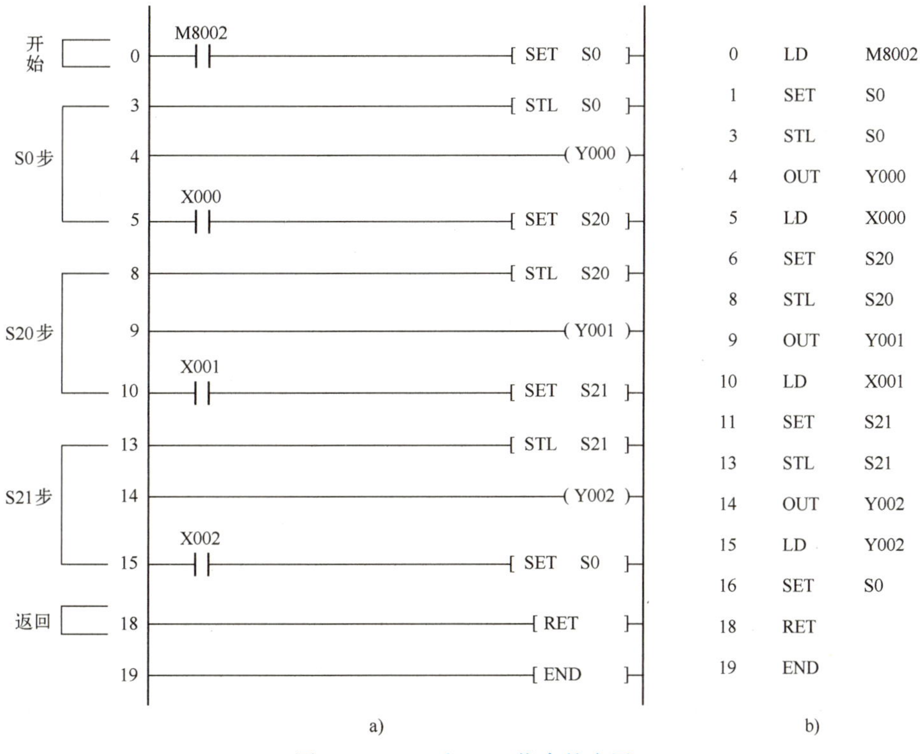

图 4-22 STL 和 REL 指令的应用

a) 梯形图 b) 指令表

STL 指令一般使用初始化脉冲 M8002 进入初始状态 S0 步，每个步主要由三个部分组成，分别为步的开始、负载的驱动、步的转换，在图 4-22 的 S20 步中，[STL S20] 为 S20 步的开始；(Y001) 为负载的驱动，负载的驱动也可以是有条件的；X001 接通后，执行 [SET S21] 指令，此行为步的转换。

在使用 STL 指令编程的顺控程序中允许双线圈，因为步进顺控程序在执行时，只有当前步为活动步，其他步 CPU 不执行。当然，若出现某个机构在多步中都需要动作时，也可以在顺控程序体外，通过相关步的状态继电器的常开触点的并联来驱动。

使用 STL 指令和置位/复位指令编写的顺控程序，同样都需要使用置位指令进入下一步，在 STL 指令编写的顺控程序中，不需要使用复位指令使得前一步为非活动步，而是进

入下一步时，前一步自动变为非活动步；而使用置位/复位指令编写的顺控程序中，进入下一步时，必须使用复位指令使得前一步变为非活动步。

视频“步进顺控指令”可通过扫描二维码 4-3 播放。

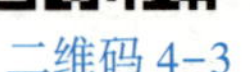
二维码 4-3

2. 采用步进顺控指令设计顺序控制系统的方法

(1) 单序列的编程方法

图 4-23a 中的两条运输带顺序相连，按下起动按钮 X000，2 号运输带开始运行，10 s 后

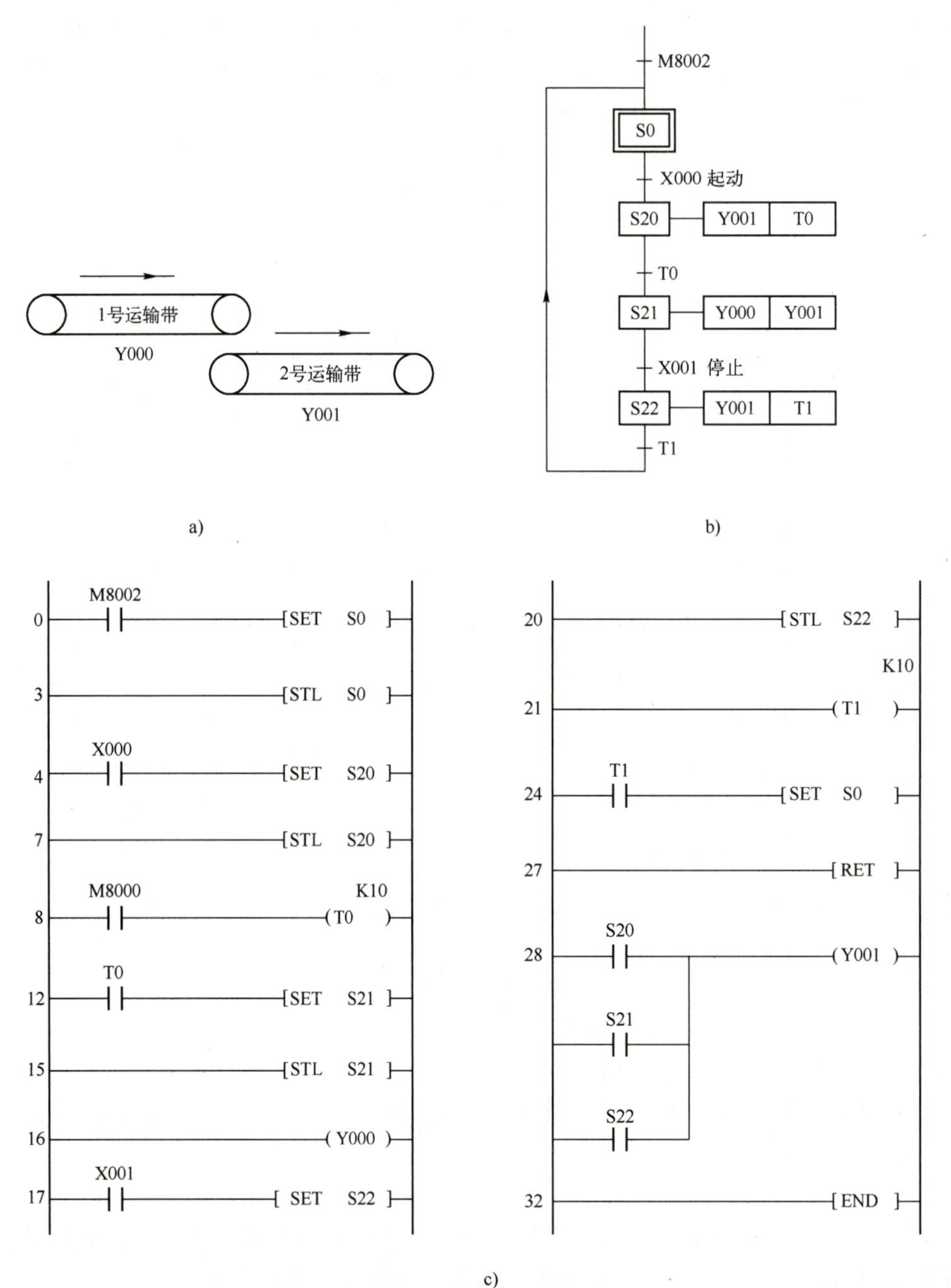

图 4-23　运输带控制系统

a）运动示意图　b）顺序功能图　c）梯形图

1 号运输带自动起动。停机的顺序与起动的顺序刚好相反，间隔时间为 10 s。

在设计顺序功能图时只要将辅助继电器 M 换成相应的状态寄电器 S 就成为采用步进顺控指令设计的顺序功能图了。

如果用编程软件的“监视模式”功能来监视处于运行模式的梯形图，可以看到只有活动步对应的状态继电器 S 线圈通电，并且只有活动步中的 M8000 常开触点闭合（如果使用），不使用时将输出线圈直接与子母线相连接，非活动步中的 M8000 的常开触点处于断开状态（如果使用），不使用时将输出线圈直接与子母线相连接，因此当前步内所有的线圈受到对应的步进顺控指令的控制，当前步内线圈还受到与它串联的触点或电路的控制。

在图 4-23b 中，首次扫描时，M8002 的常开触点接通一个扫描周期，使状态继电器 S0 置位，初始步变为活动步，只执行 S0 步对应的程序。按下起动按钮 X000，执行指令“SET　S20”，使 S20 变为 ON 状态，操作系统使 S0 变为 OFF 状态，系统从初始步转换到第 2 步，只执行 S20 步对应的程序。在该步中，因为 M8000 的常开触点闭合，T0 的线圈得电，开始定时。在梯形图结束处，因为 S20 的常开触点闭合，Y001 的线圈得电，2 号运输带开始运行。在操作系统没有执行 S20 步对应的程序时，T0 的线圈不会得电。T0 定时时间到时，T0 的常开触点闭合，将转换到 S21 步。以后将一步一步地转换下去，直到返回初始步。

在图 4-23c 中，Y001 在 S20～S22 这 3 步中均应工作，这时既可以在这 3 步的程序内分别设置一个 Y001 的线圈，也可以在顺控程序体外用 S20～S22 的常开触点组成的并联电路来驱动 Y001 的线圈。

（2）并行序列的编程方法

图 4-24 是某控制系统的顺序功能图，图 4-25 是其相应的使用步进顺控指令编写的梯形图。

1）并行序列分支的编程。

图 4-24 中，步 S20 之后有一个并行序列的分支，当步 S20 是活动步，并且转换条件 X001 满足时，步 S21 与步 S23 应同时变为活动步，在图 4-25 中，是用 S20 步对应的程序中 X001 的常开触点和驱动指令“SET　S21”和“SET　S23”来实现的。与此同时，S20 被自动复位，步 S20 变为不活动步。

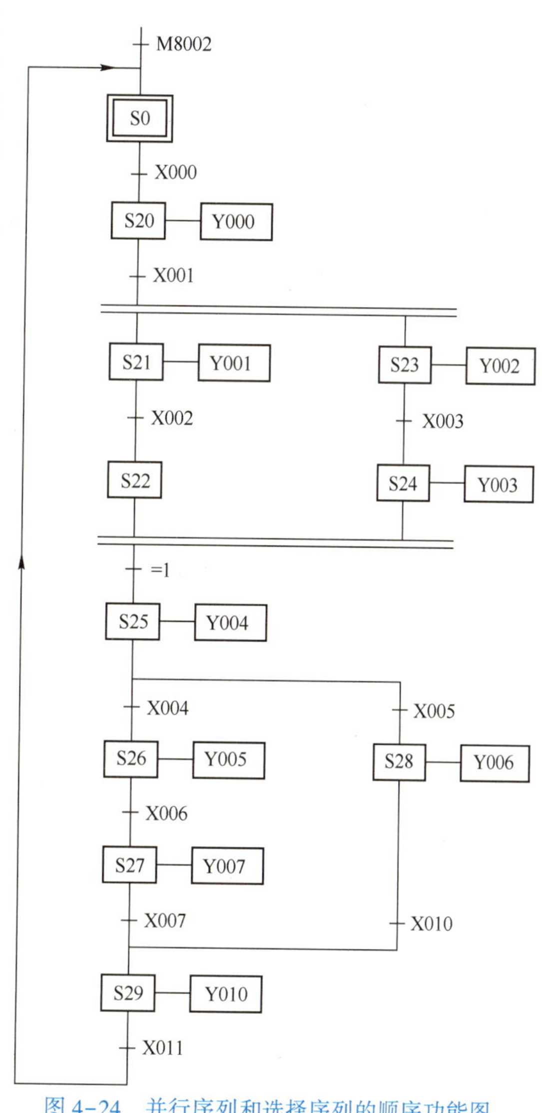

图 4-24　并行序列和选择序列的顺序功能图

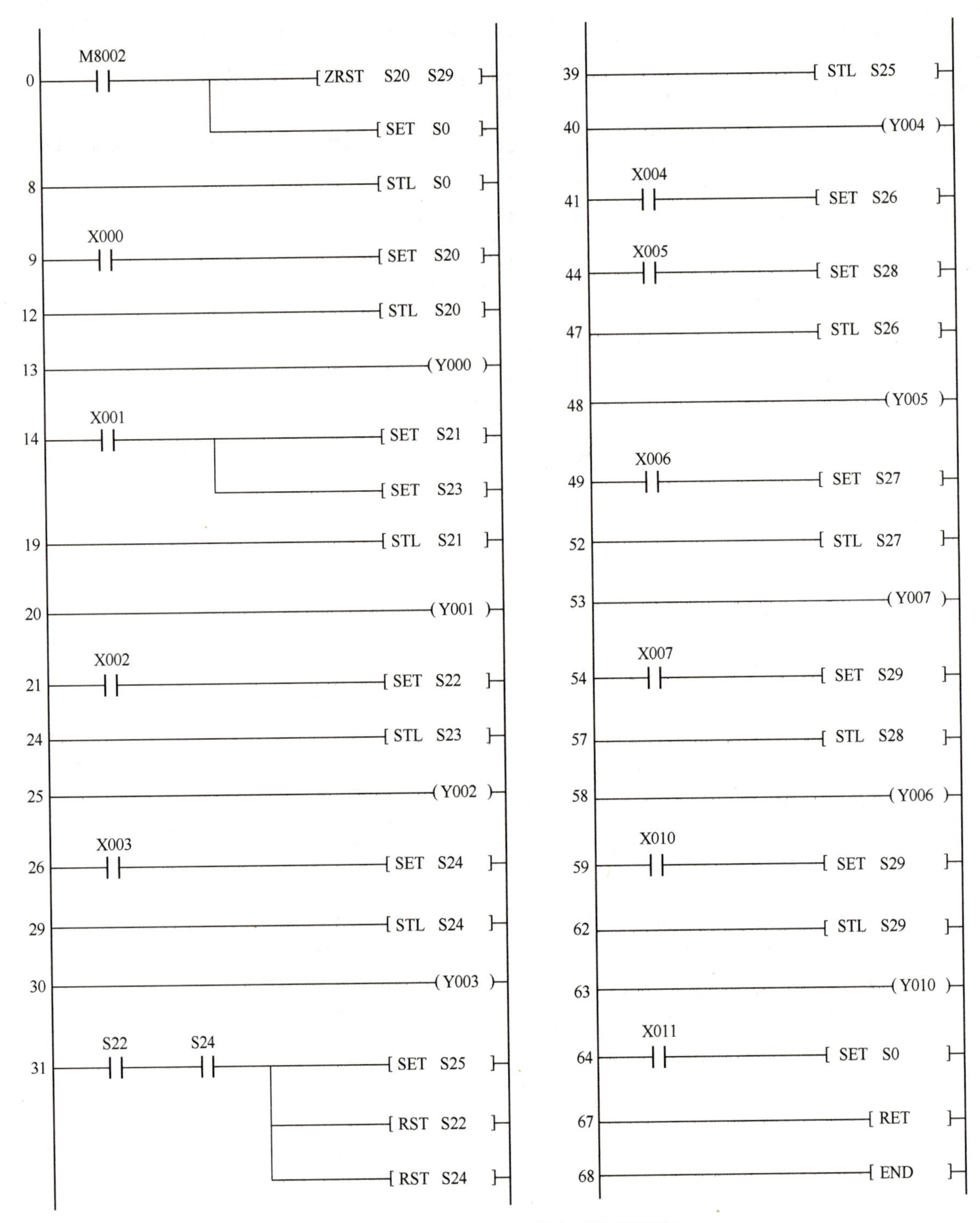

图 4-25　并行序列和选择序列的梯形图

2）并行序列合并的编程。

图 4-24 中，步 S25 之前有一个并行序列的合并，因为转换条件为 1（总是满足），转换实现的条件是所有的前级步（即步 S22 和步 S24）都是活动步。在图 4-25 中体现为用 SET、

RST 指令的编程方法将 S22 和 S24 的常开触点串联，来控制对 S25 的置位和对 S22、S24 的复位，从而使步 S25 变为活动步，步 S22 和步 S24 变为不活动步。

（3）选择序列的编程方法

1）选择序列分支的编程。

图 4-24 中，步 S25 之后有一个选择序列的分支，如果步 S25 是活动步，并且转换条件 X004 满足，后续步 S26 将变为活动步，S25 变为不活动步。如果步 S25 是活动步，并且转换条件 X005 满足，后续步 S28 将变为活动步，S25 变为不活动步。

体现在图 4-25 中为：当 S25 为 ON 状态时，该步对应的程序被执行，此时若转换条件 X004 为 ON 状态，该步程序中的指令“SET　S26”被执行，将转换到步 S26。若 X005 为 ON 状态，将执行指令“SET　S28”，转换到步 S28。

2）选择序列合并的编程。

图 4-24 中，步 S29 之前有一个选择序列的合并，当步 S27 为活动步，并且转换条 X007 满足，或步 S28 为活动步，并且转换条件 X010 满足时，步 S29 都应变为活动步。体现在图 4-25 中，在步 S27 和步 S28 对应的程序中，分别用 X007 和 X010 的常开触点驱动指令“SET　S29”，就能实现选择序列的合并。

4.4.2　实训 20　硫化机系统的 PLC 控制——顺控指令设计法

【实训目的】

- 熟练掌握顺序功能图的绘制；
- 掌握选择序列顺序控制程序的设计方法；
- 掌握使用步进顺控指令编写顺序控制系统程序的方法。

【实训任务】

用 PLC 实现硫化机系统的控制。某轮胎硫化机的一个工作周期由初始、合模、反料、硫化、放气和开模等 6 步组成，其顺序功能图如图 4-26 所示。此设备在实际运行中“合模到位”和“开模到位”的限位开关的故障率较高，容易出现合模、开模已到位，但是相应电动机不能停止的现象，甚至可能损坏设备。为了解决这个问题，需在程序中设置了诊断和报警功能，例如在合模时，用 T0 延时。

在正常情况下，当合模到位时，T0 的延时时间还没到就转换到步 S21，T0 被复位，所以它不起作用。“合模到位”限位开关出现故障时，T0 使系统进入报警步 S25，Y000 控制的合模电动机断电，同时 Y004 接通报警装置，操作人员按复位按钮 X005 后解除报警。在开模过程中，用 T4 来实现保护延时。开/合模及进/放气驱动设备的控制在此省略。

【实训步骤】

1. I/O 分配

根据项目分析可知，对输入量、输出量进行分配，如表 4-4 所示。

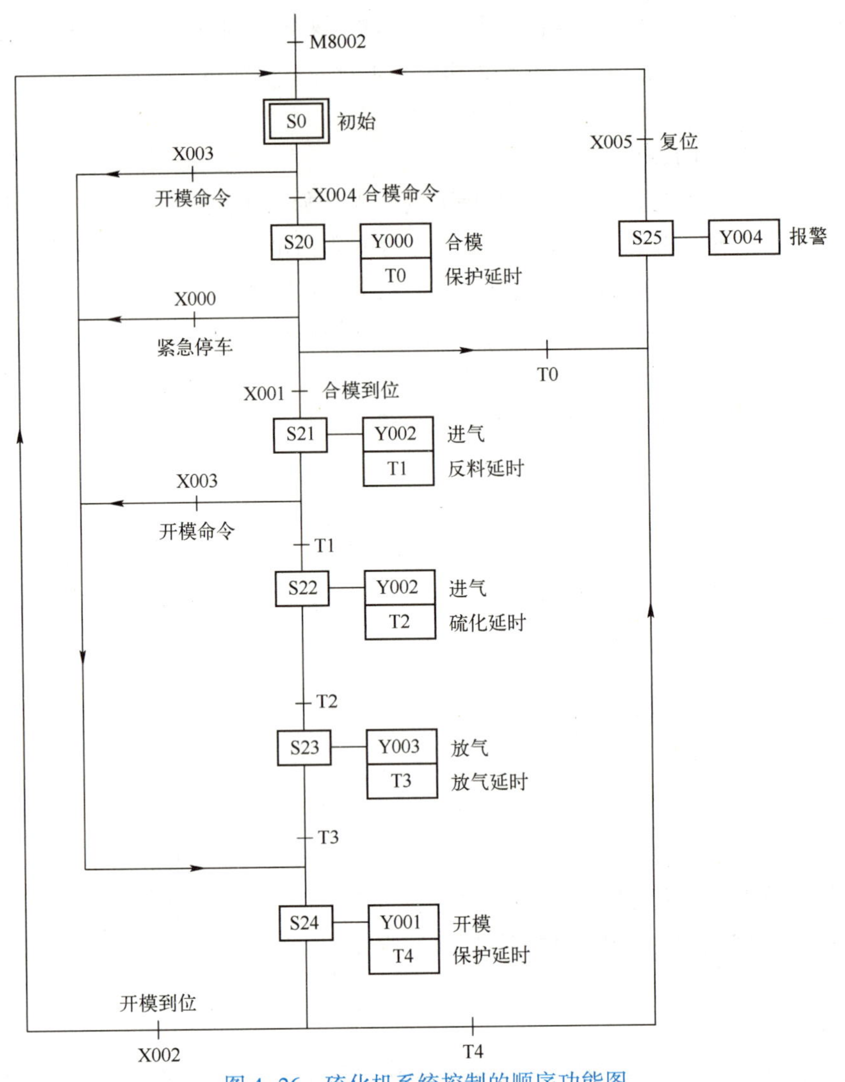

图 4-26　硫化机系统控制的顺序功能图

表 4-4　硫化机系统控制 I/O 分配表

输　　入		输　　出	
输入继电器	元　　件	输出继电器	元　　件
X000	紧急停车按钮 SB1	Y000	合模气阀 YV1
X001	合模到位开关 SQ1	Y001	开模气阀 YV2
X002	开模到位开关 SQ2	Y002	进气气阀 YV3
X003	开模按钮 SB2	Y003	放气气阀 YV4
X004	合模按钮 SB3	Y004	报警指示 HL
X005	复位按钮 SB4		

2. I/O 接线图

根据控制要求及表 4-4 的 I/O 分配表，硫化机系统控制 I/O 接线图如图 4-27 所示。

3. 创建工程项目

创建一个工程项目，并命名为硫化机系统控制。

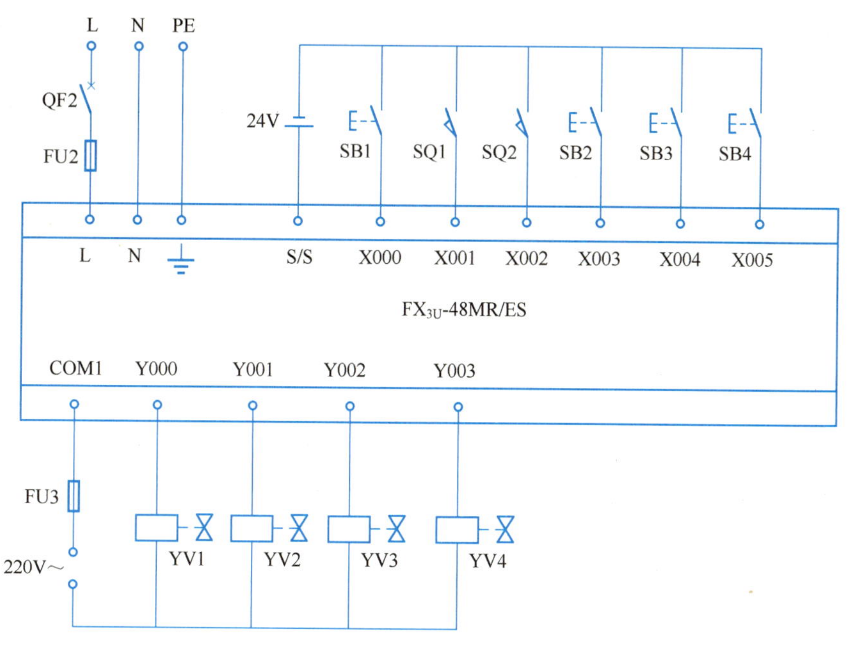

图 4-27　硫化机系统控制 I/O 接线图

4. 编写程序

根据控制要求及顺序功能图 4-26，并使用步进顺控指令编写的梯形图如图 4-28 所示。

5. 调试程序

将程序下载到 PLC 中，启动程序监控功能。按下开模按钮，观察程序是否进入 S24 步执行开模动作，再按下开模到位开关，观察程序是否进入 S0 初始步；按下合模按钮，观察程序是否进入 S20 步执行合模动作，在保护延时定时器 T0 保护时间未到达时，按下合模到位开关，观察程序是否进入 S21 步执行进气动作；反料延时定时器 T1 计时到达时，观察程序是否进入 S22 步执行进气动作；硫化延时定时器 T2 计时到达时，观察程序是否进入 S23 步执行放气动作；放气延时定时器 T3 计时到达时，观察程序是否进入 S24 步执行开模动作；按下开模到位开关，观察程序是否进入 S0 初始步。若上述程序执行正常，再按顺序功能图进行其他步的调试，直至程序全部正确执行为止。

【实训交流】

STL 指令使用注意事项：在使用 STL 指令时，应注意以下几点：

1）STL 和 RET 指令必须成对使用，而且 RET 只在顺序控制程序的结束处使用 1 次。

2）在使用功能图时，状态继电器的编号可以不按顺序编排，但建议按顺序编排，这样编写程序不易出错。

3）在中断程序和子程序内，不能使用 STL 指令，在 STL 指令内可以使用跳转指令，但因其动作复杂，一般不建议使用。

4）若出现在多个步中需要相同的输出线圈时，既可以在当前步中的输出线圈进行驱动，也可以将其逻辑流合并后对此输出线圈进行驱动，即 STL 指令允许在不同步中使用双线圈输出。如果将输出线圈驱动放在相应的步中，若不使用有条件驱动或串接 M8000 常开

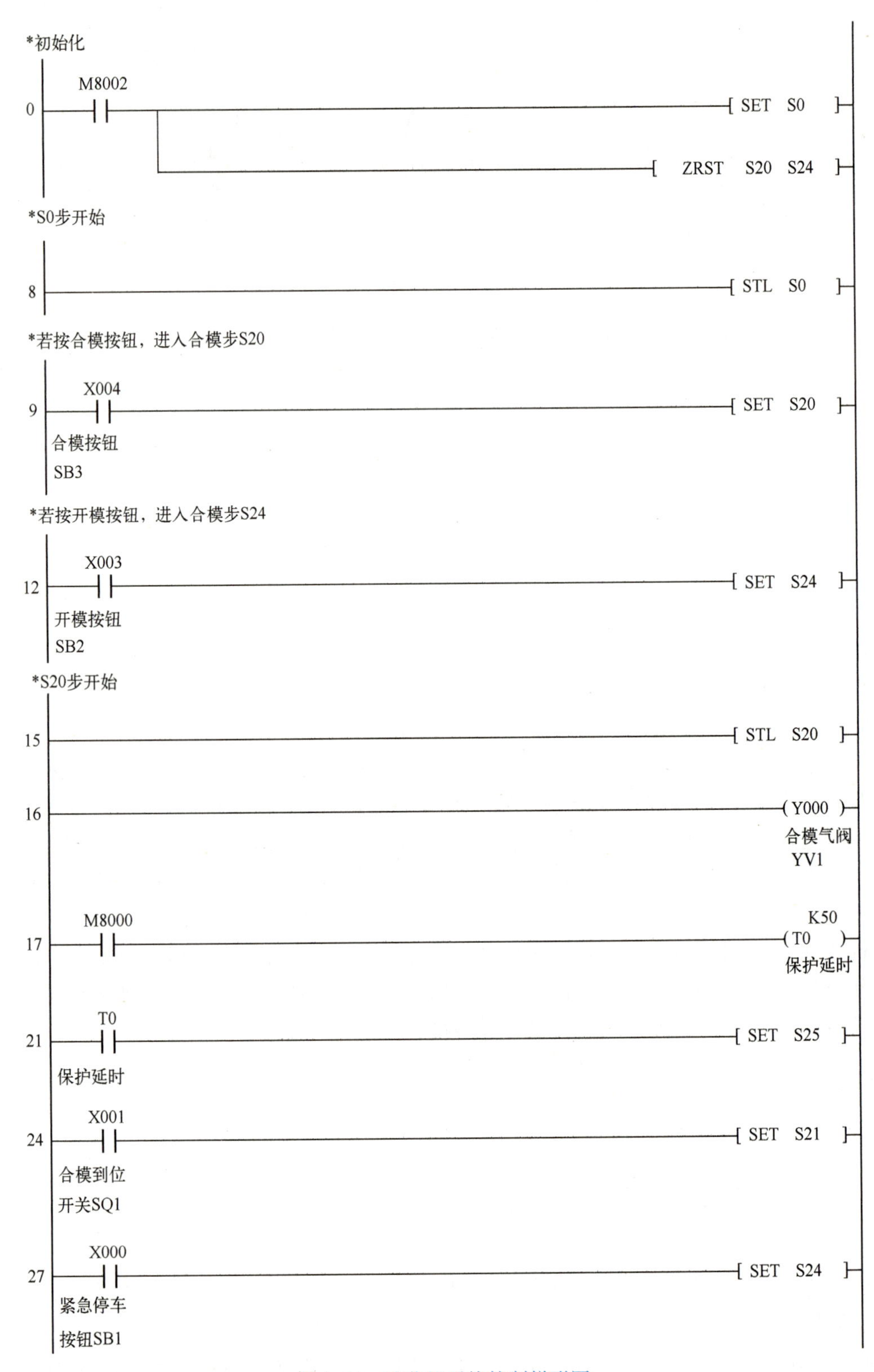

图 4-28 硫化机系统控制梯形图

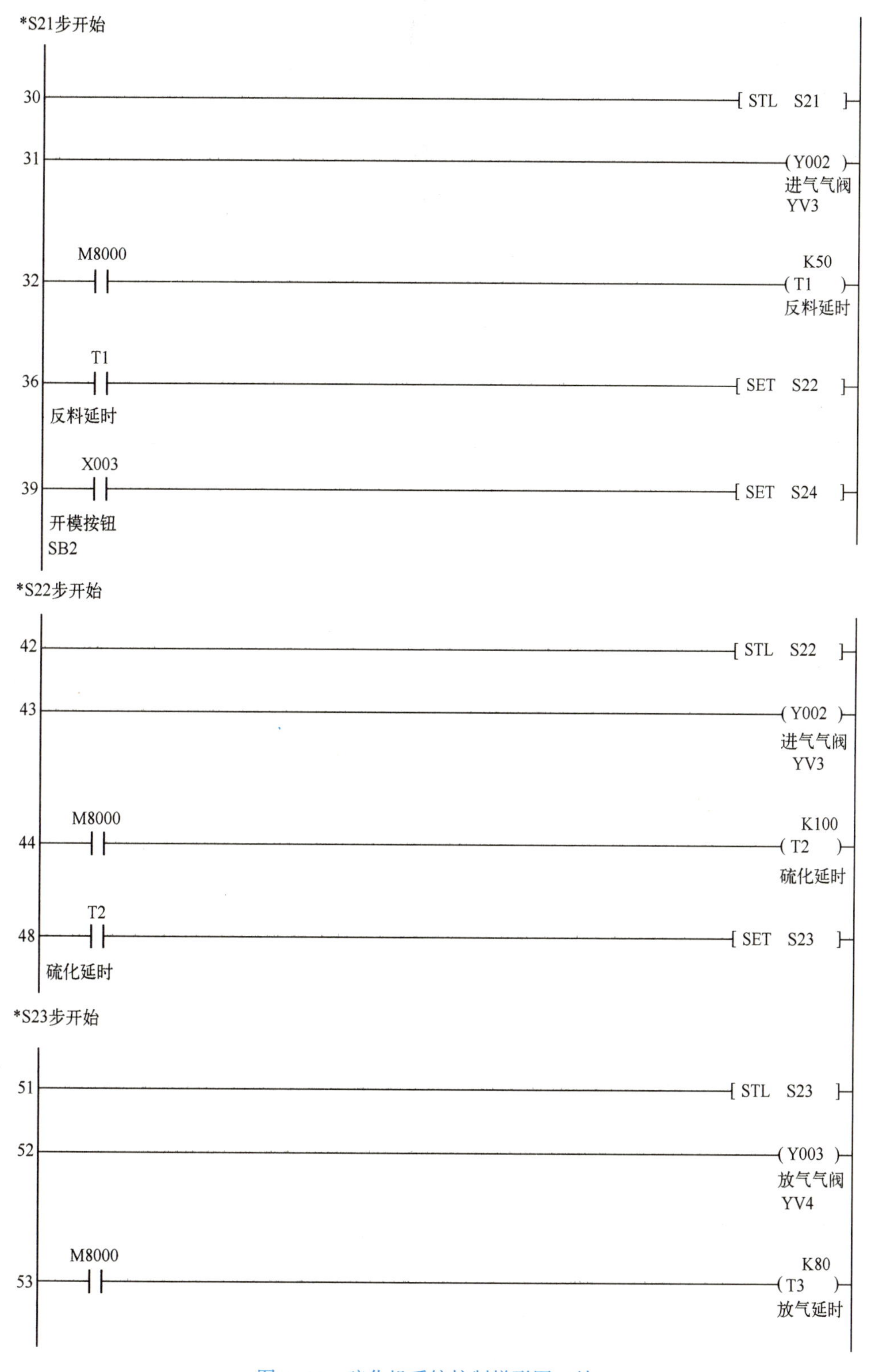

图 4-28　硫化机系统控制梯形图（续）

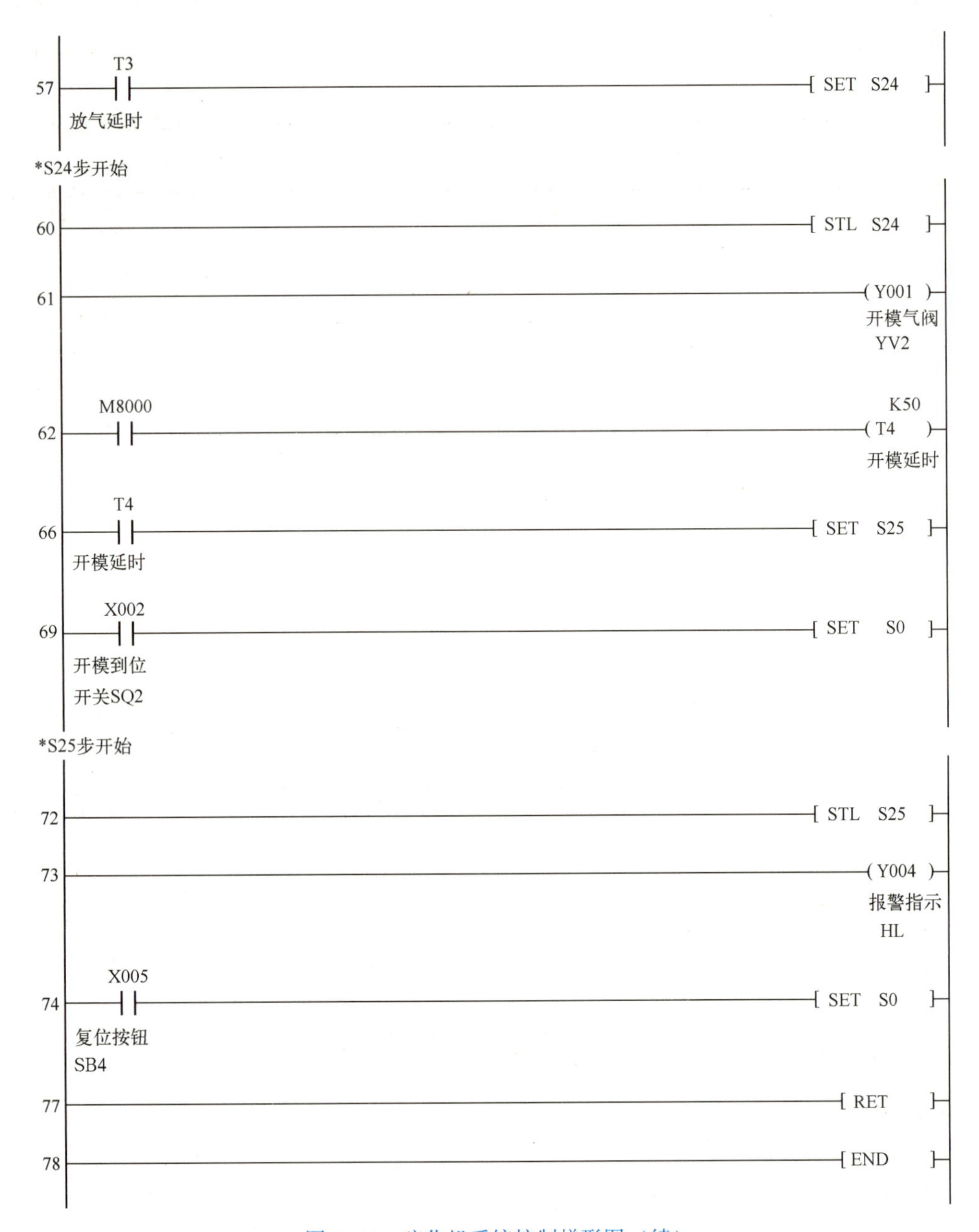

图 4-28　硫化机系统控制梯形图（续）

触点，则必须紧接在步开始（STL）指令的下一行，而不能放在步转换指令的下一行；如果是两个及以上的输出线圈驱动，不能直接连接在 STL 指令的子母线上，而必须将所有输出线圈驱动相并联后连接在 STL 指令的子母线上，否则程序无法进行转换，或者使用 M8000 常开触点相连接，因此建议将输出线圈驱动集中放在顺控程序体外，这样不容易出错，而且也便于提高程序的阅读性。

5）状态继电器（S）与辅助继电器（M）相同，有无数个常开触点和常闭触点，可以在顺控程序或一般程序中随意使用。

【实训拓展】

训练 1　用起保停电路或的置位/复位指令实现本项目的控制。

训练 2　用步进顺控指令实现硫化机控制，要求在本项目基础上增加如下功能：若按下停止按钮，完成当前循环周期后停止，若按下急停按钮，则进入“开模”步，并对零件加工数量进行统计。

4.5　习题与思考

1. 什么是顺序控制系统？
2. 在功能图中，什么是步、初始化、活动步、动作和转换条件？
3. 步的划分原则是什么？
4. 顺序功能图主要有几种类型？
5. 绘制顺序功能图应注意什么？
6. 编写逻辑控制梯形图程序有哪些常用的方法？
7. 简述转换实现的条件和转换实现时应完成的操作。
8. 根据图 4-29 所示的功能图编写程序，要求用起保停电路、置位/复位指令、步进顺控指令分别进行编写。

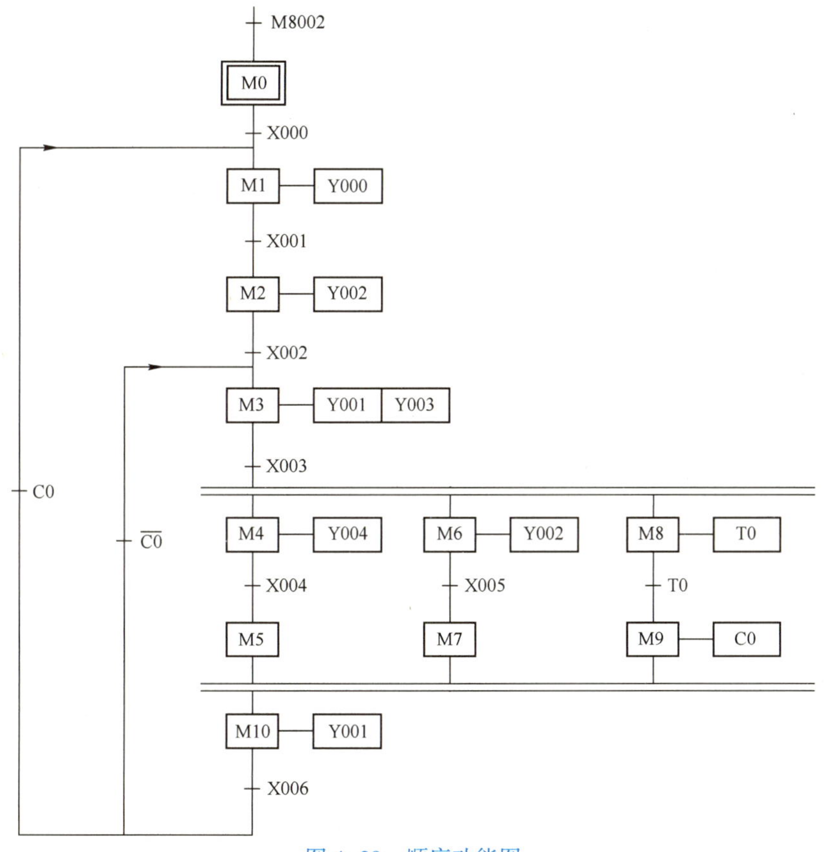

图 4-29　顺序功能图

9. 应用PLC设计液体混合装置控制系统，如图4-30所示，上、中、下限位的液位传感器被液体淹没时为ON状态，阀A、阀B和阀C为电磁阀，线圈通电时打开，线圈断电时关闭。在初始状态时容器是空的，各阀门均关闭，所有传感器均为OFF状态。按下起动按钮后，打开阀A，液体A流入容器，中限位开关变为ON状态时，关闭阀A，打开阀B，液体B流入容器。液面升到上限位开关时，关闭阀B，电动机M开始运行，搅拌液体，60 s后停止搅拌，打开阀C，放出混合液，当液面降至下限位开关之后5 s，容器放空，关闭阀C，打开阀A，又开始下一轮周期的操作，任意时刻按下停止按钮，当前工作周期的操作结束后，才停止操作，返回并停留在初始状态。

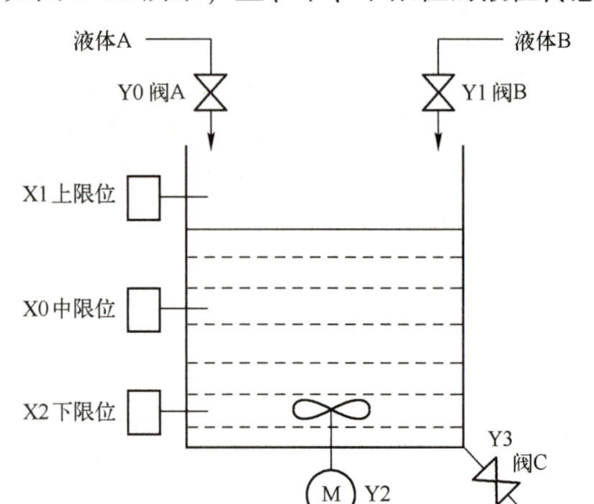

图4-30　液体混合装置示意图

10. 应用PLC对某专用钻床控制系统进行设计，其工作示意图如图4-31所示。此钻床用来加工圆盘状零件上均匀分布的6个孔，开始自动运行时两个钻头在最上面的位置，限位开关X003和X005均为ON。操作人员放好工件后，按下起动按钮X000，Y000变为ON，工件被夹紧，夹紧后压力继电器X001为ON，Y001和Y003使两只钻头同时开始工作，分别钻到由限位开关X002和X004设定的深度时，Y002和Y004使两只钻头分别上行，升到由限位开关X003和X005设定的起始位置时，分别停止上行，设定值为3的计数器C0的当前值加1。两个钻头都上升到位后，若没有钻完3对孔，C0的常闭触点闭合，Y005使工件旋转120°后又开始钻第2对孔。3对孔都钻完后，计数器的当前值等于设定值3，C0的常开触点闭合，Y006使工件松开，松开到位时限位开关X007为ON，系统返回初始状态。

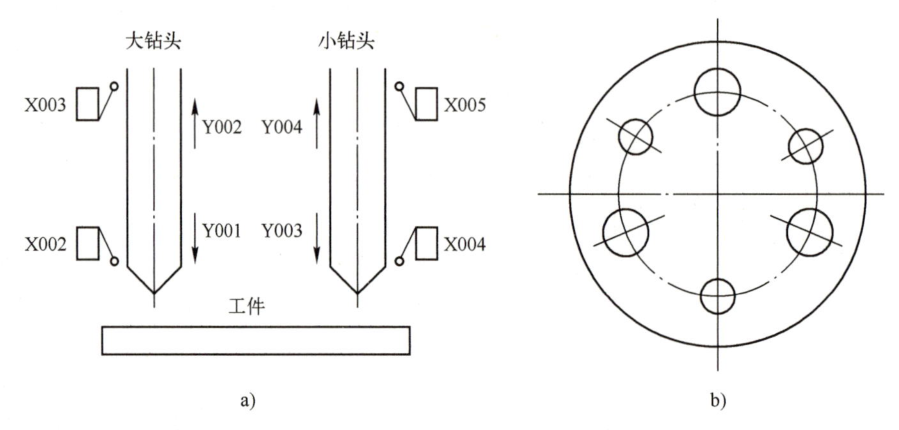

图4-31　专用钻床工作示意图
a）侧视图　b）工件俯视图

第 5 章　智能电梯装调与维护

本章结合 FX_{3U} 系列 PLC 在国赛“智能电梯装调与维护”赛项中的应用，重点介绍本赛项中所用设备模型、比赛内容、电气原理图、电梯故障及排除方法、变频器参数设置及与 PLC 的连接、常用功能程序的编写、触摸屏监控界面的组态等。

5.1　设备模型及比赛内容

5.1.1　模型简介

电梯是一个典型的机电一体化产品，其机械部分好比人的躯体，电气部分相当于人的神经，控制部分相当于人的大脑，机械和电气两部分通过控制部分的调度进行密切协同实现可靠稳定运行。

全国职业院校技能大赛高职组“智能电梯装调与维护”，于 2012 年至今已举办 6 届，2019 年全国共有 94 支代表队参赛。

“智能电梯装调与维护”赛项选用的设备是浙江天煌科技实业有限公司生产的高仿真 THJDDT-5 型电梯控制技术综合实训装置如图 5-1 所示。装置由两台高仿真电梯模型和两套电气控制柜组成。电梯模型的所有信号全部通过航空电缆引入控制柜，每部电梯控制系统均由一台 FX_{3U}-64MR/ES-A 型 PLC 控制，PLC 之间通过 FX_{3U}-485-BD 通信模块交换数据，统一管理电梯外呼，可实现电梯的群控功能。高仿真电梯模型主要由驱动装置、轿厢及对重装置、导向系统、门机机构、安全保护机构等组成；电气控制柜主要由 PLC、变频器、低压电器（继电器、接触器、热继电器、相序保护器）、智能考核系统等组成。

THJDDT-5 型电梯控制技术综合实训装置正面如图 5-2 所示。

两台电梯模型完全一样，控制柜上方是设定电梯故障的故障箱，其下方是电源总开关、慢上/慢下按钮、正常/检修转换开关、开关/数字模式转换开关、急停按钮等。控制柜下方为电气元器件，第一层是 PLC 电源开关、PLC 和变频器。第二层是 PLC 的输入/输出接线端子、整流桥及电源变压器。第三层是转换继电器、电压继电器、门联锁继电器、轿厢开门继电器、轿厢关门继电器、电源接触器、主接触器、相序保护器、熔断器等。第四层是接线端子，出线端的导线接至航空电缆插头上。控制柜左侧为各种航空电缆，用于将控制柜内元器件与电梯模型上电气部件的有线连接。

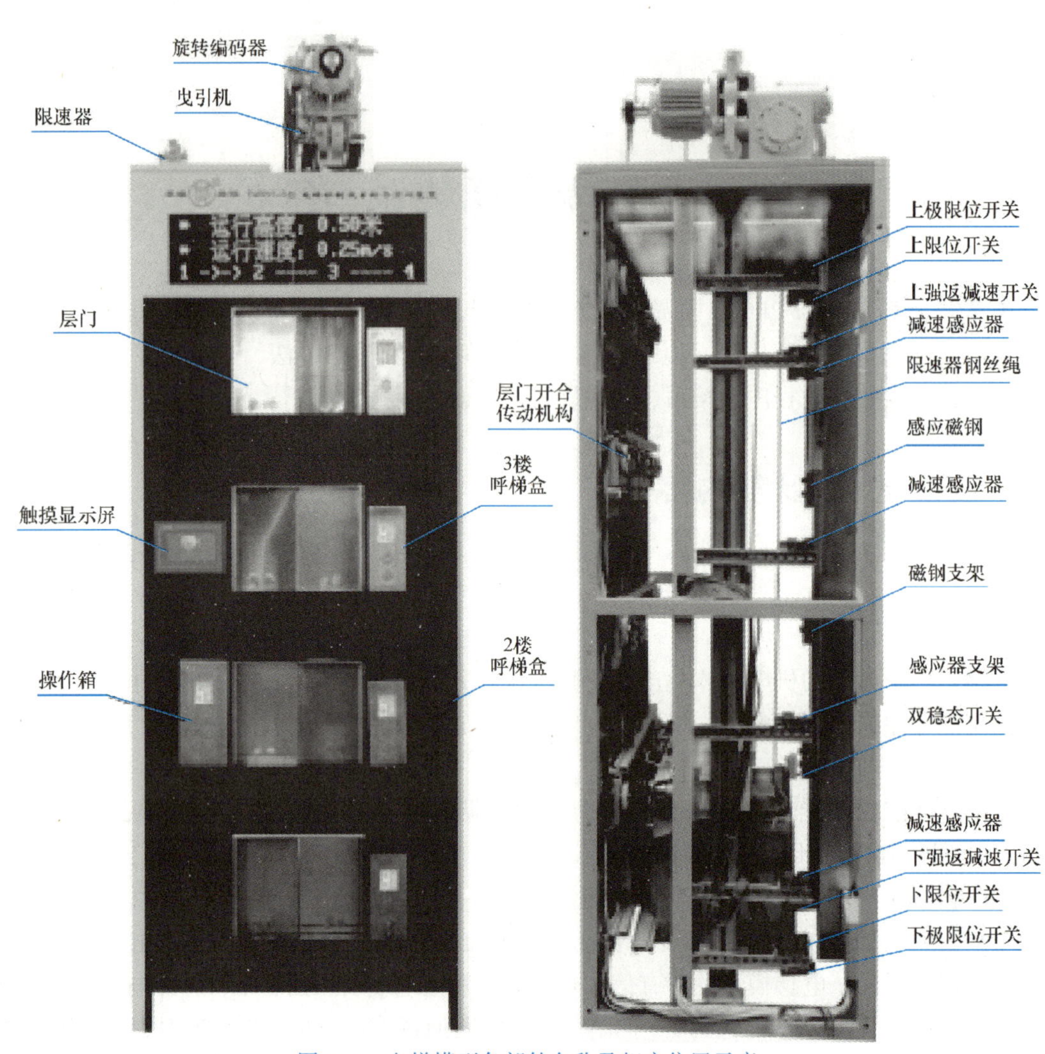

图 5-1　电梯模型各部件名称及相应位置示意

图 5-2　THJDDT-5 型电梯控制技术综合实训装置正面

5.1.2 比赛内容

“智能电梯装调与维护”赛项任务书中要求2名参赛选手（1个代表队）在5小时内完成6项任务，分别是：电梯电气控制原理图设计与绘制、电梯机构安装、调整与线路连接、电梯电气控制柜器件的安装与线路连接、电梯控制程序设计与调试、电梯电气故障诊断与排除、电梯调试、保养及机械故障排除和检验。

1. 电梯电气控制原理图设计与绘制

要求参赛选手根据所提供的相关设备和任务书中的电梯控制功能要求，在指定专用绘图页上手工绘制电路图，电路设计图纸中的图形符号和文字描述，应按照“JBT 27739—2008 工业机械电气图用图形符号”技术规范。

如电梯抱闸电气控制电路图的设计及绘制中，告之选手此部分电路含交流电源、变压器、整流桥、主接触器触点、抱闸线圈等。

如电梯开关门电气控制电路图的设计及绘制中，告之选手此部分电路含电阻器、电梯门机、开门继电器触点、关门继电器触点、关门减速开关等。

如电梯主电路、变频器主电路及控制电路图的设计及绘制中，告之选手此部分电路含交流接触器、相序保护器、熔断器、变频器、曳引机、热继电器、不含PLC的控制电路，其中部分图形符号和文字描述已提供等。

2. 电梯机构安装、调整与线路连接

此部分内容要求选手根据所提供的设备及部件，完成电梯机构的安装、调整与线路连接（包括呼梯盒、井道信息系统、平层检测机构、限速钢丝绳、层门开合传动机构等），电梯模型各部件的名称及相应位置示意图如图5-1所示。此部分主要任务如下：

（1）操作箱与呼梯盒的安装与接线

按照图5-1标识的位置，将操作箱和2楼呼梯盒安装在相应位置，并完成按钮的接线与调试。

（2）井道信息系统安装与接线

根据电梯实际工作要求及图5-1标识的位置，正确安装2层和3层减速感应器及感应器支架，将支架调整到合适的位置，并完成线路的连接。

（3）平层检测机构的安装与调整

根据双稳态开关的工作特性及图5-1标识的位置，正确安装2层和3层感应磁钢及磁钢支架，并调整到合适的位置。

（4）限速器钢丝绳的安装与调整

根据限速器实际工作要求及图5-1标识的位置，正确安装限速器钢丝绳，按照图5-3完成钢丝绳的连接及绳头制作，并调整钢丝绳长度、安全钳开关及断绳开关的位置。

（5）层门开合传动机构的安装与调整

根据层门的实际工作要求，按照图5-4完成2楼层门开合传动机构已标注部分的安装，并调整好传动钢丝绳和拉伸弹簧的长度。

3. 电梯电气控制柜的器件的安装与线路连接

1）参赛选手根据所提供的控制柜布局图（见图5-5），完成电气控制柜中电梯电气控制系统安装（变频器1只、变压器1只、调速电阻1只、整流桥堆1只、继电器5只、交流

图 5-3　钢丝绳连接示意图

接触器 2 只、热继电器 1 只、相序保护器 1 只、熔丝座 3 只、固定器 6 只、导轨 1 根），其余器件已经安装好，器件的安装要牢靠、合理、规范。

2）根据提供的电梯电气控制柜接线图完成线路的连接，其中，航空插座到航空插座转接端子排的线路已经连接好。接线正确能实现相应的电气功能，接线符合应工艺标准，端子排接线应使用管型绝缘端子，继电器、接触器等接线应使用 U 型插片，各导线连接处需要套号码管，工作完成后盖上线槽盖。

4. 电梯控制程序设计与调试

按照给定的 PLC 控制电梯 I/O 端口分配图，编写控制程序及调试设备，使设备达到下列控制要求：电梯舒适系统设计与调试、单座电梯运行基本功能要求、两台群控电梯运行逻辑要求、电梯监控系统设计与调试。

（1）电梯舒适系统设计与调试

根据任务书中的电梯节能和平稳度的要求，设置变频器参数，编写变频控制程序，实现变频器多段速度自动切换、平稳停止。

（2）单座电梯运行基本功能要求

完成电梯运行的基本功能，如上电自检、电梯能接收呼叫信号并响应运行，此部分要求电梯具有错误登记销号功能、夜间防盗功能、防捣乱功能、消防功能、运行次数显示功能、相应的安全保护功能和满足节能要求等。

（3）两台群控电梯运行逻辑要求

通过编写程序能完成两台电梯群控运行，其规则为两台电梯内选信号的响应规则与单台电梯一致，确定群控逻辑时主要考虑：两台电梯对外呼信号如何响应；如何对外呼信号统一管理，使两台电梯对各自外呼信号的响应是一样的；响应逻辑应遵循路程最短、时间最少与任务均分原则。群控功能要求有满足高峰时段电梯优化调试功能（如早间上班模式、区间工作模式、晚间下班模式），同时还要满足相同情况下主梯优先响应，当其中一台电梯处于检修状态时，另一台按单台电梯运行等。

（4）电梯监控系统设计与调试

在两个触摸屏上分别组态两个界面，界面内容主要包含：主梯和副梯轿厢当前楼层信息、所有外呼指示灯，显示楼层、电梯运行状态、主梯和副梯的开门及关门动画模拟（门动作为连续移动变化）、主梯和副梯轿厢的运行轨迹（包括轿厢的连续移动变化及平层停止）、主梯和副梯轿厢的当前实时高度及运行速度、各模式切换开关、界面相互切换按钮等，要求组态时并配有相应的文字说明等。

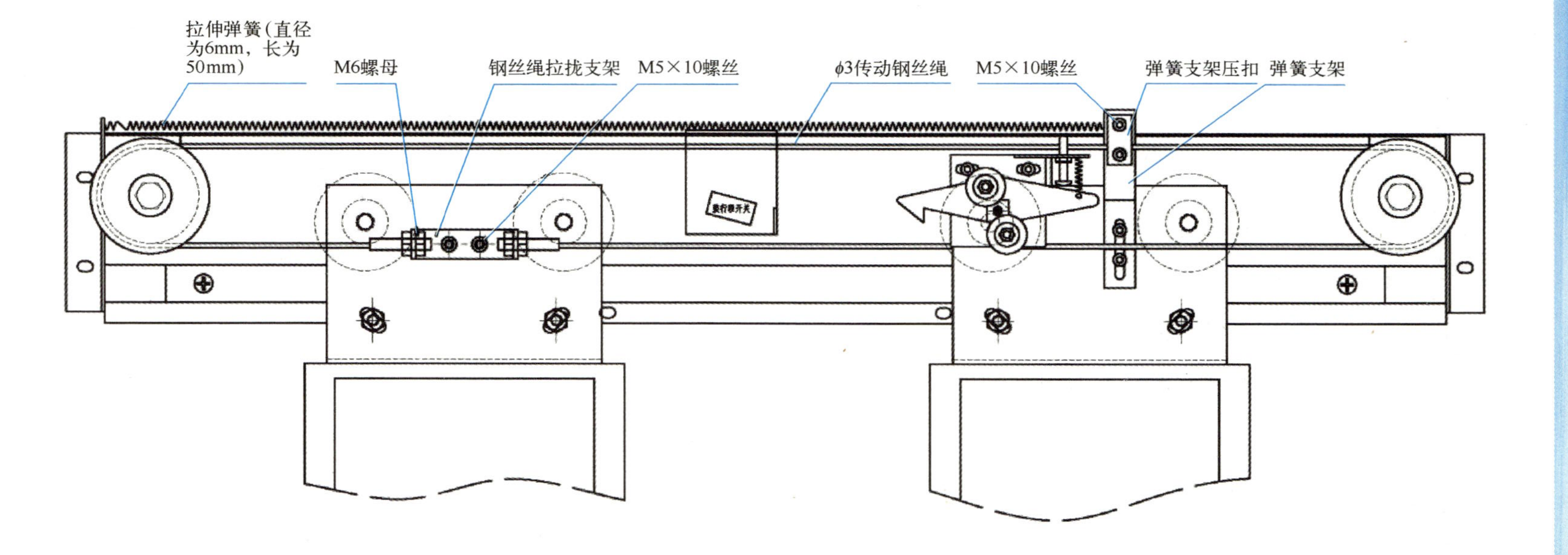

图5-4　层门开合传动机构安装示意图

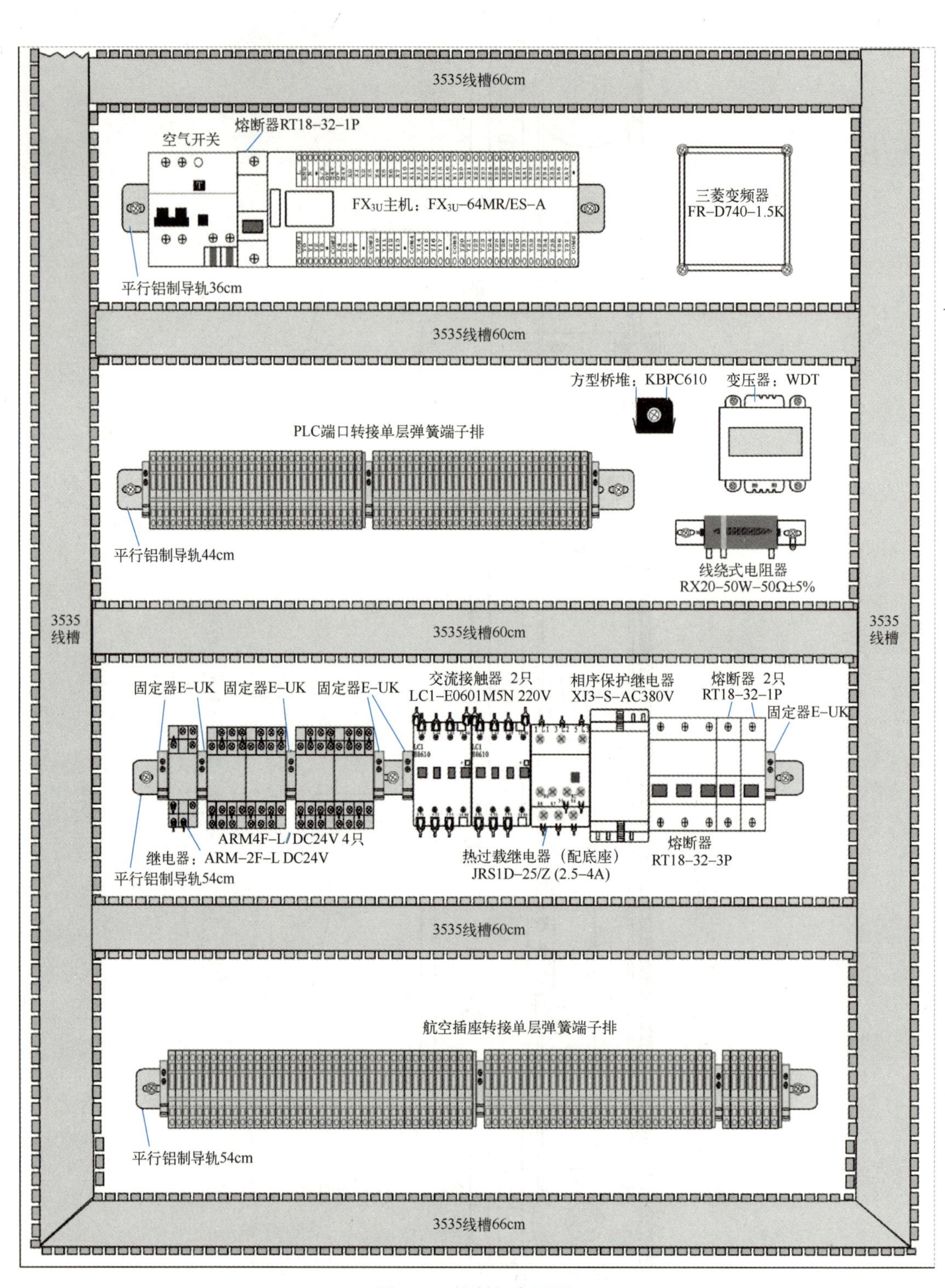
3535线槽60cm
熔断器RT18-32-1P
空气开关
FX3U主机：FX3U-64MR/ES-A
三菱变频器
FR-D740-1.5K
平行铝制导轨36cm
3535线槽60cm
方型桥堆：KBPC610
变压器：WDT
PLC端口转接单层弹簧端子排
平行铝制导轨44cm
线绕式电阻器
RX20-50W-50Ω±5%
3535
线槽
3535线槽60cm
3535
线槽
固定器E-UK
固定器E-UK
固定器E-UK
交流接触器 2只
LC1-E0601M5N 220V
相序保护继电器
XJ3-S-AC380V
熔断器 2只
RT18-32-1P
固定器E-UK
ARM4F-L DC24V 4只
继电器：ARM-2F-L DC24V
平行铝制导轨54cm
热过载继电器（配底座）
JRS1D-25/Z (2.5-4A)
熔断器
RT18-32-3P
3535线槽60cm
航空插座转接单层弹簧端子排
平行铝制导轨54cm
3535线槽66cm

图 5-5 控制柜布局图

5. 电梯电气故障诊断与排除

根据电梯故障现象，结合 PLC 控制电梯 I/O 端口分配图、电梯电气控制柜带故障设置接线图、电梯模型接线图，对所设置的 4 个故障（故障箱中共有 48 个故障）进行诊断和排除（排除故障时需在网孔板上进行相应线路的连接），并对故障现象进行描述、写出排故方法。

6. 电梯调试、保养、机械故障排除与检验。

调整机械部分或电气元件使电梯达到电梯平层的准确性（误差小于 5 mm），同时解决开关门过程中有撞击声的问题和开关门过程中有卡阻的现象。

5.1.3 评分标准

1. 电梯电气控制原理图设计与绘制

此部分 5 分，扣分点主要包括：电路图绘制错误、电路图未绘制、电路图图形符号不规范、电路图文字符号不规范、电路图文字符号未描述或错误等，如表 5-1 所示。

表 5-1 电梯电气控制原理图设计与绘制

评 分 点	配分	评 分 标 准	扣分	得分	备注
电梯主电路、变频器主电路及控制电路的设计与绘制	2.5 分	电路图未绘制，扣 2.5 分；			
		电路绘制错误，每处扣 0.2 分，扣完为止；			
		电路图图形符号不规范，每处扣 0.2 分，该项最高扣 1 分；			
		电路图文字符号未描述或错误，每处扣 0.2 分，最高扣 1 分；			
电梯开关门电气控制电路的设计及绘制	2.5 分	电路图未绘制，扣 2.5 分；			
		电路绘制错误，每处扣 0.2 分，扣完为止；			
		电路图图形符号不规范，每处扣 0.2 分，该项最高扣 1 分；			
		电路图文字符号未描述或错误，每处扣 0.2 分，最高扣 1 分。			

2. 电梯机构安装、调整与线路连接

此部分 10 分，扣分点主要包括：操作箱或呼梯盒未安装（安装后松动）、感应器或支架未安装（安装后松动或明显歪斜）、接插件连接错误或漏接、感应器未接线或接线错误、感应磁钢或支架未安装（安装后松动或位置未调整）、钢丝绳未安装（钢丝绳长度未调整、断绳开关位置不起作用、运行过程中钢丝绳连接处安全钳松动）、拉伸弹簧未安装（钢丝绳或拉伸弹簧未安装、长度未调整或调整不当）等，如表 5-2 所示。

表 5-2 电梯机构安装、调整与线路连接

评 分 点	配分	评 分 标 准	扣分	得分	备注
操作箱与呼梯盒的安装与接线	2 分	操作箱或呼梯盒未安装，每处扣 0.3 分；安装后松动，每处扣 0.2 分；			
		接插件连接错误或漏接，每处扣 0.2 分，扣完为止；			
井道信息系统安装与接线	2 分	感应器或支架未安装，每处扣 0.3 分；安装后松动或明显歪斜，每处扣 0.2 分；			
		感应器未接线或接线错误，每处扣 0.2 分，扣完为止；			

（续）

评 分 点	配分	评 分 标 准	扣分	得分	备注
平层检测机构的安装与调整	2分	感应磁钢或支架未安装，每处扣0.3分；安装后松动或位置未调整，每处扣0.3分，扣完为止；			
限速器钢丝绳的安装与调整	2分	钢丝绳未安装，扣2分；			
		钢丝绳长度未调整，扣0.5分；			
		断绳开关位置不起作用，扣0.5分；			
		运行过程中钢丝绳连接处安全钳松动，扣0.5分；			
层门开合传动机构安装与调整	2分	钢丝绳未安装，扣0.5分； 拉伸弹簧未安装，扣0.5分； 钢丝绳长度未调整或调整不当，扣0.5分； 拉伸弹簧长度未调整或调整不当，扣0.5分。			

3. 电梯电气控制柜的器件安装与线路连接

此部分25分，扣分点主要包括器件未安装、器件未按图纸布局进行安装、接线错误、端子连接不牢靠连接所用导线超过2根、电路接线没有绑扎或未放入线槽、电路接线凌乱、未按要求使用导线及选择导线颜色、号码管未全部套或未标注、U型插片未全部使用、线槽盖未盖等。由于篇幅所限，此项及后续项评分标准不再列出。

4. 电梯控制程序设计与调试

此部分25分，扣分点主要是单梯和群控功能是否满足各项要求。

5. 触摸显示屏的设计

此部分10分，评分点主要是触摸屏上是否组态任务书中要求的构件、构件能否动作、显示的数据是否准确和动画是否连续等。

6. 电梯电气故障诊断与排除

此部分10分，评分点主要包括故障现象描述是否准确、排除方法描述是否正确、故障是否排除等。

7. 电梯调试、机械故障排除与保养

此部分5分，扣分点主要包括变频器参数设置是否合理、平层时是否具有要求的精度、开关门过程中是否有撞击、开关门过程中是否有卡阻和电梯运行中是否有抖动的现象等。

8. 职业素养

此部分10分，评分点主要包括安全操作规范，设施设备和工具仪器使用规范，穿戴整洁和规范，工作纪律规范，文明礼貌和团队协作表现，以及是否有浪费导线现象、工具及桌椅摆放是否整齐等。

5.2 电气原理图和I/O地址分配表

5.2.1 电气原理图

电梯模型PLC系统的电气控制原理图主要包括电梯曳引机主电路、开关门电路、抱闸电路、安全电路、I/O接线图等，具体电路如图5-6所示[㊀]。图5-6中包括故障箱中48个故障点，是相应元器件电气连接线路上加黑点的部分。

㊀ 与赛项保持一致，图中元器件文字符号未用国标。

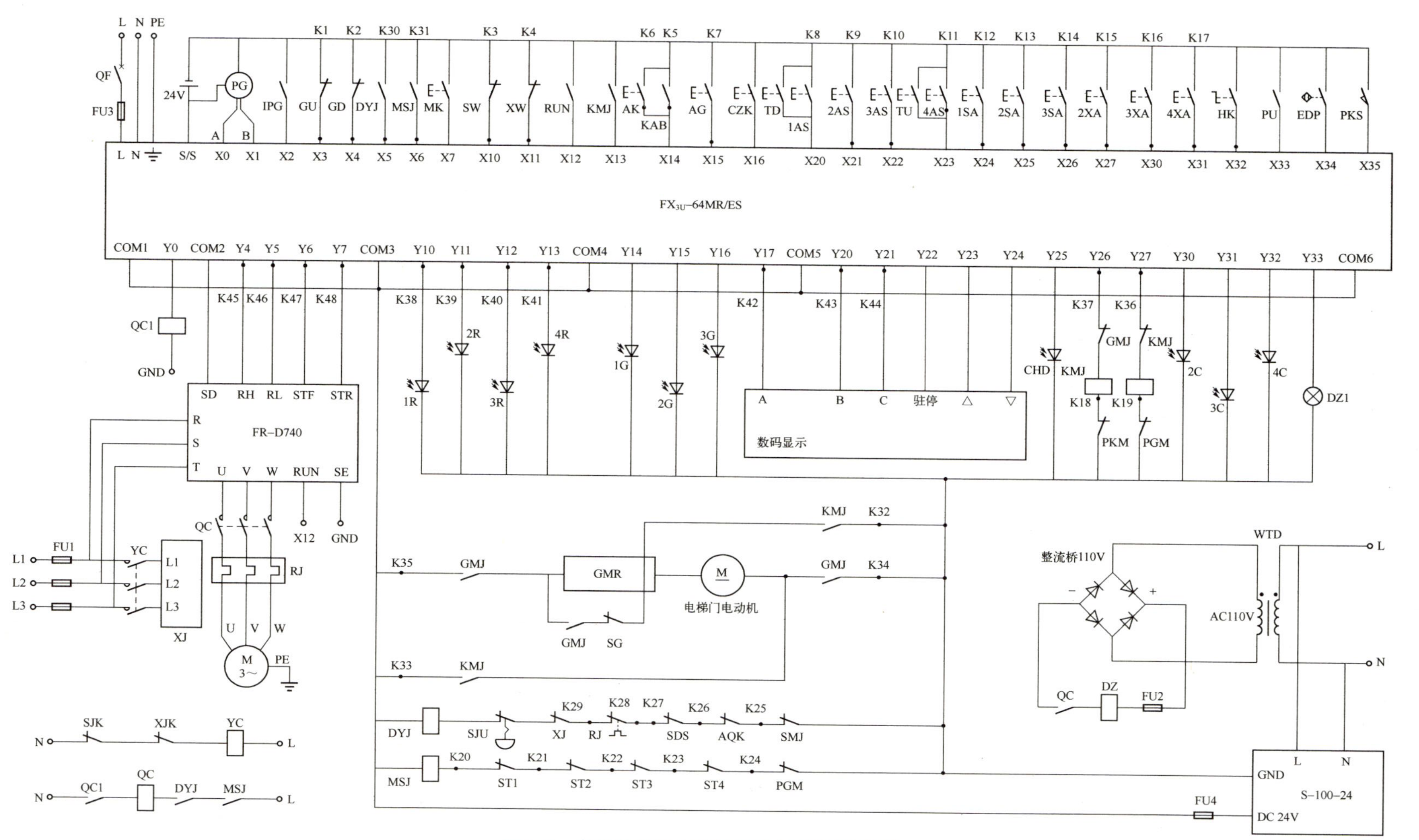

图5-6 电梯模型PLC系统的电气控制原理图

图 5-6 为赛项样题中的原理图，实际线路连接时 4 个层门开关均连接的是常开触点，相序保护器连接的也是常开触点。

5.2.2 I/O 地址分配表

电梯模型 PLC 系统的 I/O 地址分配如表 5-3 所示。

表 5-3 电梯模型 PLC 系统 I/O 地址分配表

输入		输出	
输入继电器	元器件名称或作用	输出继电器	元器件名称或作用
X000	编码器 A 相	Y000	QC1 转换继电器
X001	编码器 B 相	Y004	变频器 RH 端子
X002	IPG 减速感应器	Y005	变频器 RL 端子
X003	GU 上强返减速	Y006	变频器 STF 端子
X004	GD 下强返减速	Y007	变频器 STR 端子
X005	DYJ 电压继电器	Y010	1R 选层指示
X006	MSJ 门联锁继电器	Y011	2R 选层指示
X007	MK 检修开关	Y012	3R 选层指示
X010	SW 上限位开关	Y013	4R 选层指示
X011	XW 上限位开关	Y014	1G 一层上指示
X012	RUN 变频器运行状态输出	Y015	2G 二层上指示
X013	KMJ 开门继电器	Y016	3G 三层上指示
X014	AK 开门按钮	Y017	数码显示 A
	KAB 安全触板开关	Y020	数码显示 B
X015	AG 关门按钮	Y021	数码显示 C
X016	CZK 超载开关	Y022	驻停指示
X020	TD 慢下按钮	Y023	电梯上运行指示
	1AS 轿厢内一层	Y024	电梯下运行指示
X021	2AS 轿厢内二层	Y025	CHD 超载指示
X022	3AS 轿厢内三层	Y026	KMJ 开门继电器线圈
X023	TU 慢上按钮	Y027	GMJ 关门继电器线圈
	4AS 轿厢内四层	Y030	2C 二层下指示
X024	1SA 一层上按钮	Y031	2C 二层下指示
X025	2SA 二层上按钮	Y032	2C 二层下指示
X026	3SA 三层上按钮	Y033	DZ1 照明风扇
X027	2XA 二层下按钮		
X030	3XA 三层下按钮		
X031	4XA 四层下按钮		
X032	HK 开关/数字转换开关		

（续）

输入		输出	
输入继电器	元器件名称或作用	输出继电器	元器件名称或作用
X033	PU 门驱双稳态开关		
X034	EDP 门感应器		
X035	PKS 锁梯		

5.3 电梯故障与排除方法

THJDDT-5 型电梯控制技术综合实训装置的故障箱中共设有 48 个故障点，主要分布在 PLC 的输入端子/输出端子、开关门回路、安全回路。在设置故障中，只需将故障箱上对应故障点的钮子开关（两档）拨下便可，而且所有故障点均为断路故障。

5.3.1 PLC 的输入故障

共有 19 个故障分布在 PLC 的输入端子，如表 5-4 所示。根据故障现象，排除故障时只需使用一根导线将故障点的两端短接便可，表 5-4 中提供了短接的线号（赛项样题中的电气原理图上会提供线号）。

表 5-4 PLC 的输入端子故障分布

故障代号	分布端子	短接线号	故障代号	分布端子	短接线号
K1	X003	X003-401	K9	X021	X021-126
K2	X004	X004-119	K10	X022	X022-127
K30	X005	X005-148	K11	X023	X023-128
K31	X006	X006-410	K12	X024	X024-129
K3	X010	X010-402	K13	X025	X025-130
K4	X011	X011-121	K14	X026	X026-131
K5	X014	X014-122	K15	X027	X027-132
K6	X014	X014-123	K16	X030	X030-133
K7	X015	X015-124	K17	X031	X031-134
K8	X020	X020-125			

5.3.2 PLC 的输出故障

共有 15 个故障分布在 PLC 的输出端子，如表 5-5 所示。根据故障现象，排除故障时只需使用一根导线将故障点的两端短接便可，表 5-5 中提供了短接的线号。

表 5-5 PLC 的输出端子故障分布

故障代号	分布端子	短接线号	故障代号	分布端子	短接线号
K45	Y004	Y004-RH	K47	Y006	Y006-STF
K46	Y005	Y005-RL	K48	Y007	Y007-STR

（续）

故障代号	分布端子	短接线号	故障代号	分布端子	短接线号
K38	Y010	Y010-137	K44	Y021	Y021-207
K39	Y011	Y011-138	K18	Y026	143-135
K40	Y012	Y012-139	K37	Y026	Y026-155
K41	Y013	Y013-140	K19	Y027	144-411
K42	Y017	Y017-205	K36	Y027	Y027-154
K43	Y020	Y020-206			

5.3.3 开关门回路故障

共有4个故障分布在开关门回路中，如表5-6所示。根据故障现象，排除故障时只需使用一根导线将故障点的两端短接便可，表5-6中提供了短接的线号。

表5-6 开关门回路故障分布

故障代号	分布位置	短接线号	故障代号	分布位置	短接线号
K32	KMJ常开触点	150-GND	K34	GMJ常开触点	152-GND
K33	KMJ常开触点	151-DC 24V	K35	GMJ常开触点	153-DC 24V

5.3.4 安全回路故障

共有10个故障分布在安全回路中，如表5-7所示。根据故障现象，排除故障时只需使用一根导线将故障点的两端短接便可，表5-7中提供了短接的线号。

表5-7 安全回路故障分布

故障代号	分布位置	短接线号	故障代号	分布位置	短接线号
K20	ST1与MSJ之间	103-145	K25	SMJ与AQK之间	110-111
K21	ST1与ST2之间	102-412	K26	AQK与SDS之间	112-113
K22	ST2与ST3之间	104-107	K27	SDS与RJ之间	114-001
K23	ST3与ST4之间	106-109	K28	SDS与RJ之间	001-147
K24	ST4与PGM之间	108-224	K29	RJ与XJ之间	146-160

5.3.5 故障排除方法

赛项中电梯运行故障主要包括任务书中设置的4个故障，还包括参赛选手在做控制柜元器件线路连接时所产生的故障。不管发生什么样的故障，参赛选手得非常熟悉比赛用电梯模型运行时所有状况、以及元器件的动作与电梯运行状态之间的关系等。建议参赛选手在训练时，将48个故障点逐一训练，然后进行多个故障集中排除的演练，也可人为设置48个故障点以外的故障，以达到训练参赛选手高水平排除故障能力。

参赛选手在故障判断时可以采用以下四字法：看、按、测、短。

1）看：当发生故障时首先观察电梯故障现象，根据故障现象看PLC的输入/输出端，如果 PLC 相应输出端有输出，而电梯不运行，则故障在外围线路上，暂不考虑由程序引起；如果 PLC 相应输出端没有输出，可能是程序错误，或无输入信号，选手首先需要排除是否由程序错误引起，若程序正确，则需要排除输入信号。

2）按：用手多次按下电梯呼梯盒上的厅外召呼按钮或操作箱上的选层按钮，观察 PLC 的输入相应端的 LED 指示灯是否闪烁，如果有闪烁现象说明输入信号线路连接正确，无断路现象。在此需要注意，参赛选手连接线路时，可能将输入信号接错乱。

3）测：输入元器件线路连接正确，PLC 也有输入信号，程序执行后，PLC 相应输出端有输出的情况下，电梯仍不运行，此时要观察 PLC 所连接的负载（如开关门继电器、变频器等）是否动作，如果负载没有动作，说明故障可能发生在 PLC 的输出负载元器件上，断电后检测（用万用表的蜂鸣档测两点之间是否可靠连接。从选手和设备安全考虑，不建议带电检测）；如果 PLC 输出负载动作而电梯仍不运行，故障可能发生在负载触点到电梯模型之间的线路上，断电后排查。

4）短：参赛选手根据电梯运行的故障现象，经过判断、操作、观察后得出结论是元器件损坏或外围线路连接发生了故障，可以使用一根导线直接短接故障点，电梯运行正常，说明故障原因已找出。若未能排除故障而质疑元器件损坏，要更换元器件时，应知道如果质疑有误的话，属于误判，则会被扣分。

5.4 变频器

5.4.1 三菱 FR-D740 型变频器简介

变频器是利用电力半导体器件的通断作用将电压和频率固定不变的工频交流电源变换成电压大小和频率可变的交流电源，供给交流电动机实现软起动、变频调速、提高运转精度、改变功率因数、实现过流/过压/过载保护等功能的电能变换控制装置。

三菱公司生产的 FR-D700 系列变频器是紧凑型多功能变频器（见图 5-7），D740 型变频器是 3 相 400V 电压级，即输入电源为三相交流电。

1. FR-D740 型变频器接线图

FR-D740 变频器接线图（部分连接端子）如图 5-8 所示，主要包括主电路接线和控制电路接线两部分。各部分具体接线及注意事项请读者参照《三菱通用变频器 FR-D740 使用手册》。

2. FR-D740 型变频器端子功能说明

三菱 FR-D740 型变频器主电路端子主要包括交流电源输入、变频器输出等端子。端子标记为 R/L1、S/L2、T/L3 是变频器的交流电源输入，端子标记为 U、V、W 是变频器的交流电源输出，切记不能将电源输入/输出接反，否则会损坏变频器。

变频器控制电路功能主要包括开关量输入、频率设定、继电器输出、集电极输出、模拟电压输出和通信六个部分。各端子的功能可通过调整相关参数的值进行变更，在出厂初始值的情况下，各控制电路端子的功能说明如表 5-8 所示。

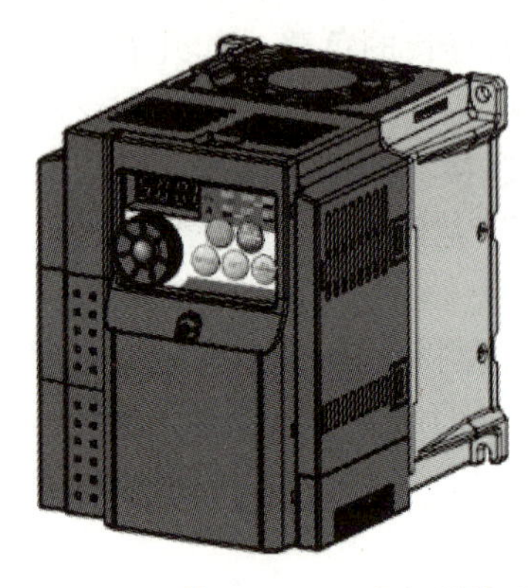

图 5-7　三菱 FR-D740 变频器外形

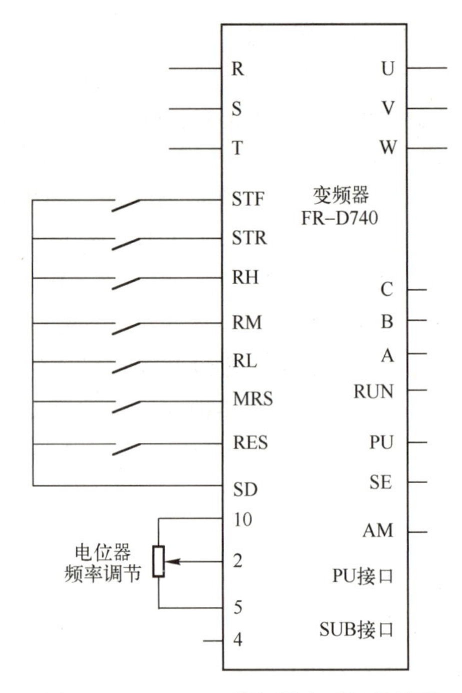

图 5-8　FR-D740 变频器主要接线端子

表 5-8　变频器控制电路端子功能

种　　类	端子标记	端子名称	功能说明
开关量输入	STF	正转起动	为 ON 时正转，为 OFF 时停止
	STR	反转起动	为 ON 时反转，为 OFF 时停止
	RH、RM、RL	多段速度选择	用它们组合可实现多种速度
	MRS	输出停止	为 ON 时变频器停止输出
	RES	复位	用于解除回路保护动作时的报警输出
	SD	开关量输入公共端	开关量输入公共端
		外部晶体管公共端	外部晶体管公共端
		DC 24V 电源公共端	DC 24V 电源公共端
频率设定	10	频率设定用电源	外部频率设定的电位器电源用
	2	频率设定（电压）	输出频率与输入电压成正比
	4	频率设定（电流）	输出频率与输入电压成正比
	5	频率设定公共端	频率设定及端子 AM 的公共端子
继电器输出	A、B、C	继电器输出	满足参数设定时继电器触点动作
集电极输出	RUN	变频器正在运行	变频器正在运行时与 SE 接通
	PU	频率检测	输出频率达到设定值时与 SE 接通
	SE	集电极开路、输出公共端	端子 RUN、PU 的公共端
模拟电压输出	AM	模拟电压输出	从多种监控中选择一种作为输出
RS-485 通信	—	PU	通过此端口进行 RS-485 通信
USB 通信	—	USB 接口	与个人计算机通过 USB 连接，实现相关操作

3. FR-D740 型变频器操作面板和运行模式

(1) 操作面板

使用变频器之前，首先要熟悉它的操作面板和键盘，并且按照使用现场的要求合理设置参数。三菱 FR-D740 型变频器操作面板采用 FR-PA07 型，如图 5-9 所示。

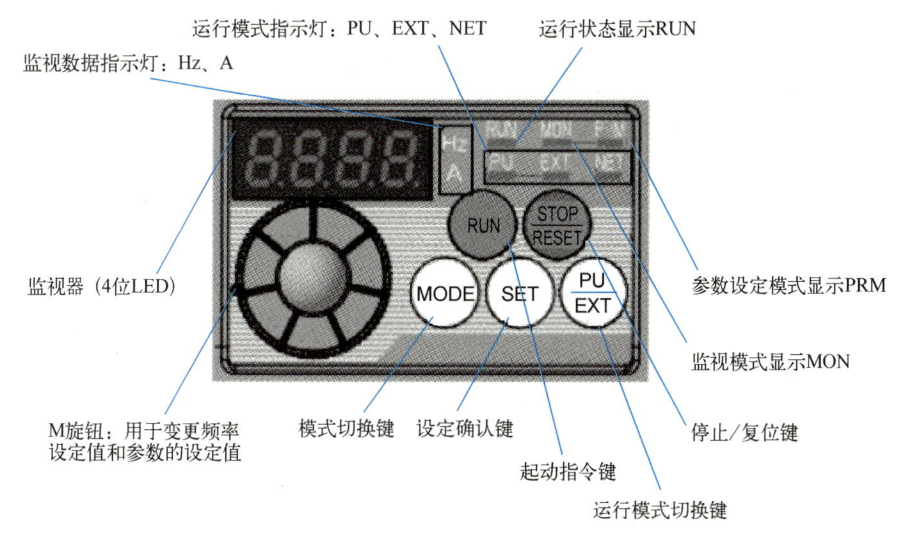

图 5-9 三菱 FR-PA07 型操作面板

FR-PA07 型操作面板上半部分为面板显示器，下半部分为 M 旋钮和各种按键。其面板旋钮、按键功能和运行状态显示分别如表 5-9 和表 5-10 所示。

表 5-9 旋钮和按键功能

旋钮或按键	功能说明
M 旋钮	旋动此旋钮用于变更频率设定、参数的设定值。按下该旋钮可显示以下内容：监视模式时的设定频率；校正时的当前设定值；错误历史模式时的顺序
模式切换键 MODE	用于切换各设定。与运行模式切换键同时按下也可以用来切换运行模式，长按钮此键 2s，可以锁定操作
设定确认键 SET	各设定的确认键。运行中按下此键则监视器出现以下循环显示：运行频率、输出电流、输出电压
运行模式切换键 PU/EXT	用于切换 PU/EXT 运行模式。使用外部运行模式时按此键，使指示运行模式的 EXT 处于亮灯状态
起动指令键 RUN	在 PU 模式下，按此键起动运行；通过 Pr. 40 的设定，可以选择旋转方向
停止/复位键 STOP/RESET	在 PU 模式下，按钮此键停止运行。保护功能（严重故障）生效时，也可以进行报警复位

表 5-10 运行状态显示

显 示	功能说明
运行模式指示	PU：PU 运行模式（用操作面板起停和调速）时亮灯； EXT：外部运行模式时亮灯； NET：网络运行模式时亮灯
监视器（4 位 LED）	显示频率、电压电流大小、参数编号等

（续）

显　示	功能说明
监视数据指示灯	Hz：显示频率时亮灯（设定频率监视时闪烁） A：显示电流时亮灯； （显示上述以外的内容时，“Hz”和“A”均熄灭）
运行状态显示 RUN	变频器动作中亮灯/闪烁，其中： 1）亮灯：正在运行中； 2）缓慢闪烁（1.4 s 循环）：反转运行中； 3）快速闪烁（0.2 s 循环）： ① 按键或输入起动指令都无法运行时； ② 有起动指令，但频率指令在起动频率以下时； ③ 输入了 MRS 信号时
参数设定模式显示 PRM	参数设定模式时亮灯
监视器显示 MON	监视模式时亮灯

（2）运行模式

运行模式是指对输入到变频器的起动指令和频率设定命令来源的指定。一般来说使用控制电路端子、在外部设置电位器和开关来进行操作的是“外部运行模式”；使用操作面板或参数单元进行操作的是“PU 运行模式”；通过 PU 接口进行 RS-485 通信或使用通信选件的是“网络运行模式”。

FR-D740 型变频器通过参数 Pr. 79 的设定来指定变频器的运行模式，设定值范围为 0、1、2、3、4、6、7，出厂值为 0。FR-D740 型变频器运行模式的功能如表 5-11 所示。

表 5-11　参数 Pr. 79 与运行模式的关系

<table>
<tr><th>Pr. 79 设定值</th><th colspan="2">运行模式功能</th></tr>
<tr><td>0</td><td colspan="2">外部/PU 切换模式；
通过运行模式切换键 PU/EXT 可以切换 PU/外部运行模式；
接通电源时为外部运行模式</td></tr>
<tr><td>1</td><td colspan="2">固定 PU 运行模式</td></tr>
<tr><td>2</td><td colspan="2">固定外部运行模式
可以在外部/网络运行模式间切换运行</td></tr>
<tr><td rowspan="3">3</td><td colspan="2">外部/PU 组合运行模式 1</td></tr>
<tr><td>频率设定指令</td><td>起动指令</td></tr>
<tr><td>用操作面板或参数单元（FR-PU07）设定，或用外部信号输入（多段速设定时对应端子 4-5 间，且 AU 信号 ON 时有效）</td><td>外部信号输入
（端子 SFT、STR）</td></tr>
<tr><td rowspan="3">4</td><td colspan="2">外部/PU 组合运行模式 2</td></tr>
<tr><td>频率指令</td><td>起动指令</td></tr>
<tr><td>外部信号输入
（端子 2、4、JOG、多段速选择等）</td><td>通过操作面板的起动指令键 RUN 或参数单元（FR-PU07）的 FWD、REV 键来输入</td></tr>
<tr><td>6</td><td colspan="2">切换模式，即在保持运行状态的同时，可进行 PU 运行、外部运行、网络运行模式的切换</td></tr>
<tr><td>7</td><td colspan="2">外部运行模式（PU 运行互锁）：
• X12 信号为 ON 时，可切换到 PU 运行模式；
• X12 信号为 OFF 时，禁止切换到 PU 运行模式</td></tr>
</table>

5.4.2 变频器的参数设置

1. 变更参数操作

变频器的参数设置（以变更 Pr. 79 为例）的操作步骤如下（可参照变频器操作手册或说明书）：

1）接通电源，监视器显示 0.00，Hz、MON 和 EXT 指示灯亮。

2）按下 PU/EXT 键，进入 PU 运行模式，监视器显示 0.00，PU 指示灯亮。

3）按 MODE 键，进入参数设定模式，监视器显示 P.0，PRM 指示灯亮。

4）旋转 M 旋钮，直至监视器上显示 P.79。

5）按下 SET 键，读取当前的设定值（前一次的设定值或恢复出厂设置的初始值）。

6）旋转 M 旋钮，调到所需要的设定值，如 3。

7）按下 SET 键确认，监视器上交替显示参数号和设定值。

8）按两次 MODE 键可返回频率监视画面。

如果当前参数设定完成后，仍需要修改，则从第 5 步开始往下操作。继续旋转 M 旋钮可读取或更改其他参数。在更改完成当前参数后，按两次 SET 键可显示下一个参数。

2. 点动运行模式操作

接通电源时（在外部运行模式下），按下 PU/EXT 键切换到 PU 运行模式（显示器显示 0.00），再次按下 PU/EXT 键后显示“JOG”，即点动运行模式，再次按下 PU/EXT 键又返回到接通电源状态。

3. 变更运行频率值操作

接通电源时（在外部运行模式下），按下 PU/EXT 键切换到 PU 运行模式（显示器显示 0.00），旋转 M 旋钮至需要频率值，按下 SET 键，显示器上显示字母 F 和频率的闪烁，频率设定写入完成。

4. 变更监视值输出操作

接通电源时（在外部运行模式下），按下 PU/EXT 键切换到 PU 运行模式（显示器显示 0.00），按下 SET 键，显示器上显示输出电流监视值，再次按下 SET 键，显示器上显示输出电压监视值，再次按下 SET 键，显示器上显示输出频率监视值，如此循环。

5. 清除变频器参数操作

接通电源时（在外部运行模式下），按下 PU/EXT 键切换到 PU 运行模式（显示器显示 0.00），按下 SET 键，显示器上显示参数号 P.0，旋转 M 旋钮至显示器出现“Pr. CL”（参数清除），继续旋转 M 旋钮至显示器出现“ALLC”（参数全部清除），按下 M 旋钮，出现 0，旋转 M 旋钮至出现 1，按下 M 旋钮；继续旋转 M 旋钮至出现“Er. CL”（报警历史清除），按下 M 旋钮，出现 0，旋转 M 旋钮至出现 1；继续旋转 M 旋钮至出现“Pr. CH”（初始值变更清单），旋转 M 旋钮返回（显示器上显示参数号 P.0）。

6. 简单设定运行模式操作

电源接通后（在外部运行模式下），同时按住 PU/EXT 键和 MODE 键 0.5 s，旋转 M 旋钮，设定相应参数，按 SET 键确定，数码管闪烁参数设定完成。

7. 部分常用参数号及含义

变频器部分常用参数号及含义如表 5-12 所示。

表 5-12　变频器部分常用参数号及含义

参数编号	名　称	初始值	设定范围	功能说明
Pr. 1	上限频率	120 Hz	0～120 Hz	设定输出频率的上限
Pr. 2	下限频率	0 Hz	0～120 Hz	设定输出频率的下限
Pr. 3	基准频率	50 Hz	0～400 Hz	设定基准频率
Pr. 4	多段速设定（高速）	50 Hz	0～400 Hz	多段速设定（高速）
Pr. 5	多段速设定（中速）	30 Hz	0～400 Hz	多段速设定（中速）
Pr. 6	多段速设定（低速）	10 Hz	0～400 Hz	多段速设定（低速）
Pr. 7	加速时间	5 s	0～3600 s	设定电动机的加速时间
Pr. 8	减速时间	5 s	0～3600 s	设定电动机的减速时间
Pr. 20	加/减速基本频率	50 Hz	1～400 Hz	设定加/减速基本频率
Pr. 24～Pr. 27	多段速设定 （4 速～7 速）	9999	1～400 Hz 9999	多段速设定（4 速～7 速）
Pr. 40	RUN 键旋转方向的选择	0	0 和 1	0 为正转，1 为反转
Pr. 73	模拟量输入选择（2 端）	1	0、1、10、11	为 0 时，0～10 V 输入，不可逆； 为 1 时，0～5 V 输入，不可逆； 为 10 时，0～10 V 输入，可逆； 为 11 时，0～5 V 输入，可逆
Pr. 77	参数写入选择	0	0、1、2	为 0 时，仅限于停止时写入； 为 1 时，不可写入参数； 为 2 时，可以随时写入参数
Pr. 79	运行模式选择	0	0、1、2、 3、4、6、7	见表 5-11
Pr. 160	用户参数级读取选择	0	0、1、9999	为 0 时，显示所有参数； 为 1 时，只显示写入的用户参数； 为 9999 时，只显示简单模式参数
Pr. 178	STF 端子功能选择	60	0～5、7、60、 61、9999 等	为 60 时，电动机正转指令
Pr. 179	STR 端子功能选择	61		为 61 时，电动机反转指令
Pr. 180	RL 端子功能选择	0		为 0 时，电动机低速运行指令
Pr. 181	RM 端子功能选择	1		为 1 时，电动机中速运行指令
Pr. 182	RH 端子功能选择	2		为 2 时，电动机高速运行指令
Pr. 190	RUN 端子功能选择	0	0、1、3 等等	为 0 或 100 为变频器运行中

8. 本赛项常用参数

“智能电梯装调与维护”赛项变频器常用参数如下：Pr. 4、Pr. 5、Pr. 6、Pr. 7、Pr. 8、Pr. 79、Pr. 160、Pr. 178、Pr. 179、Pr. 180、Pr. 181、Pr. 182、Pr. 190 等。

5.4.3 变频器与 PLC 的连接

PLC 通过变频器控制电动机的速度，PLC 与变频器之间的连接方式主要有三种，分别是开关量连接、模拟量连接和通信连接。

1. 开关量连接

变频器有很多开关量端子，如正转、反转、低速、中速、高速、停止、复位等。在不使用 PLC 时，只要给这些端子与公共端 SD 之间外接开关就能对电动机实现正反转的多种速度控制。当变频器与 PLC 进行开关量连接后，PLC 不但可通过开关量端子控制变频器开关量输入端子的输入状态，还可以通过开关量输入端子检测变频器开关量输出端子的状态。

PLC 与变频器的开关量连接如图 5-10 所示。当 PLC 程序运行使 Y000 端子接通，相当于变频器的 STF 端子外部开关闭合，STF 端子输入为 ON，变频器驱动电动机正转；当 PLC 程序运行使 Y001 端子接通，相当于变频器的 STR 端子外部开关闭合，STR 端子输入为 ON，变频器驱动电动机反转。

以上只是起动和运行方向信号，变频器的转速信号来用何方？第一方法，PLC 的程序运行使得 Y002 或 Y003 接通，这时变频器驱动电动机旋转，其转速为参数 Pr. 4 或 Pr. 5 中设置的频率值；第二种方法是调节 10、2、5 端子所外接电位器改变端子 2 的输入电压值，可以调节电动机的转速。

PLC 的输入端与变频器的开关量（A、B、C）或集电极（RUN）输出端相连接可以实时掌握变频器的运行状态，若内部发生异常，可停止起动信号的输出。图 5-10 中，根据参数设置，若变频器运行时发生的故障与开关量输出端设置的参数功能一致（如过载报警、异常输出等），则开关量的 A 和 C 端子之间（常开触点）的内部触点闭合，同时开关量 B 和 C 之间（常闭触点）的内部触点断开（与 PLC 相连接时，可以连接 A 和 C 端子，也可以连接 B 和 C 端子）；若变频器的运行状态与 RUN 端所设参数功能一致时（如变频器正在运行、频率到达等），RUN 端子与 SE 端子接通，此时将变频器的运行状态反馈给 PLC。

2. 模拟量连接

变频器上有电压和电流模拟量输入端子，改变这些端子的电压或电流可以调节电动机的转速，可以将这些端子与 PLC 的模拟量输出端子连接，就可以利用 PLC 控制变频器来调节电动机的转速，同时变频器的输出模拟量也可以反馈给 PLC 的模拟输入端，通过反馈控制 PLC 的模拟量输出，如图 5-11 所示。

由于三菱 PLC 的基本单元没有模拟量输入和输出功能，需要连接模拟量输入和输出功能模块或特殊适配器。变频器的起停控制，可以通过变频器的 PU 面板控制，也可以通过 PLC 的开关量输出控制，既可以使用电位器人为调节电动机的速度，也可以通过 PLC 的模拟量输出来控制。

图 5-11 中，PLC 通过 FX_{3U}-3A-ADP 模拟量特殊适配器输出 4~20m 的电流信号给变频器的模拟量输入 4 和 5 端子，变频器的模拟量输出通过端子 AM 和 5 输出电压（电流）给 FX_{3U}-3A-ADP 的 V0+（和 I0+相短接）和 COM0 端子。

3. RS-485 通信连接

变频器与 PLC 通过 RS-485 通信连接后，可以接收 PLC 通过通信电缆发送来的起停和转速命令，或修改变频器的参数值；PLC 也能通过通信电缆读取变频器的运行状态相关数

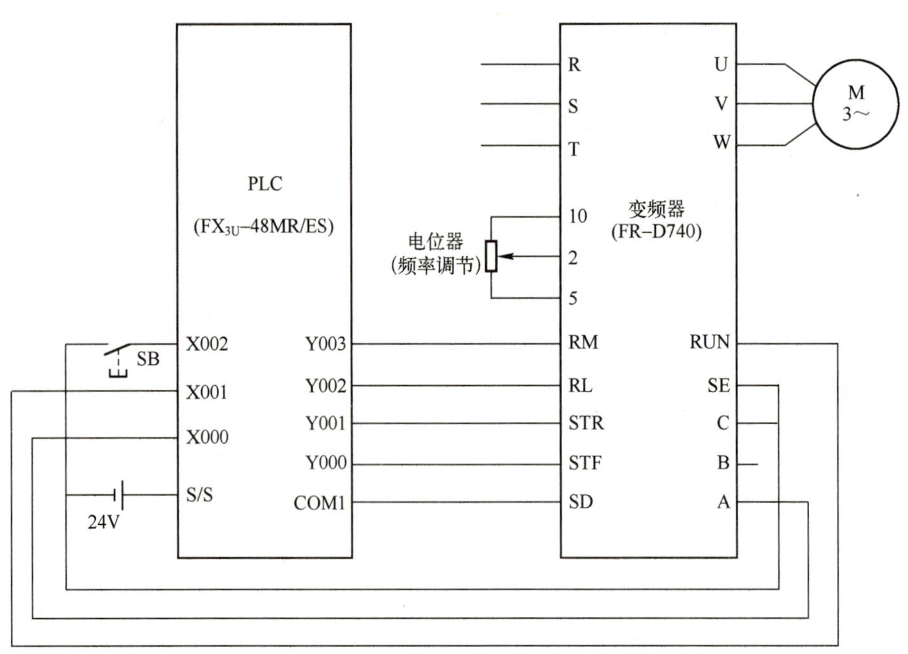

图 5-10　变频器与 PLC 的开关量连接

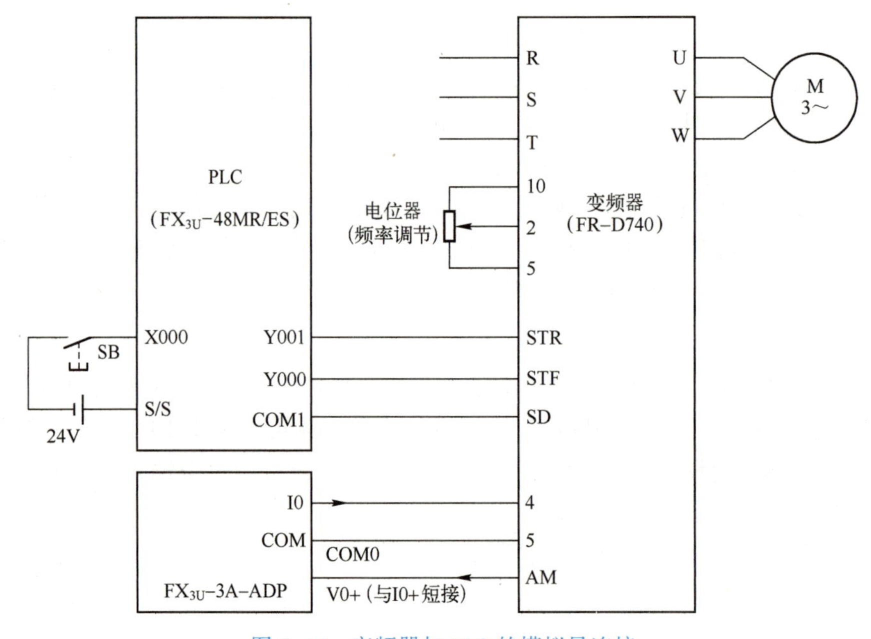

图 5-11　变频器与 PLC 的模拟量连接

据，实时掌握变频器状态以便及时做出调控措施。

变频器与 PLC 通信连接时需要通过 FX_{3U}-485-BD 通信板或 FX_{2N}-485-BD 通信板，也可以通过扩展的以太网适配器等，1 台 PLC 可以与 1 台或多台变频器相连接。

PLC 与 1 台变频器相连接时，PLC 通信板上的 RDA 与变频器 PU 接口上的 SDA 相连接，PLC 通信板上的 RDB 与变频器 PU 接口上的 SDB 相连接，PLC 通信板上的 SDA 与变频器 PU 接口上的 RDA 相连接，PLC 通信板上的 SDB 与变频器 PU 接口上的 RDB 相连接，PLC

通信板上的 SG 与变频器 PU 接口上的 SG 相连接。

PLC 与多台变频器相连接时，将所有变频器的 SDA 接口相连接，SDB 接口相连接，RDA 接口相连接，RDB 接口相连接，然后再按 1 台变频器与 PLC 相连接的方法连接，在此不再赘述。

4. 电梯运行的变频调速

“智能电梯装调与维护” 赛项中，电梯在起动和停止过程中都使用了变频器，因为起动和停止时为了保证乘客乘梯的舒适度要起停缓慢，为了快速到达目标楼层也需要调节速度。此赛项中 PLC 与变频器的连接与控制是通过二段速来实现的。

(1) PLC 与变频器的连接

PLC 与变频器的连接是通过开关量相连接，如图 5-6 所示（左下角）。Y006 控制电梯曳引机的正转，Y007 控制电梯曳引机的反转，Y004 控制电梯曳引机高速运行，Y005 控制电梯曳引机低速运行。通过控制 Y000 的输出使得中间继电器 QC1 线圈得电，从而控制交流接触器 QC 线圈得电（开关门回路和安全回路正常），通过变频器进而控制曳引机的运行。变频器正在运行的状态通过变频器的 RUN 和 SE 端子与 PLC 的 X012 和 GND 相连接。

(2) PLC 的控制程序

在图 5-12 中当 PLC 接收到呼梯信号时，起动变频器，起动后高速运行（Y004 和 Y005 同时得电），到达目标楼层遇到减速器时，M17 断开，Y004 依然得电，电梯处于较低速运行状态；当遇到双稳态开关并延时一段时间后 Y004 断电，再经变频器中下降时间参数所对应的时间值后（Y006 或 Y007 断电），电梯处于平层位置。

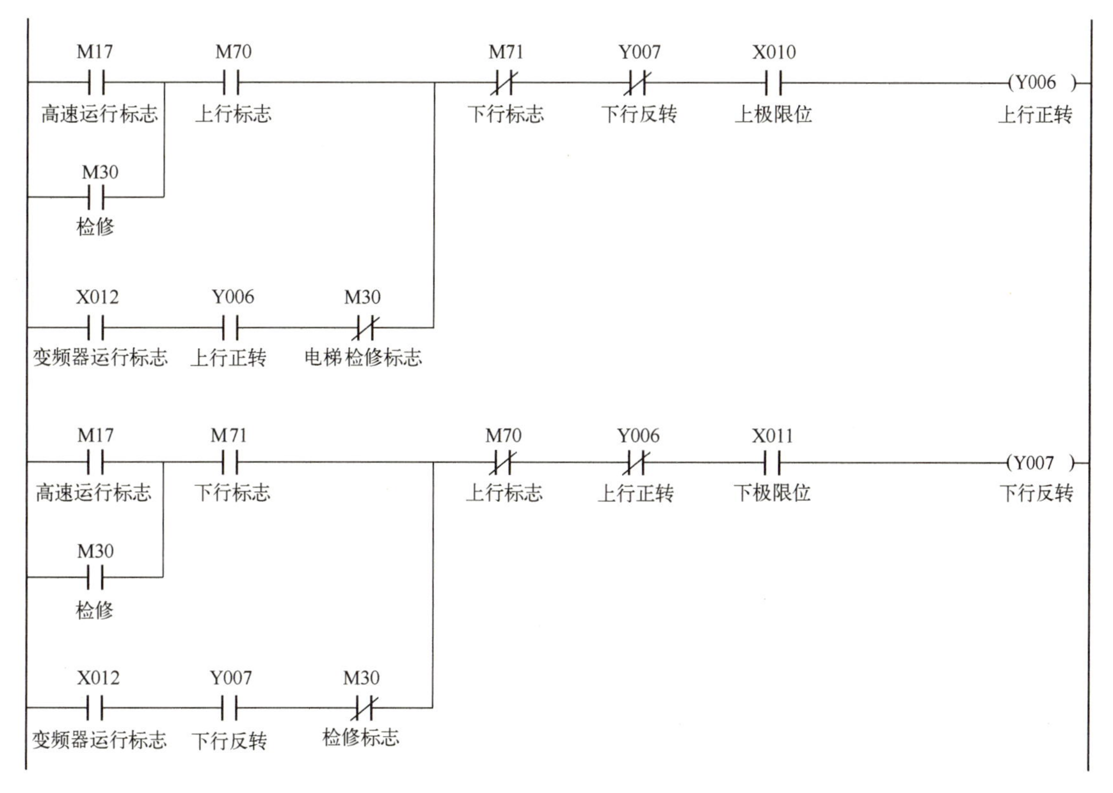

图 5-12 电梯运行的变频调速控制程序

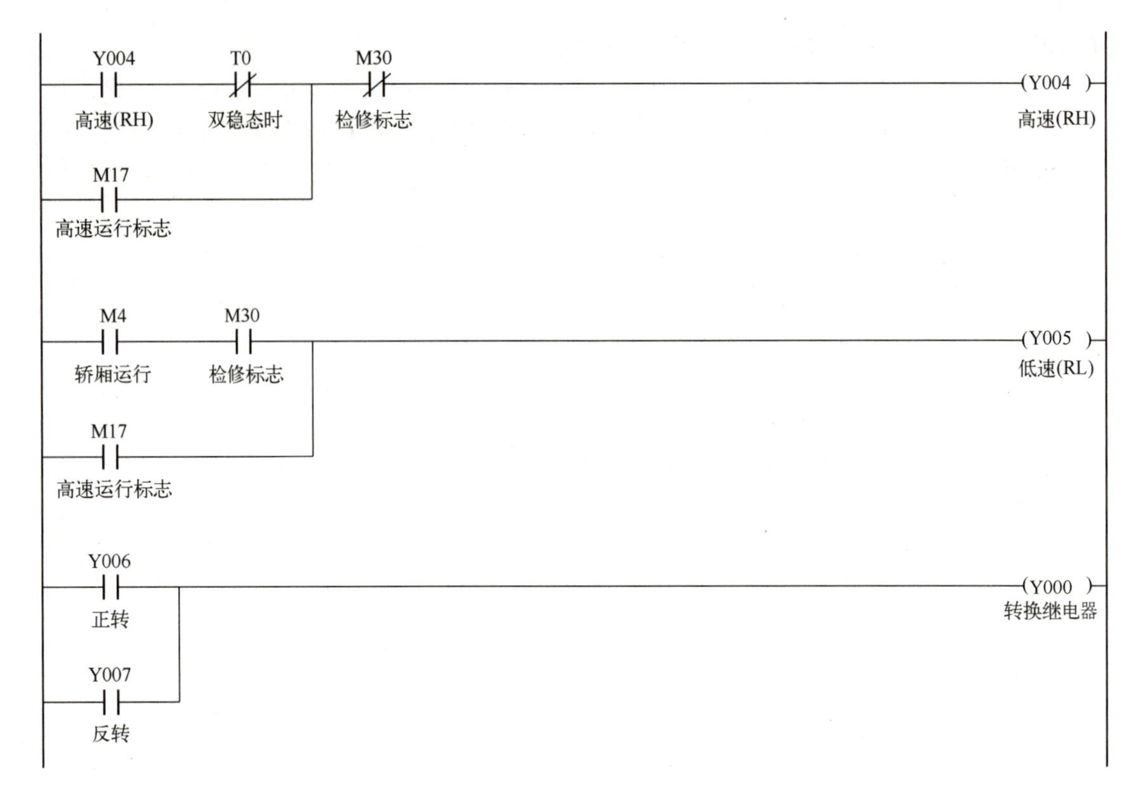

图 5-12　电梯运行的变频调速控制程序（续）

5.5　功能编程与实现

5.5.1　检修运行控制

通过连接 PLC 输入端子 X007 上的转换开关，将电梯处在检测状态。在电梯处于检测状态时，不能进行自学习（若有此功能）、不参与群控派梯（本梯只能进行简单的检修运行，另一台电梯处于独立运行状态）、对内选信号和厅外召呼信号不能进行登记、不能高低运行（只能以低速检修频率运行）、不能顺向截梯等，只能手动按下开关门、轿厢慢上及慢下等按钮。电梯检修运行控制程序如图 5-13 所示。

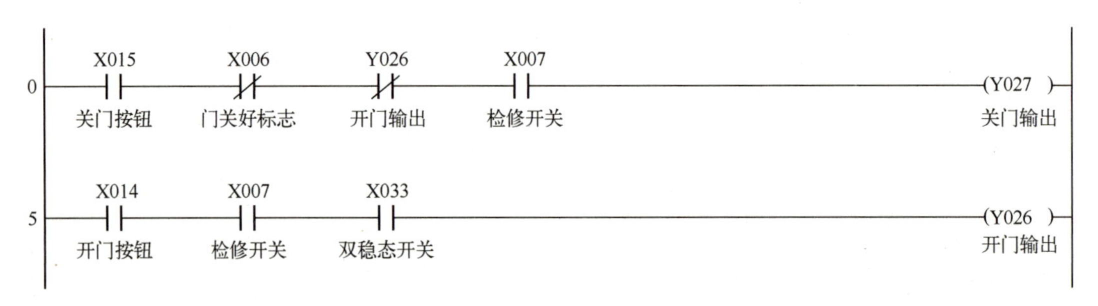

图 5-13　电梯检修运行控制程序

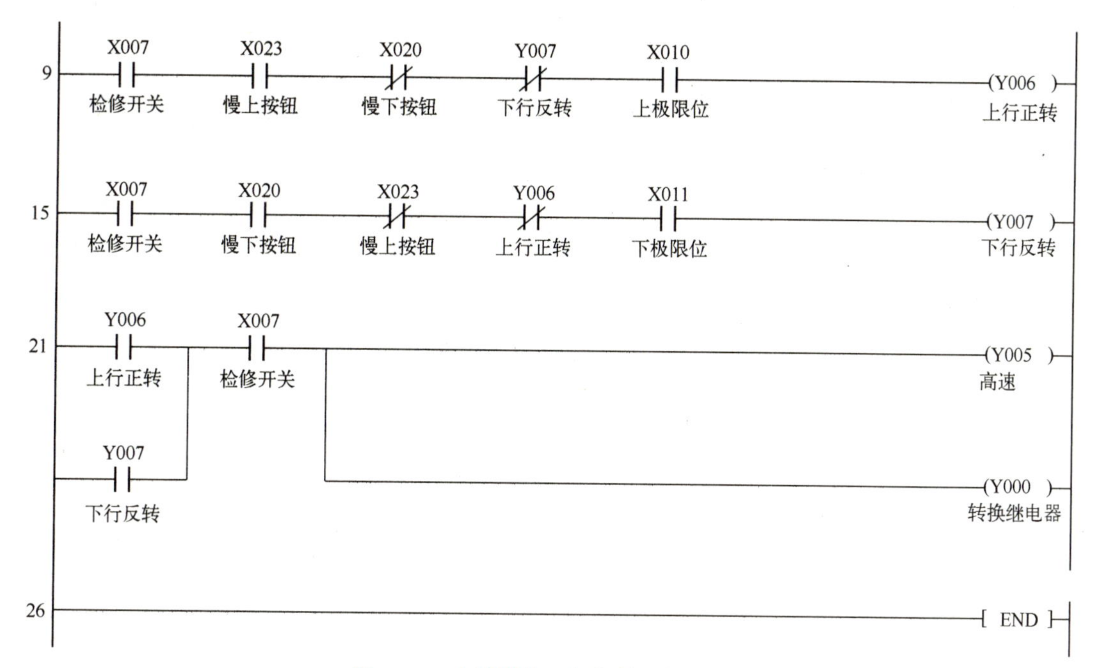

图 5-13　电梯检修运行控制程序（续）

5.5.2　开关门控制

电梯开关门控制程序如图 5-14 所示。

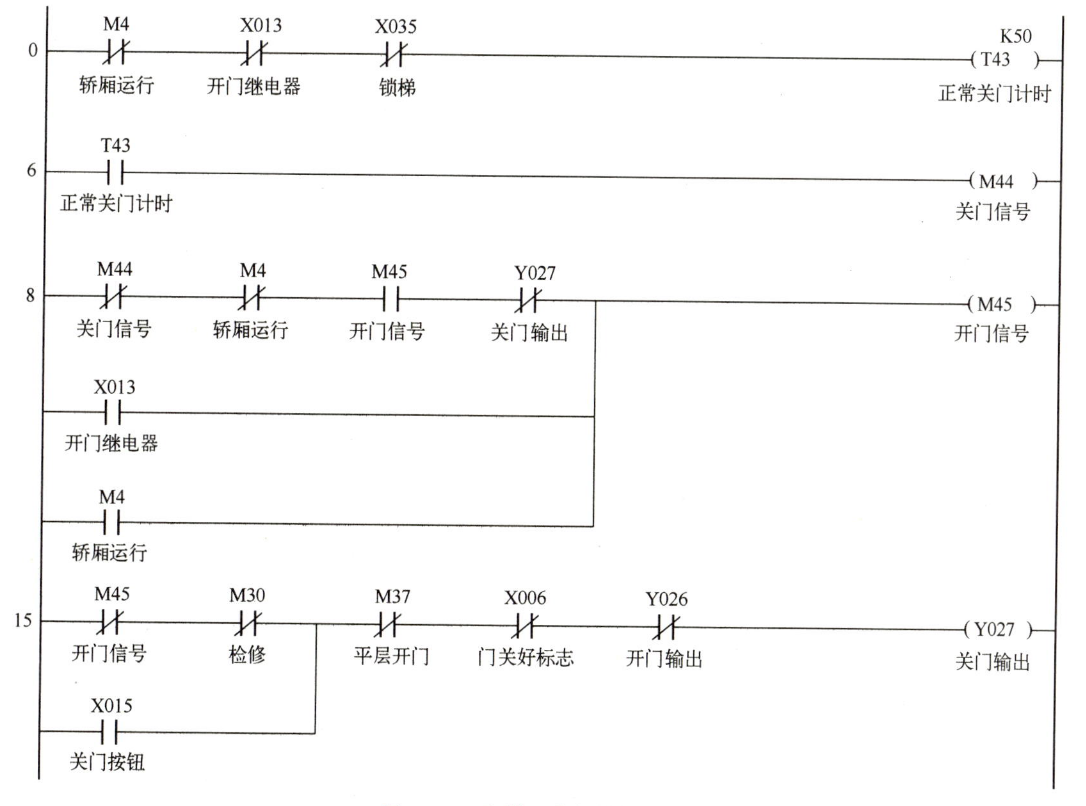

图 5-14　电梯开关门控制程序

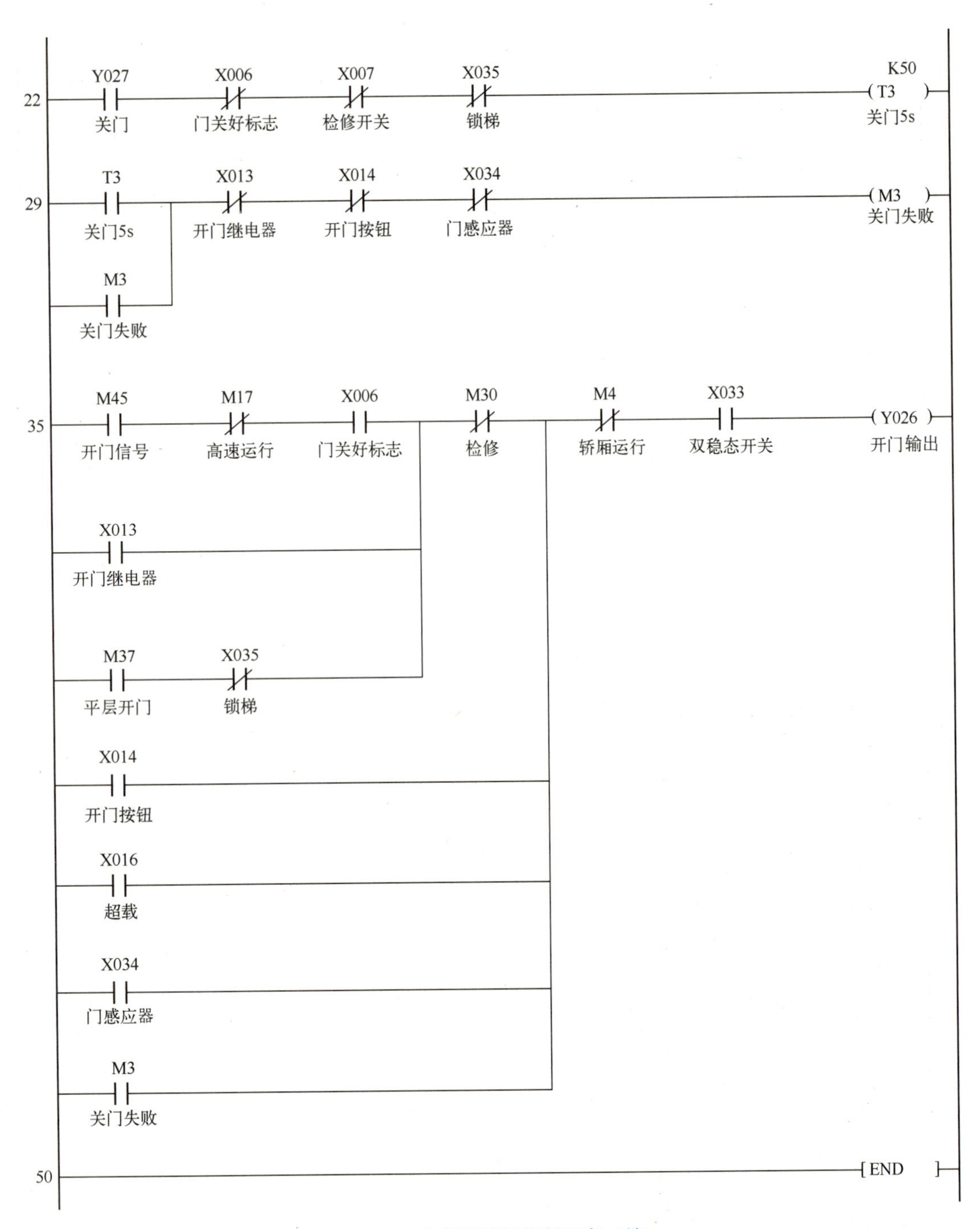

图 5-14　电梯开关门控制程序（续）

当电梯轿厢运行到目标楼层时，自动开门，开门通过 X013 的开门继电器常开触点实现自锁，开门到位时，开门继电器断电。同时进行开门到位计时（定时器 T43），5 s 后自动关门，关门过程也计时（定时器 T3），若在设定时间内关门没到位（关门失败）则继续开门，若正常关门，则关门到位时自动停止关门。图 5-14 中 M37 为平层开门标志，即电梯停在某楼层、当该楼层有外呼信号时辅助继电器 M37 通电。电梯静止在某楼层时可通过操作箱内开/关门按钮进行开/关门。

5.5.3 呼梯信号登记与错误销号控制

呼梯信号登记与错误销号控制程序如图 5-15 所示（以一层内选和一层上呼为例）。

一层内选按钮 X020 按下后，一层内选信号登记（M100）并自锁，当电梯轿厢运行到一层时，一层平层范围信号 M500 得电，当轿厢停止运行时，M4 断开，M100 自动断电。若一层内选按钮被误操作后，一层内选信号虽已登记，这时只要在 0.5 s 内连续双击（根据任务书要求）内选按钮 X020，计数器 C1 到达设定值，其常闭触点断开，一层内选信号登记 M100 断电，即错误销号（一层内选信号的登记信号必须两个及以上，若只有一个登记信号，则不能销号，读者可将这限制条件自行添加上去）。程序中设置定时器 T102 的目的就是保证可靠销号，并且只能错误销号一次。此程序中只允许一层内选登记信号的错误销号，对外呼信号未设置此功能。

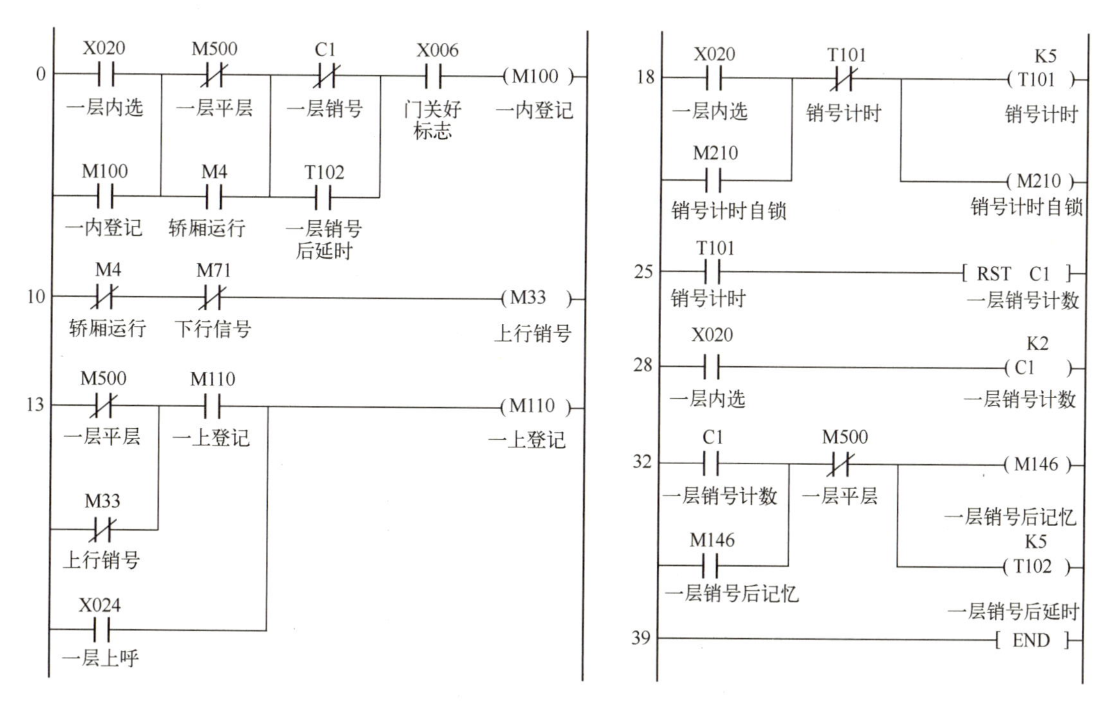

图 5-15 呼梯信号登记与错误销号控制程序

一内登记——一层内选信号登记 一上登记——一层上呼信号登记

读者可自行分析一层上呼信号登记 M110 和到达目标楼层后消除登记的过程。

5.5.4 截梯信号及降速控制

截梯信号及降速控制程序如图 5-16 所示（以开关模式且电梯上行为例）。

当某层有呼梯信号时，假设有第三层上呼信号，此时登记信号 M112 通电，如果电梯在三层以下，则上行信号 M70 得电，电梯要上行去响应目标楼层。此时，PLC 的输出 Y006、Y000 和 M17 得电，使得 PLC 的输出 Y004 和 Y005 得电，电梯处于高速运行（速度为变频

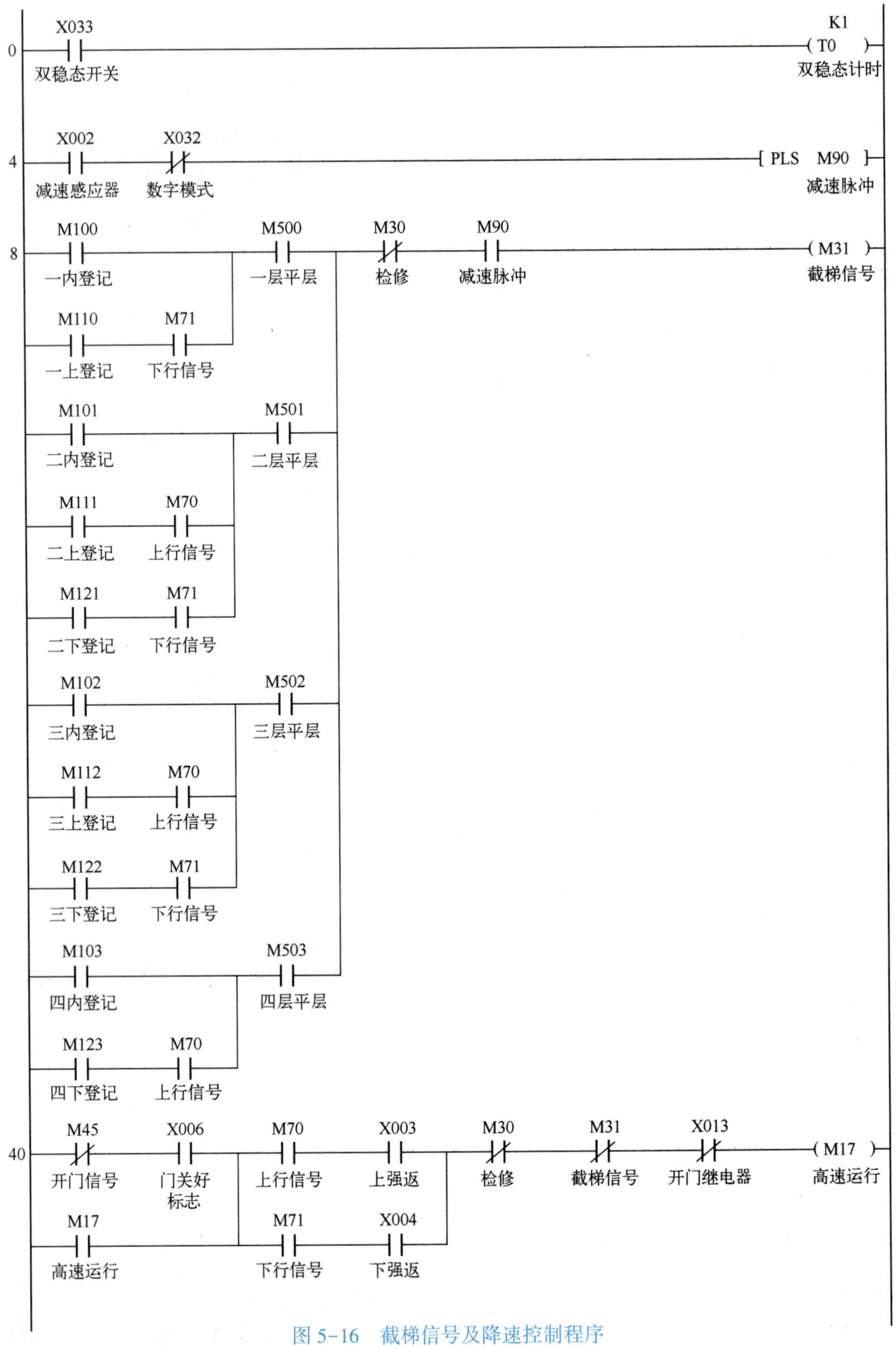

0 X033 双稳态开关 K1 (T0) 双稳态计时

4 X002 减速感应器 X032 数字模式 [PLS M90] 减速脉冲

8 M100 一内登记 M500 一层平层 M30 检修 M90 减速脉冲 (M31) 截梯信号

M110 一上登记 M71 下行信号

M101 二内登记 M501 二层平层

M111 二上登记 M70 上行信号

M121 二下登记 M71 下行信号

M102 三内登记 M502 三层平层

M112 三上登记 M70 上行信号

M122 三下登记 M71 下行信号

M103 四内登记 M503 四层平层

M123 四下登记 M70 上行信号

40 M45 开门信号 X006 门关好标志 M70 上行信号 X003 上强返 M30 检修 M31 截梯信号 X013 开门继电器 (M17) 高速运行

M17 高速运行 M71 下行信号 X004 下强返

图 5-16 截梯信号及降速控制程序

一内登记—一层内选信号登记 二内登记—二层内选信号登记 三内登记—三层内选信号登记 四内登记—四层内选信号登记

一上登记—一层上呼信号登记 二上登记—二层上呼信号登记 二下登记—二层下呼信号登记

三上登记—三层上呼信号登记 三下登记—三层下呼信号登记 四下登记—四层下呼信号登记

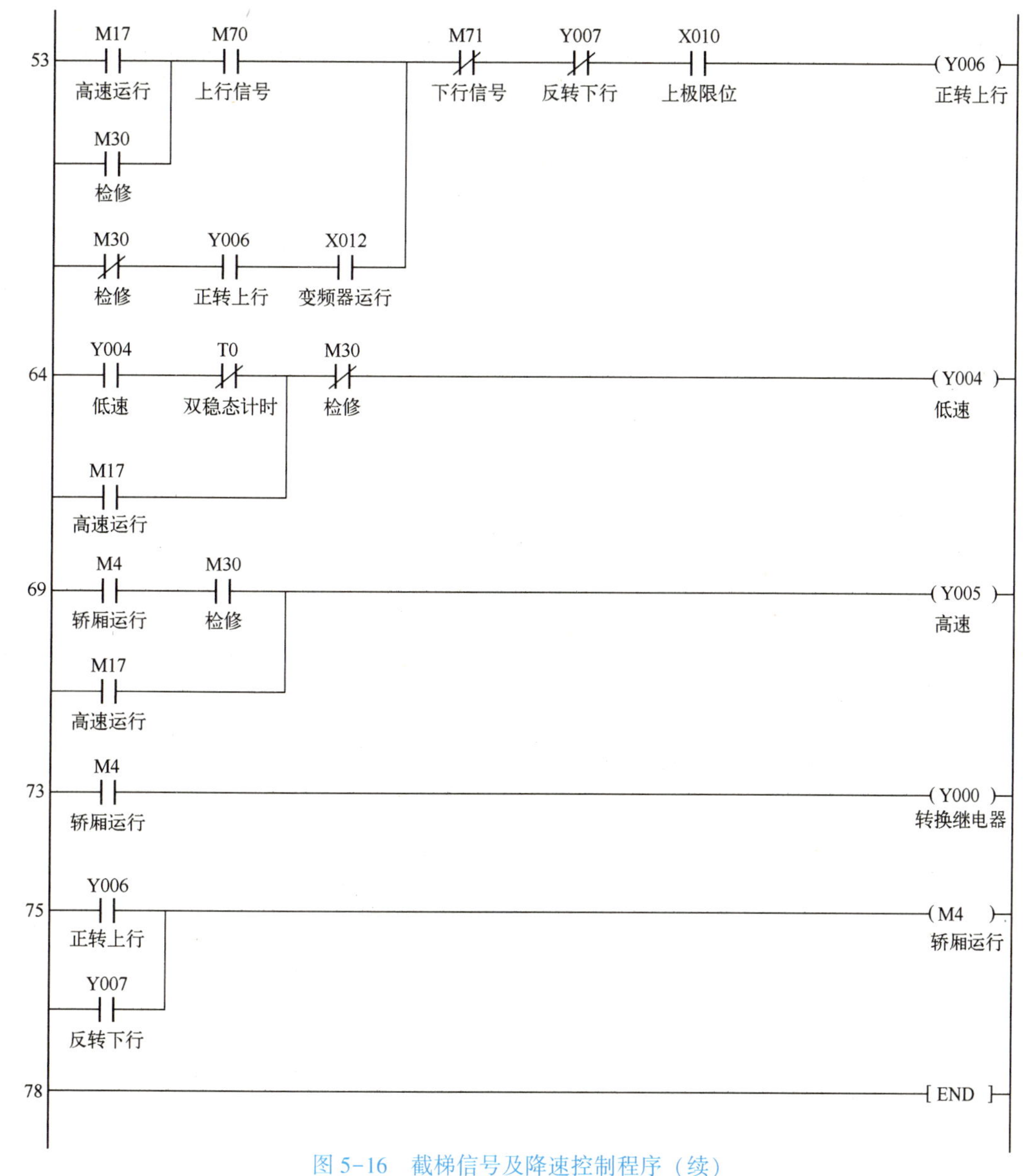

图 5-16　截梯信号及降速控制程序（续）

一内登记— 一层内选信号登记　二内登记— 二层内选信号登记　三内登记— 三层内选信号登记　四内登记— 四层内选信号登记
一上登记— 一层上呼信号登记　二上登记— 二层上呼信号登记　二下登记— 二层下呼信号登记
三上登记— 三层上呼信号登记　三下登记— 三层下呼信号登记　四下登记— 四层下呼信号登记

器中参数 Pr. 25 设置值)，当电梯上行遇到第三层的减速感应器 X002 时，截梯信号 M31 得电一个扫描周期，M17 失电，此时只有 PLC 的输出 Y004 得电，电梯减速慢行（速度为变频器中参数 Pr. 4 设置值）。当电梯轿厢遇到 PU 门驱动双稳态开关 X033 时，延时 100 ms 后 Y004 失电，此时变频器没有速度信号并开始减速，当变频器驱动电动机速度值降为 0 时，变频器的 RUN 端输出断开，PLC 的输出 Y006（曳引机正转）失电，轿厢刚好停在三楼平层位置。

5.5.5　楼层显示及自检控制

楼层显示及自检控制程序如图 5-17 所示（以自检时电梯下行为例）。

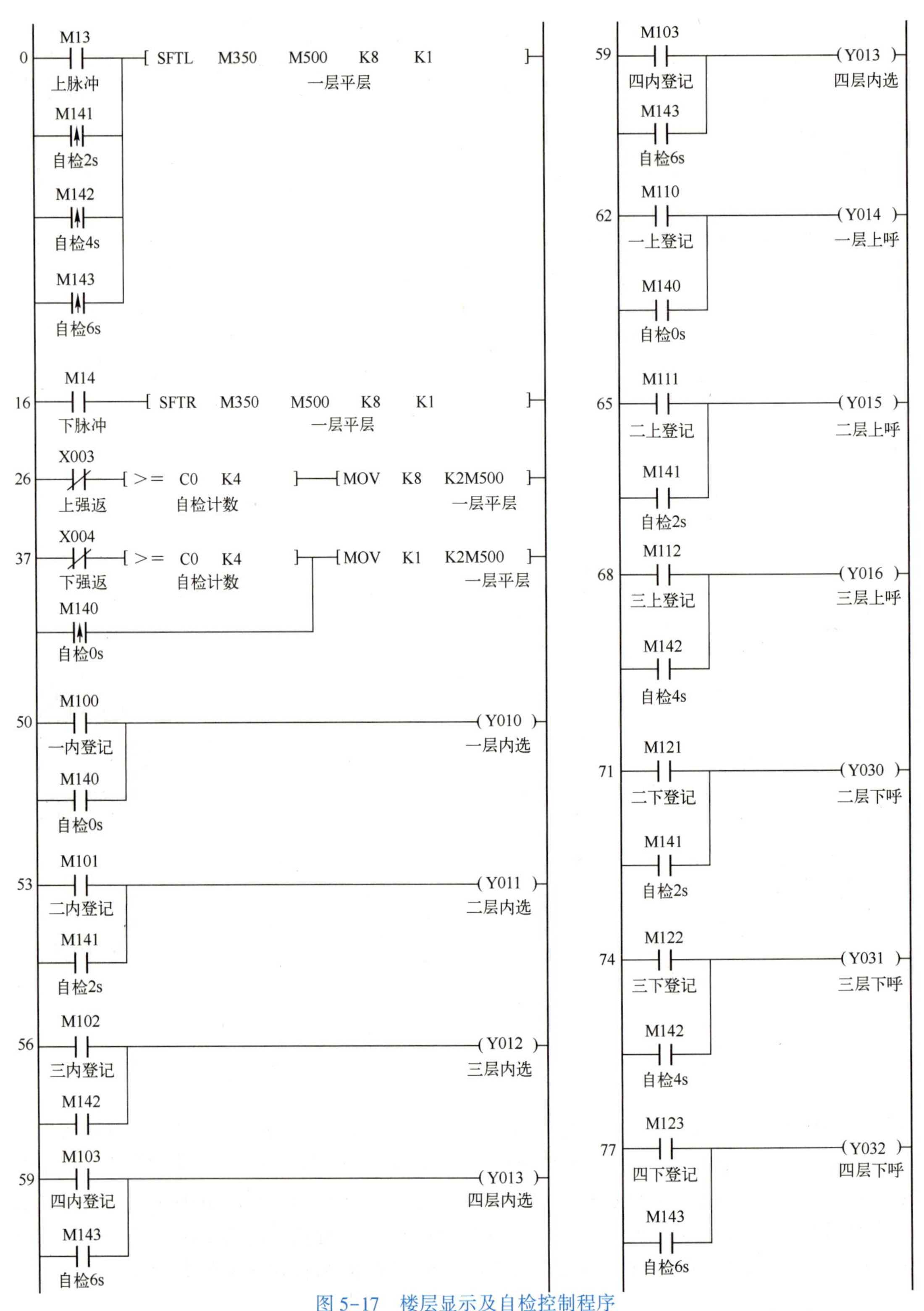

图 5-17　楼层显示及自检控制程序

一内登记— 一层内选信号登记　二内登记— 二层内选信号登记　三内登记— 三层内选信号登记　四内登记— 四层内选信号登记
一上登记— 一层上呼信号登记　二上登记— 二层上呼信号登记　二下登记— 二层下呼信号登记
三上登记— 三层上呼信号登记　三下登记— 三层下呼信号登记　四下登记— 四层下呼信号登记

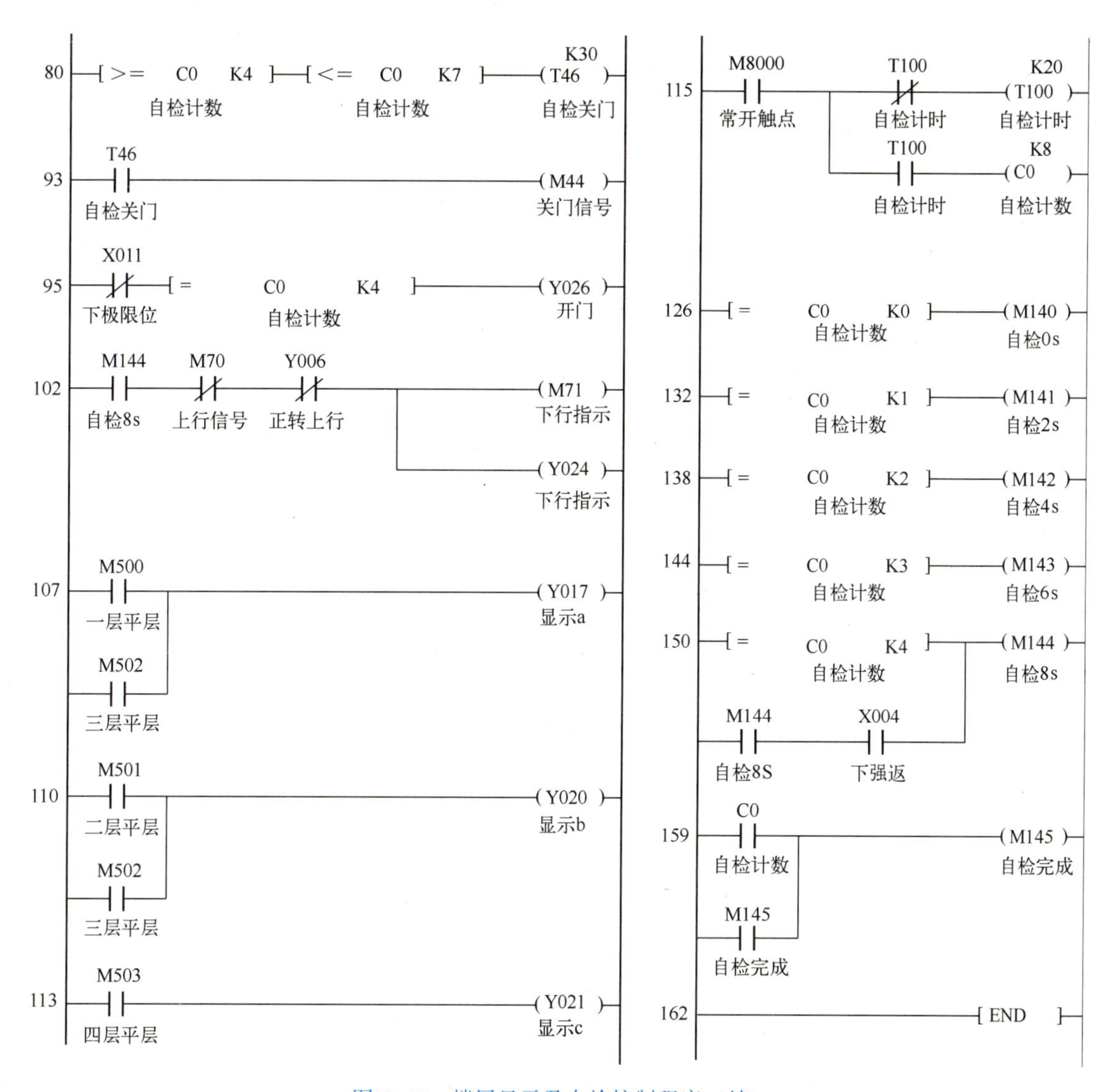

图 5-17　楼层显示及自检控制程序（续）

一内登记— 一层内选信号登记　二内登记— 二层内选信号登记　三内登记— 三层内选信号登记　四内登记— 四层内选信号登记
一上登记— 一层上呼信号登记　二上登记— 二层上呼信号登记　二下登记— 二层下呼信号登记
三上登记— 三层上呼信号登记　三下登记— 三层下呼信号登记　四下登记— 四层下呼信号登记

电梯楼层显示是使用三-八译码器驱动，PLC 的输出端 Y017、Y020 和 Y021 分别接至三-八译码器的 A、B、C 三端，经译码器后输出驱动一位数码管点亮相应数字（楼层）。电梯上行时遇到楼层的减速感应器时 M13 得电一个扫描周期，电梯下行时遇到楼层的减速感应器时 M14 得电一个扫描周期，通过位移位指令将轿厢所在楼层范围置 1（M503~M500），到达最顶层时（遇到上强返开关 X003）M503 被强制置 1，到达最底层时（遇到上强返开关 X004）M500 被强制置 1。

电梯自检过程：电梯刚上电时，电梯处于任意一层，电梯内、外呼指示灯及楼层显示按 1、2、3、4 层依次点亮，依次点亮完成，电梯运行以返回 1 楼，电梯开门，3 s 后电梯自动关门，检测完成。

5.5.6 当前高度和运行速度控制

电梯的当前高度和运行速度控制程序如图 5-18 所示。

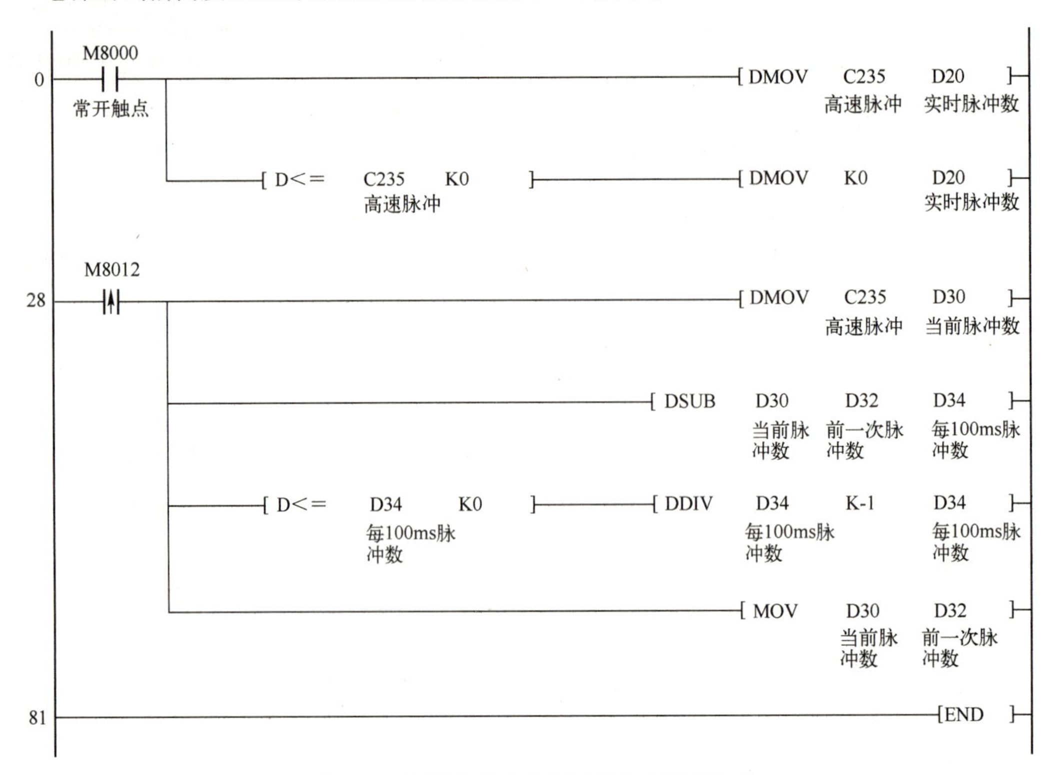

图 5-18　电梯当前高度及运行速度控制程序

电梯运行的当前高度取高速计数器中的实时值，然后根据实时值与实际高度之间的比例，在触摸屏的循环控制策略的脚本中将该实时值除以该比例系数便可，在程序中也可编写相应程序，如果要求高度单位是 mm，而且取整数，则在程序中使用 32 位整数除法指令便可；如高度单位是 m，则必须使用浮点数进行运算，首先要把 32 整数转换为浮点数后再使用浮点数除法指令，读者可自行完成。

电梯当前运行速度的计算方法从图 5-18 的程序中可以看出，取间隔 100 ms 的脉冲数，然后在触摸屏的循环控制策略的脚本中除以它们之间的比例系数便可。当然也可以使用脉冲密度指令来进行编程实现，请读者自行编写相应程序。

5.5.7 司机模式及直驶模式控制

(1) 电梯司机模式功能

当电梯进入司机模式时（在触摸屏上通过开关激活司机操作功能），电梯楼层有外呼信号时，外呼指示灯亮的同时对应轿厢内选楼层指示灯以 1 Hz 频率闪烁，只有司机按下内选楼层后，内选指示灯常亮，电梯运行到该楼层后内选及外呼指示灯都熄灭，自动开门，但不能自动关门，司机长按关门按钮后才能关门。此时司机可按下一个内选指示灯闪烁的楼层。

（2）电梯直驶模式控制

激活直驶功能时（在触摸屏上通过开关激活直驶功能），长按所选楼层内选按钮将电梯门关闭，内选指示灯亮，（在关门过程中，若门未关到位，松开所按内选按钮，将停止关门，重新开门），门关好后，电梯可以直达内选目标楼层，此时楼层指示灯灭。在运行过程中，不响应所有外呼，到达指定楼层后自动开门，但不能自动关门。

司机模式及直驶模式控制程序如图 5-19 所示（以一层为例）。请读者自行对照司机模式和直驶模式的要求分析图 5-19 程序。

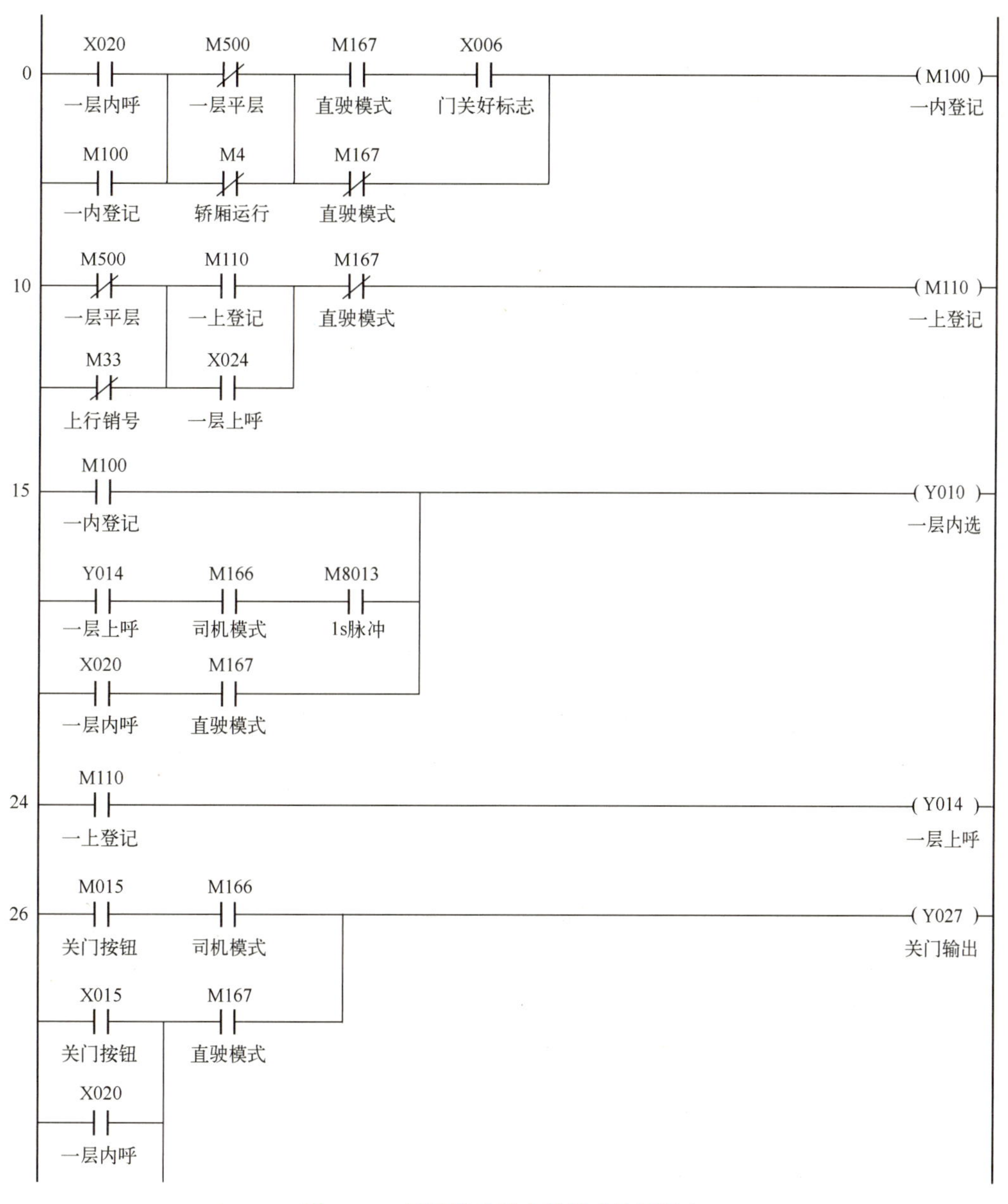

图 5-19　司机模式及直驶模式控制程序

一内登记—一层内选信号登记　一上登记—一层上呼信号登记

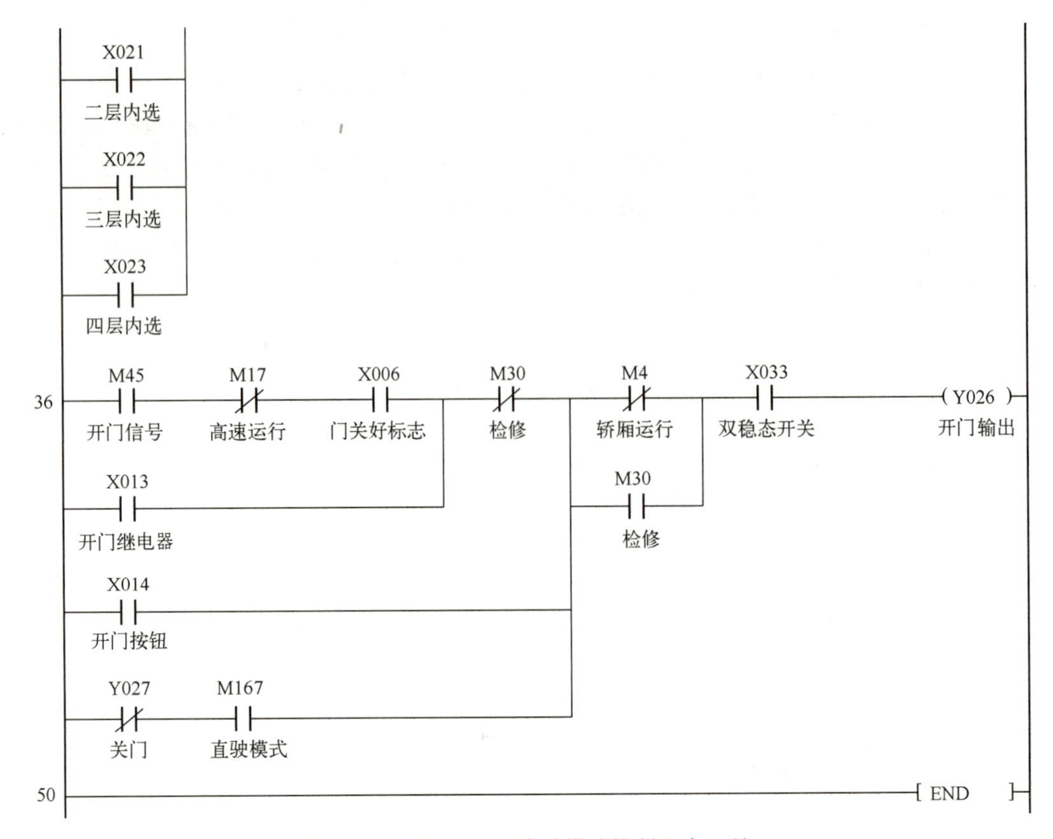

图 5-19　司机模式及直驶模式控制程序（续）

一内登记— 一层内选信号登记　一上登记— 一层上呼信号登记

5.5.8　群控模式控制

群控模式下两台电梯和单台电梯的硬件基本相同，唯一不同的是两台电梯实现群控需要通过通信实现 PLC 之间的数据交换，以方便判断有外呼信号时，应该由哪台电梯去响应，这则由算法决定。

每个算法都有优劣性，这里给出其中一种最简单的逻辑调度算法供参考，即哪台电梯的当前位置离外呼楼层近并且运行方向相同，则哪台电梯响应此外呼。当外呼信号出现时，两台电梯处于主从站均静止、主站静止从站运行、主站运行从站静止、主从站均运行四种状态之一。在这四种状态下，电梯响应情况如下：

1）主从站均静止。此时只要主站与外呼的距离比从站与外呼的距离近，则主站响应。

2）主站静止，从站运行。此时根据从站是否满足沿途顺带的条件，若满足，则从站响应，否则主站响应。

3）主站运行，从站静止。此时根据主站是否满足沿途顺带的条件，若满足且主站比从站离得更近，则主站响应，否则从站响应。

4）主从站均运行。此时要看主站和从站谁满足沿途顺带的条件，若只有一台满足则该梯响应；若两台电梯均满足，还得考虑主从电梯与外呼的距离关系，距离近的电梯响应，若两台距离相同则主站响应；若两台均不均满足沿途顺带的条件，则考虑主从电梯与外呼的反

差距离[⊖]关系，距离近的电梯响应，若两台电梯与外呼的反差距离相同则主站响应。

图 5-20 表示的是当厅外有呼梯信号时，主站响应的这几种情况的图示表示。因群控程序比较复杂，请读者根据控制要求及三菱 PLC 的 N ：N 网络通信链接方法自行编写群控程序。

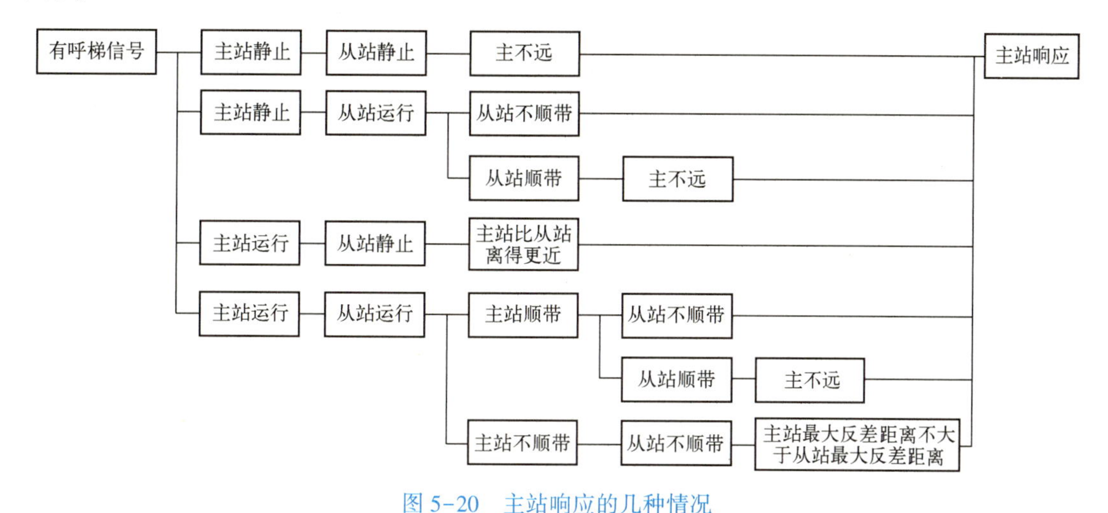

图 5-20　主站响应的几种情况

主不远—主站电梯去接乘客所经过的楼层数≤从站电梯去接乘客所经过的楼层数

5.6　触摸屏

5.6.1　MCGS 组态软件使用

MCGS 嵌入版组态软件是北京昆仑通态公司专门开发用于 MCGS TPC（触摸屏控制器）的组态软件，主要完成现场数据的采集与监测、前端数据的处理与控制。MCGS 嵌入版组态软件与其他相关的硬件设备结合，可以快速、方便地开发各种用于现场采集、数据处理和控制的设备。

1. MCGS 组态软件的安装

打开安装软件文件夹，双击安装文件 setup. exe 进行安装，在弹出的窗口中单击“下一步”按钮，启动安装程序。按安装提示步骤操作，随后安装程序中将提示指定安装目录的操作，用户不指定时，系统默认安装到“D:\CMGSE”目录下，建议使用默认目录。

MCGS 嵌入版软件安装完成后，继续安装设备驱动，系统默认选择“所有驱动”选项，单击“是”按钮进行所有设备驱动的安装。按提示步骤操作，单击“下一步”按钮，驱动很快就能安装完成，安装完成后在桌面出现两个快捷方式图标，分别用于启动 MCGS 嵌入版组态环境和模拟运行环境。

⊖ 反差距离：例如，电梯在 2 楼，正去 4 楼，现在有人按下 3 楼下呼按钮。则电梯先到 4 楼（楼层差 4-2=2），然后再去 3 楼（楼层差为 4-3=1），那么电梯一共要运行的楼层是 2+1=3 层，这个值就叫反差。反差是指电梯去了上面又返回去下面，或去了下面又返回去上面，一共运行的楼层数。

2. 工程建立

双击 MCGS 组态环境快捷方式，打开 MCGS 嵌入版组态软件，然后按如下步骤建立通信工程。

1）单击文件菜单中“新建工程”选项，或工具栏中的“新建”按钮，弹出“新建工程设置”对话框，如图 5-21 所示，TPC 类型选择为“TPC7062K”，单击“确定”按钮。

2）选择文件菜单中的“工程另存为”选项，弹出文件保存窗口。在文件名一栏内输入工程名称，选择保存路径后，单击“保存”按钮，工程创建完毕。

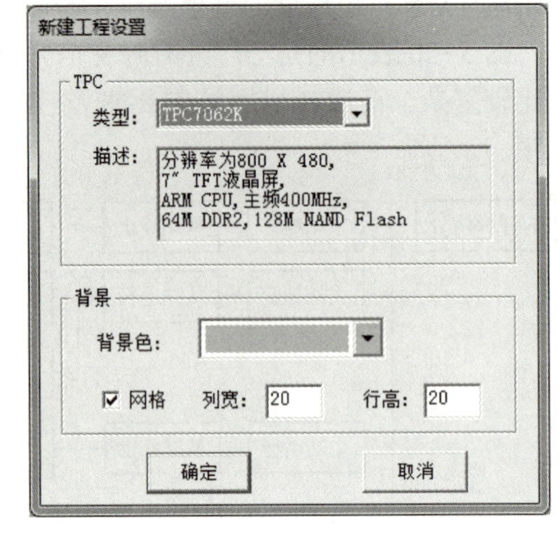

图 5-21 “新建工程设置”对话框

3. 工程组态

（1）设备组态

1）在工作台中激活“设备窗口”，用鼠标双击“设备窗口”图标或单击右侧的“设备组态”按钮，进入设备组态画面，单击工具箱中的按钮，打开“设备工具箱”，如图 5-22 所示。

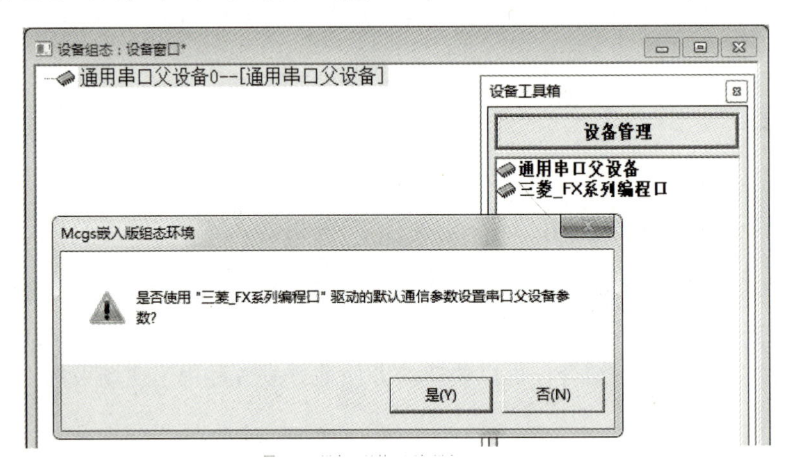

图 5-22 设备工具箱及添加设备

2）如果设备工具箱中是空白或没有要选择的设备选项，可先单击“设备管理”按钮，在弹出的对话框中添加相应的可选设备。在通用设备文件下面双击“通用串口父设备”图标，添加通用串口父设备，然后打开“PLC”文件夹，打开“三菱”文件夹下面的“三菱_FX系列编程口”文件夹，双击“三菱_FX系列编程口”图标，添加三菱_FX 系列编程口。这时在右侧的“选定设备”窗口能看到刚才添加的设备，然后单击“确认”按钮返回。

3）如图 5-22 所示，在设备工具箱中，先双击“通用串口父设备”，将其添加至组态画面，再双击“三菱_FX 系列编程口”，提示是否使用“三菱_FX 系列编程口”驱动的默认通信参数设置串口父设备参数，单击“是”按钮确认。

4）双击图 5-22 中的“通用串口父设备”，在弹出的“通用串口设备属性编辑”对话框中，按图 5-23 所示进行参数设置，这步参数设置决定了组态 TPC 和 PLC 的通信方式。

所有操作完成后关闭设备窗口，在弹出的“设备窗口已改变，存盘否?”提示，单击“是”按钮，返回工作台。

双击图 5-22 中的“三菱_FX 系列编程口”，在弹出的“设备编辑窗口”中，选择三菱 FX 系列 PLC 的 CPU 类型，一定要与实际使用的 PLC 类型相同，如图 5-24 所示。

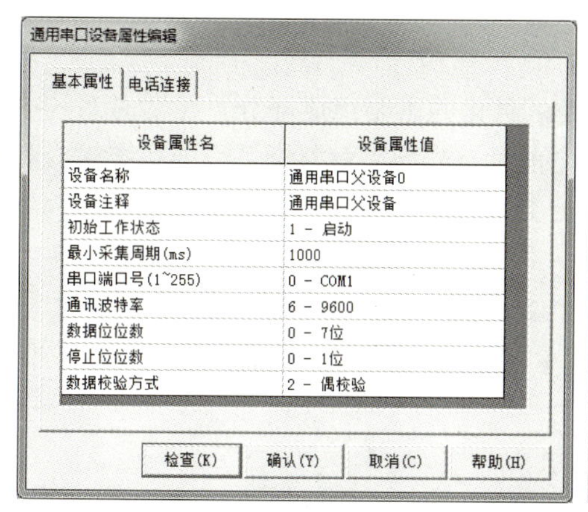

图 5-23 “通用串口设备属性编辑”对话框

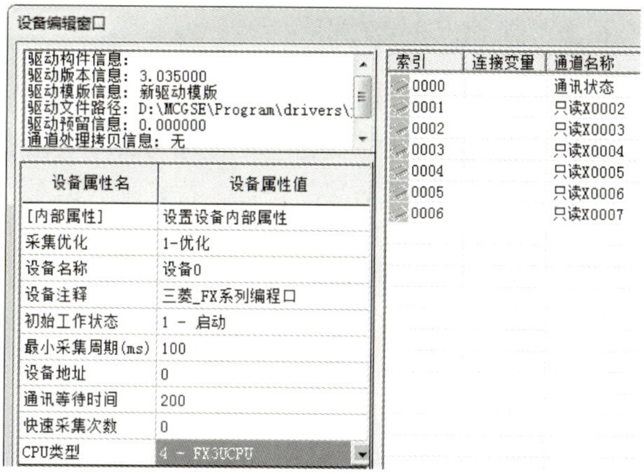

图 5-24 “设备编辑窗口”对话框

(2) 窗口组态

1) 在工作台中激活“用户窗口”，单击“新建窗口”按钮，建立“窗口 0”，可以继续单击“新建窗口”按钮，建立“窗口 1”，依次类推，建立需要的所有窗口。

2) 接下来选中“窗口 0”，单击“窗口属性”按钮，打开“用户窗口属性设置”对话框，在“基本属性”选项卡，可以更改“窗口名称”，然后单击“确认”按钮。

3) 在用户窗口双击“窗口 0”，进入“动画组态窗口 0”画面，单击按钮，打开“设备工具箱”。

4) 组态控件，如按钮、指示灯、输入框、标签等。

5) 建立数据连接。

(3) 运行

有两种运行方式：

1) 模拟运行。不连接 TPC 和 PLC 设备，单击工具栏中的下载按钮，弹出如图 5-25 所示的“下载配置”对话框，在此对话框中选择“模拟运行”，然后单击“工程下载”按钮，在信息框中显示下载的信息，如有红色的信息或错误提示，将无法运行，如果显示绿色的成功信息，表明组

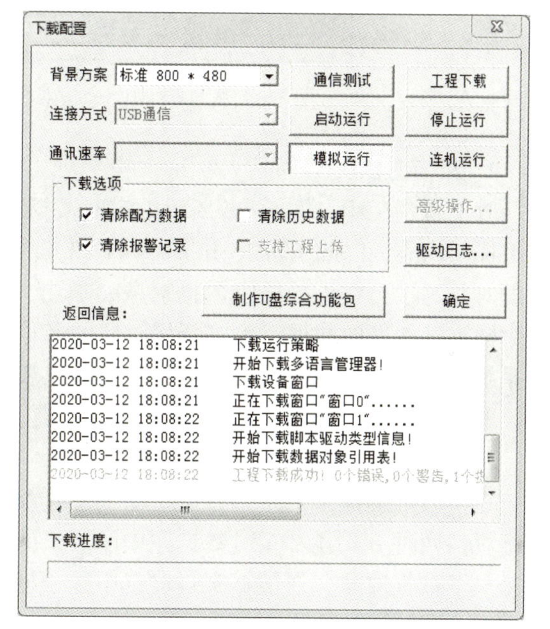

图 5-25 “下载配置”对话框

态过程中没有违反组态规则的操作。

2）联机运行。在模拟运行无误后，下载时选择“连机运行”，再选择“连接方式”，连接方式有两种，一是USB通信，二是TCP/IP网络，若选第二种，则要设置组态计算机和TPC的IP地址，必须在同一网段，而且不能是相同的IP地址。选择好连接方式后，单击“通信测试”按钮，弹出通信测试信息，在通信正常后，单击“工程下载”按钮进行下载。

5.6.2 创建实时数据库

实时数据库（Real Time DataBase，RTDB）作为信息化的重要组成部分，在实时系统中起着极其重要的作用。在建一个合理的实时数据库之前，首先应了解整个工程的系统构成和工艺流程，弄清被控对象的特征，特别是数据对象的类型，如开关型、数值型、字符型、事件型、组对象等。下面简单介绍数据对象的建立。

1. 打开实时数据库窗口

打开组态环境的工作台窗口，单击“实时数据库”标签，进入实时数据库窗口，其中显示已定义的数据对象，如图5-26所示。

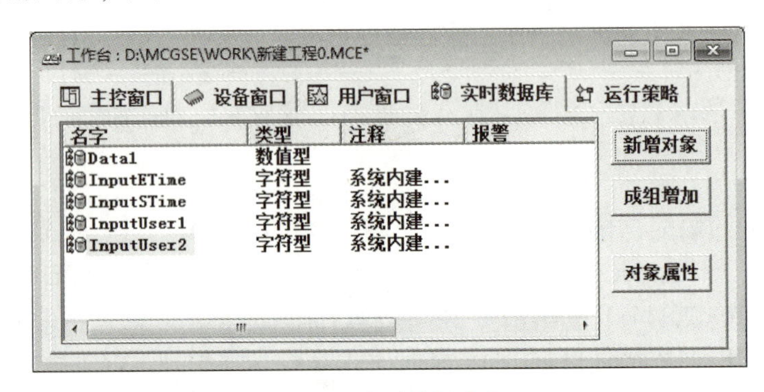

图5-26 实时数据库窗口

2. 新增对象

对于新建工程，图5-26所示的定时数据库窗口中只显示系统内建的4个字符型数据对象InputETime、InputSTime、InputUser1和InputUser2。若想在对象列表的某一位置增加一个新的对象时，可在该处选定数据对象，单击“新增对象”按钮，则在选中的对象之后增加一个同类型的新的数据对象，新增对象的名称以选中的对象名称为基准，按字符递增的顺序由系统默认确定；如不指定位置，则在对象表的最前面增加一个新的数据对象。对于新建工程，首次定义的数据对象默认名为Data1，是数值型对象，如图5-26所示。

3. 对象显示方式

在实时数据库窗口中，右键单击（右击）对象名字，就能够以大图标、小图标、列表、详细资料四种方式显示实时数据库中已定义的数据对象，还可以选择按名称的顺序或类型顺序来显示数据对象，还能够实现对选中数据进行删除操作。

4. 新增属性

选定相关数据对象，单击右侧“对象属性”按钮，打开该数据的属性窗口，如图5-27所示，可以对其基本属性进行编辑，包括对象的名称、类型、初值、界限（最大、最小）值、工程单位和对象内容注释等项内容。

5. 对象命名

定义时，数据对象的名称是代表对象名称的字符串，如输入/输出数据对象或中间变量，字符个数不得超过 32 个（汉字 16 个），对象名称只能以汉字、字母、数字和下划线“_”构成，且第一个字符不能为 0~9 的数字及下划线，字符串中间不能有空格，否则会影响对此数据对象存储后数据的读取。用户不指定对象的名称时，系统默认为“Data×”，其中“×”为顺序索引代码（第一个定义的数据对象为 Data1）。

6. 成组增加对象

为了快速生成多个相同类型的数据对象，可以单击 5-26 中的“成组增加”，弹出“成组增加数据对象”对话框（见图 5-28），通过这种方法一次可以定义多个数据对象，成组增加的数据对象，名称由主体名称和索引代码两部分组成。其中，“对象名称”一栏代表该组对象名称的主体部分，而“起始索引值”则代表第一个成员的索引代码，其他数据对象的主体名称相同，索引代码依次递增。在“增加的个数”一栏输入要增加对象的数目，然后单击“确认”按钮。成组增加的数据对象，其他特性如数据类型、工程单位、最大值、最小值等都是一致的。

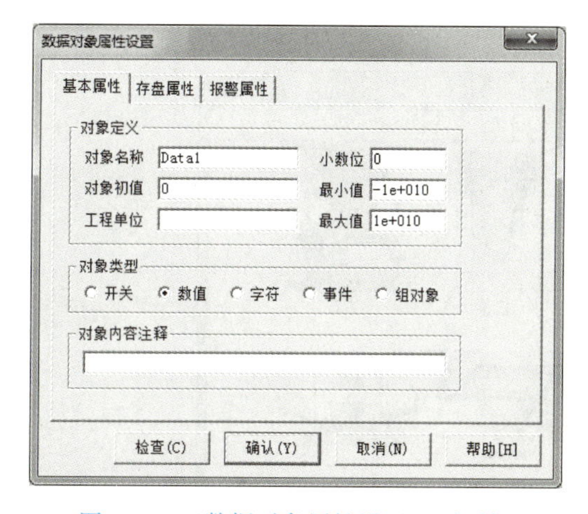

图 5-27 “数据对象属性设置”对话框

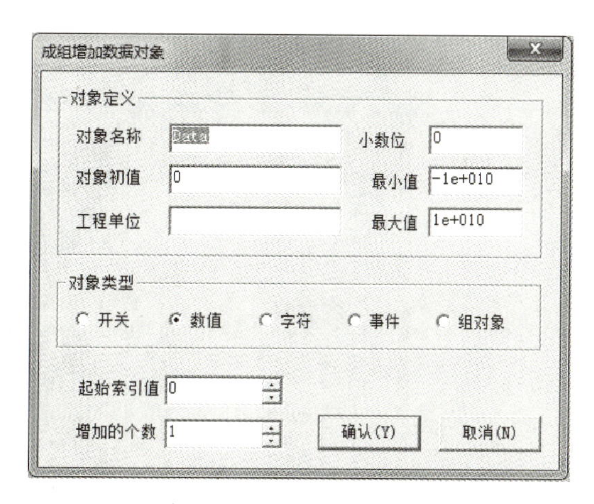

图 5-28 “成组增加数据对象”对话框

5.6.3 用户窗口组态

MCGS 以窗口为单位来组建应用系统的图形界面，在创建用户窗口后，通过放置各类型的图形对象，定义相应的属性，为用户提供多种风格和类型的监控和操作画面。

1. 图形构件的建立

在用户窗口中，创建图形对象之前，需要从工具箱中选取需要的图形构件，以便进行图形对象的创建工作。MCGS 提供了两个绘图工具箱：一是放置图元和动画构件的绘图工具箱，二是常用图符工具箱，如图 5-29 所示。

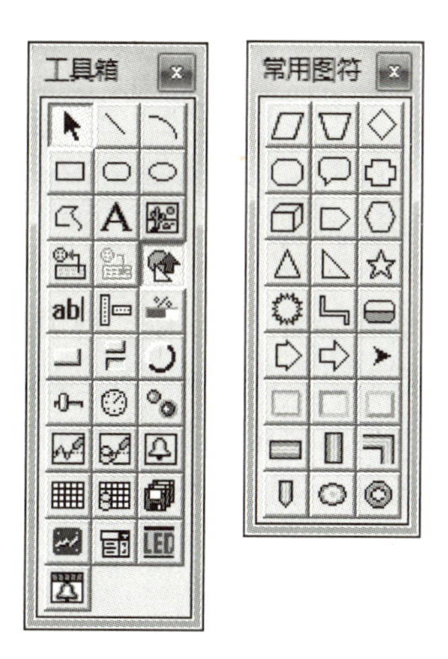

图 5-29 MCGS 的绘图工具及图符工具

打开这两个工具箱的方法是：先打开需要编辑的用户窗口，再单击工具条中的按钮，即可打开绘图工具箱，在绘图工具箱中单击按钮，即可打开常用图符工具箱。从这两个工具箱中可以选取所需要的构件或图符，然后利用光标在用户窗口中拖动，可拖出一定大小的图形，就创建了一个图形对象。

还可以利用图 5-29 的工具箱中提供的各种图元和图符来建立图形对象，通过组合排列的方式画出新的图形，方法是：全部选中待合成的图元后，执行“排列”菜单中的“构成图符”命令，即可构成新的图符；如果要修改新建的图符或者取消新图符的组合，执行“排列”菜单中的“分解图符”命令，可以把新建的图符分解成组态成它的图元和图符。

MCGS 中有一个图形库，称为“对象元件库”。可在元件库中把常用、制作好的图形对象存入其中，需要时，再从元件库中取出直接使用。对象元件库中提供了多种类型的实物图形，包括“阀”“刻度”“泵”“反应器”“储藏罐”“仪表”“电气符号”“模块”和“游标”等 20 余类的几百种图形对象，用户可以按照需要任意选择。

从对象元件库中读取图形对象的操作方法是：单击绘图工具箱中的按钮，弹出“对象元件管理库”窗口，如图 5-30 所示。选中左边的对象类型后，从右边相应的元件列表中选择所需要的图形对象，单击“确认”按钮，即可将该图形对象放置在用户窗口中。

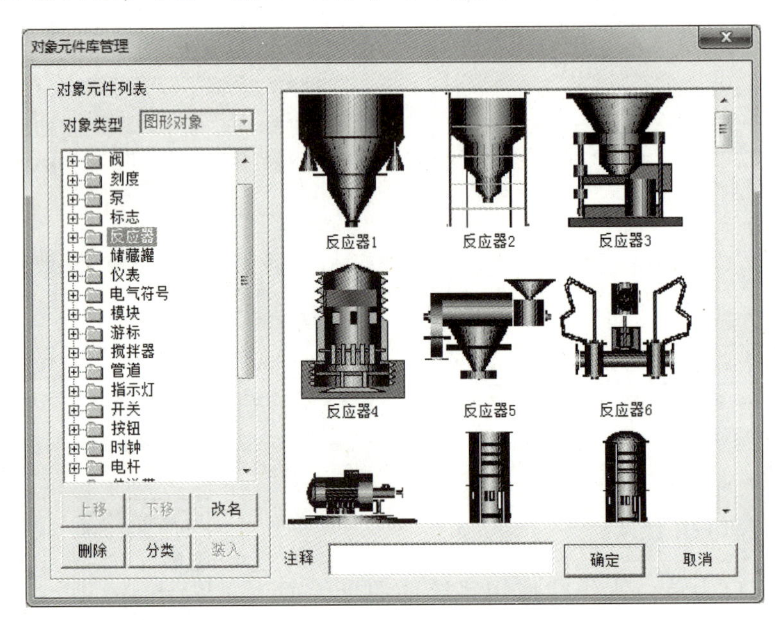

图 5-30　对象元件管理库窗口

也可在用户窗口中，利用绘图工具箱和图符工具箱自行设计所需要的图形对象，再将其插入到对象元件库中。方法是：先选中所要插入的图形对象，再单击绘图工具箱的按钮，把新建的图形对象加入到元件库的指定位置，还可以在“对象元件库”管理窗口中对新放置的图形对象进行修改名称、位置移动等操作。

2. 标签构件的组态

标签构件主要用于在用户窗口中显示一些说明性文字，也可用于显示数据或字符。标签构件的属性包括静态属性和动画连接动态属性。静态属性是设置标签的填充颜色、字体颜色、边线的类型和颜色等。动画连接动态属性主要是设置标签构件在系统运行时的动画效果，其动画连接主要包括 3 种：颜色动画连接、位置动画连接和输入/输出动画连接。

所谓动画连接，实际上是将用户窗口内创建的图形对象与实时数据库中定义的数据对象建立对应的关系，在不同的数值区间内设置不同的图形状态属性（如颜色、大小、位置移动、可见度、闪烁效果等），将物理对象的特征参数以动画方式来进行描述。这样在系统运行过程中，用数据对象的值来驱动图形对象的状态改变，进而产生形象逼真的动画效果。

下面以“智能电梯装调与维护”为例介绍其使用方法。

(1) 任务要求

在用户窗口中添加一个标签，该标签的文字为“智能电梯装调与维护”，在正常情况下，该标签的颜色为绿色，显示“智能电梯装调与维护”，字体的颜色为蓝色；在电梯运行时，该标签的颜色为红色，显示“智能电梯装调与维护技能竞赛进行中”，字体的颜色为黑色，且不停闪烁。

(2) 组态步骤

1) 生成标签构件

在 MCGS 组态环境下，打开用户窗口，单击绘图工具箱中的标签按钮**A**，拖动鼠标的左键在用户窗口中绘制出一个合适的标签构件，标签中字体的显示格式可以利用 MCGS 工具条中的格式编辑按钮来更改，如字符字体、字号、对齐方式、字符颜色、标签边框等。

2) 生成标签动态属性

双击该构件，进入标签动画组态属性设置对话框。在“属性设置”对话框中，选中“颜色动画连接”选项中的“填充颜色”和“字符颜色”，同时选中“输入/输出连接”选项中的“显示输出”，再选中“特殊动画连接”选项中的“闪烁效果”，随即出现“填充颜色”“字符颜色”和“显示输出”的效果（首次打开对话框时只有属性设置和扩展属性两个标签），如图 5-31 所示。

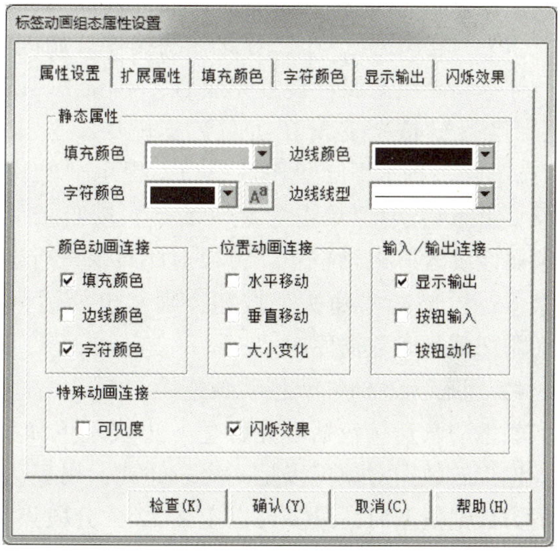

图 5-31 “标签动画组态属性设置”对话框

3) 组态标签构件

在图 5-31 中的“静态属性”选项中，在“填充颜色”栏选择“绿色”、在“字符颜色”栏选择“蓝色”。

单击“扩展属性”标签可打开“扩展属性”选项卡，可以在“文本内容输入”栏中输入相应的文字或更改相关文字，选择对齐方式和排列方式等。

单击“填充颜色”标签可打开“扩展属性”选项卡，如图 5-32 所示，在“表达式”栏中指明“填充颜色”的动画连接表达式，如“电梯运行”，也可以单击表达式一栏右端带“?”的按钮，从弹出的数据对象列表框中选择。填充颜色的连接的方法是：单击“增加”按钮，添加指定数据对象值的分段点。本例增加两个分段点 0 和 1，分别选中对应的颜色为绿色和红色，即“电梯运行”这个开关型变量为 0 时，标签显示为绿色，当“电梯运行”这个开关型变量为 1 时，标签显示为红色（见图 5-32）。若增加时产生错误，可按右侧的“删除”按钮将其删除。

单击“字符颜色”选项卡，可打开其对应的对话框，其组态方法与“填充颜色”动画连接相似，当“电梯运行”这个开关型变量为 0 时，标签字符颜色为蓝色，当“电梯运行”这个开关型变量为 1 时，标签字符颜色黑色。

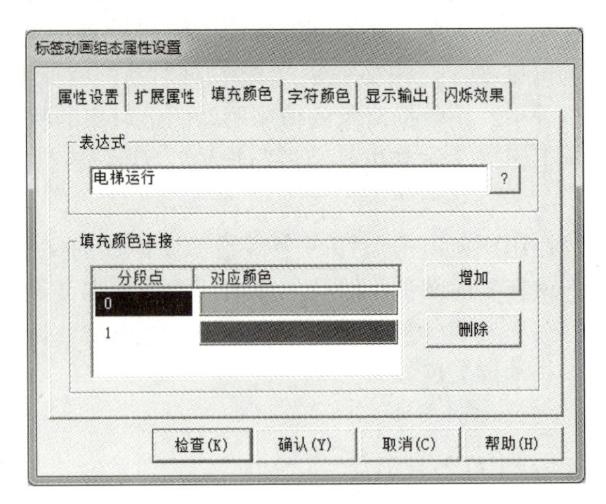

图 5-32　标签“填充颜色”设置

单击“输出”选项卡，可打开其对应的对话框，对应的表达式为“电梯运行”，输出值类型为“开关量输出”，在“开时信息”栏中输入“智能电梯装调与维护技能竞赛进行中”，即当“电梯运行=1”时显示此信息，在“关时信息”栏中输入“智能电梯装调与维护”，即当“电梯运行=0”时显示此信息。

单击“闪烁效果”选项卡，可打开其对应的对话框，在“表达式”栏输入“电梯运行”，即“电梯运行=1”时此标签构件开始闪烁，可选闪烁速度，分别为快、中、慢。

标签动画组态属性设置完成后，单击“确认”按钮，如果“电梯运行”这个变量在实时数据库中事先未生成，则弹出“组态错误”提示框（见图 5-33），提示“电梯运行”…未知对象！组态错误!，单击“是（Y）”按钮，在弹出的“数据对象属性设置”对话框中，可以对此对象进行定义、选择对象类型等，再单击“确认”按钮，则“电梯运行”这个变量会自动添加到实时数据库中。

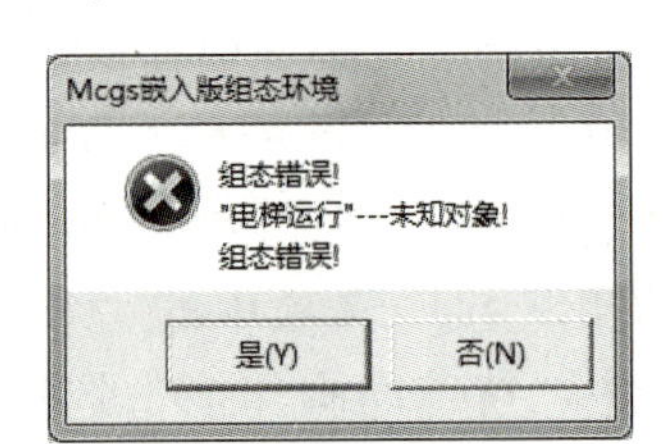

图 5-33　“组态错误”提示框

4）组态标签构件颜色动画连接

颜色动画连接包括填充颜色、边线颜色和字符颜色三种，三种动画连接的属性设置类似。连接的数据对象可以是一个表达式，用表达式的值来决定图形对象的填充颜色。表达式的值为数据值型时，最多可以定义 32 个分段点，每个分段点对应一种颜色；表达式的值为开关型时，只能定义两个分段点，即 0 或 1 两种填充颜色。

如图 5-32 所示，在属性设置对话框中，还可以进行以下操作：双击分段点的值，可以设置分段点的数值；双击“对应颜色”中的颜色栏，弹出色标列表框，可以设定图形对象的填充颜色。

5）组态标签构件位置动画连接

组态标签构件位置动画连接包括水平移动、垂直移动和大小变化三种。使图形对象的位置和大小随数据对象值的变化而变化。通过控制数据对象值的大小和值的变化速度，能精确地控制所对应图形对象的大小、位置及其变化速度。

三种动画连接属性设置均类似，通过“标签动画组态属性设置”对话框中的“大小变化”可以设置变化方向和变化方式。

6）组态标签构件输入/输出连接

组态标签构件输入/输出连接包括显示输出、按钮输入、按钮动作。

“显示输出”选项只用于“标签”图元，显示表达式的结果。输出值的类型设定为数值型时，应指定小数位的位数和整数位的位数。对字符型输出值，应直接把字符串显示出来，对开关型输出值，应分别指定开和关时所显示的内容。此外不可设置图元输出的对齐方式。

“按钮输入”选项，使图形对象具有输入功能，在系统运行时，当光标移动到该对象上面时，光标的形状由“箭头”形变成“手掌”状，此时单击鼠标左键，则弹出输入对话框，对话框的形式由数据对象的类型决定。

“按钮动作”选项，不同于按钮输入，其设置方法可以参考下面“3. 标准按钮构件的组态”中操作属性的设置方法。

7）组态标签构件特殊动画连接

标签构件特殊动画连接用于实现图元、图符对象的可见与不可见的交替变换和图形闪烁效果，图形的可见度变换也是闪烁动画的一种。

可见度属性的设置方法是：在“输入框构件属性设置”对话框的“表达式”栏中，将图元、图符对象的可见度和数据对象构成的表达式建立连接，而在“当表达式非零时”栏中，根据表达式的结果来选择图形对象的可见度。

3. 标准按钮构件的组态

标准按钮是组态中经常使用的一种图形构件，其作用是在系统运行时通过单击用户窗口中的按钮执行一次操作。对应的按钮动作有：执行一个运行策略块、打开/关闭指定的用户窗口、隐藏用户窗口、数据对象的操作、退出系统及执行特定脚本程序等。其属性设置包括基本属性、操作属性、脚本程序和可见度属性。可以通过其操作属性的设置同时指定标准按钮的几种功能，运行时构件将逐一执行。

下面以智能电梯装调与维护赛项中轿厢开门和关门按钮为例介绍其使用方法。

（1）任务要求

在用户窗口中添加两个按钮，文本分别为“开门”和“关门”，用以控制电梯在停止时轿厢门的开和关动作。

（2）组态步骤

1）生成按钮构件

在 MCGS 组态环境中，单击绘图工具箱中的标准按钮后，按住鼠标左键，在窗口中根据需要用光标拖出一个大小适当的标准按钮，新建的按钮名称为默认名称“按钮”。用同样的方法生产另一个按钮，或选中第一个生成的按钮，按住鼠标左键不放，同时按下计算机键盘上的〈Ctrl〉键，拖至该窗口的另一地方后松开鼠标左键，生成一个与前一个属性一样的按钮；也可选中第一个生成的按钮右击，在弹出的快捷菜单中用的“复制”和“粘贴”命令生成另一个按钮。

2）组态基本属性

双击第一个按钮，即弹出其属性设置的对话框，在“基本属性”选项卡中输入该按钮的文本“开门”，其他为默认设置，如图 5-34 所示。

双击第二个按钮，即弹出其属性设置的对话框，在“基本属性”选项卡中输入该按钮

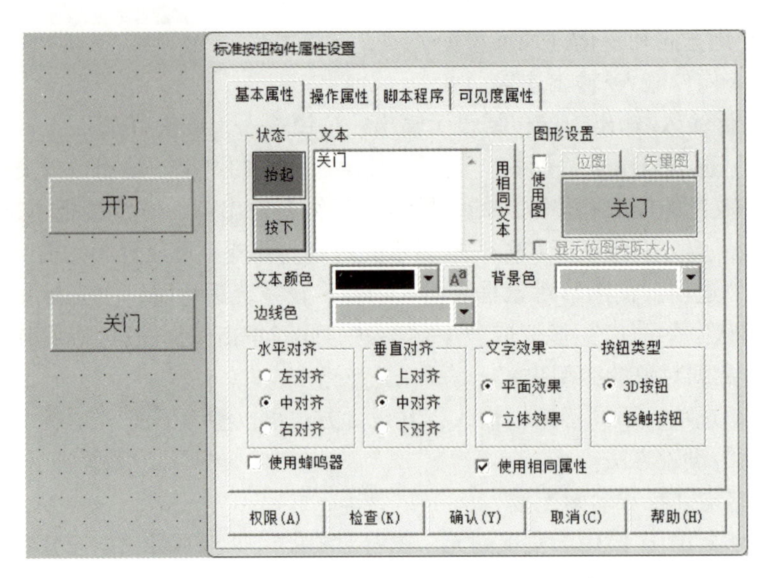

图 5-34 “标准按钮构件属性设置”对话框

的文本“关门”，如图 5-34 所示。此时按钮按下和松开后显示的文本都是关门，可以设置按钮按下和松开后显示的文字不同)，其他为默认设置。

3）组态操作属性

单击“操作属性”标签可打开其选项卡（见图 5-35），在“抬起功能”选项中勾选按钮对应的功能为“数据对象值操作”，单击右侧的倒三角按钮，出现所有可选择项，在此选择“按 1 松 0”。如果选择“清 0”选项，则需要在“按下功能”选项卡中对应的操作栏中选择“置 1”。单击右侧的“?”按钮可在实时数据库中选择“对象名”，若未事先定义，则在?号左侧的输入栏中输入开关型变量名称（如开门），单击“确认”按钮。

用同样方法，单击关门按钮，在“操作属性”选项卡的“数据对象值操作”中选择“按 1 松 0”，输入开关型变量名称（如关门），单击“确认”按钮。

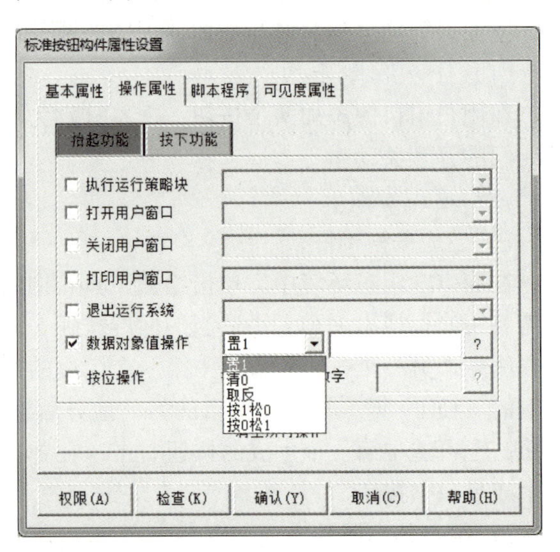

图 5-35 标准按钮“操作属性”设置

在图 5-35 中，还可以把按钮组态为“切换窗口”，即按下该按钮时，能切换到另一个窗口，此时需要勾选“操作属性”选项卡的“抬起功能”中的“打开用户窗口”选项，在右侧的倒三角下选择需要切换到的用户窗口。

4）组态脚本程序和可见度属性

在执行按钮操作时还可以完成一段脚本程序的调用，在图 5-35 的“脚本程序”选项卡中可以根据控制系统策略的要求直接输入脚本程序，也可以在“标准按钮构件属性设置”对话框中单击“打开脚本程序编辑器”按钮，打开脚本程序编辑器后，在编辑器中输入程序。

在“可见度属性”选项卡中，可以设定按钮显示的可见度条件，在“表达式”栏输入变量名称，可选择“当表达式非零时”时“按钮可见”或“按钮不可见”。

4. 输入框构件的组态

输入框的作用是在 MCGS 运行环境下可以使用户从键盘上输入信息，通过合法性检查之后，将它转换成适当的格式，将其赋给实时库中所连接的数据对象。输入框同时可以作为数据输出的器件，显示所连接的数据对象的值。

输入框具有激活编辑状态和不激活状态两种模式。在 MCGS 的运行环境中，当输入框处于不激活状态时，其作为数据输出用，将显示所连接的数据对象的值，并与数据对象的变化保持同步；如果在 MCGS 运行环境中单击输入框，可使输入框进入激活状态，此时可以根据需要输入对应变量的数值。

输入框的属性设置包括基本属性、操作属性和可见度属性。基本属性可以设定输入框的外观、边框和字体的对齐方式等，操作属性用来指定输入框对应的数据变量及其取值范围，可见度属性用来设定运行时输入框的可见度条件。

下面以智能电梯装调与维护赛项中楼层显示为例介绍其使用方法。

(1) 任务要求

在用户窗口中添加一个输入框，使其在电梯运行时实时显示轿厢所在楼层。

(2) 组态步骤

1）生成输入框构件

在 MCGS 组态环境中，单击绘图工具箱中的输入框按钮 ab|，按住鼠标左键，在用户窗口中指定位置拖出一个大小合适的输入框，然后松开鼠标左键，即生成一个输入框（见图 5-36)。如果该输入框所在位置需要调整，选中后按住鼠标左键，将其拖到所需位置后松开鼠标左键即可。如果需要调整输入框大小，用鼠标选中输入框，待输入框四周出现小方框时，按住某一小方框进行拖拉：拖拉输入框左右两边上中间的小方框可以将输入框变宽或变窄，拖拉输入框上下两边上中间的小方框可以将输入框变高或变矮，拖拉四个角上的小方框可以将输入框整体变大或缩小。

2）组态基本属性

双击输入框构件，打开属性对话框。单击对话框的“基本属性”标签打开其选项卡，在此可以组态输入框的对齐方式，边界类型（无边框、普通边框、三维边框等)、构件外观和字符颜色等。

3）组态操作属性

单击对话框的“操作属性”标签打开其选项卡，如图 5-36 所示。设定其“对应数据对象的名称”的名称，直接输入或单击右侧“?”按钮在实时数据库中选择，在此输入变量名称为“楼层显示”。在此选择“十进制”，还可选择整数的位数、小数位数、最小值和最大值，本章实训的此电梯模型中最小值为 0，最大值为 4（楼层)。可以勾选“使用单位”选项，若勾选，则需要在此选项下方的输入栏中输入单位名称。如组态显示的是电梯轿厢当前高度，则此单位为 m；如组态的是电梯轿厢当前运行的速度，则此单位为 m/s。

4）组态可见度属性

单击对话框的“可见度属性”标签打开其选项卡，在“表达式”栏输入或选择变量，

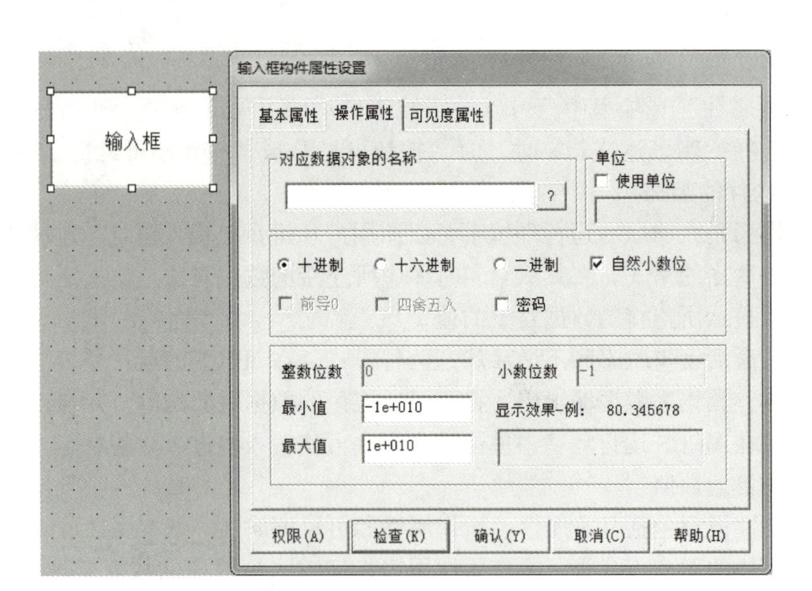

图 5-36　输入框及其构件属性设置对话框

“当表达式非零时”可选择“输入框构件可见”或“输入框构件不可见”等选项。若选择“输入框构件可见”选项，当条件满足时“表达式”栏输入框呈现可见状态，此时单击输入框，可激活它；当条件不满足时，输入框构件不可见。

若 PLC 与 TPC 没有通信时，单击“表达式”栏输入框时会弹出小键盘，可手动输入数据。若 PLC 与 TPC 正在通信时，单击输入框时会弹出小键盘，也可手动输入数据，只不过此数据立即会被 PLC 中此变量的实际值所覆盖。

5. 指示灯构件的组态

指示灯是在 MCGS 运行环境下为用户提供某机构动作情况、报警等信息。指示灯的“单元属性设置”中只有数据对象的连接和动画连接，相对来说组态比较方便。

下面以智能电梯装调与维护赛项中轿厢运行指示灯为例介绍其使用方法。

(1) 任务要求

在用户窗口中添加一个指示灯，使其在电梯轿厢运行时显示绿色，停止时显示红色。

(2) 组态步骤

1）生成指示灯构件

在 MCGS 组态环境中，单击工具箱中的“插入元件”按钮，打开“对象元件库管理”对话框，选中图形对象库指示灯中的一款，单击“确认”按钮将其添加到用户窗口，并通过鼠标调整到合适大小和位置（见图 5-37）。

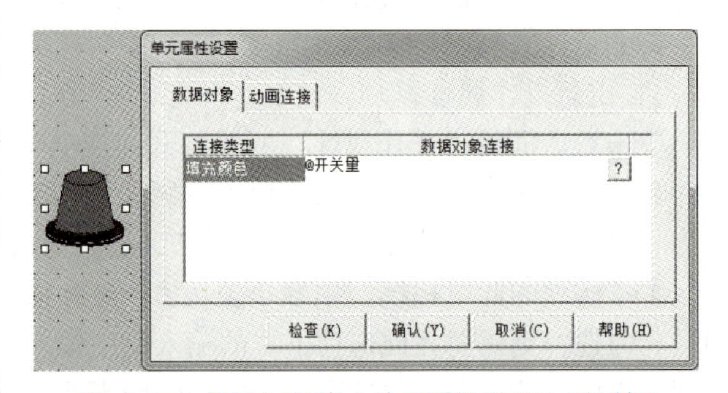

图 5-37　指示灯及其“单元属性设置”对话框

2）组态单元属性

双击指示灯构件，弹出“单元属性设置”对话框（见图 5-37），在“数据对象”选项卡中，单击“填充颜色”所在行，可以直接将“@开关量”修改为指示灯动作所关联的变量名称，如轿厢运行指示灯。也可以单击“@开关量”右侧的“?”按钮，打开实时数据库，从“数据中心选择”中选择，如果未事先定义，可以选择“根据采集信息生成”，在“根据设备信息连接”中修改“通道类型”、选择“通道地址”、选择“读写类型”、选择“数据类型”等，则自动生成所需要的变量。

单击“动画连接”标签打开其选项卡，这时会看到“组合图符行”的“连接表达式”列下自动变为数据对象中输入的变量名称（轿厢运行指示灯），然后单击“确认”按钮。在弹出的“数据对象属性设置”对话框中，可以进行进一步组态对象的基本属性、存盘属性和报警属性等，最后单击“确认”按钮。

当电梯轿厢运行时，其变量“轿厢运行指示灯”为1，此时指示灯为绿色（系统默认），当电梯轿厢停止运行时，其变量“轿厢运行指示灯”为0，此时指示灯为红色（系统默认）。

6. 开关构件的组态

开关是在MCGS运行环境下为用户提供控制系统的两种操作方式的选择。

下面以智能电梯装调与维护赛项中司机模式开关为例介绍其使用方法。

（1）任务要求

在用户窗口中添加一个开关，通过此开关可以对电梯运行于正常模式和司机模式进行切换。

（2）组态步骤

1）生成开关构件

在MCGS组态环境中，单击工具箱中的“插入元件”按钮，打开“对象元件库管理”对话框，选中图形对象库开关中的一款，单击“确认”按钮将其添加到用户窗口，并通过鼠标调整到合适大小和位置（见图5-38）。

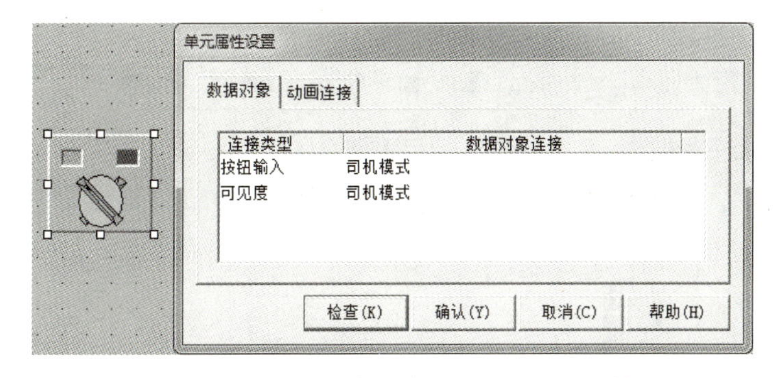

图5-38　开关灯及其“单元属性设置”对话框

2）组态单元属性

双击开关构件，弹出“单元属性设置”对话框（见图5-38），在“数据对象”选项卡中，单击“按钮输入”所在行，可以直接将“@开关量”修改为变量名称，即司机模式。也可以单击“@开关量”右侧的“?”按钮，打开实时数据库，从“数据中心选择”中选择。单击“可见度”所在行，可以直接将“@开关量”修改为变量名称，即司机模式。

单击“动画连接”标签打开其选项卡，这时会看到组合图符的“按钮输入”和“可见度”行的连接表达式列下自动变为数据对象中输入的变量名称，即司机模式，然后单击“确认”按钮。在弹出的“数据对象属性设置”对话框中，可以进行进一步组态对象的基本属性、存盘属性和报警属性等，最后单击“确认”按钮。

正常情况下开关旋钮处在右侧，即此开关未被打开，开关型变量“司机模式”为0，电梯处于正常运行模式。当单击开关一次，开关旋钮处在左侧，开关型变量“司机模式”为1，表示电梯处在司机运行模式。再次单击该开关，旋钮又会回到右侧，关闭司机模式。

组态完成所有画面和构件时，进行电梯运行的模拟后，若想联机运行，则必须将变量与通道相连接，否则无法进行联机运行。

在设备窗口，双击“三菱_FX系列编程口”，在弹出的设备编辑窗口中，单击“增加设备通道”按钮，在弹出的“添加设备通道”对话框中进行基本属性设置，如设置通道类型、数据类型、通道地址和通道个数，新建若干通道（也可以新建工程时添加）。然后在设备编辑窗口的“通道名称”列下选择某个通道，双击其左侧连接变量栏，在弹出的“变量选择”对话框中选择相应变量名称，单击“确定”按钮后，此时通道与变量已关联。用同样的方法可关联工程中所有变量。最后单击设备编辑窗口对话框右下角的“确认”按钮。

5.6.4 运行策略组态

MCGS运行环境下的运行策略是用户为实现系统流程的自由控制，组态生成的一系列功能块的总称。在MCGS中策略类型共有7种（见图5-39），即启动策略、退出策略、循环策略、用户策略、报警策略、事件策略、热键策略。在MCGS的工作台上，进入运行策略组态窗口后，单击“新建策略”按钮，将弹出“选择策略的类型”对话框，从中选择需要建立的策略类型后，单击“确定”按钮，即可建立需要的运行策略。其中“启动策略”“循环策略”和“退出策略”在用户建立工程时会自动产生，用户可根据需要对其进行组态，而不能通过新建策略来建立。

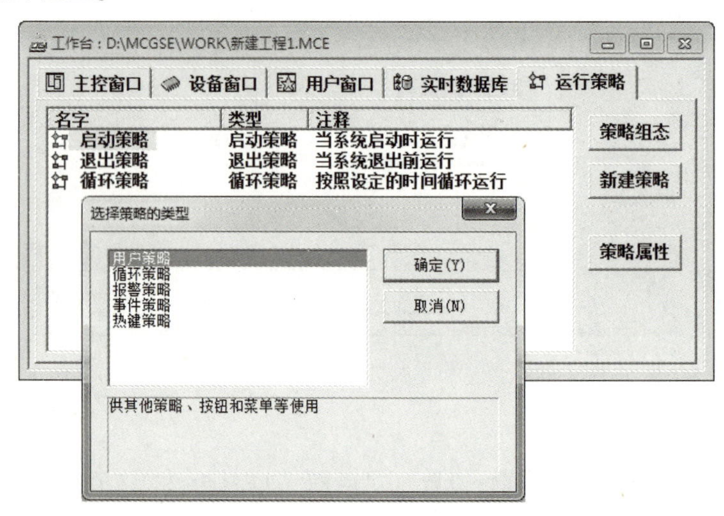

图5-39　运行策略及其类型

“启动策略”主要用来实现系统的初始化，“退出策略”主要完成系统在退出时的善后处理工作，“循环策略”主要完成系统的流程控制和控制算法，“用户策略”用来完成用户自定义的各种功能或任务，“报警策略”用来实现数据的报警存盘，“事件策略”用来实现事件的响应，“热键策略”用来实现热键的响应。

现以循环策略（电梯轿厢开门动作）为例介绍其组态步骤。

(1) 任务要求

在循环策略组态窗口中，新生成一个策略行，编写电梯轿厢开门动画脚本程序。

(2) 组态步骤

1）生成循环策略行

在 MCGS 工作台的运行策略组态窗口中，双击“循环策略”，或选中“循环策略”后单击“策略组态”按钮，进入策略组态窗口，如图 5-40 所示。

图 5-40 循环策略组态窗口

在循环策略组态窗口通过单击鼠标右键新增一个策略行，每个策略中都有一个条件部分，构成“条件-功能”（新增行的左侧为条件，右侧为功能）结构，每种策略可由多个策略行构成，是运行策略用来控制运行流程的主要部分。

2）生成脚本程序构件

现以常用的策略构件“脚本程序”构件为例，先选中新增行的表示“功能”的功能块图标▭，在“策略组态”窗口中右击，在弹出的窗口中选择“策略工具箱”中的“脚本程序”，然后在功能块右侧显示“脚本程序”字样，或先单击“策略工具箱”中的“脚本程序”，把光标移出“策略工具箱”后，会出现一个小手，把小手放在功能块的图标上，单击鼠标左键，则在功能块图标后面显示“脚本程序”字样。

3）编写脚本程序

双击▭图标，即可进入脚本程序编辑环境，进行关于系统流程和控制算法的编程。本任务中编写的电梯轿厢开门脚本程序如图 5-41 所示。

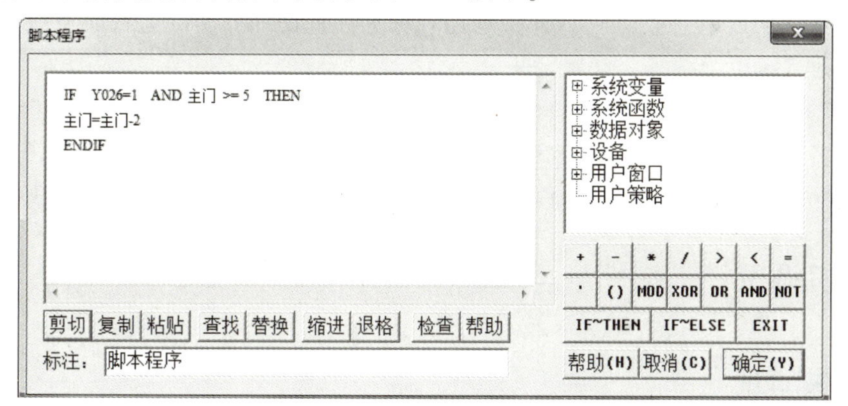

图 5-41 脚本程序编写窗口

MCGS 中脚本程序只有 4 种基本的语句，即赋值语句、条件语句、退出语句和注释语句。

① 赋值语句。

基本形式为“数据对象=表达式”，表示把等号右边表达式的运算值赋给左边的数据对象。赋值号左边必须是能够读/写的数据对象，如开关类数据、数据值数据等。等号的右边为一个表达式，表达式的类型必须与左边数据对象值的类型相符，否则系统会提示“赋值语句类型不匹配”的错误信息。

② 条件语句。

条件语句有如下 3 种形式：

- 第 1 种：IF[表达式]　THEN　[赋值语句或退出语句]
- 第 2 种：IF[表达式]　THEN
  　　[语句]
  ENDIF
- 第 3 种：IF[表达式]　THEN
  　　[语句]
  ELSE
  　　[语句]
  ENDIF

条件语句允许多级嵌套，即条件语句中可以包括新的条件语句，MCGS 脚本程序的条件语句最多可以有 8 级嵌套，为编制多分支流程的控制程序提供了可能。

IF 语句的表达式一般为逻辑表达式，也可以是值为数值型的表达式，表达式的值为非 0 时，条件成立，执行 THEN 后的语句，否则条件不成立，将不执行该条件块中 Then 包含的语句，开始执行该条件块后面的语句。

值为字符型的表达式不能作为“IF”语句中的表达式。

③ 退出语句。

退出语句为“Exit”，用于中断脚本程序的运行，停止执行其后面的语句。一般在条件语句中使用退出语句，以便在某种条件下，停止并退出脚本程序的执行。

④ 注释语句。

在脚本程序中以单引号“’”开头的语句称为注释语句，实际运行时系统不对注释语句做任何处理。

4）设置策略行的运行条件

设置策略行的运行条件时可以双击策略行上的图标，进入条件属性设置窗口，可以根据具体的运行条件设定表达式及其条件属性。在此将表达式设置为“1”，表示条件始终满足。

5.7　联机调试

5.7.1　单梯调试

在完成单机程序后，将其下载到 PLC 中，设置好变频器的运行参数，然后根据电梯轿厢按钮操作、楼层显示及电梯运行状态，快速排除任务书中设置的 4 个故障或单梯编程中的故障等；通过操作箱调试好程序后，再调试触摸屏上的构件，观察按钮构件是否能实现正常控制，指示灯构件是否正常点亮，电梯轿厢及开关门动作的动画是否正确和连续，电梯轿厢当前高度或运行速度数值显示是否正确等，调试完毕后再进行群控程序的编写。

5.7.2 群控调试

完成电梯机构安装、电气控制柜的器件安装与线路连接任务后，进行群控程序调试。群控联机调试可遵循以下步骤：

1）用串口通信线连接两台 PLC。

2）接通两台电梯电源，观察通信板上的 SD 和 RD 两指示灯是否闪烁，若不闪烁可能是通信线未接好，或通信板上连接线有松动，或程序中有关通信特殊辅助继电器设置错误，待排除故障后方可进入下面步骤的调试。

3）调试两台电梯均静止的状态。按下主站或从站电梯上的外呼按钮：

① 使外呼楼层距离主梯（主站电梯）较近，观察主梯是否响应（按任务书规定派梯，有可能是派主梯，也可能派从梯）；

② 使外呼楼层距离从梯（从站电梯）较近，观察从梯是否响应；

③ 使外呼楼层距离两梯相等，观察主梯是否响应（按任务书规定派梯，有可能是派主梯，也可能派从梯，或可能派到达该楼层次数较少的那台电梯）。

4）调试两台电梯一台运行一台静止的状态。按下主站或从站电梯上的外呼按钮：

① 使外呼楼层为运行电梯不顺带的楼层，观察是否由静止的电梯响应；

② 使外呼楼层为运行电梯顺带的楼层，且运行电梯比静止电梯距离外呼楼层要远，观察是否由静止电梯响应；

③ 使外呼楼层为运行电梯顺带的楼层，且运行电梯比静止电梯距离外呼楼层要近，观察是否由运行电梯响应。

5）调试两台电梯均运行的状态。首先使两台电梯运行方向相同，按下主站或从站电梯上的外呼按钮：

① 使外呼楼层为两台电梯均顺带的楼层，而且距离主梯较近或两台电梯距外呼楼层相同，观察主梯是否响应；

② 使外呼楼层为两台电梯均顺带的楼层，而且距离从梯较近，观察从梯是否响应；

③ 使外呼楼层为某一台电梯顺带的楼层，另一台电梯不顺带，观察是否为顺带的那台电梯响应；

④ 使外呼楼层为两台电梯均不顺带的楼层，但主站最大反差小于或等于从站最大反差，观察主梯是否响应；

⑤ 使外呼楼层为两台电梯均不顺带的楼层，但主站最大反差大于从站最大反差，观察从梯是否响应。

当两台电梯运行方向相同时调试好后，再进行两台电梯运行方向相反的调试，按下主站或从站电梯上的外呼按钮：

① 使外呼楼层为一台电梯顺带的楼层，观察是否为顺带的那台电梯响应；

② 使外呼楼层为两台电梯均不顺带的楼层，根据最大反差距离，观察是否为最大反差小的那台电梯响应。

6）在群控程序调试的同时，可以按下主梯触摸屏上的从梯按钮，观察电梯响应后两梯触摸屏是否正常通信和触摸屏上的构件动作情况（是否动作？是否对应？数值是否正确？）等。

参 考 文 献

[1] 侍寿永．S7-200 PLC 技术及应用［M］．北京：机械工业出版社，2020.

[2] 侍寿永．西门子 S7-200 SMART PLC 编程及应用项目教程［M］．北京：机械工业出版社，2016.

[3] 侍寿永．电气控制与 PLC 技术应用教程［M］．北京：机械工业出版社，2017.

[4] 史宜巧，侍寿永．PLC 应用技术［M］．北京：高等教育出版社，2016.

[5] 廖常初．PLC 基础及应用［M］．3 版．北京：机械工业出版社，2019.

[6] 张静之，等．三菱 FX_{3U} 系列 PLC 编程技术与应用［M］．北京：机械工业出版社，2019.

[7] 李响初，等．三菱 PLC、变频器与触摸屏综合应用技术［M］．北京：机械工业出版社，2016.

[8] 三菱电机株会社．FX3 系列微型可编程控制器编程手册：基本·应用指令说明书［Z］．2016.

[9] 三菱电机株会社．FX3 系列微型可编程控制器编程手册：通信篇［Z］．2016.

[10] 三菱电机株会社．FX3 系列微型可编程控制器编程手册：模拟量控制篇［Z］．2015.